建设工程资料管理与填写范例丛书

隐蔽工程验收记录
填写范例与指南

裴　军　汪　洋　王福松　主　　编

袁白云　曲　楠　胡茂泉　副主编

北京筑业志远软件开发有限公司　组织编写

U0224388

中国建材工业出版社

北　京

图书在版编目（CIP）数据

隐蔽工程验收记录填写范例与指南/裴军，汪洋，
王福松主编；北京筑业志远软件开发有限公司组织编写
. --北京：中国建材工业出版社，2025.4
（建设工程资料管理与填写范例丛书）
ISBN 978-7-5160-3418-7

Ⅰ.①隐⋯　Ⅱ.①裴⋯　②汪⋯　③王⋯　④北⋯　Ⅲ.
①建筑工程－工程质量－工程验收－指南　Ⅳ.
①TU712-62

中国版本图书馆 CIP 数据核字（2021）第 254763 号

隐蔽工程验收记录填写范例与指南
YINBI GONGCHENG YANSHOU JILU TIANXIE FANLI YU ZHINAN
裴军　汪洋　王福松　主编
袁白云　曲楠　胡茂泉　副主编
北京筑业志远软件开发有限公司　组织编写
出版发行：中国建材工业出版社
地　　址：北京市西城区白纸坊东街 2 号院 6 号楼
邮　　编：100054
经　　销：全国各地新华书店
印　　刷：北京联兴盛业印刷股份有限公司
开　　本：787mm×1092mm　1/16
印　　张：30
字　　数：550 千字
版　　次：2025 年 4 月第 1 版
印　　次：2025 年 4 月第 1 次
定　　价：120.00 元

《隐蔽工程验收记录填写范例与指南》
编 委 会

组织编写：北京筑业志远软件开发有限公司

主　　编：裴　军　汪　洋　王福松

副 主 编：袁白云　曲　楠　胡茂泉

参　　编：李亚正　黄勇辉　徐宝双　汤光伟

前　言

工程资料是在工程项目实施过程中同步形成的反映工程质量的主要载体，是工程竣工验收的必备条件，也是工程项目投入使用后运营、维护、改建和扩建的原始依据，是工程技术质量管理经验的记录、总结与积累。

《建筑与市政工程施工质量控制通用规范》GB 55032—2022 要求工程质量控制资料应准确齐全、真实有效，且具有可追溯性；明确单位工程质量验收合格的前提包括：质量控制资料应完整、真实，所含分部工程中有关安全、节能、环境保护和主要使用功能的检验资料应完整。

建筑工程具有工艺复杂的特点，施工中需要进行隐蔽验收的项目很多，且隐蔽工程被覆盖后，其施工质量将无法直接检查，因此隐蔽工程的验收尤为重要。为规范隐蔽工程验收记录填写，北京筑业志远软件开发有限公司组织编写了本书。

本书包括隐蔽工程验收概述，以及地基与基础工程、主体结构工程、建筑装饰装修工程、屋面工程、建筑给水排水及供暖工程、通风与空调工程、建筑电气工程、智能建筑工程、建筑节能工程、电梯工程等十个分部工程有关的隐蔽工程验收记录。

本书结构清楚，范例内容完整。表格范例加填写说明的形式，可有效指导工程技术、质量管理、资料管理等从业人员的相关业务工作。欢迎广大读者和专家对本书提出宝贵意见，意见和建议可反馈邮箱：1598552158@qq.com，以便我们修订时参考。

本书编委会

目 录

第一章 概　　述

隐蔽工程是指那些在施工过程中，上一工序的工作结果将被下道工序所掩盖，是否符合质量要求，无法再次进行复查的工程部位。

隐蔽工程验收记录是以后各项建筑安装工程合理利用、维护、改造、扩建的一项重要技术资料。国家施工及验收规范强调：凡未经隐蔽工程验收或验收不合格的工程，不得进行下道工序的施工。因此施工中必须认真做好隐蔽工程检查验收工作。验收记录要做到内容简练明了，数据准确可靠。

隐蔽工程验收应由施工单位专业技术负责人组织，监理工程师及有关分包单位、企业内的质量检查员、施工员参加。如遇地基基础和结构分部所含分项工程及重大或特殊部位还要邀请有关设计人员、人防部门质量监督人员、企业技术负责人、专业技术负责人共同参加验收。验收合格后，应填写隐蔽工程验收记录，参加人员签章。隐蔽工程验收记录宜在验收后当天内完成，以一个分项工程为一个验收批；如果一个分项工程工程量过大，应分批、分阶段验收，做出阶段验收记录。监理工程师签核意见后生效。

隐蔽工程验收可依据下列资料：

（1）施工图纸、设计说明；

（2）图纸会审记录、设计变更材料；

（3）施工及验收规范、质量检验评定标准以及有关设计施工规程；

（4）材料、构件、设备出厂合格证、检验报告或材料复试报告；

（5）有关分项工程质量验收记录。

第一节　隐蔽工程验收

一、施工单位自检

施工单位应当对工程隐蔽部位进行自检，并经自检确认是否具备覆盖条件。

二、隐蔽工程验收程序

工程隐蔽部位经施工单位自检确认具备覆盖条件的，施工单位应在共同检查前48小时书面通知监理单位检查，通知中应载明隐蔽检查的内容、时间和地点，并应附有自检记录和必要的检查资料。

监理单位应按时到场并对隐蔽工程及其施工工艺、材料和工程设备进行检查。经监理单位检查确认质量符合隐蔽要求，并在验收记录上签字后，施工单位才能进行覆盖。经监理单位检查质量不合格的，施工单位应在监理单位指示的时间内完成修复，并由监理单位重新检查，由此增加的费用和（或）延误的工期由施工单位承担。

监理单位不能按时进行检查的，应在检查前24小时向施工单位提交书面延期要求，但延期不能超过48小时，由此导致工期延误的，工期应予以顺延。监理单位未按时进行检查，也未提出延期要求的，视为隐蔽工程检查合格，施工单位可自行完成覆盖工作，并作相应记录报送监理单位，监理单位应签字确认。监理单位事后对检查记录有疑问的，可按重新检查的约定重新检查。

三、重新检查

施工单位覆盖工程隐蔽部位后，建设单位或监理单位对质量有疑问的，可要求施工单位对已覆盖的部位进行钻孔探测或揭开重新检查，施工单位应遵照执行，并在检查后重新覆盖恢复原状。经检查证明工程质量符合合同要求的，由发包人承担由此增加的费用和（或）延误的工期，并支付施工单位合理的利润；经检查证明工程质量不符合合同要求的，由此增加的费用和（或）延误的工期由施工单位承担。

四、施工单位私自覆盖

施工单位未通知监理单位到场检查，私自将工程隐蔽部位覆盖的，监理单位有权指示施工单位钻孔探测或揭开检查，无论工程隐蔽部位质量是否合格，由此增加的费用和（或）延误的工期均由施工单位承担。

第二节 "隐检"与"检验批验收"的关系

"隐检"与"检验批验收"都是工程质量的一种"验收"制度。在国家验收规范中，"验收"与"检查"在概念上明显不同，主要体现在程序、成员上的不同。"验收"是在施工单位自检合格的基础上，再向监理或建设单位申请质量检查，不能只由施工单位自己单方面进行，必须有施工单位之外的监理或建设单位参加，是一种具有公证性的确认或认可，它纳入了监理和建设单位工程质量管理的范畴，而"检查"则可以仅由施工单位自己单方面进行即可。

建筑工程的验收要求比较复杂。"隐检"与"检验批验收"虽然都属于验收的范畴，但两者针对的对象、所起的作用有所不同。

根据《建筑工程施工质量验收统一标准》GB 50300—2013 相关要求，检验批是所有质量验收的最小验收单元，即所有质量验收（分项、分部、单位工程等）都是建立在检验批验收合格的基础上进行的，工程的所有部位、工序都应归入某个检验批，不应遗漏。而隐蔽工程验收则仅仅针对将被隐蔽的工程部位作出验收。施工中隐蔽工程虽然很多，但一个建筑工程，还有大量非隐蔽部位。因此，两者并不相同，"隐检"与"检验批验收"应分别进行。

在施工中，"隐检"验收与"检验批"验收的关系，可以分成"之前""之后"和"等同"三种不同情况：

第一种情况，在"检验批验收"之前进行的"隐蔽工程验收"。这种情况主要针对检验批工程有多项施工工序，存在一道或多道上一道工序被下一道工序掩盖的现象，导致被掩盖的工序无法检查质量情况，从而验收规范或技术规程规定了被掩盖的工序需要进行隐蔽工程质量验收。如墙体节能工程的保温层附着的基层及其表面处理、保温板黏结或固定、锚固件及锚固节点做法、热桥处理等工序。这些工作量相对较小的部位或施工做法处理措施，不能作为一个"检验批"来验收，施工和规范中将其列为"隐蔽工程验收"。

第二种情况，在"检验批验收"之后进行的"隐蔽工程验收"。这种情况主要存在以下几种情况：

（1）某些工作量相对较大的工程部位，如分部、子分部工程，这些工作量相对较大的工程部位往往作为一个整体，需要同时进行隐蔽，这时可能有若干个检验批已经验收合格。按照国家验收规范规定，这些工程部位在整体隐蔽之前，需作"隐蔽工程验收"。如整个地基基础的隐蔽验收、主体结构验收（进入装饰装修施工将隐蔽主体结构）等，显然是在检验批验收之后进行。

（2）工序间隔时间要求、验收流程、社会环境因素影响等，都会导致检验批工程验收合格后不能立即进行下一道工序，间隔时间较长，如基槽等。基槽土方开挖完成，检验批合格后，不能立即被隐蔽，需要进行地基验槽，只有地基验槽合格后，地基基槽才能进行下一步工序。

第三种情况，与"检验批验收"内容相同的"隐蔽工程验收"。当检验批就一道工序（或构造层）时，这时"隐蔽工程验收"就与"检验批验收"具有同样的验收内容，此时"隐蔽工程验收"可与"检验批验收"合并进行。如屋面保温层验收，各种防水层、找平层验收等。

分清上述三种情况，弄清"隐蔽工程验收"与"检验批验收"的关系，不仅有利于施工资料管理，对于工程验收也大有裨益。

第三节　隐蔽工程验收记录填写说明

隐蔽工程验收记录填写说明如下。

（1）隐检项目：按实际检查项目填写，具体写明分部（子分部）工程名称和施工工序主要检查内容。如：桩基工程钢筋笼安装、支护工程锚杆安装、门窗工程（预埋件、锚固件或螺栓安装）、吊顶工程（龙骨、吊件、填充材料安装）。

（2）隐检日期：按实际检查日期填写。

（3）隐检部位：按实际检查部位填写，如"层"填写地下 X 层/地上 X 层；"轴"填写横起至横止轴/纵起至纵止轴，轴线数字码、英文码标注应带圆圈；"标高"填写墙柱梁板等的起止标高或顶标高。

（4）隐检依据：施工图纸、设计变更、工程洽商及相关的施工质量验收规范、标准、规程；本工程的施工组织设计、施工方案、技术交底等。特殊的隐检项目如新材料、新工艺、新设备等要标注具体的执行标准文号或企业标准文号。

（5）主要材料名称及规格/型号：按实际发生的材料、设备填写，各主要材料的规格、型号要表述清楚。

（6）隐检内容：应将隐检的项目、具体内容描述清楚。主要原材料的复试报告单编号，主要连接件的复试报告编号，主要施工方法。若文字不能表述清楚，可用示意简图进行说明。

（7）检查结论：审核意见要明确，隐检的内容是否符合要求要描述清楚。然后给出审核结论，根据检查情况在相应的结论框中划"√"。在隐检中一次验收未通过的要注明质量问题，并提出复查要求。

（8）复查结论：此栏主要是针对一次验收出现的问题进行复查，因此要对质量问题改正的情况描述清楚。在复查中仍出现不合格项，按不合格品处置。

《建筑工程资料管理规程》JGJ/T 185—2009 中提供的隐蔽工程验收记录表样式如下。

表 1.3.1　隐蔽工程验收记录（通用）

工程名称		编号	
隐检项目		隐检日期	年　月　日
隐检部位	层　　　轴　　　标高		

隐检依据：施工图号＿＿＿＿＿＿＿，设计变更/洽商/技术核定单（编号＿＿＿＿＿＿＿＿＿＿）及有关国家现行标准等。

主要材料名称及规格/型号：＿＿＿＿＿＿＿＿＿＿＿＿＿＿＿＿＿＿＿＿＿＿＿＿＿＿＿＿

隐检内容：

检查结论：

☑同意隐蔽　　　　　　□不同意，修改后进行复查

复查结论：

复查人：　　　　　　　　　　　　　　　　　　复查日期：　　年　月　日

签字栏	施工单位		专业技术负责人	专业质量员	专业工长
	监理或建设单位			专业监理工程师	

特别说明：全国各地的隐蔽工程验收记录表式不一样，具体请参考本地的隐蔽记录表，这里提供的表式为常用表式，表中提供了隐检部位、隐蔽依据、隐检内容等基本要求。

第四节　影像资料

一、建设工程声像档案的定义及作用

建设工程声像档案是记录工程建设活动，具有保存价值的，用照片、影片、录音带、录像带、光盘、硬盘等记载的声音、图片和影像等历史记录。

声像档案作为建设工程档案的重要组成部分，是对纸质建设工程档案的必要补充。

能够真实记录、形象再现建设工程的勘察、设计、监理、施工实施的过程、场面和实体，是对工程隐蔽记录资料的真实性的印证和补充，是检查和记录工程质量情况的重要手段之一，是对纸质档案内容的极大丰富和补充，能直观、真实、生动地记录工程建设过程中的每一个精彩瞬间以及工程建设前后发生的翻天覆地的变化，是研究城市发展历史和城市规划、建设、管理不可缺少的重要原始依据。对于建设数字城市、提高城市管理效率、节约城市建设资源、促进城市可持续发展具有重要意义。

二、隐蔽工程验收时有关影像资料的规定汇总（见表 1.4.1）

表 1.4.1　各地的影像资料规定汇总

序号	省、自治区、直辖市	相关文件及规定
1		《全国国务院办公厅转发住房城乡建设部关于完善质量保障体系提升建筑工程品质指导意见的通知》（国办函〔2019〕92 号）： 　建立质量责任标识制度，对关键工序、关键部位隐蔽工程实施举牌验收，加强施工记录和验收资料管理，实现质量责任可追溯。
2	北京市	《北京市住房和城乡建设委员会关于加强工程质量影像追溯管理的通知》（京建发〔2021〕29 号）： 　（一）加强对关键材料生产的追溯管理 　混凝土预制构件隐蔽工程生产和验收过程应留存可佐证的影像资料。 　为北京市建设工程供应装配式混凝土预制构件的生产单位，向北京市供应装配式混凝土预制构件时，应提供质量证明文件。质量证明文件应包括混凝土预制构件隐蔽工程验收过程及隐蔽过程影像资料、混凝土预制构件合格证、混凝土强度报告，以及钢筋、钢筋套筒、保温材料等主要原材料见证检验报告。隐蔽验收影像资料应完整清晰记录隐蔽验收的全过程，包括保温板铺装、保温连接件数量和排布、钢筋绑扎成型、预埋吊环吊钉吊母数量和锚固方式；具备条件的企业应延伸至钢筋间距和保护层厚度、套筒钢筋外露长度、套筒注浆等内容；影像资料应能显示实测数值，且可通过二维码或芯片等方式查看。影像资料应保存至工程主体结构验收合格。 　（二）加强对施工过程的追溯管理 　施工单位应对混凝土浇筑、混凝土取样、制样及送样、土方回填、防水工程和外墙保温工程留存影像资料，相关资料应保存至工程竣工验收合格，鼓励施工单位将留存的影像资料在工程竣工验收合格后移交建设单位，建设单位在工程投入使用前移交业主单位。 　土方回填时，基底杂物清理应留存影像资料。 　防水工程基层验收应留存影像资料。 　轨道交通工程主体结构防水工程，基层验收应留存影像资料；施工中应留存卷材铺设、涂料涂刷和缺陷修补视频资料，卷材铺设、涂料涂刷视频资料参考室外卷材铺贴留存，缺陷修补视频资料应全过程留存；细部构造应留存止水密封材料布设位置、搭接接头等影像资料。具有防水功能的房间视频资料参照室内涂膜施工要求留存，所有防水工程的隐蔽验收应全过程留存视频资料。 　外墙保温工程应留存外墙保温板粘结或锚固施工和隐蔽验收影像资料。其中，每个检验批外墙保温板施工粘结或锚固施工前、粘结或锚固施工后和外墙保温完成时留存影像资料，影像中应体现保温层锚固件数量、增强网铺设；外墙保温工程隐蔽验收应全过程留存影像资料。
3	天津市	《关于加强我市建设工程混凝土施工质量管理的通知》： 　总包单位应当按照相关规范要求，严格按规定制作混凝土标准养护和同条件养护试块，试块应当标注浇筑日期、部位及混凝土强度等级。监理单位应当对制作过程进行旁站监理，记录台账，必要时留取影像资料。

序号	省、自治区、直辖市	相关文件及规定
4	上海市	《关于进一步加强本市装配整体式混凝土结构工程质量管理的若干规定》（沪建质安〔2017〕241号）： 预制构件生产单位应当加强制作过程质量控制。在混凝土浇筑前，应按照规定进行预制构件的隐蔽工程验收，形成隐蔽验收记录，并留存相应影像资料。 采用钢筋灌浆套筒连接的，施工单位应当编制套筒灌浆连接专项施工方案，加强钢筋灌浆套筒连接接头质量控制，并重点做好以下工作： 9. 灌浆操作全过程应有专职检验人员负责旁站监督并及时形成施工质量检查记录；实际灌入量应当符合规范和设计要求，并做好施工记录，灌浆施工过程应按照规定留存影像资料。
5	重庆市	《重庆市住房和城乡建设委员会关于禁限民用建筑外墙外保温工程有关技术要求的通知》（渝建绿建〔2021〕8号）： 监理单位对民用建筑外墙外保温工程材料进场和施工过程进行监督，应严格执行材料见证取样制度，对复检发现外墙外保温材料质量不符合要求的，不得允许使用；应严格落实外墙外保温工程旁站制度，对施工工序、隐蔽工程等进行旁站监督并做好影像记录以备复查，凡发现不符合设计文件以及相关标准规范要求的，应要求施工单位采取有效措施进行整改，并及时报告建设单位和工程质量监督机构。
6	浙江省	《浙江省工程质量安全手册实施细则（试行）》： 施工单位必须建立、健全施工质量的检验制度，严格工序管理，隐蔽工程在隐蔽前，施工单位应做好过程检验并做好记录外，关键部位应保留必要的影像资料，还应当及时通知监理单位（建设单位）。
7	山东省	《山东省住房和城乡建设厅关于进一步扎实推进重点建筑材料排查整治严厉打击违法违规行为的通知》： 强化施工过程管理，建立工程质量施工影像追溯管理制度，在混凝土浇筑、保温防水工程等关键环节、重要节点留存影像资料，实现质量过程管控可追溯。
8	广东省	《关于完善质量保障体系提升建筑工程品质的实施意见》（粤建质〔2020〕156号）： 建立质量责任标识制度，推广建立施工过程影像资料留存管理制度，在关键工序、关键部位隐蔽工程实施举牌验收，加强施工记录和验收资料建档管理，实现质量责任可追溯。 《广东省住房和城乡建设厅关于开展住宅工程质量常见问题专项治理行动的通知》（粤建质函〔2020〕405号）： 施工单位应建立各道工序的自检、交接检和专职质量员检查的"三检"制度，做好隐蔽工程验收。施工、监理单位要留存必要的影像资料。
9	江苏省	《关于加强江苏省装配式建筑工程质量安全管理的意见（试行）》（苏建质安〔2019〕380号）： 监理和施工单位应对每一个连接接头质量、接缝处理等进行隐蔽验收，特别要加强预制构件竖向套筒灌浆、浆锚搭接等连接节点的验收，形成隐蔽验收记录，对连接节点质量按有关规定进行检测，并应留存灌浆施工过程、连接节点检测和工序验收等相关影像资料，验收合格后方可进行下道工序。
10	山西省	《山西省装配式混凝土建筑工程施工质量管理技术导则（试行）》（晋建质字〔2019〕24号）： 3. 灌浆操作全过程应由施工专职质检人员及监理人员负责现场监督，留存灌浆施工检查记录及影像资料； 4. 灌浆施工检查记录应经灌浆作业人员、施工专职质检人员及监理人员共同签字确认。影像资料应包括灌浆作业人员、施工专职质检人员及监理人员同时在场、灌浆部位、预制构件编号、套筒顺序编号、灌浆出浆完成情况等； 7. 对预制构件施工安装过程的连接灌浆等隐蔽工程和检验批进行质量验收并形成纸质及影像记录。 应依据相关技术标准进行混凝土配合比设计，并严格按照《配合比通知单》进行生产，确保混凝土质量。混凝土浇筑前应进行预制构件的隐蔽工程验收，形成隐蔽验收记录并留存影像资料。

序号	省、自治区、直辖市	相关文件及规定
11	河南省	《河南省住房和城乡建设厅关于加强成品住宅工程质量管理工作的通知》： 监理单位应加强对施工单位报送的成品住宅内装工程吊顶、防水、电气安装等内容的隐蔽工程验收，形成《成品住宅工程隐蔽验收记录》，并应附相应的图像资料，增强可追溯性。
12	湖北省	《关于对政协湖北省第十二届委员会第二次会议第〔2019〕0299号提案的答复》： 实现项目建设信息化管理，加强项目基本建设信息备案管理和建设施工过程控制，明确所有关键工序建设、验收必须留存影像资料，纳入信息系统。
13	海南省	《关于加强装配式混凝土建筑工程设计施工质量全过程管控的通知》： 工程总承包单位（未实行工程总承包项目的施工单位）应加强套筒灌浆连接质量控制。套筒灌浆前，应在监理人员、质检员的见证下，模拟施工条件制作相应数量的平行试件，进行抗拉强度检验，并经检验合格后方可进行灌浆施工。套筒灌浆连接操作全过程应由施工专职检验人员及专业监理人员负责现场监督，留存灌浆施工检查记录（检查记录表格详见附件1）及影像资料。灌浆施工检查记录应经灌浆作业人员、施工专职检验人员及专业监理人员共同签字确认。影像资料应包括灌浆作业人员、施工专职技术人员及专业监理人员同时在场记录。 预制混凝土构件企业应加强钢筋加工、钢筋连接、钢筋骨架和钢筋网片的质量控制。预制混凝土构件企业应依据相关技术标准进行混凝土配合比设计，并严格按照配合比通知单进行生产，确保混凝土质量。混凝土浇筑前应进行预制混凝土构件的隐蔽工程验收，形成隐蔽验收记录并留存影像资料。
14	陕西省	《关于完善质量保障体系提升建筑工程品质的实施意见》（陕建发〔2020〕56号）： 建立质量责任标识制度，对关键工序、关键部位隐蔽工程实施举牌验收，同步留存影像资料，加强施工记录和验收资料管理，实现质量责任可追溯。
15	吉林省	《吉林省建设工程声像档案管理办法》（吉建城档〔2013〕4号）： 工程建设活动的声像档案收集范围，应包括下列内容： （二）工程施工阶段 2. 记录主体工程施工过程中施工现场整体情况，钢筋、模板、混凝土施工，隐蔽工程施工，内外装修装饰的声像档案。
16	甘肃省	《甘肃省住房和城乡建设厅关于房屋建筑和市政基础设施工程实施举牌验收制度的通知》（甘建质〔2021〕74号）： 举牌验收制度是指在房屋建筑和市政基础设施工程的关键工序、关键部位隐蔽工程及主要节点、分部工程验收时，在施工现场验收部位设立验收公示牌，将工程名称、分项工程名称、验收部位、验收内容、验收结论、验收人、验收时间等在公示牌上进行详细记录同时在验收完成后留存项目技术负责、专业工长、质量（安全）员、监理工程师等参与验收人员手举质量验收公示牌的照片，影像资料作为工程质量验收资料的附件一并存档，实现工程质量责任可追溯。
17	青海省	《青海省建筑工程质量管理标准化考评实施方案》（青建工〔2018〕43号）： 施工过程应认真落实检查验收制度和质量责任追溯制度，形成制度化、规范化的检查验收和责任追溯体系、程序、方法。每施工完一个检验批，应由项目部质量员进行实测实量，并将结果如实地填写在质量检查标识内，标识粘贴在受检部位，公示检查结果。隐蔽工程施工完毕后，由质量员、技术员填写隐蔽工程验收记录，验收记录内容应清晰、完整、准确。验收合格后由监理人员签署意见，并留存相应隐蔽验收记录和影像资料。

序号	省、自治区、直辖市	相关文件及规定
18	内蒙古 自治区	《内蒙古自治区住房和城乡建设厅关于开展房屋建筑和市政基础设施工程施工现场质量管理标准化工作的指导意见》： 实行隐蔽工程影像资料留存制度。隐蔽工程施工达到验收标准、进行隐蔽验收前，应对隐蔽工程的整体质量状态，关键控制点质量状态，验收部位、验收人员、验收时间等信息留存影像资料。影像资料可以采用照片、视频等形式和照片、光盘、U盘等介质，作为隐蔽验收记录的附件永久保存。
19	广西壮族 自治区	《关于加强我区装配式建筑预制混凝土构件制作与验收管理的通知》： 构件制作单位应在混凝土浇筑前进行预制混凝土构件隐蔽验收，形成隐蔽验收记录并留存影像资料。

说明：未列入的省、自治区、直辖市，请根据当地具体要求做好隐蔽工程验收记录。

第二章 地基与基础工程

第一节 地基与基础隐蔽工程所涉及的规范要求

一、《建筑地基基础工程施工质量验收标准》GB 50202—2018 摘录：

3.0.2 地基基础工程验收时应提交下列资料：

7 隐蔽工程验收资料。

条文说明：隐蔽工程验收资料中包含地基验槽记录、钢筋验收记录等隐蔽工程验收资料。

二、《土方与爆破工程施工及验收规范》GB 50201—2012 摘录：

4.8.3 检验批质量验收合格应符合下列规定：

4 隐蔽工程施工质量记录完整，施工方案和质量验收记录完整。

三、《建筑桩基技术规范》JGJ 94—2008 摘录：

9.5.2 桩基验收应包括下列资料：

6 施工记录及隐蔽工程验收文件。

四、《地下防水工程质量验收规范》GB 50208—2011 摘录：

4.1.16 防水混凝土结构的施工缝、变形缝、后浇带、穿墙管、埋设件等设置和构造必须符合设计要求。

检验方法：观察检查和检查隐蔽工程验收记录。

4.1.19 防水混凝土结构厚度不应小于250mm，其允许偏差应为+8mm、-5mm；主体结构迎水面钢筋保护层厚度不应小于50mm，其允许偏差应为±5mm。

检验方法：尺量检查和检查隐蔽工程验收记录。

4.2.11 水泥砂浆防水层施工缝留槎位置应正确，接槎应按层次顺序操作，层层搭接紧密。

检验方法：观察检查和检查隐蔽工程验收记录。

4.3.16 卷材防水层在转角处、变形缝、施工缝、穿墙管等部位做法必须符合设计要求。

检验方法：观察检查和检查隐蔽工程验收记录。

4.4.9 涂料防水层在转角处、变形缝、施工缝、穿墙管等部位做法必须符合设计要求。

检验方法：观察检查和检查隐蔽工程验收记录。

4.7.12 膨润土防水材料防水层在转角处和变形缝、施工缝、后浇带、穿墙管等部位做法必须符合设计要求。

检验方法：观察检查和检查隐蔽工程验收记录。

5.1.2 施工缝防水构造必须符合设计要求。

检验方法：观察检查和检查隐蔽工程验收记录。

5.1.3 墙体水平施工缝应留设在高出底板表面不小于300mm的墙体上。拱、板与墙结合的水平施工缝，宜留在拱、板与墙交接处以下150～300mm处；垂直施工缝应避开地下水和裂隙水较多的地段，并宜与变形缝相结合。

检验方法：观察检查和检查隐蔽工程验收记录。

5.1.4 在施工缝处继续浇筑混凝土时，已浇筑的混凝土抗压强度不应小于1.2MPa。

检验方法：观察检查和检查隐蔽工程验收记录。

5.1.5 水平施工缝浇筑混凝土前，应将其表面浮浆和杂物清除，然后铺设净浆、涂刷混凝土界面处理剂或水泥基渗透结晶型防水涂料，再铺30～50mm厚的1:1水泥砂浆，并及时浇筑混凝土。

检验方法：观察检查和检查隐蔽工程验收记录。

5.1.6 垂直施工缝浇筑混凝土前，应将其表面清理干净，再涂刷混凝土界面处理剂或水泥基渗透结晶型防水涂料，并及时浇筑混凝土。

检验方法：观察检查和检查隐蔽工程验收记录。

5.1.7 中埋式止水带及外贴式止水带埋设位置应准确，固定应牢靠。

检验方法：观察检查和检查隐蔽工程验收记录。

5.1.8 遇水膨胀止水带应具有缓膨胀性能；止水条与施工缝基面应密贴，中间不得有空鼓、脱离等现象；止水条应牢固地安装在缝表面或预埋凹槽内；止水条采用搭接连接时，搭接宽度不得小于30mm。

检验方法：观察检查和检查隐蔽工程验收记录。

5.1.9 遇水膨胀止水胶应采用专用注胶器挤出粘结在施工缝表面，并做到连续、均匀、饱满，无气泡和孔洞，挤出宽度及厚度应符合设计要求；止水胶挤出成形后，固化期内应采取临时保护措施；止水胶固化前不得浇筑混凝土。

检验方法：观察检查和检查隐蔽工程验收记录。

5.1.10 预埋式注浆管应设置在施工缝断面中部，注浆管与施工缝基面应密贴并固定牢靠，固定间距宜为200～300mm；注浆导管与注浆管的连接应牢固、严密，导管埋入混凝土内的部分应与结构钢筋绑扎牢固，导管的末端应临时封堵严密。

检验方法：观察检查和检查隐蔽工程验收记录。

5.2.2 变形缝防水构造必须符合设计要求。

检验方法：观察检查和检查隐蔽工程验收记录。

5.2.3 中埋式止水带埋设位置应准确，其中间空心圆环与变形缝的中心线应重合。

检验方法：观察检查和检查隐蔽工程验收记录。

5.2.4 中埋式止水带的接缝应设在边墙较高位置上，不得设在结构转角处；接头宜采用热压焊接，接缝应平整、牢固，不得有裂口和脱胶现象。

检验方法：观察检查和检查隐蔽工程验收记录。

5.2.5 中埋式止水带在转角处应做成圆弧形；顶板、底板内止水带应安装成盆状，并宜采用专用钢筋套或扁钢固定。

检验方法：观察检查和检查隐蔽工程验收记录。

5.2.6 外贴式止水带在变形缝与施工缝相交部位宜采用十字配件；外贴式止水带

在变形缝转角部位宜采用直角配件。止水带埋设位置应准确，固定应牢靠，并与固定止水带的基层密贴，不得出现空鼓、翘边等现象。

检验方法：观察检查和检查隐蔽工程验收记录。

5.2.7 安设于结构内侧的可卸式止水带所需配件应一次配齐，转角处应做成45°坡角，并增加紧固件的数量。

检验方法：观察检查和检查隐蔽工程验收记录。

5.2.8 嵌填密封材料的缝内两侧基面应平整、洁净、干燥，并应涂刷基层处理剂；嵌缝底部应设置背衬材料；密封材料嵌填应严密、连续、饱满，粘结牢固。

检验方法：观察检查和检查隐蔽工程验收记录。

5.2.9 变形缝处表面粘贴卷材或涂刷涂料前，应在缝上设置隔离层和加强层。

检验方法：观察检查和检查隐蔽工程验收记录。

5.3.3 后浇带防水构造必须符合设计要求。

检验方法：观察检查和检查隐蔽工程验收记录。

5.3.6 后浇带两侧的接缝表面应先清理干净，再涂刷混凝土界面处理剂或水泥基渗透结晶型防水涂料；后浇混凝土的浇筑时间应符合设计要求。

检验方法：观察检查和检查隐蔽工程验收记录。

5.4.2 穿墙管防水构造必须符合设计要求。

检验方法：观察检查和检查隐蔽工程验收记录。

5.4.3 固定式穿墙管应加焊止水环或环绕遇水膨胀止水圈，并作好防腐处理；穿墙管应在主体结构迎水面预留凹槽，槽内应用密封材料嵌填密实。

检验方法：观察检查和检查隐蔽工程验收记录。

5.4.4 套管式穿墙管的套管与止水环及翼环应连续满焊，并作好防腐处理；套管内表面应清理干净，穿墙管与套管之间应用密封材料和橡胶密封圈进行密封处理，并采用法兰盘及螺栓进行固定。

检验方法：观察检查和检查隐蔽工程验收记录。

5.4.5 穿墙盒的封口钢板与混凝土结构墙上预埋的角钢应焊平，并从钢板上的预留浇注孔注入改性沥青密封材料或细石混凝土，封填后将浇注孔口用钢板焊接封闭。

检验方法：观察检查和检查隐蔽工程验收记录。

5.4.6 当主体结构迎水面有柔性防水层时，防水层与穿墙管连接处应增设加强层。

检验方法：观察检查和检查隐蔽工程验收记录。

5.4.7 密封材料嵌填应密实、连续、饱满，粘结牢固。

检验方法：观察检查和检查隐蔽工程验收记录。

5.5.2 埋设件防水构造必须符合设计要求。

检验方法：观察检查和检查隐蔽工程验收记录。

5.5.4 埋设件端部或预留孔、槽底部的混凝土厚度不得小于250mm；当混凝土厚度小于250mm时，应局部加厚或采取其他防水措施。

检验方法：尺量检查和检查隐蔽工程验收记录。

5.5.5 结构迎水面的埋设件周围应预留凹槽，凹槽内应用密封材料嵌填密实。

检验方法：观察检查和检查隐蔽工程验收记录。

5.5.6 用于固定模板的螺栓必须穿过混凝土结构时，可采用工具式螺栓或螺栓加堵头，螺栓上应加焊止水环。拆模后留下的凹槽应用密封材料封堵密实，并用聚合物水泥砂浆抹平。

检验方法：观察检查和检查隐蔽工程验收记录。

5.5.7 预留孔、槽内的防水层应与主体防水层保持连续。

检验方法：观察检查和检查隐蔽工程验收记录。

5.5.8 密封材料嵌填应密实、连续、饱满，粘结牢固。

检验方法：观察检查和检查隐蔽工程验收记录。

5.6.2 预留通道接头防水构造必须符合设计要求。

检验方法：观察检查和检查隐蔽工程验收记录。

5.6.3 中埋式止水带埋设位置应准确，其中间空心圆环与变形缝的中心线应重合。

检验方法：观察检查和检查隐蔽工程验收记录。

5.6.6 密封材料嵌填应密实、连续、饱满，粘结牢固。

检验方法：观察检查和检查隐蔽工程验收记录。

5.6.7 用膨胀螺栓固定可卸式止水带时，止水带与紧固件压块以及止水带与基面之间应结合紧密。采用金属膨胀螺栓时，应选用不锈钢材料或进行防锈处理。

检验方法：观察检查和检查隐蔽工程验收记录。

5.6.8 预留通道接头外部应设保护墙。

检验方法：观察检查和检查隐蔽工程验收记录。

5.7.2 桩头防水构造必须符合设计要求。

检验方法：观察检查和检查隐蔽工程验收记录。

5.7.3 桩头混凝土应密实，如发现渗漏水应及时采取封堵措施。

检验方法：观察检查和检查隐蔽工程验收记录。

5.7.4 桩头顶面和侧面裸露处应涂刷水泥基渗透结晶型防水涂料，并延伸到结构底板垫层150mm处；桩头四周300mm范围内应抹聚合物水泥防水砂浆过渡层。

检验方法：观察检查和检查隐蔽工程验收记录。

5.7.5 结构底板防水层应做在聚合物水泥防水砂浆过渡层上并延伸至桩头侧壁，其与桩头侧壁接缝处应采用密封材料嵌填。

检验方法：观察检查和检查隐蔽工程验收记录。

5.7.6 桩头的受力钢筋根部应采用遇水膨胀止水条或止水胶，并应采取保护措施。

检验方法：观察检查和检查隐蔽工程验收记录。

5.7.8 密封材料嵌填应密实、连续、饱满，粘结牢固。

检验方法：观察检查和检查隐蔽工程验收记录。

5.8.2 孔口防水构造必须符合设计要求。

检验方法：观察检查和检查隐蔽工程验收记录。

5.8.4 窗井的底部在最高地下水位以上时，窗井的墙体和底板应作防水处理，并宜与主体结构断开。窗井下部的墙体和底板应做防水层。

检验方法：观察检查和检查隐蔽工程验收记录。

5.8.5 窗井或窗井的一部分在最高地下水位以下时，窗井应与主体结构连成整体，其防水层也应连成整体，并应在窗井内设置集水井。窗台下部的墙体和底板应做防水层。

检验方法：观察检查和检查隐蔽工程验收记录。

5.8.6 窗井内的底板应低于窗下缘 300mm。窗井墙高出室外地面不得小于 500mm；窗井外地面应做散水，散水与墙面间应采用密封材料嵌填。

检验方法：观察检查和检查隐蔽工程验收记录。

5.8.7 密封材料嵌填应密实、连续、饱满，粘结牢固。

检验方法：观察检查和检查隐蔽工程验收记录。

5.9.2 坑、池防水构造必须符合设计要求。

检验方法：观察检查和检查隐蔽工程验收记录。

5.9.4 坑、池、储水库宜采用防水混凝土整体浇筑，混凝土表面应坚实、平整，不得有露筋、蜂窝和裂缝等缺陷。

检验方法：观察检查和检查隐蔽工程验收记录。

5.9.5 坑、池底板的混凝土厚度不应小于 250mm；当底板的厚度小于 250mm 时，应采取局部加厚措施，并应使防水层保持连续。

检验方法：观察检查和检查隐蔽工程验收记录。

6.2.11 地下连续墙的槽段接缝构造应符合设计要求。

检验方法：观察检查和检查隐蔽工程验收记录。

6.3.14 管片接缝密封垫及其沟槽的断面尺寸应符合设计要求。

检验方法：观察检查和检查隐蔽工程验收记录。

6.3.16 管片嵌缝槽的深宽比及断面构造形式、尺寸应符合设计要求。

检验方法：观察检查和检查隐蔽工程验收记录。

6.3.17 嵌缝材料嵌填应密实、连续、饱满，表面平整，密贴牢固。

检验方法：观察检查和检查隐蔽工程验收记录。

6.4.3 沉井干封施工应符合下列规定：

检验方法：观察检查和检查隐蔽工程验收记录。

6.4.4 沉井水封施工应符合下列规定：

检验方法：观察检查和检查隐蔽工程验收记录。

6.4.11 沉井底板与井壁接缝处的防水处理应符合设计要求。

检验方法：观察检查和检查隐蔽工程验收记录。

6.5.2 地下连续墙为主体结构逆筑法施工应符合下列规定：

检验方法：观察检查和检查隐蔽工程验收记录。

6.5.3 地下连续墙与内衬构成复合衬砌进行逆筑法施工除应符合本规范第 6.5.2 条的规定外，尚应符合下列规定：

检验方法：观察检查和检查隐蔽工程验收记录。

7.1.7 盲沟反滤层的层次和粒径组成必须符合设计要求。

检验方法：检查砂、石试验报告和隐蔽工程验收记录。

7.1.9 渗排水构造应符合设计要求。

检验方法：观察检查和检查隐蔽工程验收记录。

7.1.10 渗排水层的铺设应分层、铺平、拍实。

检验方法：观察检查和检查隐蔽工程验收记录。

7.1.11 盲沟排水构造应符合设计要求。

检验方法：观察检查和检查隐蔽工程验收记录。

7.2.16 贴壁式、复合式衬砌的盲沟与混凝土衬砌接触部位应做隔浆层。

检验方法：观察检查和检查隐蔽工程验收记录。

7.3.10 塑料排水板排水层构造做法应符合本规范第7.3.3条的规定。

检验方法：观察检查和检查隐蔽工程验收记录。

8.1.9 注浆孔的数量、布置间距、钻孔深度及角度应符合设计要求。

检验方法：尺量检查和检查隐蔽工程验收记录。

8.1.10 注浆各阶段的控制压力和注浆量应符合设计要求。

检验方法：观察检查和检查隐蔽工程验收记录。

8.2.8 注浆孔的数量、布置间距、钻孔深度及角度应符合设计要求。

检验方法：尺量检查和检查隐蔽工程验收记录。

8.2.9 注浆各阶段的控制压力和注浆量应符合设计要求。

检验方法：观察检查和检查隐蔽工程验收记录。

9.0.5 地下防水工程竣工和记录资料应符合表9.0.5的规定。

表9.0.5 地下防水工程竣工和记录资料

序号	项目	竣工和记录资料
7	中间检查记录	施工质重验收记录、隐蔽工程验收记录、施工检查记录

9.0.6 地下防水工程应对下列部位作好隐蔽工程验收记录：

1 防水层的基层；

2 防水混凝土结构和防水层被掩盖的部位；

3 施工缝、变形缝、后浇带等防水构造做法；

4 管道穿过防水层的封固部位；

5 渗排水层、盲沟和坑槽；

6 结构裂缝注浆处理部位；

7 衬砌前围岩渗漏水处理部位；

8 基坑的超挖和回填。

第二节 地基与基础隐蔽项目汇总及填写范例

一、地基与基础隐蔽项目汇总表（表2.2.1-1）

表2.2.1-1 地基与基础隐蔽项目汇总

序号	隐蔽项目	隐蔽内容	对应范例表格
1	天然地基	1. 基坑的位置、平面尺寸、坑底标高； 2. 基坑底、坑边岩土体和地下水情况； 3. 空穴、古墓、古井、暗沟、防空掩体及地下埋设物的情况； 4. 基坑底土质的扰动情况以及扰动的范围和程度； 5. 基坑底土质受到冰冻、干裂、受水冲刷或浸泡等扰动情况； 6. 基坑触探情况。	表2.2.2-1

序号	隐蔽项目	隐蔽内容	对应范例表格
2	素土、灰土地基	1. 土料配合比及灰土的拌合均匀性； 2. 分层铺设的厚度； 3. 夯实时的加水量； 4. 夯压遍数； 5. 压实系数； 6. 地基承载力。	表 2.2.2-2
3	砂和砂石地基	1. 原材料质量和配合比及砂、石拌和的均匀性； 2. 分层厚度、分段施工时搭接部分的压实情况、加水量、压实遍数； 3. 压实系数； 4. 地基承载力检验。	表 2.2.2-3
4	土工合成材料地基	1. 土工合成材料的单位面积质量、厚度、比重、强度、延伸率以及土、砂石料质量等； 2. 基槽清底状况、回填料铺设厚度及平整度、土工合成材料的铺设方向、接缝搭接长度或缝接状况、土工合成材料与结构的连接状况等； 3. 地基承载力检验。	表 2.2.2-4
5	粉煤灰地基	1. 粉煤灰材料质量； 2. 分层厚度、碾压遍数、施工含水量控制、搭接区碾压程度、压实系数等； 3. 承载力检验。	表 2.2.2-5
6	强夯地基	1. 夯锤质量和尺寸、落距控制方法、排水设施及被夯地基的土质； 2. 夯锤落距、夯点位置、夯击范围、夯击击数、夯击遍数、每击夯沉量、最后两击的平均夯沉量、总夯沉量和夯点施工起止时间等； 3. 地基承载力、地基土的强度、变形指标及其他设计要求指标检验。	表 2.2.2-6
7	注浆地基	1. 注浆点位置、浆液配比、浆液组成材料的性能； 2. 浆液的配比及主要性能指标、注浆的顺序及注浆过程中的压力控制等； 3. 地基承载力、地基土强度和变形指标检验。	表 2.2.2-7
8	砂石桩复合地基	1. 砂石料的含泥量及有机质含量等； 2. 每根砂石桩的桩位、填料量、标高、垂直度等，振冲法施工中密实电流、供水压力、供水量、填料量、留振时间、振冲点位置、振冲器施工参数等； 3. 复合地基承载力、桩体密实度等检验。	表 2.2.2-8
9	高压喷射注浆复合地基	1. 水泥、外掺剂等的质量、桩位、浆液配比； 2. 压力、水泥浆量、提升速度、旋转速度等施工参数及施工程序； 3. 桩体的强度和平均直径，以及单桩与复合地基的承载力等。	表 2.2.2-9
10	水泥土搅拌桩复合地基	1. 水泥及外掺剂的质量、桩位； 2. 机头提升速度、水泥浆或水泥注入量、搅拌桩的长度及标高； 3. 桩体的强度和直径，以及单桩与复合地基的承载力。	表 2.2.2-10
11	土和灰土挤密桩复合地基	1. 石灰及土的质量、桩位； 2. 桩孔直径、桩孔深度、夯击次数、填料的含水量及压实系数； 3. 成桩的质量及复合地基承载力。	表 2.2.2-11

序号	隐蔽项目	隐蔽内容	对应范例表格
12	水泥粉煤灰碎石桩复合地基	1. 水泥、粉煤灰、砂及碎石等原材料； 2. 桩身混合料的配合比、坍落度和成孔深度、混合料充盈系数； 3. 桩体质量、单桩及复合地基承载力。	表2.2.2-12
13	混凝土灌注桩（钢筋笼）	1. 钢筋原材料质量情况； 2. 钢筋的连接质量情况； 3. 钢筋笼的主筋间距、长度、箍筋间距、笼直径； 4. 钢筋笼的定位筋及预埋管布置。	表2.2.2-13
14	预制桩焊接接桩	1. 电焊条质量； 2. 焊缝质量； 3. 焊缝外观； 4. 电焊结束后停歇时间。	表2.2.2-14
15	锚杆静压桩焊接接桩	1. 电焊条质量； 2. 焊缝质量； 3. 焊缝外观； 4. 电焊结束后停歇时间。	表2.2.2-15
16	土钉墙（土钉）	1. 土钉长度、位置、直径； 2. 土钉对中支架； 3. 注浆管与钢筋土钉绑扎； 4. 土钉加强措施。	表2.2.2-16 表2.2.2-18
17	土钉墙（钢筋网）	1. 钢筋网间距； 2. 钢筋网层数及保护层厚度； 3. 钢筋钢筋或焊接长度； 4. 钢筋的绑扎。	表2.2.2-17
18	地下连续墙（钢筋笼）	1. 钢筋原材料质量情况； 2. 钢筋的连接质量情况； 3. 钢筋笼长度、宽度、高度； 4. 主筋间距、分布筋间距； 5. 钢筋笼的接头与绑扎； 6. 预埋件与注浆管的位置； 7. 预埋钢筋与接驳器的位置；	表2.2.2-19
19	基坑肥槽	1. 基底的垃圾、树根等杂物清除情况； 2. 基底标高、边坡坡率； 3. 基础外墙防水层和保护层； 4. 回填料情况。	表2.2.2-24
20	回填土	1. 每层填筑厚度、辗迹重叠程度、含水量控制、回填土有机质含量、压实系数等； 2. 标高情况； 3. 表面平整度。	表2.2.2-25
21	锚杆	1. 锚杆原材料； 2. 锚杆表观质量； 3. 锚杆下料长度； 4. 锚杆排列及入孔深度； 5. 隔离架布置； 6. 注浆管布置及绑扎情况。	表2.2.2-20

续表

序号	隐蔽项目	隐蔽内容	对应范例表格
22	型钢	1. 型钢原材料； 2. 型钢防腐处理； 3. 型钢焊缝； 4. 型钢垂直度、位置、表高等。	表 2.2.2-21
23	沉井	1. 混凝土强度； 2. 平面位置、尺寸； 3. 下沉偏差； 4. 下沉后的接高； 5. 地基强度、接高稳定性； 6. 底板的结构及渗漏情况。	表 2.2.2-22
24	轻型井点	1. 井、滤管、滤料沉淀管、挡砂网材质； 2. 沉孔直径、沉孔深度； 3. 滤料回填量； 4. 黏土封孔高度。	表 2.2.2-23

二、填写范例

1. 隐蔽工程验收记录（基槽）。

1）隐蔽工程验收记录（基槽）表填写范例（表 2.2.2-1）。

表 2.2.2-1　隐蔽工程验收记录（基槽）

工程名称	筑业科技产业园综合楼	编号	××
隐检项目	基槽	隐检日期	××××年×月×日
隐检部位	基槽 ①～⑩/　～　轴　－6.200m 标高		

隐检依据：施工图号　结施01～04　，设计变更/治商/技术核定单（编号　/　）及有关
国家现行标准等。

主要材料名称及规格/型号：　/

隐检内容：

1. 基槽定位准确，平面尺寸符合设计及施工方案要求，见放线记录××；

2. 基槽土层已挖至设计标高，标高误差均在±30mm以内，符合规范要求；

3. 基槽底为坚硬密实砂土层，与地质勘察报告一致，地质勘察报告编号××，经核查，地下水位在基槽底以下1m，符合设计及规范要求；

4. 基槽底土质未受到明显的机械扰动现象；

5. 基槽底土质未受到冰冻、干裂、受水冲刷或浸泡等扰动情况；

6. 基槽已完成钎探试验，未发现异常现象，见钎探记录编号××；

7. 地基验槽合格，见验槽记录编号××。

检查结论：

经检查，符合设计及规范要求，同意进行下道工序。

☑同意隐蔽　　□不同意，修改后进行复查

复查结论：

复查人：　　　　　　　　　　　　　　　　　　　　复查日期：　　年　月　日

签字栏	施工单位	××建设集团有限公司	专业技术负责人	专业质量员	专业工长
			×××	×××	×××
	监理或建设单位	××建设监理有限公司	专业监理工程师	×××	

2）隐蔽工程验收记录（基槽）标准要求。

（1）隐检依据来源。

《建筑地基基础工程施工质量验收标准》GB 50202—2018 摘录：

3.0.2 地基基础工程验收时应提交下列资料：

7 隐蔽工程验收资料。

（2）隐检内容相关要求。

《建筑地基基础工程施工质量验收标准》GB 50202—2018 摘录：

A.2.1 天然地基验槽应检验下列内容：

1 根据勘察、设计文件核对基坑的位置、平面尺寸、坑底标高；

2 根据勘察报告核对基坑底、坑边岩土体和地下水情况；

3 检查空穴、古墓、古井、暗沟、防空掩体及地下埋设物的情况，并应查明其位置、深度和性状；

4 检查基坑底土质的扰动情况以及扰动的范围和程度；

5 检查基坑底土质受到冰冻、干裂、受水冲刷或浸泡等扰动情况，并应查明影响范围和深度。

A.2.2 在进行直接观察时，可用袖珍式贯入仪或其他手段作为验槽辅助。

2. 隐蔽工程验收记录（素土、灰土地基）。

1）隐蔽工程验收记录（素土、灰土地基）表填写范例（表 2.2.2-2）。

表 2.2.2-2 隐蔽工程验收记录（素土、灰土地基）

工程名称	筑业科技产业园综合楼	编号	××
隐检项目	素土、灰土地基	隐检日期	××××年×月×日
隐检部位	地基层 ①～⑩/ ～ 轴 −7.000～−5.000m 标高		

隐检依据：施工图号___结施 01～04___，设计变更/洽商/技术核定单（编号_____/_____）及有关国家现行标准等。

主要材料名称及规格/型号：___3：7 灰土___

隐检内容：

1. 灰土按照 3：7 重量比进行拌合，且拌合均匀，见检查记录××；

2. 灰土每层厚度均控制在 250mm 以内，符合施工方案的要求；

3. 夯实时，根据计算的用水量，每层每 1m² 均匀喷散清水 1kg，符合施工方案要求；

4. 采用 30T 的压路机进行来回碾压，每层均压实 8 遍，上下层的搭接长度超过 2m，符合方案要求；

5. 灰土按要求进行送检试验，试验合格，见报告××；

6. 每层回填土均进行环刀取样，取样数量及组数符合方案要求，每层测得的回填土压实系数均超过 0.96，符合设计要求，每层回填土均经试验合格后，才进行下一层夯实；

7. 地基承载力检验合格，见试验报告编号××。

检查结论：

经检查，符合设计及规范要求，同意进行下道工序。

☑同意隐蔽　　　　□不同意，修改后进行复查

复查结论：

复查人：　　　　　　　　　　　　　　　　　　复查日期：　年　月　日

签字栏	施工单位	××建设集团有限公司	专业技术负责人	专业质量员	专业工长
			×××	×××	×××
	监理或建设单位	××建设监理有限公司	专业监理工程师	×××	

2）隐蔽工程验收记录（素土、灰土地基）标准要求。

（1）隐检依据来源。

《建筑地基基础工程施工质量验收标准》GB 50202—2018 摘录：

3.0.2 地基基础工程验收时应提交下列资料：

7 隐蔽工程验收资料。

（2）隐检内容相关要求。

《建筑地基基础工程施工规范》GB 51004—2015 摘录：

4.2.1 素土、灰土地基土料应符合下列规定：

1 素土地基土料可采用黏土或粉质黏土，有机质含量不应大于5％，并应过筛，不应含有冻土或膨胀土，严禁采用地表耕植土、淤泥及淤泥质土、杂填土等土料；

2 灰土地基的土料可采用黏土或粉质黏土，有机质含量不应大于5％，并应过筛，其颗粒不得大于15mm，石灰宜采用新鲜的消石灰，其颗粒不得大于5mm，且不应含有未熟化的生石灰块粒，灰土的体积配合比宜为2∶8或3∶7，灰土应搅拌均匀。

4.2.2 素土、灰土地基土料的施工含水量宜控制在最优含水量±2％的范围内，最优含水量可通过击实试验确定，也可按当地经验取用。

4.2.3 素土、灰土地基的施工方法，分层铺填厚度，每层压实遍数等宜通过试验确定，分层铺填厚度宜取200～300mm，应随铺填随夯压密实。基底为软弱土层时，地基底部宜加强。

4.2.4 素土、灰土换填地基宜分段施工，分段的接缝不应在柱基、墙角及承重窗间墙下位置，上下相邻两层的接缝距离不应小于500mm，接缝处宜增加压实遍数。

4.2.5 基底存在洞穴、暗浜（塘）等软硬不均的部位时，应按设计要求进行局部处理。

4.2.6 素土、灰土地基的施工检验应符合下列规定：

1 应每层进行检验，在每层压实系数符合设计要求后方可铺填上层土；

2 可采用环刀法、贯入仪、静力触探、轻型动力触探或标准贯入试验等方法，其检测标准应符合设计要求；

3 采用环刀法检验施工质量时，取样点应位于每层厚度的2/3深度处。筏形与箱形基础的地基检验点数量每50～100m²不应少于1个点；条形基础的地基检验点数量每10～20m不应少于1个点；每个独立基础不应少于1个点；

4 采用贯入仪或轻型动力触探检验施工质量时，每分层检验点的间距应小于4m。

3. 隐蔽工程验收记录（砂和砂石地基）。

1）隐蔽工程验收记录（砂和砂石地基）表填写范例（表 2.2.2-3）。

表 2.2.2-3 隐蔽工程验收记录（砂和砂石地基）

工程名称	筑业科技产业园综合楼	编号	××
隐检项目	砂和砂石地基	隐检日期	××××年×月×日
隐检部位	地基层 ①～⑩/ ～ 轴 －7.000～－5.000m 标高		

隐检依据：施工图号 <u>结施 01～04</u> ，设计变更/洽商/技术核定单（编号 <u>／</u> ）及有关
国家现行标准等。
主要材料名称及规格/型号： <u>20mm 级配碎石</u>

隐检内容：

1. 材料质量证明文件齐全，进场验收合格，见记录××；
2. 灰土每层厚度均控制在 250mm 以内，符合施工方案的要求；
3. 夯实时，根据计算的用水量，每层每 1m² 均匀喷散清水 2kg，符合施工方案要求；
4. 采用 30T 的压路机进行来回碾压，每层均压实 8 遍，上下层的搭接长度超过 2m，符合方案要求；
5. 按照抽样检验方案要求对每层砂石土层进行取样，试验合格，见试验报告××；
6. 每层砂石土层均经试验合格后，才进行下一层夯实；
7. 地基承载力检验合格，见试验报告编号××。

检查结论：

经检查，符合设计及规范要求，同意进行下道工序。

☑同意隐蔽　　　　　□不同意，修改后进行复查

复查结论：

复查人：　　　　　　　　　　　　　　　　　　复查日期：　　年　月　日

签字栏	施工单位	××建设集团有限公司	专业技术负责人	专业质量员	专业工长
			×××	×××	×××
	监理或建设单位	××建设监理有限公司	专业监理工程师		×××

2）隐蔽工程验收记录（砂和砂石地基）标准要求。

（1）隐检依据来源。

《建筑地基基础工程施工质量验收标准》GB 50202—2018 摘录：

3.0.2 地基基础工程验收时应提交下列资料：

7 隐蔽工程验收资料。

（2）隐检内容相关要求。

《建筑地基基础工程施工规范》GB 51004—2015 摘录：

4.3.1 砂和砂石地基的材料应符合下列规定：

1 宜采用颗粒级配良好的砂石，砂石的最大粒径不宜大于 50mm，含泥量不应大于 5%；

2 采用细砂时应掺入碎石或卵石，掺量应符合设计要求；

3 砂石材料应去除草根、垃圾等有机物，有机物含量不应大于 5%。

4.3.2 砂和砂石地基的施工应符合下列规定：

1 施工前应通过现场试验性施工确定分层厚度、施工方法、振捣遍数、振捣器功率等技术参数；

2 分段施工时应采用斜坡搭接，每层搭接位置应错开 0.5～1.0m，搭接处应振压密实；

3 基底存在软弱土层时应在与土面接触处先铺一层 150～300mm 厚的细砂层或铺一层土工织物；

4 分层施工时，下层经压实系数检验合格后方可进行上一层施工。

4. 隐蔽工程验收记录（土工合成材料地基）。

1）隐蔽工程验收记录（土工合成材料地基）表填写范例（表 2.2.2-4）。

表 2.2.2-4 隐蔽工程验收记录（土工合成材料地基）

工程名称	筑业科技产业园综合楼	编号	××
隐检项目	土工合成材料地基	隐检日期	××××年×月×日
隐检部位	地基层 ①～⑩/ ～ 轴		−11.000～−5.000m 标高

隐检依据：施工图号__结施 01～04__，设计变更/洽商/技术核定单（编号_____/_____）及有关国家现行标准等。

主要材料名称及规格/型号：__合成材料__

隐检内容：

  1. 土工合成材料的质量合格证明文件齐全，材料进场验收合格，复试合格，见报告编号××；

  2. 基槽清理干净，未受到冰冻、干裂、受水冲刷或浸泡等扰动情况；

  3. 分层回填，每层回填厚度均小于250mm，符合方案要求；

  4. 土工合成材料按主要的受力方向进行铺放，并采用人工方式进行拉紧，没有褶皱，贴紧下层；

  5. 土工膜的连接采用热熔法搭接，铺膜前已进行试焊，土工膜搭接长度为500mm，符合方案要求；

  6. 土工合成材料铺放无大面积的损伤破坏现象；

  7. 层面平整、均匀，其偏差均在±20mm范围内，符合规范要求；

  8. 承载力检验合格，见报告编号××。

检查结论：

  经检查，符合设计及规范要求，同意进行下道工序。

☑同意隐蔽   □不同意，修改后进行复查

复查结论：

复查人：   复查日期： 年 月 日

签字栏	施工单位	××建设集团有限公司	专业技术负责人	专业质量员	专业工长
			×××	×××	×××
	监理或建设单位	××建设监理有限公司	专业监理工程师	×××	

2）隐蔽工程验收记录（土工合成材料地基）标准要求。

（1）隐检依据来源。

《建筑地基基础工程施工质量验收标准》GB 50202—2018 摘录：

3.0.2 地基基础工程验收时应提交下列资料：

7 隐蔽工程验收资料。

（2）隐检内容相关要求。

《建筑地基基础工程施工质量验收标准》GB 50202—2018 摘录：

表 4.4.4 土工合成材料地基质量检验标准

项	序	检查项目	允许值或允许偏差		检查方法
			单位	数值	
主控项目	1	地基承载力	不小于设计值		静载试验
	2	土工合成材料强度	%	≥−5	拉伸试验（结果与设计值相比）
	3	土工合成材料延伸率	%	≥−3	拉伸试验（结果与设计值相比）
一般项目	1	土工合成材料搭接长度	mm	≥300	用钢尺量
	2	土石料有机质含量	%	≤5	灼烧减量法
	3	层面平整度	mm	±20	用 2m 靠尺
	4	分层厚度	mm	±25	水准测量

5. 隐蔽工程验收记录（粉煤灰地基）。

1）隐蔽工程验收记录（粉煤灰地基）表填写范例（表 2.2.2-5）。

表 2.2.2-5 隐蔽工程验收记录（粉煤灰地基）

工程名称	筑业科技产业园综合楼		编号	××
隐检项目	粉煤灰石地基		隐检日期	××××年×月×日
隐检部位	地基层 ①～⑩/ ～ 轴 ___-7.000～-5.000m___ 标高			

隐检依据：施工图号___结施01～04___，设计变更/洽商/技术核定单（编号_____/_____）及有关国家现行标准等。

主要材料名称及规格/型号：___Ⅱ级粉煤灰___

隐检内容：

1. 材料质量证明文件齐全，进场验收合格，见记录××，复试合格，见报告××；

2. 基槽杂物已清理，基层平整，局部高差不大于50mm，地质条件符合地质勘察报告；

3. 每层铺筑厚度为250mm，压实后为150mm左右，每层铺完检测合格后，及时铺筑上一层；

4. 粉煤灰地基铺设施工含水量为18%，在最优含水量（$W\pm2\%$）范围内；

5. 每层夯实后，经实测，压实系数均大于0.96，见试验报告××，符合设计要求；

6. 地基承载力检验合格，见试验报告编号××。

检查结论：

经检查，符合设计及规范要求，同意进行下道工序。

☑同意隐蔽　　　　　　□不同意，修改后进行复查

复查结论：

复查人：　　　　　　　　　　　　　　　　　　复查日期：　　年　月　日

签字栏	施工单位	××建设集团有限公司	专业技术负责人	专业质量员	专业工长
			×××	×××	×××
	监理或建设单位	××建设监理有限公司	专业监理工程师		×××

2）隐蔽工程验收记录（粉煤灰地基）标准要求。

（1）隐检依据来源。

《建筑地基基础工程施工质量验收标准》GB 50202—2018 摘录：

3.0.2 地基基础工程验收时应提交下列资料：

7 隐蔽工程验收资料。

（2）隐检内容相关要求。

《建筑地基基础工程施工规范》GB 51004—2015 摘录：

4.4.1 粉煤灰填筑材料应选用Ⅲ级以上粉煤灰，颗粒粒径宜为 0.001～2.0mm，严禁混入生活垃圾及其他有机杂质，并应符合建筑材料有关放射性安全标准的要求。

4.4.2 粉煤灰地基施工应符合下列规定：

1 施工时应分层摊铺，逐层夯实，铺设厚度宜为 200～300mm，用压路机时铺设厚度宜为 300～400mm，四周宜设置具有防冲刷功能的隔离措施；

2 施工含水量宜控制在最优含水量±4%的范围内，底层粉煤灰宜选用较粗的灰，含水量宜稍低于最优含水量；

3 小面积基坑、基槽的垫层可用人工分层摊铺，用平板振动器或蛙式打夯机进行振（夯）实，每次振（夯）板应重叠 1/2～1/3 板，往复压实，由两侧或四侧向中间进行，夯实不少于 3 遍，大面积垫层应采用推土机摊铺，先用推土机预压 2 遍，然后用压路机碾压，施工时压轮重叠 1/2～1/3 轮宽，往复碾压 4～6 遍；

4 粉煤灰宜当天即铺即压完成，施工最低气温不宜低于 0℃；

5 每层铺完检测合格后，应及时铺筑上层，并严禁车辆在其上行驶，铺筑完成应及时浇筑混凝土垫层或上覆 300～500mm 土进行封层。

4.4.4 粉煤灰地基施工过程中应检验铺筑厚度、碾压遍数、施工含水量、搭接区碾压程度、压实系数等，并应符合本规范第 4.2.6 条的有关规定。

6. 隐蔽工程验收记录（强夯地基）。

1）隐蔽工程验收记录（强夯地基）表填写范例（表2.2.2-6）。

表 2.2.2-6 隐蔽工程验收记录（强夯地基）

工程名称	筑业科技产业园综合楼	编号	××
隐检项目	强夯地基	隐检日期	××××年×月×日
隐检部位	地基层 ①～⑩/ ～ 轴 −5.000m 标高		

隐检依据：施工图号__结施01～04__，设计变更/洽商/技术核定单（编号_____/_____）及有关国家现行标准等。

主要材料名称及规格/型号：_____/_____

隐检内容：

1. 土质情况与地质勘察报告相符，并按要求设置了排水措施；
2. 夯锤底面积为4m²，锤重20t，排气孔8个，直径200mm，并采用自动脱钩方式夯击地面；
3. 夯锤落距、夯点位置、夯击范围、夯击击数、夯击遍数、每击夯沉量、最后两击的平均夯沉量、总夯沉量和夯点施工起止时间均符合要求，见施工记录编号××；
4. 地基承载力、地基土的强度、变形指标等检验合格，见报告编号××；
5. 场地平整，标高偏差均在±50mm范围内，符合规范要求。

检查结论：

经检查，符合设计及规范要求，同意进行下道工序。

☑同意隐蔽　　　□不同意，修改后进行复查

复查结论：

复查人：　　　　　　　　　　　　　　　　复查日期：　　年　月　日

签字栏	施工单位	××建设集团有限公司	专业技术负责人	专业质量员	专业工长
			×××	×××	×××
	监理或建设单位	××建设监理有限公司	专业监理工程师	×××	

2）隐蔽工程验收记录（强夯地基）标准要求。

（1）隐检依据来源。

《建筑地基基础工程施工质量验收标准》GB 50202—2018 摘录：

3.0.2 地基基础工程验收时应提交下列资料：

7 隐蔽工程验收资料。

（2）隐检内容相关要求。

《建筑地基基础工程施工质量验收标准》GB 50202—2018 摘录：

表 4.6.4　强夯地基质量检验标准

项	序	检查项目	允许值或允许偏差		检查方法
			单位	数值	
主控项目	1	地基承载力	不小于设计值		静载试验
	2	处理后地基土的强度	不小于设计值		原位测试
	3	变形指标	设计值		原位测试
一般项目	1	夯锤落距	mm	±300	钢索设标志
	2	夯锤质量	kg	±100	称重
	3	夯击遍数	不小于设计值		计数法
	4	夯击顺序	设计要求		检查施工记录
	5	夯击击数	不小于设计值		计数法
	6	夯点位置	mm	±500	用钢尺量
	7	夯击范围（超出基础范围距离）	设计要求		用钢尺量
	8	前后两遍间歇时间	设计值		检查施工记录
	9	最后两击平均夯沉量	设计值		水准测量
	10	场地平整度	mm	±100	水准测量

7. 隐蔽工程验收记录（注浆地基）。

1）隐蔽工程验收记录（注浆地基）表填写范例（表 2.2.2-7）。

表 2.2.2-7　隐蔽工程验收记录（注浆地基）

工程名称	筑业科技产业园综合楼	编号	××
隐检项目	注浆地基	隐检日期	××××年×月×日
隐检部位	地基层 ①～⑩/ ～ 轴 －5.000m 标高		

隐检依据：施工图号＿＿结施 01～04＿＿＿＿＿＿，设计变更/洽商/技术核定单（编号＿＿＿＿＿/＿＿＿＿＿）及有关国家现行标准等。

主要材料名称及规格/型号：＿＿＿＿＿/＿＿＿＿＿＿＿＿＿＿＿＿＿＿＿＿＿＿＿＿＿＿＿＿＿＿＿＿＿

隐检内容：

1. 材料的质量证明文件齐全，进场验收合格，见记录××；
2. 地质情况与地质勘察报告内容相符；
3. 注浆孔位、定位孔与下注浆管距离之差均控制在±20mm 内；
4. 注浆孔深、注浆管末端插入土体的标高与设计深度对比控制在±100mm 之内；
5. 现场实测压力表读数与设计要求注浆压力之比在±10％之内，见记录××；
6. 承载力检验合格，见试验编号××。

检查结论：

经检查，符合设计及规范要求，同意进行下道工序。

☑同意隐蔽　　　　　□不同意，修改后进行复查

复查结论：

复查人：　　　　　　　　　　　　　　　　　　复查日期：　　年　月　日

签字栏	施工单位	××建设集团有限公司	专业技术负责人	专业质量员	专业工长
			×××	×××	×××
	监理或建设单位	××建设监理有限公司	专业监理工程师	×××	

2）隐蔽工程验收记录（注浆地基）标准要求。

（1）隐检依据来源。

《建筑地基基础工程施工质量验收标准》GB 50202—2018摘录：

3.0.2 地基基础工程验收时应提交下列资料：

7 隐蔽工程验收资料。

（2）隐检内容相关要求。

《建筑地基基础工程施工规范》GB 51004—2015摘录：

4.6.1 注浆施工前应进行室内浆液配比试验和现场注浆试验。

4.6.2 注浆施工应记录注浆压力和浆液流量，并应采用自动压力流量记录仪。

4.6.3 注浆顺序应按跳孔间隔注浆方式进行，并宜采用先外围后内部的注浆施工方法。

4.6.4 注浆孔的孔径宜为70~110mm，孔位偏差不应大于50mm，钻孔垂直度偏差应小于1/100。注浆孔的钻杆角度与设计角度之间的倾角偏差不应大于2°。

4.6.5 浆液宜采用普通硅酸盐水泥，注浆水灰比宜取0.5~0.6。浆液应搅拌均匀，注浆过程中应连续搅拌，搅拌时间应小于浆液初凝时间。浆液在压注前应经筛网过滤。

4.6.6 注浆管上拔时宜使用拔管机。塑料阀管注浆时，注浆芯管每次上拔高度应为330mm。花管注浆时，花管每次上拔或下钻高度宜为300~500mm。采用低坍落度的砂浆压密注浆时，每次上拔高度宜为400~600mm。

4.6.7 注浆压力的选用应根据土层的性质及其埋深确定。劈裂注浆时，砂土中宜取0.2~0.5MPa，黏性土宜取0.2~0.3MPa。采用水泥-水玻璃双液快凝浆液的注浆时压力应小于1MPa，注浆时浆液流量宜取10~20L/min。采用坍落度为25~75mm的水泥砂浆压密注浆时，注浆压力宜为1~7MPa，注浆的流量宜为10~20L/min。

4.6.8 在浆液拌制时加入的掺合料、外加剂的量应通过试验确定，或按照下列指标选用：

1 磨细粉煤灰掺入量宜为水泥用量的20%~50%；

2 水玻璃的模数应为3.0~3.3，掺入量宜为水泥用量的0.5%~3.0%；

3 表面活性剂（或减水剂）的掺入量宜为水泥用量的0.3%~0.5%；

4 膨润土的掺入量宜为水泥用量的1%~5%。

4.6.9 冬期施工时，在日平均气温低于5℃或最低温度低于-3℃的条件下注浆时应采取防浆体冻结措施。夏季施工时，用水温度不得高于35℃且对浆液及注浆管路应采取防晒措施。

4.6.10 注浆过程中可采取调整浆液配合比、间歇式注浆、调整浆液的凝结时间、上口封闭等措施防止地面冒浆。

8. 隐蔽工程验收记录（砂桩地基）。

1）隐蔽工程验收记录（砂桩地基）表填写范例（表 2.2.2-8）。

表 2.2.2-8　隐蔽工程验收记录（砂桩地基）

工程名称	筑业科技产业园综合楼	编号	××
隐检项目	砂桩地基	隐检日期	××××年×月×日
隐检部位	地基层 ①～⑩/ ～ 轴　　－12.000～－5.000m　标高		

隐检依据：施工图号　结施01～04　　　　，设计变更/洽商/技术核定单（编号　　　/　　　）及有关国家现行标准等。
主要材料名称及规格/型号：　级配碎石　　　　　　　　　　　　　

隐检内容：

　　1. 材料质量证明文件齐全，进场验收合格，见记录××；

　　2. 工艺试验合格，见试验记录××；

　　3. 砂石桩的密实电流、供水压力、供水量、填料量、留振时间、振冲点位置、振冲器等符合要求，详见施工记录编号××；

　　4. 砂桩的桩位、标高、垂直度、孔深等偏差均在规范允许范围内；

　　5. 地基承载力、桩体密实度等检验合格，见报告编号××；

　　6. 褥垫层表面平整、厚度及标高符合设计要求；

　　7. 褥垫层夯填度均在0.9以内，符合设计和规范要求。

检查结论：

　　经检查，符合设计及规范要求，同意进行下道工序。

☑同意隐蔽　　　　　　□不同意，修改后进行复查

复查结论：

复查人：　　　　　　　　　　　　　　　　　　复查日期：　　年　月　日

签字栏	施工单位	××建设集团有限公司	专业技术负责人	专业质量员	专业工长
			×××	×××	×××
	监理或建设单位	××建设监理有限公司	专业监理工程师	×××	

2）隐蔽工程验收记录（砂桩地基）标准要求。

（1）隐检依据来源。

《建筑地基基础工程施工质量验收标准》GB 50202—2018摘录：

3.0.2 地基基础工程验收时应提交下列资料：

7 隐蔽工程验收资料。

（2）隐检内容相关要求。

《建筑地基基础工程施工规范》GB 51004—2015摘录：

4.8.1 施工前应在现场进行振冲试验，以确定水压、振密电流和留振时间等各种施工参数。

4.8.2 振冲置换施工应符合下列规定：

1 水压可用200～600kPa，水量可用200～600L/min，造孔速度宜为0.5～2.0m/min；

2 当稳定电流达到密实电流值后宜留振30s，并将振冲器提升300～500mm，每次填料厚度不宜大于500mm；

3 施工顺序宜从中间向外围或间隔跳打进行，当加固区附近存在既有建（构）筑物或管线时，应从邻近建筑物一边开始，逐步向外施工；

4 施工现场应设置排泥水沟及集中排泥的沉淀池。

4.8.3 振冲加密施工应符合下列规定：

1 振冲加密宜采用大功率振冲器，下沉宜快速，造孔速度宜为8～10m/min，每段提升高度宜为500mm，每米振密时间宜为1min；

2 对于粉细砂地基，振冲加密可采用双点共振法进行施工，留振时间宜为10～20s，下沉和上提速度宜为1.0～1.5m/min，水压宜为100～200kPa，每段提升高度宜为500mm；

3 施工顺序宜从外围或两侧向中间进行。

4.8.4 振冲法的质量检测应符合下列规定：

1 振冲孔平面位置的容许偏差不应大于桩径的0.2倍，垂直度偏差不应大于1/100；

2 施工后应间隔一定时间方可进行质量检验，对黏性土地基，间隔时间不少于21d，对粉性土地基，间隔时间不少于14d，对砂土地基，间隔时间不少于7d；

3 对桩体应采用动力触探试验检测，对桩间土宜采用标准贯入、静力触探、动力触探或其他原位测试等方法进行检测，检测位置应在等边三角形或正方形的中心，检测数量不应少于桩孔总数的2%，且不少于5点。

9. 隐蔽工程验收记录（高压喷射注浆地基）。

1）隐蔽工程验收记录（高压喷射注浆地基）表填写范例（表2.2.2-9）。

表 2.2.2-9 隐蔽工程验收记录（高压喷射注浆地基）

工程名称	筑业科技产业园综合楼	编号	××
隐检项目	高压喷射注浆地基	隐检日期	××××年×月×日
隐检部位	地基层 ①～⑩/ ～ 轴 −12.000～−5.000m 标高		

隐检依据：施工图号__结施01～04__，设计变更/洽商/技术核定单（编号_____/_____）及有关国家现行标准等。

主要材料名称及规格/型号：__P·O 42.5水泥__

隐检内容：

1. 材料质量证明文件齐全，进场验收合格，见记录××，压力表及流量表有标定记录，见记录编号××；

2. 工艺试验合格，见试验记录××；

3. 施工过程中的压力、水泥浆量、提升速度、旋转速度等施工参数符合方案要求，见施工记录××；

4. 测钻杆测得的桩长均大于设计长度，钻孔位置偏差均在±50mm以内，钻孔垂直度≤1/100，桩位控制在80mm以内，桩径均大于设计桩径400mm，标高均在设计标高以上；

5. 桩身按要求留置试块，且试验合格，见报告编号××；

6. 单桩与复合地基的承载力试验合格，见报告编号××、××；

7. 褥垫层表面平整、均匀，其厚度、标高符合设计和规范要求；

8. 褥垫层夯填度均在0.9以内，符合设计和规范要求。

检查结论：

经检查，符合设计及规范要求，同意进行下道工序。

☑同意隐蔽　　　　□不同意，修改后进行复查

复查结论：

复查人：　　　　　　　　　　　　　　　复查日期：　　年　月　日

签字栏	施工单位	××建设集团有限公司	专业技术负责人	专业质量员	专业工长
			×××	×××	×××
	监理或建设单位	××建设监理有限公司	专业监理工程师	×××	

2）隐蔽工程验收记录（高压喷射注浆地基）标准要求。

（1）隐检依据来源。

《建筑地基基础工程施工质量验收标准》GB 50202—2018摘录：

3.0.2 地基基础工程验收时应提交下列资料：

7 隐蔽工程验收资料。

（2）隐检内容相关要求。

《建筑地基基础工程施工规范》GB 51004—2015摘录：

4.9.1 高压喷射注浆施工前应根据设计要求进行工艺性试验，数量不应少于2根。

4.9.2 高压喷射注浆的施工技术参数应符合下列规定：

1 单管法和二重管法的高压水泥浆浆液流压力宜为20～30MPa，二重管法的气流压力宜为0.6～0.8MPa；

2 三重管法的高压水射流压力宜为20～40MPa，低压水泥浆浆液流压力宜为0.2～1.0MPa，气流压力宜为0.6～0.8MPa；

3 双高压旋喷桩注浆的高压水压力宜为35±2MPa，流量宜为70～80L/min，高压浆液的压力宜为20±2MPa，流量宜为70～80L/min，压缩空气的压力宜为0.5～0.8MPa，流量宜为1.0～3.0m³/min；

4 提升速度宜为0.05～0.25m/min，并应根据试桩确定施工参数。

4.9.3 高压喷射注浆材料宜采用普通硅酸盐水泥。所用外加剂及掺合料的数量，应通过试验确定。水泥浆液的水灰比宜取0.8～1.5。

4.9.4 钻机成孔直径宜为90～150mm，钻机定位偏差应小于20mm，钻机安放应水平，钻杆垂直度偏差应小于1/100。

4.9.5 钻机与高压泵的距离不宜大于50m，钻孔定位偏差不得大于50mm。喷射注浆应由下向上进行，注浆管分段提升的搭接长度应大于100mm。

4.9.6 对需要扩大加固范围或提高强度的工程，宜采用复喷措施。

4.9.7 周边环境有保护要求时可采取速凝浆液、隔孔喷射、冒浆回灌、放慢施工速度或具有排泥装置的全方位高压旋喷技术等措施。

4.9.8 高压喷射注浆施工时，邻近施工影响区域不应进行抽水作业。

10. 隐蔽工程验收记录（水泥土搅拌桩地基）。

1）隐蔽工程验收记录（水泥土搅拌桩地基）表填写范例（表2.2.2-10）。

表 2.2.2-10　隐蔽工程验收记录（水泥土搅拌桩地基）

工程名称	筑业科技产业园综合楼	编号	××
隐检项目	水泥土搅拌桩地基	隐检日期	××××年×月×日
隐检部位	地基层①～⑩/　～　轴　　－11.000～－5.000m　标高		

隐检依据：施工图号　结施01～04　　　　，设计变更/洽商/技术核定单（编号　　　/　　　）及有关国家现行标准等。

主要材料名称及规格/型号：　P·O 42.5

隐检内容：

1. 水泥、外掺剂的质量合格证明文件齐全、完整，进场验收合格，复试合格，见报告编号××；
2. 工艺试验合格，见试验记录××；
3. 机头提升速度、水泥浆或水泥注入量、搅拌桩的长度等符合要求，见施工记录编号××；
4. 桩底标高－11.000m，桩顶标高－5.000m，桩位偏差＜50mm；
5. 桩径＞0.96D（D为设计桩径），垂直度≤1.5L‰（L为桩长），两桩搭接≥200mm；
6. 桩身强度检验合格，见报告编号××；
7. 单桩与复合地基的承载力检验合格，见报告编号××；
8. 褥垫层表面平整、均匀，其厚度、标高符合设计和规范要求；
9. 褥垫层夯填度均在0.9以内，符合设计和规范要求。

检查结论：

经检查，符合设计及规范要求，同意进行下道工序。

☑同意隐蔽　　　　　　　□不同意，修改后进行复查

复查结论：

复查人：　　　　　　　　　　　　　　　　　　　复查日期：　　年　月　日

签字栏	施工单位	××建设集团有限公司	专业技术负责人	专业质量员	专业工长
			×××	×××	×××
	监理或建设单位	××建设监理有限公司	专业监理工程师	×××	

2）隐蔽工程验收记录（水泥土搅拌桩地基）标准要求。

（1）隐检依据来源。

《建筑地基基础工程施工质量验收标准》GB 50202—2018摘录：

3.0.2 地基基础工程验收时应提交下列资料：

7 隐蔽工程验收资料。

（2）隐检内容相关要求。

《建筑地基基础工程施工规范》GB 51004—2015摘录：

4.10.1 施工前应进行工艺性试桩，数量不应少于2根。

4.10.2 单轴与双轴水泥土搅拌法施工应符合下列规定：

1 施工深度不宜大于18m，搅拌桩机架安装就位应水平，导向架垂直度偏差应小于1/150，桩位偏差不得大于50mm，桩径和桩长不得小于设计值；

2 单轴和双轴水泥土搅拌桩浆液水灰比宜为0.55～0.65，制备好的浆液不得离析，泵送应连续，且应采用自动压力流量记录仪；

3 双轴水泥土搅拌桩成桩采用两喷三搅工艺，处理粗砂、砾砂时，宜增加搅拌次数，钻头喷浆搅拌提升速度不宜大于0.5m/min，钻头搅拌下沉速度不宜大于1.0m/min，钻头每转一圈的提升（或下沉）量宜为10～15mm，单机24h内的搅拌量不应大于100m³；

4 施工时宜用流量泵控制输浆速度，注浆泵出口压力应保持在0.40～0.60MPa，输浆速度应保持常量；

5 钻头搅拌下沉至预定标高后，应喷浆搅拌30s后再开始提升钻杆。

4.10.3 三轴水泥土搅拌法施工应符合下列规定：

1 施工深度大于30m的搅拌桩宜采用接杆工艺，大于30m的机架应有稳定性措施，导向架垂直度偏差不应大于1/250；

2 三轴水泥土搅拌桩桩水泥浆液的水灰比宜为1.5～2.0，制备好的浆液不得离析，泵送应连续，且应采用自动压力流量记录仪；

3 搅拌下沉速度宜为0.5～1.0m/min，提升速度宜为1～2m/min，并应保持匀速下沉或提升；

4 可采用跳打方式、单侧挤压方式和先行钻孔套打方式施工，对于硬质土层，当成桩有困难时，可采用预先松动土层的先行钻孔套打方式施工；

5 搅拌桩在加固区以上的土层扰动区宜采用低掺量加固；

6 环境保护要求高的工程应采用三轴搅拌桩，并应通过试成桩及其监测结果调整施工参数，邻近保护对象时，搅拌下沉速度宜为0.5～0.8m/min，提升速度宜为1.0m/min内，喷浆压力不宜大于0.8MPa；

7 施工时宜用流星泵控制输浆速度，注浆泵出口压力宜保持在0.4～0.6MPa，并应使搅拌提升速度与输浆速度同步。

4.10.4 水泥土搅拌桩基施工时，停浆面应高于桩顶设计标高300～500mm。开挖基坑时，应将搅拌桩顶端浮浆桩段用人工挖除。

4.10.5 施工中因故停浆时，应将钻头下沉至停浆点以下0.5m处，待恢复供浆时再喷浆搅拌提升，或将钻头抬高至停浆点以上0.5m处，待恢复供浆时再喷浆搅拌下沉。

11. 隐蔽工程验收记录（土和灰土挤密桩地基）。

1) 隐蔽工程验收记录（土和灰土挤密桩地基）表填写范例（表2.2.2-11）。

表2.2.2-11 隐蔽工程验收记录（土和灰土挤密桩地基）

工程名称	筑业科技产业园综合楼	编号	××
隐检项目	土和灰土挤密桩地基	隐检日期	××××年×月×日
隐检部位	地基层 ①～⑩/ ～ 轴 −11.000～−5.000m 标高		

隐检依据：施工图号___结施01～04___，设计变更/洽商/技术核定单（编号___/___）及有关国家现行标准等。

主要材料名称及规格/型号：___2：8灰土___

隐检内容：
1. 灰土的质量合格证明文件齐全，复试合格，见报告编号××；
2. 工艺试验合格，见试验记录××；
3. 机头提升速度、水泥浆或水泥注入量、搅拌桩的长度等均符合要求，见施工记录编号××；
4. 桩体的桩位、标高、直径均在允许偏差范围内；
5. 桩体的单桩与复合地基的承载力检验合格，见报告编号××；
6. 灰土褥垫层回填厚度为350～400mm，符合设计要求，其表面平整、均匀，标高符合设计及规范要求；
7. 灰土褥垫层压实系数检验合格，见报告编号××。

检查结论：

经检查，符合设计及规范要求，同意进行下道工序。

☑同意隐蔽　　　　□不同意，修改后进行复查

复查结论：

复查人：　　　　　　　　　　　　　　　　　　　复查日期：　　年　月　日

签字栏	施工单位	××建设集团有限公司	专业技术负责人	专业质量员	专业工长
			×××	×××	×××
	监理或建设单位	××建设监理有限公司	专业监理工程师	×××	

2）隐蔽工程验收记录（土和灰土挤密桩地基）标准要求。

（1）隐检依据来源。

《建筑地基基础工程施工质量验收标准》GB 50202—2018 摘录：

3.0.2 地基基础工程验收时应提交下列资料：

7 隐蔽工程验收资料。

（2）隐检内容相关要求。

《建筑地基基础工程施工规范》GB 51004—2015 摘录：

4.11.1 土和灰土挤密桩的成孔应按设计要求、现场土质和周围环境等情况，选用沉管法、冲击法或钻孔法。

4.11.2 土和灰土挤密桩的施工应按下列顺序进行：

1 施工前应平整场地，定出桩孔位置并编号；

2 整片处理时宜从里向外，局部处理时宜从外向里，施工时应间隔 $1\sim2$ 个孔依次进行；

3 成孔达到要求深度后应及时回填夯实。

4.11.3 土和灰土挤密桩的土填料宜采用就地或就近基槽中挖出的粉质黏土。所用石灰应为Ⅲ级以上新鲜块灰，石灰使用前应消解并筛分，其粒径不应大于 5mm。土和灰土的质量及体积配合比应符合第 4.2.1 条的规定。

4.11.4 桩孔夯填时填料的含水量宜控制在最优含水量 $\pm3\%$ 的范围内，夯实后的干密度不应低于其最大干密度与设计要求压实系数的乘积。填料的最优含水量及最大干密度可通过击实试验确定。

4.11.5 向孔内填料前，孔底应夯实，应抽样检查桩孔的直径、深度、垂直度和桩位偏差，并应符合下列规定：

1 桩孔直径的偏差不应大于桩径的 5%；

2 桩孔深度的偏差应为 ±500mm；

3 桩孔的垂直度偏差不宜大于 1.5%；

4 桩位偏差不宜大于桩径的 5%。

4.11.6 桩孔经检验合格后，应按设计要求向孔内分层填入筛好的素土、灰土或其他填料，并应分层夯实至设计标高。

12. 隐蔽工程验收记录（水泥粉煤灰碎石桩地基）。

1）隐蔽工程验收记录（水泥粉煤灰碎石桩地基）表填写范例（表 2.2.2-12）。

表 2.2.2-12　隐蔽工程验收记录（水泥粉煤灰碎石桩地基）

工程名称	筑业科技产业园综合楼	编号	××
隐检项目	水泥粉煤灰碎石桩地基	隐检日期	××××年×月×日
隐检部位	地基层 ①～⑩/ 　～　轴　 −11.000～−5.000m 标高		

隐检依据：施工图号___结施 01～04___，设计变更/洽商/技术核定单（编号_____/_____）及有关国家现行标准等。

主要材料名称及规格/型号：_水泥粉煤灰、砂、碎石_

隐检内容：

1. 水泥、粉煤灰、砂及碎石等原材料质量合格证明文件齐全，材料进场验收合格；
2. 工艺试验合格，见试验记录××；
3. 混合料的配合比、坍落度符合要求，见报告编号××；
4. 水泥粉煤灰碎石桩采用长螺旋钻孔操作方法，桩位偏差在 50mm 以内，符合设计及规范要求；
5. 孔底沉渣厚度为 40mm，用 35kg 的重锤将孔底夯实，孔底无地下水；
6. 孔深、桩顶标高、桩位、垂直度偏差，符合设计及规范要求，详见施工记录编号××；
7. 桩体质量、单桩及复合地基承载力检验合格，见报告编号××；
8. 采用 500mm 厚级配砂石褥垫层，其表面平整、均匀，标高符合设计要求；
9. 褥垫层夯填度≤0.9，符合设计及规范要求。

检查结论：

经检查，符合设计及规范要求，同意进行下道工序。

☑同意隐蔽　　　□不同意，修改后进行复查

复查结论：

复查人：　　　　　　　　　　　　　　　　　　　　复查日期：　　年　月　日

签字栏	施工单位	××建设集团有限公司	专业技术负责人	专业质量员	专业工长
			×××	×××	×××
	监理或建设单位	××建设监理有限公司	专业监理工程师	×××	

2）隐蔽工程验收记录（水泥粉煤灰碎石桩地基）标准要求。

（1）隐检依据来源。

《建筑地基基础工程施工质量验收标准》GB 50202—2018摘录：

3.0.2 地基基础工程验收时应提交下列资料：

7 隐蔽工程验收资料。

（2）隐检内容相关要求。

《建筑地基基础工程施工规范》GB 51004—2015摘录：

4.12.1 施工前应按设计要求进行室内配合比试验。长螺旋钻孔灌注成桩所用混合料坍落度宜为160～200mm，振动沉管灌注成桩所用混合料坍落度宜为30～50mm。

4.12.2 水泥粉煤灰碎石桩施工应符合下列规定：

1 用振动沉管灌注成桩和长螺旋钻孔灌注成桩施工时，桩体配比中采用的粉煤灰可选用电厂收集的粗灰，采用长螺旋钻孔、管内泵压混合料灌注成桩时，宜选用细度（0.045mm方孔筛筛余百分比）不大于45％的Ⅲ级或Ⅲ级以上等级的粉煤灰；

2 长螺旋钻孔、管内泵压混合料成桩施工时每方混合料粉煤灰掺量宜为70～90kg；

3 成孔时宜先慢后快，并应及时检查、纠正钻杆偏差，成桩过程应连续进行；

4 长螺旋钻孔、管内泵压混合料成桩施工时，当钻至设计深度后，应掌握提拔钻杆时间，混合料泵送量应与拔管速度相配合，压灌应一次连续灌注完成，压灌成桩时，钻具底端出料口不得高于钻孔内桩料的液面；

5 沉管灌注成桩施工拔管速度应按匀速控制，并控制在1.2～1.5m/min，遇淤泥或淤泥质土层，拔管速度应适当放慢，沉管拔出地面确认成桩桩顶标高后，用粒状材料或湿黏性土封顶；

6 振动沉管灌注成桩后桩顶浮浆厚度不宜大于200mm；

7 拔管应在钻杆芯管充满混合料后开始，严禁先拔管后泵料；

8 桩顶标高宜高于设计桩顶标高0.5m以上。

4.12.3 桩的垂直度偏差不应大于1/100。满堂布桩基础的桩位偏差不应大于桩径的0.4倍；条形基础的桩位偏差不应大于桩径的0.25倍；单排布桩的桩位偏差不应大于60mm。

4.12.4 褥垫层铺设宜采用静力压实法。基底桩间土含水量较小时，也可采用动力夯实法。夯填度不应大于0.9。

4.12.5 冬期施工时，混合料入孔温度不得低于5℃。

4.12.6 施工质量检验应符合下列规定：

1 成桩过程应抽样做混合料试块，每台机械一天应做一组（3块）试块（边长为150mm的立方体），标准养护，测定其立方体抗压强度；

2 施工质量应检查施工记录、混合料坍落度、桩数、桩位偏差、褥垫层厚度、夯填度和桩体试块抗压强度等；

3 地基承载力检验应采用单桩复合地基载荷试验或单桩载荷试验，单体工程试验数量应为总桩数的1％且不应少于3点，对桩体检测应抽取不少于总桩数的10％进行低应变动力试验，检测桩身完整性。

13. 隐蔽工程验收记录（灌注桩钢筋笼）。

1) 隐蔽工程验收记录（灌注桩钢筋笼）表填写范例（表 2.2.2-13）。

表 2.2.2-13 隐蔽工程验收记录（灌注桩钢筋笼）

工程名称	筑业科技产业园综合楼	编号	××
隐检项目	灌注桩钢筋笼	隐检日期	××××年×月×日
隐检部位	1#桩基 −21.000～−5.000m 标高		

隐检依据：施工图号___结施 01～04___，设计变更/洽商/技术核定单（编号___/___）及有关国家现行标准等。

主要材料名称及规格/型号：Φ20、Φ12、Φ8___

隐检内容：

1. 钢筋级别、规格均符合要求，质量合格证明文件齐全，进场验收合格，复试合格，见报告编号××；
2. 钢筋笼总长 16.6m，偏差在±100mm 以内；
3. 钢筋笼直径 800mm，偏差在±10mm 以内；
4. 钢筋笼主筋 16Φ20，加强箍筋 Φ12 @2000，箍筋间距 Φ8 @200（其中桩顶加密段 4mΦ8 @100）；
5. 钢筋笼主筋采用单面焊，焊接长度 10d，接头错开大于 35d；
6. 焊接前，已进行焊接接头工艺检验，检验合格，见报告编号××，焊接完成后对接头进行现场见证取样送检，试验合格，见报告编号××；
7. 钢筋笼四面对称设置定位筋，间距 4m；
8. 主筋的保护层厚度为 50mm；
9. 钢筋笼钢筋间距、绑扎均符合要求。

检查结论：

经检查，符合设计及规范要求，同意进行下道工序。

☑同意隐蔽　　□不同意，修改后进行复查

复查结论：

复查人：　　　　　　　　　　　　　　　复查日期：　年　月　日

签字栏	施工单位	××建设集团有限公司	专业技术负责人	专业质量员	专业工长
			×××	×××	×××
	监理或建设单位	××建设监理有限公司	专业监理工程师	×××	

2）隐蔽工程验收记录（灌注桩钢筋笼）标准要求。

（1）隐检依据来源。

《建筑地基基础工程施工质量验收标准》GB 50202—2018 摘录：

3.0.2 地基基础工程验收时应提交下列资料：

7 隐蔽工程验收资料。

（2）隐检内容相关要求。

《建筑地基基础工程施工规范》GB 51004—2015 摘录：

5.6.14 钢筋笼制作应符合下列规定：

1 钢筋笼宜分段制作，分段长度应根据钢筋笼整体刚度、钢筋长度以及起重设备的有效高度等因素确定。钢筋笼接头宜采用焊接或机械式接头，接头应相互错开。

2 钢筋笼应采用环形胎模制作，钢筋笼主筋净距应符合设计要求。

3 钢筋笼的材质、尺寸应符合设计要求，钢筋笼制作允许偏差应符合表 5.6.14 的规定。

表 5.6.14　钢筋笼制作允许偏差（mm）

项目	允许偏差	检查方法
主筋间距	±10	用钢尺量
长度	±100	用钢尺量
箍筋间距	±20	用钢尺量
直径	±10	用钢尺量

4 钢筋笼主筋混凝土保护层允许偏差应为±20mm，钢筋笼上应设置保护层垫块，每节钢筋笼不应少于2组，每组不应少于3块，且应均匀分布于同一截面上。

5.6.15 钢筋笼安装入孔时，应保持垂直，对准孔位轻放，避免碰撞孔壁。钢筋笼安装应符合下列规定：

1 下节钢筋笼宜露出操作平台1m；

2 上下节钢筋笼主筋连接时，应保证主筋部位对正，且保持上下节钢筋笼垂直，焊接时应对称进行；

3 钢筋笼全部安装入孔后应固定于孔口，安装标高应符合设计要求，允许偏差应为±100mm。

14. 隐蔽工程验收记录（预制桩焊接接桩）、隐蔽工程验收记录（锚杆静压桩焊接接桩）。

1）隐蔽工程验收记录（预制桩焊接接桩）表填写范例（表2.2.2-14）。

表 2.2.2-14　隐蔽工程验收记录（预制桩焊接接桩）

工程名称	筑业科技产业园综合楼	编号	××
隐检项目	预制桩焊接接桩	隐检日期	××××年×月×日
隐检部位	1#桩基　　−21.000～−5.000m　标高		

隐检依据：施工图号　结施01～04　　，设计变更/洽商/技术核定单（编号　/　）及有关国家现行标准等。

主要材料名称及规格/型号：　E4303　Φ4mm 焊条

隐检内容：

1. 焊接材料采用 E4303 焊条，其焊接性能与母材相匹配，质量合格证明文件齐全；

2. 焊接接桩，其金属件表面清洁，上下节之间的间隙用铁片垫实焊牢；

3. 分层焊接，其内层焊接完后，清理干净，再焊接外层，焊缝饱满，焊接质量符合要求；

4. 焊接接桩时，在距地面1m左右进行，上下节桩的中心线偏差不大于10mm，节点弯曲矢高不大于1‰桩长；

5. 焊缝无气孔、焊瘤、裂缝等现象；

6. 焊缝停歇超过8min。

检查结论：

经检查，符合设计及规范要求，同意进行下道工序。

☑同意隐蔽　　　□不同意，修改后进行复查

复查结论：

复查人：　　　　　　　　　　　　　　　　复查日期：　年　月　日

签字栏	施工单位	××建设集团有限公司	专业技术负责人	专业质量员	专业工长
			×××	×××	×××
	监理或建设单位	××建设监理有限公司	专业监理工程师	×××	

2) 隐蔽工程验收记录（锚杆静压桩焊接接桩）表填写范例（表 2.2.2-15）。

表 2.2.2-15 隐蔽工程验收记录（锚杆静压桩焊接接桩）

工程名称	筑业科技产业园综合楼	编号	××
隐检项目	锚杆静压桩焊接接桩	隐检日期	××××年×月×日
隐检部位	1#桩基 −21.000～−5.000m 标高		

隐检依据：施工图号___结施 01～04___，设计变更/洽商/技术核定单（编号___/___）及有关国家现行标准等。

主要材料名称及规格/型号：___E4303 Φ4mm 焊条___

隐检内容：

1. 焊接材料采用 E4303 焊条，其焊接性能与母材相匹配，质量合格证明文件齐全；

2. 焊接接桩，其金属件表面清洁，上下节之间的焊接饱满；

3. 焊缝咬边深度≤0.5mm，加强层高度≤2mm，加强层宽度≤3mm，符合规范要求；

4. 焊接接桩时，在距地面 1m 左右进行，上下节桩的中心线偏差不大于 10mm，节点弯曲矢高不大于 1‰桩长；

5. 焊缝无气孔、焊瘤、裂缝等现象；

6. 焊缝停歇超过 6min。

检查结论：

经检查，符合设计及规范要求，同意进行下道工序。

☑同意隐蔽　　　　　　□不同意，修改后进行复查

复查结论：

复查人：　　　　　　　　　　　　　　　复查日期：　　年　月　日

签字栏	施工单位	××建设集团有限公司	专业技术负责人	专业质量员	专业工长
			×××	×××	×××
	监理或建设单位	××建设监理有限公司	专业监理工程师	×××	

3）隐蔽工程验收记录（预制桩焊接接桩）、隐蔽工程验收记录（锚杆静压桩焊接接桩）标准要求。

（1）隐检依据来源。

《建筑地基基础工程施工质量验收标准》GB 50202—2018摘录：

3.0.2　地基基础工程验收时应提交下列资料：

7　隐蔽工程验收资料。

（2）隐检内容相关要求。

《建筑地基基础工程施工规范》GB 51004—2015摘录：

5.5.9　接桩时，接头宜高出地面0.5～1.0m，不宜在桩端进入硬土层时停顿或接桩。单根桩沉桩宜连续进行。

5.5.10　焊接接桩应符合下列规定：

1　上下节桩接头端板表面应清洁干净。

2　下节桩的桩头处宜设置导向箍，接桩时上下节桩身应对中，错位不宜大于2mm，下节桩段应保持顺直。

3　预应力桩应在坡口内多层满焊，每层焊缝接头应错开，并应采取减少焊接变形的措施。

4　焊接宜沿桩四周对称进行，坡口、厚度应符合设计要求，不应有夹渣、气孔等缺陷。

5　桩接头焊好后应进行外观检查，检查合格后必须经自然冷却，方可继续沉桩，自然冷却时间宜符合表5.5.10的规定，严禁浇水冷却，或不冷却就开始沉桩。

表5.5.10　自然冷却时间（min）

锤击桩	静压桩	采用二氧化碳气体保护焊
8	6	3

6　雨天焊接时，应采取防雨措施。

5.5.11　采用螺纹接头接桩应符合下列规定：

1　接桩前应检查桩两端制作的尺寸偏差及连接件，无受损后方可起吊施工；

2　接桩时，卸下上下节桩两端的保护装置后，应清理接头残物，涂上润滑脂；

3　应采用专用锥度接头对中，对准上下节桩进行旋紧连接；

4　可采用专用链条式扳手进行旋紧，锁紧后两端板尚应有1～2mm的间隙。

5.5.12　采用机械啮合接头接桩应符合下列规定：

1　上节桩下端的连接销对准下节桩顶端的连接槽口，加压使上节桩的连接销插入下节桩的连接槽内；

2　当地基土或地下水对管桩有中等以上腐蚀作用时，端板应涂厚度为3mm的防腐涂料。

15. 隐蔽工程验收记录（土钉墙-土钉钢筋安装）、隐蔽工程验收记录（土钉墙-钢筋网片安装）、隐蔽工程验收记录（土钉墙-成孔）。

1）隐蔽工程验收记录（土钉墙-土钉钢筋安装）表填写范例（表2.2.2-16）。

表2.2.2-16 隐蔽工程验收记录（土钉墙-土钉钢筋安装）

工程名称	筑业科技产业园综合楼		编号	××
隐检项目	土钉钢筋安装		隐检日期	××××年×月×日
隐检部位	基坑 ①～⑩/ 轴 －3.000～－0.500m 标高			

隐检依据：施工图号___结施01～04___，设计变更/洽商/技术核定单（编号_____/_____）及有关国家现行标准等。

主要材料名称及规格/型号：___22___

隐检内容：

1. 土钉采用长度为7m的热轧带肋钢筋HRB400 22mm，质量合格证明文件齐全、材料进场验收合格、复试合格，见报告编号××；

2. 在土钉杆体上每隔2m焊接4根对称的U型HPB300 6.5mm的钢筋作为对中支架；

3. 土钉伸入孔内，距孔底约300mm，土钉伸出孔外约200mm，均符合设计要求；

4. 注浆管与钢筋土钉按间距1m虚扎；

5. 相邻土钉用HRB400 16mm做加强钢筋，进行焊接连接，焊接牢固。

检查结论：

经检查，符合设计及规范要求，同意进行下道工序。

☑同意隐蔽　　　　　　□不同意，修改后进行复查

复查结论：

复查人：　　　　　　　　　　　　　　　　　复查日期：　　年　月　日

签字栏	施工单位	××建设集团有限公司	专业技术负责人	专业质量员	专业工长
			×××	×××	×××
	监理或建设单位	××建设监理有限公司	专业监理工程师		×××

2）隐蔽工程验收记录（土钉墙-钢筋网片安装）表填写范例（表 2.2.2-17）。

表 2.2.2-17 隐蔽工程验收记录（土钉墙-钢筋网片安装）

工程名称	筑业科技产业园综合楼	编号	××
隐检项目	钢筋网片安装	隐检日期	××××年×月×日
隐检部位	基坑 ①～⑩/ 轴 −3.000～−0.500m 标高		

隐检依据：施工图号　　结施 01～04　　　　，设计变更/洽商/技术核定单（编号　　　/　　　）及有关国家现行标准等。

主要材料名称及规格/型号：　Φ6.5

隐检内容：

　1. 钢筋原材质量合格证明文件齐全，进场验收合格，复试合格，见报告编号××；

　2. 钢筋网按纵横间距 200mm 进行布置，间距均匀、绑扎牢固，无漏绑、跳绑现象；

　3. 钢筋错开搭接，搭接长度为 300mm，坡顶处翻边不少于 1m；

　4. 钢筋网片设置 20mm 混凝土垫块；

　5. 钢筋网片甩出长度不少于 500mm；

　6. 钢筋网片与土钉固定牢固。

检查结论：

　经检查，符合设计及规范要求，同意进行下道工序。

☑同意隐蔽　　　　□不同意，修改后进行复查

复查结论：

复查人：　　　　　　　　　　　　　　　　　复查日期：　　年　月　日

签字栏	施工单位	××建设集团有限公司	专业技术负责人	专业质量员	专业工长
			×××	×××	×××
	监理或建设单位	××建设监理有限公司	专业监理工程师		×××

3）隐蔽工程验收记录（土钉墙-成孔）表填写范例（表 2.2.2-18）。

表 2.2.2-18　隐蔽工程验收记录（土钉墙-成孔）

工程名称	筑业科技产业园综合楼	编号	××
隐检项目	成孔	隐检日期	××××年×月×日
隐检部位	基坑 ①～⑩/ 轴　 －3.000～－0.500m　标高		

隐检依据：施工图号　结施 01～04　　　　，设计变更/洽商/技术核定单（编号　　　/　　　）及有关国家现行标准等。
主要材料名称及规格/型号：　　　　/

隐检内容：
1. 土钉成孔水平、竖向间距 1.45m，孔距偏差均在±100mm 以内；
2. 土钉成孔深度为 7.02m，偏差均在±50mm 以内；
3. 成孔直径为 110mm，偏差均在±5mm 以内；
4. 成孔倾角为 15°，成孔倾角偏差均在±5％以内；
5. 土钉孔内虚土清理干净。

检查结论：

经检查，符合设计及规范要求，同意进行下道工序。

☑同意隐蔽　　　　　□不同意，修改后进行复查

复查结论：

复查人：　　　　　　　　　　　　　　　　　复查日期：　　年　月　日

签字栏	施工单位	××建设集团有限公司	专业技术负责人	专业质量员	专业工长
			×××	×××	×××
	监理或建设单位	××建设监理有限公司	专业监理工程师		×××

　　4）隐蔽工程验收记录（土钉墙-土钉钢筋安装）、隐蔽工程验收记录（土钉墙-钢筋网片安装）、隐蔽工程验收记录（土钉墙-成孔）标准要求。

　　（1）隐检依据来源。

《建筑地基基础工程施工质量验收标准》GB 50202—2018摘录：

3.0.2 地基基础工程验收时应提交下列资料：

7 隐蔽工程验收资料。

　　（2）隐检内容相关要求。

《建筑地基基础工程施工规范》GB 51004—2015摘录：

6.8.3 成孔注浆型钢筋土钉施工应符合下列规定：

1 采用人工凿孔（孔深小于6m）或机械钻孔（孔深不小于6m）时，孔径和倾角应符合设计要求，孔位误差应小于50mm，孔径误差应为±15mm，倾角误差应为±2°，孔深可为土钉长度加300mm。

2 钢筋土钉应沿周边焊接居中支架，居中支架宜采用Φ6～Φ8的Ⅰ级钢筋或厚度3～5mm扁铁弯成，间距2.0～3.0m，注浆管与钢筋土钉虚扎，并应同时插入钻孔，边注浆边拔出。

3 应采用两次注浆工艺，第一次灌注宜为水泥砂浆，灌浆量不应小于钻孔体积的1.2倍，第一次注浆初凝后，方可进行二次注浆，第二次压注纯水泥浆，注浆量为第一次注浆量的30％～40％，注浆压力宜为0.4～0.6MPa，注浆后应维持压力2min，土钉墙浆液配比和注浆参数应符合表6.8.3的规定。

表6.8.3　土钉墙浆液配比和注浆参数

注浆次序	浆液	普通硅酸盐水泥	水	砂（粒径<0.5mm）	早强剂	注浆压力（MPa）
钢筋土钉第一次	水泥砂浆	1	0.4～0.5	2～3	0.035％	0.2～0.3
钢筋土钉第二次	水泥浆			—		0.4～0.6

4 注浆完成后孔口应及时封闭。

6.8.5 钢筋网的铺设应符合下列规定：

1 钢筋网宜在喷射一层混凝土后铺设，钢筋与坡面的间隙不宜小于20mm；

2 采用双层钢筋网时，第二层钢筋网应在第一层钢筋网被混凝土覆盖后铺设；

3 钢筋网宜焊接或绑扎，钢筋网格允许误差应为±10mm，钢筋网搭接长度不应小于300mm，焊接长度不应小于钢筋直径的10倍；

4 网片与加强联系钢筋交接部位应绑扎或焊接。

16. 隐蔽工程验收记录（地下连续墙钢筋笼）。

1）隐蔽工程验收记录（地下连续墙钢筋笼）表填写范例（表 2.2.2-19）。

表 2.2.2-19　隐蔽工程验收记录（地下连续墙钢筋笼）

工程名称	筑业科技产业园综合楼	编号	××
隐检项目	地下连续墙钢筋笼	隐检日期	××××年×月×日
隐检部位	基坑 ①～②/ 轴　1#槽段　　−11.000～−0.500m　标高		

隐检依据：施工图号　　结施 01～04　　　，设计变更/洽商/技术核定单（编号　　　/　　　）及有关国家现行标准等。
主要材料名称及规格/型号：Φ22、Φ16、Φ6.5

隐检内容：

1. 钢筋原材质量合格证明文件齐全，进场验收合格，复试合格，见报告编号××；
2. 钢筋采用焊接连接，有焊接接头工艺检验报告××，焊接接头试验合格，见报告编号××；
3. 基坑支护的成槽宽度、深度、垂直度均符合设计要求，见记录××；
4. 钢筋笼长 11000mm，水平、竖向主筋按 Φ22@200mm 进行布置，加强筋 Φ16@400mm、拉结筋按 Φ6.5@400mm，梅花形布置；
5. 钢筋接头错开焊接，接头率为 50%，接头错开长度 1m，搭接长度为 10d，均符合设计要求；
6. 钢筋笼两侧设定位垫块，定位垫块采用 10mm 厚钢板制成"八"字形与主筋焊接，纵横间距 2m；
7. 钢筋笼内部竖向钢筋与横向钢筋交点采用点焊；
8. 各注浆管中心位置偏差均在 5mm 以内，符合规范要求；
9. 各预埋钢筋与接驳器中心位置偏差在 5mm 以内，符合规范要求。

检查结论：

经检查，符合设计及规范要求，同意进行下道工序。

☑同意隐蔽　　　　□不同意，修改后进行复查

复查结论：

复查人：　　　　　　　　　　　　　　　　　　　复查日期：　　年　月　日

签字栏	施工单位	××建设集团有限公司	专业技术负责人	专业质量员	专业工长
			×××	×××	×××
	监理或建设单位	××建设监理有限公司	专业监理工程师	×××	

2）隐蔽工程验收记录（地下连续墙钢筋笼）标准要求。

（1）隐检依据来源。

《建筑地基基础工程施工质量验收标准》GB 50202—2018摘录：

3.0.2　地基基础工程验收时应提交下列资料：

7　隐蔽工程验收资料。

（2）隐检内容相关要求。

《建筑地基基础工程施工规范》GB 51004—2015摘录：

6.6.10　钢筋笼制作和吊装应符合下列规定：

1　钢筋笼加工场地与制作平台应平整，平面尺寸应满足制作和拼装要求；

2　分节制作钢筋笼同胎制作应试拼装，应采用焊接或机械连接；

3　钢筋笼制作时应预留导管位置，并应上下贯通；

4　钢筋笼应设保护层垫板，纵向间距为3～5m，横向宜设置2～3块；

5　吊车的选用应满足吊装高度及起重量的要求；

6　钢筋笼应在清基后及时吊放；

7　异形槽段钢筋笼起吊前应对转角处进行加强处理，并应随入槽过程逐渐割除。

6.6.11　钢筋笼制作允许偏差及安装误差应符合下列规定：

1　钢筋笼制作允许偏差应符合表6.6.11的规定；

表6.6.11　钢筋笼制作允许偏差

项目	允许偏差（mm）	检查方法
钢筋笼长度	±100	用钢尺量，每幅钢筋笼检查上中下三处
钢筋笼宽度	0 −20	
钢筋笼保护层厚度	≤10	
钢筋笼安装深度	±50	
主筋间距	±10	任取一断面，连续量取间距，取平均值作为一点，每幅钢筋笼上测四点
分布筋间距	±20	
预埋件中心位置	±10	100%检查，用钢尺量
预埋钢筋和接驳器中心位置	±10	20%检查，用钢尺量

2　钢筋笼安装误差应小于20mm。

17. 隐蔽工程验收记录（锚杆）。

1) 隐蔽工程验收记录（锚杆）表填写范例（表 2.2.2-20）。

表 2.2.2-20　隐蔽工程验收记录（锚杆）

工程名称	筑业科技产业园综合楼	编号	××
隐检项目	锚杆	隐检日期	××××年×月×日
隐检部位	基坑 ①～⑩/ 轴　　－3.000～－0.500m　标高		

隐检依据：施工图号 __结施 01～04__ ，设计变更/洽商/技术核定单（编号 ___/___ ）及有关国家现行标准等。
主要材料名称及规格/型号：____/____

隐检内容：

1. 预应力筋质量合格证明文件齐全，进场验收合格，复试合格，见报告编号××；
2. 钢绞线或高强钢丝清除油污、锈斑，每根钢绞线的下料长度误差不大于 50mm；
3. 钢绞线平直排列，沿杆体轴线方向每隔 1.5～2.0m 设置 1 个隔离架；
4. 注浆管、排气管与锚杆杆体按间距 1m 进行虚扎；
5. 钢绞线深入孔内的深度符合规范要求。

检查结论：

经检查，符合设计及规范要求，同意进行下道工序。

☑同意隐蔽　　　　□不同意，修改后进行复查

复查结论：

复查人：　　　　　　　　　　　　　　　　　　复查日期：　　年　月　日

签字栏	施工单位	××建设集团有限公司	专业技术负责人	专业质量员	专业工长
			×××	×××	×××
	监理或建设单位	××建设监理有限公司	专业监理工程师	×××	

2）隐蔽工程验收记录（锚杆）标准要求。

（1）隐检依据来源。

《建筑地基基础工程施工质量验收标准》GB 50202—2018 摘录：

3.0.2 地基基础工程验收时应提交下列资料：

7 隐蔽工程验收资料。

（2）隐检内容相关要求。

《建筑地基基础工程施工规范》GB 51004—2015 摘录：

6.10.3 钢筋锚杆杆体制作应符合下列规定：

1 钢筋应平直、除油和除锈；

2 钢筋连接可采用机械连接和焊接，并应符合现行国家标准《混凝土结构工程施工质量验收规范》GB 50204 的要求；

3 沿杆体轴线方向每隔 2.0～3.0m 应设置 1 个对中支架，注浆管、排气管应与锚杆杆体绑扎牢固。

6.10.4 钢绞线或高强钢丝锚杆杆体制作应符合下列规定：

1 钢绞线或高强钢丝应清除油污、锈斑，每根钢绞线的下料长度误差不应大于 50mm；

2 钢绞线或高强钢丝应平直排列，沿杆体轴线方向每隔 1.5～2.0m 设置 1 个隔离架。

18. 隐蔽工程验收记录（型钢）。

1）隐蔽工程验收记录（型钢）表填写范例（表 2.2.2-21）。

表 2.2.2-21　隐蔽工程验收记录（型钢）

工程名称	筑业科技产业园综合楼	编号	××
隐检项目	型钢	隐检日期	××××年×月×日
隐检部位	基坑 ①～⑥/ 轴　　－11.000～－0.500m　标高		

隐检依据：施工图号＿＿结施 01～04＿＿＿＿，设计变更/洽商/技术核定单（编号＿＿＿/＿＿＿）及有关国家现行标准等。

主要材料名称及规格/型号：＿＿200mm×400mm×20mm×25mm 型钢＿＿＿＿＿＿＿＿＿

隐检内容：

1. 型钢质量合格证明文件齐全，进场验收合格，见记录编号××；

2. 焊接型钢焊缝饱满、无气孔、焊瘤、裂缝等现象，试验合格，报告编号××；

3. 型钢在搅拌桩施工结束后 30min 内插入，其平面位置垂直于基坑边线，定位准确，在允许偏差 10mm 以内，符合规范要求；

4. 型钢插入时采用牢固的定位导向架，在插入过程中型钢垂直度均控制在 L/500 以内，符合规范要求；

5. 型钢插入到位后，用悬挂构件控制型钢顶标高在±50mm 以内，符合规范要求，并与已插好的型钢牢固连接。

检查结论：

　　经检查，符合设计及规范要求，同意进行下道工序。

☑同意隐蔽　　　　□不同意，修改后进行复查

复查结论：

复查人：　　　　　　　　　　　　　　　　　　复查日期：　　年　月　日

签字栏	施工单位	××建设集团有限公司	专业技术负责人	专业质量员	专业工长
			×××	×××	×××
	监理或建设单位	××建设监理有限公司	专业监理工程师	×××	

2）隐蔽工程验收记录（型钢）标准要求。

（1）隐检依据来源

《建筑地基基础工程施工质量验收标准》GB 50202—2018 摘录：

3.0.2 地基基础工程验收时应提交下列资料：

7 隐蔽工程验收资料。

（2）隐检内容相关要求

《建筑地基基础工程施工规范》GB 51004—2015 摘录：

6.5.5 拟拔出回收的型钢，插入前应先在干燥条件下除锈，再在其表面涂刷减摩材料。完成涂刷后的型钢，搬运过程中应防止碰撞和强力擦挤。减摩材料脱落、开裂时应及时修补。

6.5.7 型钢宜在水泥土搅拌墙施工结束后 30min 内插入，相邻型钢焊接接头位置应相互错开，竖向错开距离不宜小于 1m。

6.5.8 需回收型钢的工程，型钢拔出后留下的空隙应及时注浆填充，并应编制含有浆液配比、注浆工艺、拔除顺序等内容的专项方案。

6.5.10 插入型钢的质量检测标准应符合表 6.5.10 的规定。

表 6.5.10　插入型钢的质量检测标准

项目	允许偏差或允许值	
	单位	数值
型钢垂直度	—	≤1/200
型钢长度	mm	±10
型钢底标高	mm	0 −30
型钢平面位置	mm	≤50（平行于基坑方向） ≤10（垂直于基坑方向）
形心转角 Φ	(°)	≤3

19. 隐蔽工程验收记录（沉井）。

1）隐蔽工程验收记录（沉井）表填写范例（表 2.2.2-22）。

表 2.2.2-22　隐蔽工程验收记录（沉井）

工程名称	筑业科技产业园综合楼	编号	××
隐检项目	沉井	隐检日期	××××年×月×日
隐检部位	1#沉井基础　　－11.000～－0.500m　标高		

隐检依据：施工图号　结施01～04　　　，设计变更/洽商/技术核定单（编号　　／　　）及有关国家现行标准等。

主要材料名称及规格/型号：　2000mm×2000mm×300mm 混凝土沉井　

隐检内容：

1. 钢筋质量合格证明文件齐全，进场验收合格，复试合格，见报告编号××，其品种、级别、规格和数量符合设计要求，且无锈蚀、无污染；

2. 混凝土强度下沉前必须达到75%设计强度，封底前，沉井的下沉稳定＜10mm/8h；

3. 封底结束后的位置符合要求，刃脚平均标高与设计标高比＜100mm；

4. 刃脚支设采用半垫架法，垫木用 16×20cm（或 15×15cm）枕木，根数××，对称铺设；

5. 钢筋采用搭接连接，接头错开在 35d 并不小于 500mm 区域内接头面积的百分比不超过 50%；内外钢筋之间加设 14 支撑钢筋，每 1.0m 不小于 1 个，梅花形布置；

6. 在钢筋外层垫置水泥砂浆保护层垫块；

7. 沉井平面位置、终端标高、结构完整性、渗水均符合要求。

检查结论：

经检查，符合设计及规范要求，同意进行下道工序。

☑同意隐蔽　　　　□不同意，修改后进行复查

复查结论：

复查人：　　　　　　　　　　　　　　　　　　　复查日期：　年　月　日

签字栏	施工单位	××建设集团有限公司	专业技术负责人	专业质量员	专业工长
			×××	×××	×××
	监理或建设单位	××建设监理有限公司	专业监理工程师	×××	

2）隐蔽工程验收记录（沉井）标准要求。

（1）隐检依据来源

《建筑地基基础工程施工质量验收标准》GB 50202—2018 摘录：

3.0.2 地基基础工程验收时应提交下列资料：

7 隐蔽工程验收资料。

（2）隐检内容相关要求

《建筑地基基础工程施工质量验收标准》GB 50202—2018 摘录：

5.13.1 沉井与沉箱施工前应对砂垫层的地基承载力进行检验。沉箱施工前尚应对施工设备、备用的电源和供气设备进行检验。

5.13.2 沉井与沉箱施工中的验收应符合下列规定：

1 混凝土浇筑前应对模板尺寸、预埋件位置、模板的密封性进行检验；

2 拆模后应检查混凝土浇筑质量；

3 下沉过程中应对下沉偏差进行检验；

4 下沉后的接高应对地基强度、接高稳定性进行检验；

5 封底结束后，应对底板的结构及渗漏情况进行检验，并应符合现行国家标准《地下防水工程质量验收规范》GB 50208 的规定；

6 浮运沉井应进行起浮可能性检验。

5.13.3 沉井与沉箱施工结束后应对沉井与沉箱的平面位置、尺寸、终沉标高、渗漏情况等进行综合验收。

20. 隐蔽工程验收记录（轻型井点降水）。

1）隐蔽工程验收记录（轻型井点降水）表填写范例（表 2.2.2-23）。

表 2.2.2-23　隐蔽工程验收记录（轻型井点降水）

工程名称	筑业科技产业园综合楼	编号	××
隐检项目	轻型井点降水	隐检日期	××××年×月×日
隐检部位	基坑 ①～⑥/ ～ 轴 　　－7.000～－0.500m 标高		

隐检依据：施工图号＿＿结施 01～04、勘测报告××＿＿，设计变更/洽商/技术核定单（编号＿＿/＿＿）及有关国家现行标准等。

主要材料名称及规格/型号：＿＿38mm 钢管、2m 滤管、滤网、回填料、黏土等＿＿＿＿＿＿＿＿

隐检内容：

1. 降水施工材料质量合格证明文件齐全，进场验收合格；

2. 井点管采用直径为 38mm 的钢管，长 8m，整根组成；

3. 滤管采用内径同井点管的钢管，长度 2.0m，管壁设置孔眼，孔眼直径为 5mm，孔眼间距为 40mm；在滤管外缠丝后，外缠一层滤网，滤网为 40 目的铁丝网；

4. 井点管成孔孔径不小于 300mm，成孔深度大于滤管底端埋深 0.5m。孔内采用磨圆度好、粒径均匀的滤料回填密实，填料粒径约为 6～7 倍的含水层土体平均颗粒直径；

5. 滤料顶部至地面 2m 采用黏土封填密实。

检查结论：

经检查，符合设计及规范要求，同意进行下道工序。

☑同意隐蔽　　　　　□不同意，修改后进行复查

复查结论：

复查人：　　　　　　　　　　　　　　　　　　复查日期：　　年　月　日

签字栏	施工单位	××建设集团有限公司	专业技术负责人	专业质量员	专业工长
			×××	×××	×××
	监理或建设单位	××建设监理有限公司	专业监理工程师	×××	

2）隐蔽工程验收记录（轻型井点降水）标准要求。

（1）隐检依据来源。

《建筑地基基础工程施工质量验收标准》GB 50202—2018 摘录：

3.0.2　地基基础工程验收时应提交下列资料：

7　隐蔽工程验收资料。

（2）隐检内容相关要求。

《建筑地基基础工程施工规范》GB 51004—2015 摘录：

7.3.7　轻型井点施工应符合下列规定：

1　井点管直径宜为 38～55mm，井点管水平间距宜为 0.8～1.6m（可根据不同土质和预降水时间确定）。

2　成孔孔径不宜小于 300mm，成孔深度应大于滤管底端埋深 0.5m。

3　滤料应回填密实，滤料回填顶面与地面高差不宜小于 1.0m，滤料顶面至地面之间，应采用黏土封填密实。

4　填砾过滤器周围的滤料应为磨圆度好、粒径均匀（不均匀系数 $C_u < 3$）、含泥量小于 3％的石英砂。

5　井点呈环圈状布置时，总管应在抽汲设备对面处断开，采用多套井点设备时，各套总管之间宜装设阀门隔开。

6　一台机组携带的总管最大长度，真空泵不宜大于 100m，射流泵不宜大于 80m，隔膜泵不宜大于 60m，每根井管长度宜为 6～9m。

7　每套井点设置完毕后，应进行试抽水，检查管路连接处以及每根井点管周围的密封质量。

21. 隐蔽工程验收记录（土方回填-肥槽）、隐蔽工程验收记录（土方回填-肥槽回填土）。

1）隐蔽工程验收记录（土方回填-肥槽）表填写范例（表 2.2.2-24）。

表 2.2.2-24　隐蔽工程验收记录（土方回填-肥槽）

工程名称	筑业科技产业园综合楼	编号	××
隐检项目	肥槽	隐检日期	××××年×月×日
隐检部位	地下室外墙肥槽　　−5.000mm　标高		

隐检依据：施工图号　结施 01～04　　　　，设计变更/洽商/技术核定单（编号　　　/　　　）及有关国家现行标准等。

主要材料名称及规格/型号：　　　　　　/

隐检内容：

1. 地下室外墙防水验收合格，且已做好保护措施；
2. 地下室穿墙管道口、预留洞口等已封堵；
3. 肥槽内无垃圾、杂物，清理干净；
4. 已按设计和规范要求已做好回填分层线标志；
5. 回填料完成击实试验，见试验报告编号××。

检查结论：

　　经检查，符合设计及规范要求，同意进行下道工序。

☑同意隐蔽　　　　　　□不同意，修改后进行复查

复查结论：

复查人：　　　　　　　　　　　　　　　　复查日期：　　　年　月　日

签字栏	施工单位	××建设集团有限公司	专业技术负责人	专业质量员	专业工长
			×××	×××	×××
	监理或建设单位	××建设监理有限公司	专业监理工程师	×××	

2）隐蔽工程验收记录（土方回填-肥槽回填土）表填写范例（表 2.2.2-25）。

表 2.2.2-25　隐蔽工程验收记录（土方回填-肥槽回填土）

工程名称	筑业科技产业园综合楼	编号	××
隐检项目	肥槽回填土	隐检日期	××××年×月×日
隐检部位	地下室外墙　－5.000～－0.300m　标高		

隐检依据：施工图号　结施 01～04　　　　，设计变更/洽商/技术核定单（编号　　／　　　）及有关国家现行标准等。
主要材料名称及规格/型号：　2：8 灰土

隐检内容：

1. 采取分层、分块（段）回填压实的方法，各块（段）交界面设置成斜坡形，碾迹重叠 1.0m 左右，填土施工时的分层厚度为 250mm，压实遍数 8 遍，符合方案要求，上、下层交界面错开，错开距离不小于 1m；

2. 每层夯实均试验合格后，再回填上一层，见试验报告编号××；

3. 在回填过程中，控制回填土含水率在最优含水率的±4％范围内，符合规范要求；

4. 在建筑物转角、空间狭小等机械压实不能作业的区域，采用人工压实的方法；

5. 表面平整度控制在±30mm 范围内，符合规范要求；

6. 标高均控制在－50～0mm 范围内，符合规范要求。

检查结论：

经检查，符合设计及规范要求，同意进行下道工序。

☑同意隐蔽　　　　□不同意，修改后进行复查

复查结论：

复查人：　　　　　　　　　　　　　　　复查日期：　　　年　　月　　日

签字栏	施工单位	××建设集团有限公司	专业技术负责人	专业质量员	专业工长
			×××	×××	×××
	监理或建设单位	××建设监理有限公司	专业监理工程师	×××	

3）隐蔽工程验收记录（土方回填-肥槽）、隐蔽工程验收记录（土方回填-肥槽回填土）标准要求。

（1）隐检依据来源

《建筑地基基础工程施工质量验收标准》GB 50202—2018 摘录：

3.0.2 地基基础工程验收时应提交下列资料：

7 隐蔽工程验收资料。

（2）隐检内容相关要求

《建筑地基基础工程施工质量验收标准》GB 50202—2018 摘录：

9.5.1 施工前应检查基底的垃圾、树根等杂物清除情况，测量基底标高、边坡坡率，检查验收基础外墙防水层和保护层等。回填料应符合设计要求，并应确定回填料含水量控制范围、铺土厚度、压实遍数等施工参数。

9.5.2 施工中应检查排水系统，每层填筑厚度、辗迹重叠程度、含水量控制、回填土有机质含量、压实系数等。回填施工的压实系数应满足设计要求。当采用分层回填时，应在下层的压实系数经试验合格后进行上层施工。填筑厚度及压实遍数应根据土质、压实系数及压实机具确定。无试验依据时，应符合表 9.5.2 的规定。

表 9.5.2　填土施工时的分层厚度及压实遍数

压实机具	分层厚度（mm）	每层压实遍数
平辗	250～300	6～8
振动压实机	250～350	3～4
柴油打夯	200～250	3～4
人工打夯	<200	3～4

9.5.3 施工结束后，应进行标高及压实系数检验。

第三节　地下防水隐蔽项目汇总及填写范例

一、地下防水隐蔽项目汇总表（表 2.3.1-1）。

表 2.3.1-1　地下防水隐蔽项目汇总表

序号	隐蔽项目	隐蔽内容	对应范例表格
1	防水层基层	1. 基层表面； 2. 基层含水率； 3. 阴阳角。	表 2.3.2-1 表 2.3.2-2
2	卷材防水层	1. 卷材防水层所用卷材及其配套材料； 2. 卷材防水层在转角处、变形缝、施工缝、穿墙管等部位做法； 3. 卷材防水层的搭接缝； 4. 采用外防外贴法铺贴卷材防水层时，立面卷材接槎的搭接宽度； 5. 卷材搭接宽度。	表 2.3.2-3 表 2.3.2-4 表 2.3.2-5 表 2.3.2-6 表 2.3.2-7 表 2.3.2-8
3	防水混凝土	1. 防水混凝土的原材料、配合比及坍落度； 2. 防水混凝土的抗压强度和抗渗性能； 3. 防水混凝土结构的施工缝、变形缝、后浇带、穿墙管、埋设件等设置和构造； 4. 防水混凝土结构表面； 5. 埋设件位置； 6. 防水混凝土结构表面的裂缝宽度； 7. 防水混凝土结构厚度； 8. 主体结构迎水面钢筋保护层厚度。	表 2.3.2-9
4	水泥砂浆防水层	1. 防水砂浆的原材料及配合比； 2. 防水砂浆的黏结强度和抗渗性能； 3. 水泥砂浆防水层与基层之间黏结； 4. 水泥砂浆防水层表面； 5. 水泥砂浆防水层施工缝留槎位置； 6. 水泥砂浆防水层的平均厚度； 7. 水泥砂浆防水层表面平整度。	表 2.3.2-10
5	涂料防水层	1. 涂料防水层所用的材料及配合比； 2. 涂料防水层的平均厚度； 3. 涂料防水层在转角处、变形缝、施工缝、穿墙管等部位做法； 4. 涂料防水层与基层黏结； 5. 涂层间夹铺胎体增强材料； 6. 侧墙涂料防水层的保护层与防水层的结合紧密； 7. 保护层厚度。	表 2.3.2-11
6	塑料防水板防水层	1. 塑料防水板及其配套材料； 2. 塑料防水板的搭接缝； 3. 塑料防水板的铺设； 4. 塑料防水板与暗钉圈的焊接； 5. 塑料防水板的铺设； 6. 塑料防水板搭接宽度。	表 2.3.2-12
7	金属板防水层	1. 金属板和焊接材料； 2. 焊工的执业资格证书； 3. 金属板表面； 4. 焊缝情况； 5. 焊缝的焊波； 6. 保护涂层。	表 2.3.2-13

序号	隐蔽项目	隐蔽内容	对应范例表格
8	膨润土防水材料防水层	1. 膨润土防水材料； 2. 膨润土防水材料防水层在转角处和变形缝、施工缝、后浇带、穿墙管等部位做法； 3. 膨润土防水毯的织布面或防水板的膨润土面朝向； 4. 立面或斜面铺设的膨润土防水材料； 5. 膨润土防水材料的搭接和收口部位； 6. 膨润土防水材料搭接宽度。	表2.3.2-14
9	施工缝	1. 施工缝用材料； 2. 施工缝防水构造； 3. 墙体水平施工缝的留设位置； 4. 已浇筑的混凝土抗压强度； 5. 水平施工缝浇筑混凝土前的处理； 6. 垂直施工缝浇筑混凝土前的处理； 7. 中埋式止水带及外贴式止水带埋设位置； 8. 遇水膨胀止水条埋设； 9. 遇水膨胀止水胶埋设。	表2.3.2-15 表2.3.2-16 表2.3.2-17
10	变形缝	1. 变形缝用止水带、填缝材料和密封材料； 2. 变形缝防水构造； 3. 中埋式止水带埋设位置； 4. 中埋式止水带的接缝； 5. 中埋式止水带在转弯处的做法； 6. 外贴式止水带在变形缝与施工缝相交部位做法； 7. 安设于结构内侧的可卸式止水带所需配件； 8. 嵌填密封材料的缝内两侧基面； 9. 变形缝处表面粘贴卷材或涂刷涂料。	表2.3.2-18 表2.3.2-19 表2.3.2-20
11	穿墙管	1. 穿墙管用遇水膨胀止水条和密封材料； 2. 穿墙管防水构造； 3. 套管式穿墙管的套管与止水环及翼环的焊接； 4. 穿墙盒的封口钢板与混凝土结构墙上预埋的角钢； 5. 当主体结构迎水面有柔性防水层时，防水层与穿墙管连接； 6. 密封材料嵌填。	表2.3.2-21 表2.3.2-22 表2.3.2-23
12	后浇带	1. 后浇带用止水带材料； 2. 后浇带防水构造； 3. 补偿收缩混凝土浇筑前的保护措施； 4. 后浇带两侧的接缝表面； 5. 后浇混凝土的浇筑时间。	表2.3.2-24 表2.3.2-25
13	埋设件	1. 埋设件用密封材料； 2. 埋设件防水构造； 3. 埋设件的位置准确； 4. 埋设件端部或预留孔、槽底部的混凝土厚度； 5. 结构迎水面的埋设件周围； 6. 用于固定模板的螺栓穿过混凝土结构时的处理措施； 7. 预留孔、槽内的防水层； 8. 密封材料嵌填。	表2.3.2-26
14	预留通道接头	1. 预留通道接头材料； 2. 预留通道接头防水构造； 3. 中埋式止水带埋设位置； 4. 预留通道的保护； 5. 遇水膨胀止水条的施工； 6. 密封材料嵌填； 7. 止水带与紧固件压块的结合； 8. 预留通道接头外部。	表2.3.2-27

序号	隐蔽项目	隐蔽内容	对应范例表格
15	桩头	1. 桩头用材料和密封材料； 2. 桩头防水构造； 3. 桩头混凝土； 4. 桩头顶面和侧面裸露处处理； 5. 结构底板防水层； 6. 桩头的受力钢筋根部； 7. 遇水膨胀止水条的施工； 8. 密封材料嵌填。	表 2.3.2-28
16	孔口	1. 孔口用防水卷材、防水涂料和密封材料； 2. 孔口防水构造； 3. 人员出入口； 4. 窗井的底部； 5. 窗井或窗井的一部分在最高地下水位以下时的处理； 6. 窗井内的底板位置；窗井外地面散水； 7. 密封材料嵌填。	表 2.3.2-29
17	坑、池	1. 坑、池防水混凝土的原材料、配合比及坍落度； 2. 坑、池防水构造； 3. 坑、池、储水库内部防水层完成后的蓄水试验； 4. 坑、池、储水库混凝土表面； 5. 坑、池底板的混凝土厚度。	表 2.3.2-30
18	地下连续墙	1. 地下连续墙的槽段接缝构造。	表 2.3.2-31
19	盾构隧道	1. 管片嵌缝槽的深宽比及断面构造形式、尺寸； 2. 管片的环向及纵向螺栓的穿进和拧紧； 3. 衬砌内表面的外露铁件防腐处理。	表 2.3.2-32
20	渗排水、盲沟排水	1. 盲沟反滤层的层次和粒径组成； 2. 集水管的埋置深度和坡度； 3. 渗排水构造； 4. 渗排水层的铺设； 5. 盲沟排水构造； 6. 集水管接口连接。	表 2.3.2-33 表 2.3.2-34
21	隧道排水、坑道排水	1. 贴壁式、复合式衬砌的盲沟与混凝土衬砌接触部位。	表 2.3.2-35
22	塑料排水板排水	1. 塑料排水板材料； 2. 塑料排水板排水层； 3. 塑料排水板排水层构造做法； 4. 塑料排水板的搭接宽度和搭接方法；	表 2.3.2-36
23	预注浆、后注浆	1. 配制浆液的原材料及配合比； 2. 注浆孔的数量、布置间距、钻孔深度及角度； 3. 注浆各阶段的控制压力和注浆量。	表 2.3.2-37
24	结构裂缝注浆	1. 注浆材料及其配合比； 2. 注浆孔的数量、布置间距、钻孔深度及角度； 3. 注浆各阶段的控制压力和注浆量。	表 2.3.2-38

二、填写范例

1. 隐蔽工程验收记录（卷材防水层基层）。

1）隐蔽工程验收记录（卷材防水层基层）表填写范例（表2.3.2-1）。

表2.3.2-1　隐蔽工程验收记录（卷材防水层基层）

工程名称	筑业科技产业园综合楼	编号	××
隐检项目	卷材防水层基层	隐检日期	××××年×月×日
隐检部位	基础底板 ①～⑩/ ～ 轴 —6.000m 标高		

隐检依据：施工图号__结施01～04__，设计变更/洽商/技术核定单（编号_____/_____）及有关国家现行标准等。

主要材料名称及规格/型号：_____/_____

隐检内容：

1. 防水层基层为100mm厚C20混凝土垫层；

2. 混凝土垫层表面光滑、平整、坚硬，无起砂、裂缝等缺陷；

3. 混凝土基层干净、整洁，基层含水率在10%以下，符合要求；

4. 阴角处已找45°坡，阳角处棱角已抹圆弧角；

5. 按要求砌筑240mm厚，1200mm高砖砌导墙，内侧及顶部已抹灰，并压光。

检查结论：

经检查，符合设计及规范要求，同意进行下道工序。

☑同意隐蔽　　　　　□不同意，修改后进行复查

复查结论：

复查人：　　　　　　　　　　　　　　　　　　　复查日期：　　年　月　日

签字栏	施工单位	××建设集团有限公司	专业技术负责人	专业质量员	专业工长
			×××	×××	×××
	监理或建设单位	××建设监理有限公司	专业监理工程师	×××	

2）隐蔽工程验收记录（卷材防水层基层）标准要求。

（1）隐检依据来源

《地下防水工程质量验收规范》GB 50208—2011 摘录：

9.0.6　地下防水工程应对下列部位做好隐蔽工程验收记录：

1　防水层的基层；

2　防水混凝土结构和防水层被掩盖的部位；

3　施工缝、变形缝、后浇带等防水构造做法；

4　管道穿过防水层的封固部位；

5　渗排水层、盲沟和坑槽；

6　结构裂缝注浆处理部位；

7　衬砌前围岩渗漏水处理部位；

8　基坑的超挖和回填。

（2）隐检内容相关要求

《地下防水工程质量验收规范》GB 50208—2011 摘录：

4.3.4　铺贴防水卷材前，基面应干净、干燥，并应涂刷基层处理剂；当基面潮湿时，应涂刷湿固化型胶粘剂或潮湿界面隔离剂。

4.3.5　基层阴阳角应做成圆弧或 45°坡角，其尺寸应根据卷材品种确定。

2. 隐蔽工程验收记录（砂浆防水层基层）。

1) 隐蔽工程验收记录（砂浆防水层基层）表填写范例（表 2.3.2-2）。

表 2.3.2-2　隐蔽工程验收记录（砂浆防水层基层）

工程名称	筑业科技产业园综合楼	编号	××
隐检项目	砂浆防水层基层	隐检日期	××××年×月×日
隐检部位	地下室外墙 ①～⑩/ ～ 轴　　－6.000～－0.300m 标高		

隐检依据：施工图号　结施01～03、06　，设计变更/洽商/技术核定单（编号＿＿＿／＿＿＿）及有关国家现行标准等。

主要材料名称及规格/型号：＿＿＿／＿＿＿＿＿＿＿＿＿＿＿＿＿＿＿＿＿＿＿＿＿＿＿

隐检内容：

1. 基层表面平整、坚实、清洁，并充分湿润、无明水；
2. 基层表面的孔洞、缝隙，采用与防水层相同的水泥砂浆堵塞并抹平；
3. 施工前将埋设件、穿墙管预留凹槽内嵌填密封材料后，再进行水泥砂浆防水层施工。

检查结论：

经检查，符合设计及规范要求，同意进行下道工序。

☑同意隐蔽　　　　　□不同意，修改后进行复查

复查结论：

复查人：　　　　　　　　　　　　　　　　复查日期：　　年　月　日

签字栏	施工单位	××建设集团有限公司	专业技术负责人	专业质量员	专业工长
			×××	×××	×××
	监理或建设单位	××建设监理有限公司	专业监理工程师	×××	

2）隐蔽工程验收记录（砂浆防水层基层）标准要求。

（1）隐检依据来源

《地下防水工程质量验收规范》GB 50208—2011 摘录：

9.0.6 地下防水工程应对下列部位做好隐蔽工程验收记录：

1 防水层的基层；

2 防水混凝土结构和防水层被掩盖的部位；

3 施工缝、变形缝、后浇带等防水构造做法；

4 管道穿过防水层的封固部位；

5 渗排水层、盲沟和坑槽；

6 结构裂缝注浆处理部位；

7 衬砌前围岩渗漏水处理部位；

8 基坑的超挖和回填。

（2）隐检内容相关要求

《地下防水工程质量验收规范》GB 50208—2011 摘录：

4.2.4 水泥砂浆防水层的基层质量应符合下列规定：

1 基层表面应平整、坚实、清洁，并应充分湿润、无明水；

2 基层表面的孔洞、缝隙，应采用与防水层相同的水泥砂浆堵塞并抹平；

3 施工前应将埋设件、穿墙管预留凹槽内嵌填密封材料后，再进行水泥砂浆防水层施工。

3. 隐蔽工程验收记录（底板卷材防水层附加层）、隐蔽工程验收记录（底板第一层卷材防水层）、隐蔽工程验收记录（底板第二层卷材防水层）、隐蔽工程验收记录（外墙卷材防水层附加层）、隐蔽工程验收记录（外墙第一层卷材防水层）、隐蔽工程验收记录（外墙第二层卷材防水层）。

1) 隐蔽工程验收记录（底板卷材防水层附加层）表填写范例（表 2.3.2-3）。

表 2.3.2-3　隐蔽工程验收记录（底板卷材防水层附加层）

工程名称	筑业科技产业园综合楼	编号	××
隐检项目	底板卷材防水层附加层	隐检日期	××××年×月×日
隐检部位	基础底板 ①～⑩/ ～ 轴 −6.000m 标高		

隐检依据：施工图号___结施 01～04_____，设计变更/洽商/技术核定单（编号_____/_____）及有关国家现行标准等。
主要材料名称及规格/型号：___3mm 厚 SBS 防水卷材_____

隐检内容：
  1. 卷材防水层附加层采用 3mm 厚 SBS 改性沥青防水卷材，其质量合格证明文件齐全，进场验收合格，复试合格，见报告编号××；
  2. 附加层铺贴宽度不小于 500mm；
  3. 在基层阴阳角处、变形缝、后浇带等处均铺贴卷材附加层；
  4. 附加层相邻两幅卷材搭接长度为 150mm，符合规范要求；
  5. 附加层铺贴平整，接缝严密无漏缝现象。

检查结论：

  经检查，符合设计及规范要求，同意进行下道工序。

☑同意隐蔽　　　　　□不同意，修改后进行复查

复查结论：

复查人：　　　　　　　　　　　　　　　　　　　复查日期：　　年　月　日

签字栏	施工单位	××建设集团有限公司	专业技术负责人	专业质量员	专业工长
			×××	×××	×××
	监理或建设单位	××建设监理有限公司	专业监理工程师	×××	

2）隐蔽工程验收记录（底板第一层卷材防水层）表填写范例（表 2.3.2-4）。

表 2.3.2-4　隐蔽工程验收记录（底板第一层卷材防水层）

工程名称	筑业科技产业园综合楼	编号	××
隐检项目	底板第一层卷材防水层	隐检日期	××××年×月×日
隐检部位	基础底板 ①～⑩/　～　轴　　−6.000m　标高		

隐检依据：施工图号　结施 01～04　　　，设计变更/洽商/技术核定单（编号　　　/　　　）及有关国家现行标准等。

主要材料名称及规格/型号：　3mm 厚 SBS 防水卷材

隐检内容：

　　1. 卷材防水层附加层采用 3mm 厚 SBS 改性沥青防水卷材，其质量合格证明文件齐全，进场验收合格，复试合格，见报告编号××；

　　2.SBS 改性沥青防水卷材厚度为 3mm，空铺在基层上，相邻两幅卷材采用热熔法搭接卷材，长边搭接为 100mm，短边搭接长度为 150mm，相邻两幅卷材的接缝错开 1500mm；

　　3. 卷材铺贴平整，接缝严密，无空鼓、皱折损伤等；

　　4. 卷材在导墙方向采用空铺法铺贴，预留 500mm 卷材后期与墙面卷材搭接。

检查结论：

　　经检查，符合设计及规范要求，同意进行下道工序。

☑同意隐蔽　　　　　　□不同意，修改后进行复查

复查结论：

复查人：　　　　　　　　　　　　　　　　　　　　复查日期：　　　年　月　日

签字栏	施工单位	××建设集团有限公司	专业技术负责人	专业质量员	专业工长
			×××	×××	×××
	监理或建设单位	××建设监理有限公司	专业监理工程师	×××	

3）隐蔽工程验收记录（底板第二层卷材防水层）表填写范例（表 2.3.2-5）。

表 2.3.2-5 隐蔽工程验收记录（底板第二层卷材防水层）

工程名称	筑业科技产业园综合楼	编号	××
隐检项目	底板第二层卷材防水层	隐检日期	××××年×月×日
隐检部位	基础底板 ①～⑩/ ～ 轴 －6.000m 标高		

隐检依据：施工图号___结施 01～04___，设计变更/洽商/技术核定单（编号_____/_____）及有关国家现行标准等。

主要材料名称及规格/型号：___4mm 厚 SBS 防水卷材___

隐检内容：

1. 卷材防水层采用 4mm 厚 SBS 改性沥青防水卷材，其质量合格证明文件齐全，进场验收合格，复试合格，见报告编号××；

2. 采用热熔法铺贴卷材，SBS 改性沥青防水卷材厚度为 4mm，火焰加热器加热卷材均匀；

3. 防水卷材长边搭接为 100mm，短边搭接为 150mm，相邻两幅卷材的接缝错开 1500mm；

4. 上下两幅卷材平行铺贴，接缝错开 500mm；

5. 在导墙上，与一层卷材黏结严密、牢固，并预留 200mm 卷材后期与墙面卷材搭接；

6. 卷材接缝黏结严密、搭接压实，无空鼓、皱折损伤等，符合规范要求。

检查结论：

经检查，符合设计及规范要求，同意进行下道工序。

☑同意隐蔽　　　　　□不同意，修改后进行复查

复查结论：

复查人：　　　　　　　　　　　　　　　　　　复查日期：　　年　月　日

签字栏	施工单位	××建设集团有限公司	专业技术负责人	专业质量员	专业工长
			×××	×××	×××
	监理或建设单位	××建设监理有限公司	专业监理工程师	×××	

4）隐蔽工程验收记录（外墙卷材防水层附加层）表填写范例（表2.3.2-6）。

表 2.3.2-6 隐蔽工程验收记录（外墙卷材防水层附加层）

工程名称	筑业科技产业园综合楼	编号	××
隐检项目	外墙卷材防水层附加层	隐检日期	××××年×月×日
隐检部位	地下室外墙 ①～⑩/ ～ 轴 －6.000～－0.300m 标高		

隐检依据：施工图号　结施 01～03、06　，设计变更/洽商/技术核定单（编号＿＿＿＿/＿＿＿＿）及有关国家现行标准等。
主要材料名称及规格/型号：　3mm 厚 SBS 改性沥青防水卷材＿＿＿＿＿＿＿＿＿＿＿＿

隐检内容：

　　1. 卷材防水层附加层采用 3mm 厚 SBS 改性沥青防水卷材，其质量合格证明文件齐全，进场验收合格，复试合格，见报告编号××，其配套胶黏剂与卷材性能相容；

　　2. 附加层铺贴宽度不小于 500mm；

　　3. 在基层阴阳角处、施工缝、变形缝、后浇带及突出基层的管道等处均铺贴卷材附加层；

　　4. 附加层相邻两幅卷材搭接长度为 150mm；

　　5. 附加层铺贴平整，接缝严密无漏缝现象。

检查结论：

　　经检查，符合设计及规范要求，同意进行下道工序。

☑同意隐蔽　　　　□不同意，修改后进行复查

复查结论：

复查人：　　　　　　　　　　　　　　　　　　　　复查日期：　　年　月　日

签字栏	施工单位	××建设集团有限公司	专业技术负责人	专业质量员	专业工长
			×××	×××	×××
	监理或建设单位	××建设监理有限公司	专业监理工程师	×××	

5）隐蔽工程验收记录（外墙第一层卷材防水层）表填写范例（表2.3.2-7）。

表2.3.2-7 隐蔽工程验收记录（外墙第一层卷材防水层）

工程名称	筑业科技产业园综合楼	编号	××
隐检项目	外墙第一层卷材防水层	隐检日期	××××年×月×日
隐检部位	地下室外墙 ①～⑩/ ～ 轴 -6.000～-0.300m 标高		

隐检依据：施工图号 __结施01～03、06__ ，设计变更/洽商/技术核定单（编号____/____）及有关国家现行标准等。
主要材料名称及规格/型号： __4mm厚SBS改性沥青防水卷材__

隐检内容：
  1. 卷材防水层附加层采用4mm厚SBS改性沥青防水卷材，其质量合格证明文件齐全，进场复试合格，见报告编号××，其配套胶黏剂与卷材性能相容；
  2. SBS改性沥青防水卷材厚度为4mm，满粘热熔在基层上，相邻两幅卷材采用热熔法搭接卷材，长边搭接为100mm，短边搭接为150mm，相邻两幅卷材的接缝错开1500mm；
  3. 底油涂刷均匀，涂刷厚度、位置符合要求；
  4. 卷材与从基础底板伸出来的卷材黏结牢靠，搭接长度符合要求；
  5. 卷材铺贴平整，接缝严密，无空鼓、皱折损伤等。

检查结论：

经检查，符合设计及规范要求，同意进行下道工序。

☑同意隐蔽　　　　　　　□不同意，修改后进行复查

复查结论：

复查人：　　　　　　　　　　　　　　　　　复查日期：　　年　月　日

签字栏	施工单位	××建设集团有限公司	专业技术负责人	专业质量员	专业工长
			×××	×××	×××
	监理或建设单位	××建设监理有限公司	专业监理工程师	×××	

6) 隐蔽工程验收记录（外墙第二层卷材防水层）表填写范例（表 2.3.2-8）。

表 2.3.2-8　隐蔽工程验收记录（外墙第二层卷材防水层）

工程名称	筑业科技产业园综合楼	编号	××
隐检项目	外墙第二层卷材防水层	隐检日期	××××年×月×日
隐检部位	地下室外墙 ①～⑩/ ～ 轴 －6.000～－0.300m 标高		

隐检依据：施工图号__结施 01～03、06__，设计变更/洽商/技术核定单（编号____/____）及有关国家现行标准等。

主要材料名称及规格/型号：__3mm 厚 SBS 改性沥青防水卷材__

隐检内容：

　1. 卷材防水层附加层采用 3mm 厚 SBS 改性沥青防水卷材，其质量合格证明文件齐全，进场验收合格，复试合格，见报告编号××；

　2. 采用热熔法铺贴卷材，SBS 改性沥青防水卷材厚度为 3mm，火焰加热器加热卷材均匀；

　3. 防水卷材长边搭接为 100mm，短边搭接为 150mm，相邻两幅卷材的接缝错开 1500mm；

　4. 上下两幅卷材平行铺贴，接缝错开 500mm；

　5. 卷材与从基础底板伸出来的卷材黏结牢靠，搭接长度符合要求；

　6. 卷材接缝黏结严密、搭接压实，无空鼓、皱折损伤等；

　7. 卷材上部用金属固定片固定牢固，并密封。

检查结论：

　经检查，符合设计及规范要求，同意进行下道工序。

☑同意隐蔽　　　　□不同意，修改后进行复查

复查结论：

复查人：　　　　　　　　　　　　　　　　　　　　　复查日期：　　年　月　日

签字栏	施工单位	××建设集团有限公司	专业技术负责人	专业质量员	专业工长
			×××	×××	×××
	监理或建设单位	××建设监理有限公司	专业监理工程师		×××

7）隐蔽工程验收记录（底板卷材防水层附加层）、隐蔽工程验收记录（底板第一层卷材防水层）、隐蔽工程验收记录（底板第二层卷材防水层）、隐蔽工程验收记录（外墙卷材防水层附加层）、隐蔽工程验收记录（外墙第一层卷材防水层）、隐蔽工程验收记录（外墙第二层卷材防水层）标准要求。

（1）隐检依据来源

《地下防水工程质量验收规范》GB 50208—2011 摘录：

9.0.6 地下防水工程应对下列部位做好隐蔽工程验收记录：

1 防水层的基层；

2 防水混凝土结构和防水层被掩盖的部位；

3 施工缝、变形缝、后浇带等防水构造做法；

4 管道穿过防水层的封固部位；

5 渗排水层、盲沟和坑槽；

6 结构裂缝注浆处理部位；

7 衬砌前围岩渗漏水处理部位；

8 基坑的超挖和回填。

（2）隐检内容相关要求

《地下工程防水技术规范》GB 50108—2008 摘录：

4.3.7 阴阳角处应做成圆弧或45°坡角，其尺寸应根据卷材品种确定。在阴阳角等特殊部位，应增做卷材加强层，加强层宽度宜为300～500mm。

4.3.16 铺贴各类防水卷材应符合下列规定：

1 应铺设卷材加强层；

2 结构底板垫层混凝土部位的卷材可采用空铺法或点粘法施工，其粘结位置、点粘面积应按设计要求确定；侧墙采用外防外贴法的卷材及顶板部位的卷材应采用满粘法施工；

3 卷材与基面、卷材与卷材间的黏结应紧密、牢固；铺贴完成的卷材应平整顺直，搭接尺寸应准确，不得产生扭曲和皱折；

4 卷材搭接处和接头部位应粘贴牢固，接缝口应封严或采用材性相容的密封材料封缝；

5 铺贴立面卷材防水层时，应采取防水卷材下滑的措施；

6 铺贴双层卷材时，上下两层和相邻两幅卷材的接缝应错开1/3～1/2幅宽，且两层卷材不得相互垂直铺贴。

4.3.17 弹性体改性沥青防水卷材和改性沥青聚乙烯胎防水卷材采用热熔法施工应加热均匀，不得加热不足或烧穿卷材，搭接缝部位应溢出热熔的改性沥青。

4.3.18 铺贴自粘聚合物改性沥青防水卷材应符合下列规定：

1 基层表面应平整、干净、干燥、无尖锐突起物或孔隙；

2 排除卷材下面的空气，应辊压粘贴牢固，卷材表面不得有扭曲、皱折和起泡现象；

3 立面卷材铺贴完成后，应将卷材端头固定或嵌入墙体顶部的凹槽内，并应用密封材料封严；

4　低温施工时，宜对卷材和基面适当加热，然后铺贴卷材。

4.3.19　铺贴三元乙丙橡胶防水卷材应采用冷粘法施工，并应符合下列规定：

1　基底胶黏剂应涂刷均匀，不应露底、堆积；

2　胶粘剂涂刷与卷材铺贴的间隔时间应根据胶粘剂的性能控制；

3　铺贴卷材时，应辊压粘贴牢固；

4　搭接部位的黏合面应清理干净，并应采用接缝专用胶粘剂或胶粘带黏结。

4.3.20　铺贴聚氯乙烯防水卷材，接缝采用焊接法施工时，应符合下列规定：

1　卷材的搭接缝可采用单焊缝或双焊缝。单焊缝搭接宽度应为60mm，有效焊接宽度不应小于30mm；双焊缝搭接宽度应为80mm，中间应留设10～20mm的空腔，有效焊接宽度不宜小于10mm；

2　焊接缝的结合面应清理干净，焊接应严密；

3　应先焊长边搭接缝，后焊短边搭接缝。

4.3.21　铺贴聚乙烯丙纶复合防水卷材应符合下列规定：

1　应采用配套的聚合物水泥防水粘结材料；

2　卷材与基层粘贴应采用满粘法，黏结面积不应小于90%，刮涂粘结料应均匀，不应露底、堆积；

3　固化后的黏结料厚度不应小于1.3mm；

4　施工完的防水层应及时做保护层。

4.3.22　高分子自粘胶膜防水卷材宜采用预铺反粘法施工，并应符合下列规定：

1　卷材宜单层铺设；

2　在潮湿基面铺设时，基面应平整坚固、无明显积水；

3　卷材长边应采用自粘边搭接，短边应采用胶粘带搭接，卷材端部搭接区应相互错开；

4　立面施工时，在自粘边位置距离卷材边缘10～20mm内，应每隔400～600mm进行机械固定，并应保证固定位置被卷材完全覆盖；

5　浇筑结构混凝土时不得损伤防水层。

4.3.23　采用外防外贴法铺贴卷材防水层时，应符合下列规定：

1　应先铺平面，后铺立面，交接处应交叉搭接；

2　临时性保护墙宜采用石灰砂浆砌筑，内表面宜做找平层；

3　从底面折向立面的卷材与永久性保护墙的接触部位，应采用空铺法施工；卷材与临时性保护墙或围护结构模板的接触部位，应将卷材临时贴附在该墙上或模板上，并应将顶端临时固定；

4　当不设保护墙时，从底面折向立面的卷材接槎部位应采取可靠的保护措施；

5　混凝土结构完成，铺贴立面卷材时，应先将接槎部位的各层卷材揭开，并应将其表面清理干净，如卷材有局部损伤，应及时进行修补；卷材接槎的搭接长度，高聚物改性沥青类卷材应为150mm，合成高分子类卷材应为100mm；当使用两层卷材时，卷材应错槎接缝，上层卷材应盖过下层卷材。

卷材防水层甩槎、接槎构造见图4.3.23。

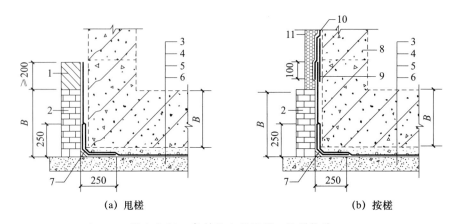

图 4.3.23　卷材防水层甩槎、接槎构造

1—临时保护墙；2—永久保护墙；3—细石混凝土保护层；4—卷材防水层；5—水泥砂浆找平层；
6—混凝土垫层；7—卷材加强层；8—结构墙体；9—卷材加强层；10—卷材防水层；11—卷材保护层

4. 隐蔽工程验收记录（砂浆防水层）。

1）隐蔽工程验收记录（砂浆防水层）表填写范例（表2.3.2-9）。

表2.3.2-9 隐蔽工程验收记录（砂浆防水层）

工程名称	筑业科技产业园综合楼	编号	××
隐检项目	砂浆防水层	隐检日期	××××年×月×日
隐检部位	地下室外墙 ①～⑩/ ～ 轴 －6.000～－0.300m 标高		

隐检依据：施工图号___结施01～03、06___，设计变更/洽商/技术核定单（编号___/___）及有关国家现行标准等。

主要材料名称及规格/型号：___聚合物防水砂浆___

隐检内容：

1. 材料采用聚合物防水砂浆，其质量合格证明文件齐全，进场验收合格，试验合格，见报告编号××；
2. 防水砂浆的黏结强度和抗渗性能符合设计规定，见报告编号××；
3. 水泥砂浆防水层与基层之间结合牢固，无空鼓现象；
4. 水泥砂浆防水层表面密实、平整，无裂纹、起砂、麻面等缺陷；
5. 水泥砂浆防水层施工缝留槎位置正确，接槎按层次顺序操作，层层搭接紧密；
6. 水泥砂浆防水层的平均厚度符合设计要求，最小厚度均大于设计厚度的95%；
7. 水泥砂浆防水层表面平整度均在允许偏差5mm以内。

检查结论：

经检查，符合设计及规范要求，同意进行下道工序。

☑同意隐蔽　　　　　□不同意，修改后进行复查

复查结论：

复查人：　　　　　　　　　　　　　　　　　　　复查日期：　年　月　日

签字栏	施工单位	××建设集团有限公司	专业技术负责人	专业质量员	专业工长
			×××	×××	×××
	监理或建设单位	××建设监理有限公司	专业监理工程师	×××	

2）隐蔽工程验收记录（砂浆防水层）标准要求。

（1）隐检依据来源

《地下防水工程质量验收规范》GB 50208—2011 摘录：

9.0.6 地下防水工程应对下列部位做好隐蔽工程验收记录：

1 防水层的基层；

2 防水混凝土结构和防水层被掩盖的部位；

3 施工缝、变形缝、后浇带等防水构造做法；

4 管道穿过防水层的封固部位；

5 渗排水层、盲沟和坑槽；

6 结构裂缝注浆处理部位；

7 衬砌前围岩渗漏水处理部位；

8 基坑的超挖和回填。

（2）隐检内容相关要求

《地下工程防水技术规范》GB 50108—2008 摘录：

4.2.12 防水砂浆的配合比和施工方法应符合所掺材料的规定，其中聚合物水泥防水砂浆的用水量应包括乳液中的含水量。

4.2.13 水泥砂浆防水层应分层铺抹或喷射，铺抹时应压实、抹平，最后一层表面应提浆压光。

4.2.14 聚合物水泥防水砂浆拌合后应在规定时间内用完，施工中不得任意加水。

4.2.15 水泥砂浆防水层各层应紧密黏合，每层宜连续施工；必须留设施工缝时，应采用阶梯坡形槎，但离阴阳角处的距离不得小于200mm。

4.2.16 水泥砂浆防水层不得在雨天、五级及以上大风中施工。冬期施工时，气温不应低于5℃。夏季不宜在30℃以上或烈日照射下施工。

4.2.17 水泥砂浆防水层终凝后，应及时进行养护，养护温度不宜低于5℃，并应保持砂浆表面湿润，养护时间不得少于14d。聚合物水泥防水砂浆未达到硬化状态时，不得浇水养护或直接受雨水冲刷，硬化后应采用干湿交替的养护方法。潮湿环境中，可在自然条件下养护。

5. 隐蔽工程验收记录（涂料防水层）。

1）隐蔽工程验收记录（涂料防水层）表填写范例（表2.3.2-10）。

表 2.3.2-10　隐蔽工程验收记录（涂料防水层）

工程名称	筑业科技产业园综合楼	编号	××
隐检项目	涂料防水层	隐检日期	××××年×月×日
隐检部位	地下室外墙 ①～⑩/ ～ 轴 　－6.000～－0.300m 标高		

隐检依据：施工图号＿＿结施01～03、06＿＿，设计变更/洽商/技术核定单（编号＿＿＿＿／＿＿＿＿）及有关国家现行标准等。

主要材料名称及规格/型号：＿＿聚氨酯防水涂料＿＿＿＿＿＿＿＿＿＿＿＿＿＿

隐检内容：

1. 防水层采用聚氨酯防水涂料，其质量合格证明文件齐全，进场验收合格，试验合格，见报告编号××；
2. 在转角处、变形缝、施工缝、穿墙管等部位增涂防水涂料，宽度不小于500mm；
3. 涂料防水层的甩楼处接槎宽度不小于100mm，接涂前将其甩槎表面处理干净；
4. 涂料防水层搭接宽度不小于100mm，上下两层和相邻两幅的接缝错开1/3幅宽，且上下两层平行涂刷；
5. 涂料防水层与基层黏结牢固，涂刷均匀，无流淌、鼓泡、露槎等现象；
6. 防水层淋水30min，试验合格，见报告编号××。

检查结论：

经检查，符合设计及规范要求，同意进行下道工序。

☑同意隐蔽　　　　□不同意，修改后进行复查

复查结论：

复查人：　　　　　　　　　　　　　　　　　复查日期：　　年　月　日

签字栏	施工单位	××建设集团有限公司	专业技术负责人	专业质量员	专业工长
			×××	×××	×××
	监理或建设单位	××建设监理有限公司	专业监理工程师		×××

2）隐蔽工程验收记录（涂料防水层）标准要求。

（1）隐检依据来源

《地下防水工程质量验收规范》GB 50208—2011 摘录：

9.0.6 地下防水工程应对下列部位做好隐蔽工程验收记录：

1 防水层的基层；

2 防水混凝土结构和防水层被掩盖的部位；

3 施工缝、变形缝、后浇带等防水构造做法；

4 管道穿过防水层的封固部位；

5 渗排水层、盲沟和坑槽；

6 结构裂缝注浆处理部位；

7 衬砌前围岩渗漏水处理部位；

8 基坑的超挖和回填。

（2）隐检内容相关要求

《地下防水工程质量验收规范》GB 50208—2011 摘录：

4.4.4 涂料防水层的施工应符合下列规定：

1 多组分涂料应按配合比准确计量，搅拌均匀，并应根据有效时间确定每次配制的用量；

2 涂料应分层涂刷或喷涂，涂层应均匀，涂刷应待前遍涂层干燥成膜后进行。每遍涂刷时应交替改变涂层的涂刷方向，同层涂膜的先后搭压宽度宜为 30～50mm；

3 涂料防水层的甩槎处接槎宽度不应小于 100mm，接涂前应将其甩槎表面处理干净；

4 采用有机防水涂料时，基层阴阳角处应做成圆弧；在转角处、变形缝、施工缝、穿墙管等部位应增加胎体增强材料和增涂防水涂料，宽度不应小于 500mm；

5 胎体增强材料的搭接宽度不应小于 100mm。上下两层和相邻两幅胎体的接缝应错开 1/3 幅宽，且上下两层胎体不得相互垂直铺贴。

6. 隐蔽工程验收记录（防水混凝土防水层）。

1）隐蔽工程验收记录（防水混凝土防水层）表填写范例（表 2.3.2-11）。

表 2.3.2-11　隐蔽工程验收记录（防水混凝土防水层）

工程名称	筑业科技产业园综合楼	编号	××
隐检项目	防水混凝土防水层	隐检日期	××××年×月×日
隐检部位	地下室外墙 ①～⑩/ ～ 轴 －6.000～－0.300m 标高		

隐检依据：施工图号　结施 01～03、06　，设计变更/洽商/技术核定单（编号　/　）及有关国家现行标准等。

主要材料名称及规格/型号：　P8 C40

隐检内容：

1. 防水层采用 P8 C40 防水混凝土，其质量合格证明文件齐全，进场验收合格，试验合格，见报告编号××；

2. 后浇带采用补偿收缩混凝土、止水钢板防水措施，补偿收缩混凝土的抗压强度和抗渗等级均高于两侧混凝土一个等级；

3. 防水混凝土结构表面坚实、平整，无露筋、蜂窝等缺陷；埋设件位置准确，见记录××；

4. 防水混凝土结构表面无明显裂缝；

5. 防水混凝土厚度均在允许偏差＋8mm、－5mm 范围内，符合规范要求；

6. 主体结构迎水面钢筋保护层按间距 1m，布置 50mm 厚的同等级混凝土垫块；

7. 防水混凝土质量控制资料齐全。

检查结论：

经检查，符合设计及规范要求，同意进行下道工序。

☑同意隐蔽　　　　　　□不同意，修改后进行复查

复查结论：

复查人：　　　　　　　　　　　　　　　　复查日期：　　年　月　日

签字栏	施工单位	××建设集团有限公司	专业技术负责人	专业质量员	专业工长
			×××	×××	×××
	监理或建设单位	××建设监理有限公司	专业监理工程师	×××	

2）隐蔽工程验收记录（防水混凝土防水层）标准要求。

（1）隐检依据来源

《地下防水工程质量验收规范》GB 50208—2011摘录：

9.0.6　地下防水工程应对下列部位做好隐蔽工程验收记录：

1　防水层的基层；

2　防水混凝土结构和防水层被掩盖的部位；

3　施工缝、变形缝、后浇带等防水构造做法；

4　管道穿过防水层的封固部位；

5　渗排水层、盲沟和坑槽；

6　结构裂缝注浆处理部位；

7　衬砌前围岩渗漏水处理部位；

8　基坑的超挖和回填。

（2）隐检内容相关要求

《地下防水工程质量验收规范》GB 50208—2011摘录：

4.1.14　防水混凝土的原材料、配合比及坍落度必须符合设计要求。

4.1.15　防水混凝土的抗压强度和抗渗性能必须符合设计要求。

4.1.16　防水混凝土结构的施工缝、变形缝、后浇带、穿墙管、埋设件等设置和构造必须符合设计要求。

4.1.17　防水混凝土结构表面应坚实、平整，不得有露筋、蜂窝等缺陷；埋设件位置应准确。

4.1.18　防水混凝土结构表面的裂缝宽度不应大于0.2mm，且不得贯通。

4.1.19　防水混凝土结构厚度不应小于250mm，其允许偏差应为$+8$mm、-5mm；主体结构迎水面钢筋保护层厚度不应小于50mm，其允许偏差为±5mm。

7. 隐蔽工程验收记录（塑料防水板防水层）。

1）隐蔽工程验收记录（塑料防水板防水层）表填写范例（表2.3.2-12）。

表2.3.2-12 隐蔽工程验收记录（塑料防水板防水层）

工程名称	筑业科技产业园综合楼	编号	××
隐检项目	塑料防水板防水层	隐检日期	××××年×月×日
隐检部位	地下室外墙①～⑩/ ～ 轴 －6.000～－0.300m 标高		

隐检依据：施工图号＿＿结施01～03、06＿＿，设计变更/洽商/技术核定单（编号＿＿＿＿/＿＿＿＿）及有关国家现行标准等。

主要材料名称及规格/型号：＿＿1.2mm厚高密度聚乙烯塑料防水板＿＿＿＿＿＿＿＿＿＿

隐检内容：

1. 塑料防水板及其配套材料质量合格证明文件齐全，进场验收合格，复试合格，见试验报告编号××；

2. 塑料防水板的搭接缝采用双缝热熔焊接，每条焊缝的有效宽度均大于10mm；

3. 铺设塑料防水板前先铺缓冲层，缓冲层用暗钉圈固定在基面上；缓冲层搭接宽度不小于50mm；铺设塑料防水板时，边铺边用压焊机将塑料防水板与暗钉圈焊接；

4. 两幅塑料防水板的搭接宽度均大于100mm，下部塑料防水板压住上部塑料防水板，接缝焊接时，塑料防水板的搭接层数为2层；

5. 塑料防水板牢固地固定在基面上，固定点间距边墙宜为1.0m；局部凹凸较大的部位，在凹处加密固定点；

6. 塑料防水板与暗钉圈焊接牢靠，无漏焊、假焊和焊穿现象；

7. 塑料防水板的铺设平顺，无下垂、绷紧和破损现象。

检查结论：

经检查，符合设计及规范要求，同意进行下道工序。

☑同意隐蔽　　　　□不同意，修改后进行复查

复查结论：

复查人：　　　　　　　　　　　　　　　　　复查日期：　　年　月　日

签字栏	施工单位	××建设集团有限公司	专业技术负责人	专业质量员	专业工长
			×××	×××	×××
	监理或建设单位	××建设监理有限公司	专业监理工程师	×××	

2）隐蔽工程验收记录（塑料防水板防水层）标准要求。

（1）隐检依据来源

《地下防水工程质量验收规范》GB 50208—2011 摘录：

9.0.6 地下防水工程应对下列部位做好隐蔽工程验收记录：

1 防水层的基层；

2 防水混凝土结构和防水层被掩盖的部位；

3 施工缝、变形缝、后浇带等防水构造做法；

4 管道穿过防水层的封固部位；

5 渗排水层、盲沟和坑槽；

6 结构裂缝注浆处理部位；

7 衬砌前围岩渗漏水处理部位；

8 基坑的超挖和回填。

（2）隐检内容相关要求

《地下工程防水技术规范》GB 50108—2008 摘录：

4.5.11 塑料防水板防水层的基面应平整、无尖锐突出物；基面平整度 D/L 不应大于 1/6。

> 注：D 为初期支护基面相邻两凸面间凹进去的深度；L 为初期支护基面相邻两凸面间的距离。

4.5.12 铺设塑料防水板前应先铺缓冲层，缓冲层应采用暗钉圈固定在基面上（图 4.5.12）。钉距应符合本规范第 4.5.6 条的规定。

4.5.13 塑料防水板的铺设应符合下列规定：

1 铺设塑料防水板时，宜由拱顶向两侧展铺，并应边铺边用压焊机将塑料板与暗钉圈焊接牢靠，不得有漏焊、假焊和焊穿现象。两幅塑料防水板的搭接宽度不应小于 100mm。搭接缝应为热熔双焊缝，每条焊缝的有效宽度不应小于 10mm；

2 环向铺设时，应先拱后墙，下部防水板应压住上部防水板；

3 塑料防水板铺设时宜设置分区预埋注浆系统；

4 分段设置塑料防水板防水层时，两端应采取封闭措施。

4.5.14 接缝焊接时，塑料板的搭接层数不得超过三层。

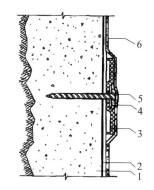

1—初期支护；2—缓冲层；
3—热塑性暗钉圈；4—金属垫圈；
5—射钉；6—塑料防水板
图 4.5.12　暗钉圈固定缓冲层

4.5.15 塑料防水板铺设时应少留或不留接头，当留设接头时，应对接头进行保护。再次焊接时应将接头处的塑料防水板擦拭干净。

4.5.16 铺设塑料防水板时，不应绷得太紧，宜根据基面的平整度留有充分的余地。

4.5.17 防水板的铺设应超前混凝土施工，超前距离宜为 5～20m，并应设临时挡板防止机械损伤和电火花灼伤防水板。

8. 隐蔽工程验收记录（金属板防水层）。

1）隐蔽工程验收记录（金属板防水层）表填写范例（表 2.3.2-13）。

表 2.3.2-13 隐蔽工程验收记录（金属板防水层）

工程名称	筑业科技产业园综合楼	编号	××
隐检项目	金属板防水层	隐检日期	××××年×月×日
隐检部位	地下室外墙 ①～⑩/ ～ 轴 －6.000～－0.300m 标高		

隐检依据：施工图号___结施 01～03、06___，设计变更/洽商/技术核定单（编号_____/_____）及有关
国家现行标准等。
主要材料名称及规格/型号：___3mm 厚金属板___

隐检内容：
1. 金属板及焊接材料质量合格证明文件齐全，进场验收合格，复试合格，见试验报告编号××；
2. 金属板铺设在主体结构迎水面，与工程结构的锚固件连接采用焊接，焊工持证上岗，焊接前进行了工艺
检验，试验合格，报告编号××；
3. 金属板之间搭接长度为 2cm，符合方案要求；
4. 金属板表面无明显凹面和损伤；
5. 焊缝无裂纹、未熔合、夹渣、焊瘤、咬边、烧穿、弧坑、针状气孔等缺陷；
6. 焊缝的焊波均匀，焊渣和飞溅物清除干净；
7. 金属板防水层涂刷防锈涂层，涂层无漏涂、脱皮和反锈等现象。

检查结论：

经检查，符合设计及规范要求，同意进行下道工序。

☑同意隐蔽　　　　□不同意，修改后进行复查

复查结论：

复查人：　　　　　　　　　　　　　　　　　复查日期：　　年　月　日

签字栏	施工单位	××建设集团有限公司	专业技术负责人	专业质量员	专业工长
			×××	×××	×××
	监理或建设单位	××建设监理有限公司	专业监理工程师	×××	

2）隐蔽工程验收记录（金属板防水层）标准要求。

（1）隐检依据来源

《地下防水工程质量验收规范》GB 50208—2011 摘录：

9.0.6 地下防水工程应对下列部位做好隐蔽工程验收记录：

1 防水层的基层；

2 防水混凝土结构和防水层被掩盖的部位；

3 施工缝、变形缝、后浇带等防水构造做法；

4 管道穿过防水层的封固部位；

5 渗排水层、盲沟和坑槽；

6 结构裂缝注浆处理部位；

7 衬砌前围岩渗漏水处理部位；

8 基坑的超挖和回填。

（2）隐检内容相关要求

《地下工程防水技术规范》GB 50108—2008 摘录：

4.6.2 金属板的拼接应采用焊接，拼接焊缝应严密。竖向金属板的垂直接缝，应相互错开。

4.6.3 主体结构内侧设置金属防水层时，金属板应与结构内的钢筋焊牢，也可在金属防水层上焊接一定数量的锚固件（图 4.6.3）。

4.6.4 主体结构外侧设置金属防水层时，金属板应焊在混凝土结构的预埋件上。金属板经焊缝检查合格后，应将其与结构间的空隙用水泥砂浆灌实（图 4.6.4）。

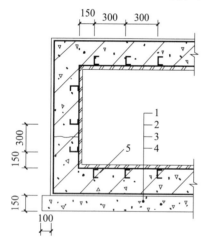

1—金属板；2—主体结构；3—防水砂浆；
4—垫层；5—锚固筋

图 4.6.3 金属板防水层

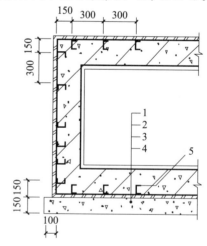

1—防水砂浆；2—主体结构；3—金属板；
4—垫层；5—锚固筋

图 4.6.4 金属板防水层

4.6.5 金属板防水层应用临时支撑加固。金属板防水层底板上应预留浇捣孔，并应保证混凝土浇筑密实，待底板混凝土浇筑完后应补焊严密。

4.6.6 金属板防水层如先焊成箱体，再整体吊装就位时，应在其内部加设临时支撑。

4.6.7 金属板防水层应采取防锈措施。

9. 隐蔽工程验收记录（膨润土防水层）。

1）隐蔽工程验收记录（膨润土防水层）表填写范例（表2.3.2-14）。

表2.3.2-14　隐蔽工程验收记录（膨润土防水层）

工程名称	筑业科技产业园综合楼	编号	××
隐检项目	膨润土防水层	隐检日期	××××年×月×日
隐检部位	地下室外墙 ①～⑩/ ～ 轴 －6.000～－0.300m 标高		

隐检依据：施工图号___结施01～03、06___，设计变更/洽商/技术核定单（编号_____/_____）及有关国家现行标准等。

主要材料名称及规格/型号：___膨润土防水毯、膨润土防水板___

隐检内容：

1. 膨润土防水材料质量合格证明文件齐全，进场验收合格，复试合格，见试验报告编号××；

2. 转角处和变形缝、施工缝、后浇带等部位均设置宽度不小于500mm加强层，加强层设置在防水层与结构外表面之间，穿墙管件部位采用膨润土橡胶止水条、膨润土密封膏进行加强处理；

3. 膨润土防水毯的织布面或防水板的膨润土面，均朝向工程主体结构的迎水面；

4. 膨润土防水材料上层压住下层，防水层与基层、防水层与防水层之间密贴，平整无折皱；

5. 膨润土防水材料采用水泥钉和垫片固定：立面和斜面上的固定间距为500mm，平面上在搭接缝处固定。

6. 膨润土防水材料的搭接宽度大于100mm；搭接部位的固定间距为300mm，固定点与搭接边缘的距离为30mm，搭接处涂抹膨润土密封膏；

7. 膨润土防水材料的收口部位采用金属压条和水泥钉固定，并用膨润土密封膏覆盖。

检查结论：

　　经检查，符合设计及规范要求，同意进行下道工序。

☑同意隐蔽　　　　　□不同意，修改后进行复查

复查结论：

复查人：　　　　　　　　　　　　　　　　　　复查日期：　　年　月　日

签字栏	施工单位	××建设集团有限公司	专业技术负责人	专业质量员	专业工长
			×××	×××	×××
	监理或建设单位	××建设监理有限公司	专业监理工程师	×××	

2）隐蔽工程验收记录（膨润土防水层）标准要求。

（1）隐检依据来源

《地下防水工程质量验收规范》GB 50208—2011 摘录：

9.0.6 地下防水工程应对下列部位做好隐蔽工程验收记录：

1 防水层的基层；

2 防水混凝土结构和防水层被掩盖的部位；

3 施工缝、变形缝、后浇带等防水构造做法；

4 管道穿过防水层的封固部位；

5 渗排水层、盲沟和坑槽；

6 结构裂缝注浆处理部位；

7 衬砌前围岩渗漏水处理部位；

8 基坑的超挖和回填。

（2）隐检内容相关要求

《地下工程防水技术规范》GB 50108—2008 摘录：

4.7.11 膨润土防水材料应采用水泥钉和垫片固定。立面和斜面上的固定间距宜为 400～500mm，平面上应在搭接缝处固定。

4.7.12 膨润土防水毯的织布面应与结构外表面或底板垫层混凝土密贴；膨润土防水板的膨润土面应与结构外表面或底板垫层密贴。

4.7.13 膨润土防水材料应采用搭接法连接，搭接宽度应大于 100mm。搭接部位的固定位置距搭接边缘的距离宜为 25～30mm，搭接处应涂膨润土密封膏。平面搭接缝可干撒膨润土颗粒，用量宜为 0.3～0.5kg/m。

4.7.14 立面和斜面铺设膨润土防水材料时，应上层压着下层，卷材与基层、卷材与卷材之间应密贴，并应平整无褶皱。

4.7.15 膨润土防水材料分段铺设时，应采取临时防护措施。

4.7.16 甩槎与下幅防水材料连接时，应将收口压板、临时保护膜等去掉，并应将搭接部位清理干净，涂抹膨润土密封膏，然后搭接固定。

4.7.17 膨润土防水材料的永久收口部位应用收口压条和水泥钉固定，并应用膨润土密封膏覆盖。

4.7.18 膨润土防水材料与其他防水材料过渡时，过渡搭接宽度应大于 400mm，搭接范围内应涂抹膨润土密封膏或铺撒膨润土粉。

4.7.19 破损部位应采用与防水层相同的材料进行修补，补丁边缘与破损部位边缘的距离不应小于 100mm；膨润土防水板表面膨润土颗粒损失严重时应涂抹膨润土密封膏。

10. 隐蔽工程验收记录（施工缝-止水钢板）、隐蔽工程验收记录（施工缝-止水条）。

1）隐蔽工程验收记录（施工缝-止水钢板）表填写范例（表 2.3.2-15）。

表 2.3.2-15　隐蔽工程验收记录（施工缝-止水钢板）

工程名称	筑业科技产业园综合楼	编号	××
隐检项目	止水钢板	隐检日期	××××年×月×日
隐检部位	基础底板导墙 ①～⑩/ ～ 轴　－5.000m 标高		

隐检依据：施工图号＿＿＿结施 01～04＿＿＿，设计变更/洽商/技术核定单（编号＿＿＿＿/＿＿＿＿）及有关国家现行标准等。

主要材料名称及规格/型号：＿＿300mm×3mm 止水钢板＿＿＿＿＿＿＿

隐检内容：

1. 止水钢板规格为 300mm×3mm，其质量合格证明文件齐全、进场验收合格；

2. 止水钢板设置在板上至外墙上返 300mm 处，钢板的接头采用焊接，安放位置居中，两块止水钢板搭接长度为 50mm；

3. 止水钢板表面无油污、无明显变形现象；

4. 加固措施牢固稳定，双面满焊；

5. 止水钢板的位置、埋深等均符合规范要求。

检查结论：

经检查，符合设计及规范要求，同意进行下道工序。

☑同意隐蔽　　　　□不同意，修改后进行复查

复查结论：

复查人：　　　　　　　　　　　　　　　　　　复查日期：　　　年　月　日

签字栏	施工单位	××建设集团有限公司	专业技术负责人	专业质量员	专业工长
			×××	×××	×××
	监理或建设单位	××建设监理有限公司	专业监理工程师	×××	

2）隐蔽工程验收记录（施工缝-止水条）表填写范例（表 2.3.2-16）。

表 2.3.2-16　隐蔽工程验收记录（施工缝-止水条）

工程名称	筑业科技产业园综合楼	编号	××
隐检项目	止水条	隐检日期	××××年×月×日
隐检部位	基础底板导墙 ①～⑩/ ～ 轴　－5.000m 标高		

隐检依据：施工图号＿＿结施01～04＿＿＿＿＿＿，设计变更/洽商/技术核定单（编号＿＿＿＿/＿＿＿＿）及有关国家现行标准等。

主要材料名称及规格/型号：＿＿30mm×10mm 止水条＿＿＿＿＿＿＿＿＿＿

隐检内容：

1. 止水条采用高聚乙烯胶泥材料，其质量合格证明文件齐全，进场验收合格，复试合格，见报告编号××；

2. 止水条埋设位置、平直度符合要求；

3. 止水带成盒状安设，采用扁钢固定，固定扁钢用的螺栓间距为 500mm，橡胶止水带的转角半径为 300mm。

检查结论：

经检查，符合设计及规范要求，同意进行下道工序。

☑同意隐蔽　　　　　　□不同意，修改后进行复查

复查结论：

复查人：　　　　　　　　　　　　　　　　　复查日期：　　年　月　日

签字栏	施工单位	××建设集团有限公司	专业技术负责人	专业质量员	专业工长
			×××	×××	×××
	监理或建设单位	××建设监理有限公司	专业监理工程师	×××	

3）隐蔽工程验收记录（施工缝-止水钢板）、隐蔽工程验收记录（施工缝-止水条）标准要求。

（1）隐检依据来源

《地下防水工程质量验收规范》GB 50208—2011 摘录：

9.0.6 地下防水工程应对下列部位做好隐蔽工程验收记录：

1 防水层的基层；

2 防水混凝土结构和防水层被掩盖的部位；

3 施工缝、变形缝、后浇带等防水构造做法；

4 管道穿过防水层的封固部位；

5 渗排水层、盲沟和坑槽；

6 结构裂缝注浆处理部位；

7 衬砌前围岩渗漏水处理部位；

8 基坑的超挖和回填。

（2）隐检内容相关要求

《给水排水构筑物工程施工及验收规范》GB 50141—2008 摘录：

6.1.10 构筑物变形缝的止水带应按设计要求选用，并应符合下列规定：

1 塑料或橡胶止水带的形状、尺寸及其材质的物理性能，均应符合国家有关标准规定，且无裂纹、气泡、孔洞；

2 塑料或橡胶止水带对接接头应采用热接，不得采用叠接；接缝应平整牢固，不得有裂口、脱胶现象；T 字接头、十字接头和 Y 字接头，应在工厂加工成型；

3 金属止水带应平整、尺寸准确，其表面的铁锈、油污应清除干净，不得有砂眼、钉孔；

4 金属止水带接头应视其厚度，采用咬接或搭接方式；搭接长度不得小于 20mm，咬接或搭接必须采用双面焊接；

5 金属止水带在伸缩缝中的部分应涂防锈和防腐涂料；

6 钢边橡胶止水带等复合止水带应在工厂加工成型。

11. 隐蔽工程验收记录（水平施工缝）。

1) 隐蔽工程验收记录（水平施工缝）表填写范例（表2.3.2-17）。

表2.3.2-17 隐蔽工程验收记录（水平施工缝）

工程名称	筑业科技产业园综合楼	编号	××
隐检项目	水平施工缝	隐检日期	××××年×月×日
隐检部位	基础底板导墙 ①～⑩/ ～ 轴 −5.000m 标高		

隐检依据：施工图号___结施01～04___，设计变更/洽商/技术核定单（编号_____/_____）及有关国家现行标准等。

主要材料名称及规格/型号：_____/_____

隐检内容：

1. 施工缝处，已浇筑的混凝土抗压强度不小于1.2MPa；
2. 表面的浮浆、杂物及松动的石子已清除，并清洗干净；
3. 铺设净浆、涂刷混凝土界面处理剂；
4. 在混凝土浇筑前，先浇筑混凝土同配比水泥砂浆30mm。

检查结论：

经检查，符合设计及规范要求，同意进行下道工序。

☑同意隐蔽　　　　　□不同意，修改后进行复查

复查结论：

复查人：　　　　　　　　　　　　　　　　　复查日期：　　年　月　日

签字栏	施工单位	××建设集团有限公司	专业技术负责人	专业质量员	专业工长
			×××	×××	×××
	监理或建设单位	××建设监理有限公司	专业监理工程师	×××	

2）隐蔽工程验收记录（水平施工缝）标准要求。

（1）隐检依据来源

《地下防水工程质量验收规范》GB 50208—2011摘录：

9.0.6　地下防水工程应对下列部位做好隐蔽工程验收记录：

1　防水层的基层；

2　防水混凝土结构和防水层被掩盖的部位；

3　施工缝、变形缝、后浇带等防水构造做法；

4　管道穿过防水层的封固部位；

5　渗排水层、盲沟和坑槽；

6　结构裂缝注浆处理部位；

7　衬砌前围岩渗漏水处理部位；

8　基坑的超挖和回填。

（2）隐检内容相关要求

《地下工程防水技术规范》GB 50108—2008摘录：

4.1.26　施工缝的施工应符合下列规定：

1　水平施工缝浇筑混凝土前，应将其表面浮浆和杂物清除，然后铺设净浆或涂刷混凝土界面处理剂、水泥基渗透结晶型防水涂料等材料，再铺30～50mm厚的1∶1水泥砂浆，并应及时浇筑混凝土；

2　垂直施工缝浇筑混凝土前，应将其表面清理干净，再涂刷混凝土界面处理剂或水泥基渗透结晶型防水涂料，并应及时浇筑混凝土。

12. 隐蔽工程验收记录［变形缝-止水带（中埋式）］、隐蔽工程验收记录［变形缝-止水带（外贴式）］、隐蔽工程验收记录（变形缝-密封材料）。

1）隐蔽工程验收记录［变形缝-止水带（中埋式）］表填写范例（表 2.3.2-18）。

表 2.3.2-18　隐蔽工程验收记录［变形缝-止水带（中埋式）］

工程名称	筑业科技产业园综合楼		编号	××
隐检项目	止水带（中埋式）		隐检日期	××××年×月×日
隐检部位	基础底板 ①～⑩/ ～ 轴 －6.500～－5.000m 标高			

隐检依据：施工图号　结施 01～04　　　　，设计变更/洽商/技术核定单（编号　　／　　）及有关国家现行标准等。

主要材料名称及规格/型号：　止水带　

隐检内容：

1. 变形缝用止水带，其质量合格证明文件齐全，进场验收合格，复试合格，见报告编号××；

　2. 变形缝防水构造符合设计图纸要求，见下图所示；

　3. 中埋式止水带埋设位置准确，其中间空心圆环与变形缝的中心线重合；

　4. 中埋式止水带的接缝设在边墙较高位置上，接头采用热压焊接，接缝平整、牢固，无裂口和脱胶现象。

　5. 中埋式止水带在转弯处做成圆弧形；

　6. 安设于结构内侧的可卸式止水带所需配件一次配齐，转角处做成45°坡角，并增加紧固件的数量。

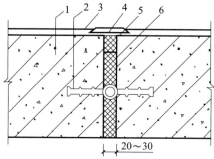

1—混凝土结构；2—中埋式止水带；3—防水层；4—隔离层；5—密封材料；6—填缝材料

检查结论：

　经检查，符合设计及规范要求，同意进行下道工序。

☑同意隐蔽　　　　　□不同意，修改后进行复查

复查结论：

复查人：　　　　　　　　　　　　　　　　　　　　　　复查日期：　　年　月　日

签字栏	施工单位	××建设集团有限公司	专业技术负责人	专业质量员	专业工长
			×××	×××	×××
	监理或建设单位	××建设监理有限公司	专业监理工程师	×××	

2）隐蔽工程验收记录［变形缝-止水带（外贴式）］表填写范例（表2.3.2-19）。

表2.3.2-19 隐蔽工程验收记录［变形缝-止水带（外贴式）］

工程名称	筑业科技产业园综合楼	编号	××
隐检项目	止水带（外贴式）	隐检日期	××××年×月×日
隐检部位	基础底板 ①～⑩/ ～ 轴 －6.500～－5.000m 标高		

隐检依据：施工图号___结施01～04___，设计变更/洽商/技术核定单（编号___/___）及有关国家现行标准等。

主要材料名称及规格/型号：__十字配件、直角配件__

隐检内容：
1. 变形缝用止水带，其质量合格证明文件齐全，进场验收合格，复试合格，见报告编号××；
2. 变形缝防水构造符合设计图纸要求；
3. 外贴式止水带在变形缝与施工缝相交部位采用十字配件，见下图示一；
4. 外贴式止水带在变形缝转角部位采用直角配件，见下图示二；
5. 止水带埋设位置准确，固定牢靠，并与固定止水带的基层密贴，无空鼓、翘边等现象。

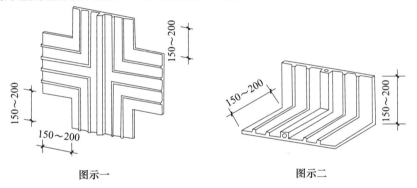

图示一　　　　　　　　　　　　图示二

检查结论：
经检查，符合设计及规范要求，同意进行下道工序。

☑同意隐蔽　　　　　□不同意，修改后进行复查

复查结论：

复查人：　　　　　　　　　　　　　　　　复查日期：　　年　月　日

签字栏	施工单位	××建设集团有限公司	专业技术负责人	专业质量员	专业工长
			×××	×××	×××
	监理或建设单位	××建设监理有限公司	专业监理工程师	×××	

3）隐蔽工程验收记录（变形缝-密封材料）表填写范例（表2.3.2-20）。

表 2.3.2-20　隐蔽工程验收记录（变形缝-密封材料）

工程名称	筑业科技产业园综合楼	编号	××
隐检项目	密封材料	隐检日期	××××年×月×日
隐检部位	基础底板 ①～⑩/　～　轴　　－6.500～－5.000m 标高		

隐检依据：施工图号＿＿结施 01～04＿＿＿＿＿＿＿，设计变更/洽商/技术核定单（编号＿＿＿＿/＿＿＿＿）及有关国家现行标准等。

主要材料名称及规格/型号：＿＿聚氨酯密封胶＿＿＿＿＿＿＿＿＿＿＿＿＿＿＿＿＿＿＿＿

隐检内容：

1. 密封材料其质量合格证明文件齐全，进场验收合格，复试合格，见报告编号××；
2. 密封构造符合设计图纸要求，见下图所示；
3. 嵌填密封材料的缝内两侧基面平整、洁净、干燥，并涂刷基层处理剂；
4. 嵌缝底部设置背衬材料；
5. 密封材料嵌填严密、连续、饱满，黏结牢固；
6. 变形缝处表面粘贴卷材前，在缝上设置隔离层。

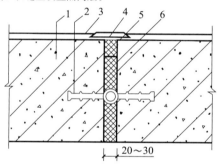

1—混凝土结构；2—中埋式止水带；3—防水层；4—隔离层；5—密封材料；6—填缝材料

检查结论：

经检查，符合设计及规范要求，同意进行下道工序。

☑同意隐蔽　　　　　□不同意，修改后进行复查

复查结论：

复查人：　　　　　　　　　　　　　　　　　　复查日期：　　年　月　日

签字栏	施工单位	××建设集团有限公司	专业技术负责人	专业质量员	专业工长
			×××	×××	×××
	监理或建设单位	××建设监理有限公司	专业监理工程师		×××

4）隐蔽工程验收记录〔变形缝-止水带（中埋式）〕、隐蔽工程验收记录〔变形缝-止水带（外贴式）〕、隐蔽工程验收记录（变形缝-密封材料）标准要求。

（1）隐检依据来源

《地下防水工程质量验收规范》GB 50208—2011摘录：

9.0.6 地下防水工程应对下列部位做好隐蔽工程验收记录：

1 防水层的基层；

2 防水混凝土结构和防水层被掩盖的部位；

3 施工缝、变形缝、后浇带等防水构造做法；

4 管道穿过防水层的封固部位；

5 渗排水层、盲沟和坑槽；

6 结构裂缝注浆处理部位；

7 衬砌前围岩渗漏水处理部位；

8 基坑的超挖和回填。

（2）隐检内容相关要求

《地下工程防水技术规范》GB 50108—2008摘录：

5.1.10 中埋式止水带施工应符合下列规定：

1 止水带埋设位置应准确，其中间空心圆环应与变形缝的中心线重合；

2 止水带应固定，顶、底板内止水带应成盆状安设；

3 中埋式止水带先施工一侧混凝土时，其端模应支撑牢固，并应严防漏浆；

4 止水带的接缝宜为一处，应设在边墙较高位置上，不得设在结构转角处，接头宜采用热压焊接；

5 中埋式止水带在转弯处应做成圆弧形，（钢边）橡胶止水带的转角半径不应小于200mm，转角半径应随止水带的宽度增大而相应加大。

5.1.11 安设于结构内侧的可卸式止水带施工时应符合下列规定：

1 所需配件应一次配齐；

2 转角处应做成45°折角，并应增加紧固件的数量。

5.1.12 变形缝与施工缝均用外贴式止水带（中埋式）时，其相交部位宜采用十字配件。变形缝用外贴式止水带的转角部位宜采用直角配件。

5.1.13 密封材料嵌填施工时，应符合下列规定：

1 缝内两侧基面应平整干净、干燥，并应刷涂与密封材料相容的基层处理剂；

2 嵌缝底部应设置背衬材料；

3 嵌填应密实连续、饱满，并应黏结牢固。

5.1.14 在缝表面粘贴卷材或涂刷涂料前，应在缝上设置隔离层。卷材防水层、涂料防水层的施工应符合本规范第4.3和4.4节的有关规定。

13. 隐蔽工程验收记录（穿墙套管预埋）、隐蔽工程验收记录［穿墙盒（群管）预埋］、隐蔽工程验收记录（穿墙管-密封材料密封）。

1）隐蔽工程验收记录（穿墙套管预埋）表填写范例（表 2.3.2-21）。

表 2.3.2-21　隐蔽工程验收记录（穿墙套管预埋）

工程名称	筑业科技产业园综合楼	编号	××
隐检项目	穿墙套管预埋	隐检日期	××××年×月×日
隐检部位	地下室外墙 ①～⑩/ ～ 轴 −5.500～−0.300m 标高		

隐检依据：施工图号 __结施 01～04__ ，设计变更/洽商/技术核定单（编号 __/__ ）及有关
国家现行标准等。
主要材料名称及规格/型号： __Φ200 防水套管__

隐检内容：
1. 套管材料其质量合格证明文件齐全，进场验收合格；
2. 穿墙管防水构造符合设计要求，见下图所示，其套管埋设位置准确；
3. 套管式穿墙管的套管与止水环及翼环连续满焊，并做好防腐处理；
4. 套管内外均采用4Φ10与外墙钢筋固定牢固，防止松动、挪位，套管内高外低。

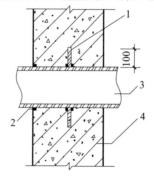

1—止水环；2—密封材料；3—主管；4—混凝土结构

检查结论：
　　经检查，符合设计及规范要求，同意进行下道工序。

☑同意隐蔽　　　□不同意，修改后进行复查

复查结论：

复查人：　　　　　　　　　　　　　　　　　　　　复查日期：　　年　月　日

签字栏	施工单位	××建设集团有限公司	专业技术负责人	专业质量员	专业工长
			×××	×××	×××
	监理或建设单位	××建设监理有限公司	专业监理工程师	×××	

2）隐蔽工程验收记录［穿墙盒（群管）预埋］表填写范例（表2.3.2-22）。

表2.3.2-22　隐蔽工程验收记录［穿墙盒（群管）预埋］

工程名称	筑业科技产业园综合楼	编号	××
隐检项目	穿墙盒（群管）预埋	隐检日期	××××年×月×日
隐检部位	地下室外墙 ①～⑩/ ～ 轴 　－5.500～－0.300m 标高		

隐检依据：施工图号　结施01～04　　　，设计变更/洽商/技术核定单（编号　　/　　）及有关国家现行标准等。

主要材料名称及规格/型号：　9 Φ200 防水套管

隐检内容：

　1. 套管材料其质量合格证明文件齐全，进场验收合格；

　2. 穿墙管防水构造符合设计要求，见下图所示，其套管埋设位置准确；

　3. 穿墙盒的封口钢板与混凝土结构墙上预埋的角钢焊严，并从钢板上的预留浇注孔注孔，封填后将浇注孔口用钢板焊接封闭。

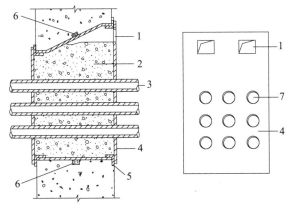

1—浇注孔；2—柔性材料或细石混凝土；3—穿墙管；4—封口钢板；
5—固定角钢；6—遇水膨胀止水条；7—预留孔

检查结论：

　　经检查，符合设计及规范要求，同意进行下道工序。

☑同意隐蔽　　　　　　□不同意，修改后进行复查

复查结论：

复查人：　　　　　　　　　　　　　　　　　　复查日期：　　年　月　日

签字栏	施工单位	××建设集团有限公司	专业技术负责人	专业质量员	专业工长
			×××	×××	×××
	监理或建设单位	××建设监理有限公司	专业监理工程师		×××

3）隐蔽工程验收记录（穿墙管-密封材料密封）表填写范例（表 2.3.2-23）。

表 2.3.2-23　隐蔽工程验收记录（穿墙管-密封材料密封）

工程名称	筑业科技产业园综合楼	编号	××
隐检项目	密封材料密封	隐检日期	××××年×月×日
隐检部位	地下室外墙 ①～⑩/ ～ 轴 －5.500～－0.300m 标高		

隐检依据：施工图号___结施 01～04___，设计变更/洽商/技术核定单（编号_____/_____）及有关国家现行标准等。
主要材料名称及规格/型号：___聚氨酯建筑密封膏___

隐检内容：
　1. 密封材料其质量合格证明文件齐全，进场验收合格；
　2. 套管内表面清理干净，穿墙管与套管之间用密封材料和橡胶密封圈进行密封处理，并采用法兰盘及螺栓进行固定；
　3. 密封材料嵌填密实、连续、饱满，黏结牢固。

检查结论：

　经检查，符合设计及规范要求，同意进行下道工序。

☑同意隐蔽　　　　　□不同意，修改后进行复查

复查结论：

复查人：　　　　　　　　　　　　　　　　　　复查日期：　　年　月　日

签字栏	施工单位	××建设集团有限公司	专业技术负责人	专业质量员	专业工长
			×××	×××	×××
	监理或建设单位	××建设监理有限公司	专业监理工程师	×××	

4）隐蔽工程验收记录（穿墙套管预埋）、隐蔽工程验收记录［穿墙盒（群管）预埋］、隐蔽工程验收记录（穿墙管-密封材料密封）标准要求。

（1）隐检依据来源

《地下防水工程质量验收规范》GB 50208—2011 摘录：

9.0.6　地下防水工程应对下列部位做好隐蔽工程验收记录：

1　防水层的基层；

2　防水混凝土结构和防水层被掩盖的部位；

3　施工缝、变形缝、后浇带等防水构造做法；

4　管道穿过防水层的封固部位；

5　渗排水层、盲沟和坑槽；

6　结构裂缝注浆处理部位；

7　衬砌前围岩渗漏水处理部位；

8　基坑的超挖和回填。

（2）隐检内容相关要求

《地下工程防水技术规范》GB 50108—2008 摘录：

5.3.3　结构变形或管道伸缩量较小时，穿墙管可采用主管直接埋入混凝土内的固定式防水法，主管应加焊止水环或环绕遇水膨胀止水圈，并应在迎水面预留凹槽，槽内应采用密封材料嵌填密实。

5.3.4　结构变形或管道伸缩量较大或有更换要求时，应采用套管式防水法，套管应加焊止水环。

5.3.5　穿墙管防水施工时应符合下列要求：

1　金属止水环应与主管或套管满焊密实，采用套管式穿墙防水构造时，翼环与套管应满焊密实，并应在施工前将套管内表面清理干净；

2　相邻穿墙管间的间距应大于300mm；

3　采用遇水膨胀止水圈的穿墙管，管径宜小于50mm，止水圈应采用胶粘剂满粘固定于管上，并应涂缓胀剂或采用缓胀型遇水膨胀止水圈。

5.3.6　穿墙管线较多时，宜相对集中，并应采用穿墙盒方法。穿墙盒的封口钢板应与墙上的预埋角钢焊严，并应从钢板上的预留浇注孔注入柔性密封材料或细石混凝土。

5.3.7　当工程有防护要求时，穿墙管除应采取防水措施外，尚应采取满足防护要求的措施。

5.3.8　穿墙管伸出外墙的部位，应采取防止回填时将管体损坏的措施。

14. 隐蔽工程验收记录（基础底板后浇带）、隐蔽工程验收记录（地下室外墙后浇带）。

1）隐蔽工程验收记录（基础底板后浇带）表填写范例（表 2.3.2-24）。

表 2.3.2-24　隐蔽工程验收记录（基础底板后浇带）

工程名称	筑业科技产业园综合楼	编号	××
隐检项目	后浇带	隐检日期	××××年×月×日
隐检部位	基础底板后浇带 ①～⑩/　～　轴　　－6.200～－5.000m　标高		

隐检依据：施工图号　__结施 01～04__　，设计变更/洽商/技术核定单（编号___/___）及有关
国家现行标准等。
主要材料名称及规格/型号：_____/_____

隐检内容：
　1. 已拆除后浇带的支撑、保护措施；
　2. 后浇带内的杂物，积水等已清除，钢筋已除锈；
　3. 后浇带两侧的泥浆层、松动的石子已剔除干净，已涂刷混凝土界面处理剂；
　4. 基础底板浇筑完成时间已达 60d，经设计同意，已达到浇筑时间。

检查结论：

　　经检查，符合设计及规范要求，同意进行下道工序。

☑同意隐蔽　　　　　　　□不同意，修改后进行复查

复查结论：

复查人：　　　　　　　　　　　　　　　　　　　　复查日期：　　年　月　日

签字栏	施工单位	××建设集团有限公司	专业技术负责人	专业质量员	专业工长
			×××	×××	×××
	监理或建设单位	××建设监理有限公司	专业监理工程师	×××	

2）隐蔽工程验收记录（地下室外墙后浇带）表填写范例（表2.3.2-25）。

表2.3.2-25 隐蔽工程验收记录（地下室外墙后浇带）

工程名称	筑业科技产业园综合楼	编号	××
隐检项目	后浇带	隐检日期	××××年×月×日
隐检部位	地下室外墙后浇带①~⑩/ ~ 轴 -5.000~-0.100m 标高		

隐检依据：施工图号___结施01~04___，设计变更/洽商/技术核定单（编号___/___）及有关国家现行标准等。

主要材料名称及规格/型号：___/___

隐检内容：

1. 已拆除后浇带的支撑、保护措施；
2. 后浇带内的杂物，积水等已清除，钢筋已除锈；
3. 后浇带两侧的泥浆层、松动的石子已剔除干净，已涂刷混凝土界面处理剂；
4. 后浇带外模采用60厚预制板，两侧超出洞口100mm，并与墙体铺贴紧密；
5. 地下室外墙浇筑完成时间已达60d，经设计同意，已达到浇筑时间。

检查结论：

经检查，符合设计及规范要求，同意进行下道工序。

☑同意隐蔽　　　　　　　□不同意，修改后进行复查

复查结论：

复查人：　　　　　　　　　　　　　　复查日期：　　年　月　日

签字栏	施工单位	××建设集团有限公司	专业技术负责人	专业质量员	专业工长
			×××	×××	×××
	监理或建设单位	××建设监理有限公司	专业监理工程师	×××	

3) 隐蔽工程验收记录（基础底板后浇带）、隐蔽工程验收记录（地下室外墙后浇带）标准要求。

（1）隐检依据来源

《地下防水工程质量验收规范》GB 50208—2011 摘录：

9.0.6 地下防水工程应对下列部位做好隐蔽工程验收记录：

1 防水层的基层；

2 防水混凝土结构和防水层被掩盖的部位；

3 施工缝、变形缝、后浇带等防水构造做法；

4 管道穿过防水层的封固部位；

5 渗排水层、盲沟和坑槽；

6 结构裂缝注浆处理部位；

7 衬砌前围岩渗漏水处理部位；

8 基坑的超挖和回填。

（2）隐检内容相关要求

《地下工程防水技术规范》GB 50108—2008 摘录：

4.1.26 缝的施工应符合下列规定：

1 水平施工缝浇筑混凝土前，应将其表面浮浆和杂物清除，然后铺设净浆或涂刷混凝土界面处理剂、水泥基渗透结晶型防水涂料等材料，再铺 30～50mm 厚的 1：1 水泥砂浆，并应及时浇筑混凝土；

2 施工缝浇筑混凝土前，应将其表面清理干净，再涂刷混凝土界面处理剂或水泥基渗透结晶型防水涂料，并应及时浇筑混凝土；

3 膨胀止水条（胶）应与接缝表面密贴；

4 遇水膨胀止水条（胶）应具有缓胀性能，7d 的净膨胀率不宜大于最终膨胀率的 60%，最终膨胀率宜大于 220%；

5 中埋式止水带或预埋式注浆管时，应定位准确、固定牢靠。

5.2.10 后浇带混凝土施工前，后浇带部位和外贴式止水带应防止落入杂物和损伤外贴止水带。

5.2.13 后浇带混凝土应一次浇筑，不得留设施工缝；混凝土浇筑后应及时养护，养护时间不得少于 28d。

15. 隐蔽工程验收记录（埋设件）。

1）隐蔽工程验收记录（埋设件）表填写范例（表 2.3.2-26）。

表 2.3.2-26 隐蔽工程验收记录（埋设件）

工程名称	筑业科技产业园综合楼	编号	××
隐检项目	预埋件	隐检日期	××××年×月×日
隐检部位	基础底板 ①～⑩/ ～ 轴 －5.000m 标高		

隐检依据：施工图号 __结施 01～04__ ，设计变更/洽商/技术核定单（编号____/____）及有关国家现行标准等。

主要材料名称及规格/型号： __M1 300mm×300mm，M2 300mm×450mm__

隐检内容：

1. 埋设件用密封材料质量合格证明文件齐全，进场验收合格；
2. 埋设件防水构造符合设计图纸要；
3. 埋设件位置准确，固定牢靠；埋设件进行防腐处理；
4. 埋设件端部或预留孔、槽底部的混凝土厚度均大于 250mm；
5. 预留孔、槽内的防水层与主体防水层保持连续；
6. 密封材料嵌填密实、连续、饱满、黏结牢固。

检查结论：

经检查，符合设计及规范要求，同意进行下道工序。

☑同意隐蔽　　　　　□不同意，修改后进行复查

复查结论：

复查人：　　　　　　　　　　　　　　　　　　复查日期：　　年　月　日

签字栏	施工单位	××建设集团有限公司	专业技术负责人	专业质量员	专业工长
			×××	×××	×××
	监理或建设单位	××建设监理有限公司	专业监理工程师	×××	

2）隐蔽工程验收记录（埋设件）标准要求。

（1）隐检依据来源。

《地下防水工程质量验收规范》GB 50208—2011 摘录：

9.0.6 地下防水工程应对下列部位做好隐蔽工程验收记录：

1 防水层的基层；

2 防水混凝土结构和防水层被掩盖的部位；

3 施工缝、变形缝、后浇带等防水构造做法；

4 管道穿过防水层的封固部位；

5 渗排水层、盲沟和坑槽；

6 结构裂缝注浆处理部位；

7 衬砌前围岩渗漏水处理部位；

8 基坑的超挖和回填。

（2）隐检内容相关要求。

《地下工程防水技术规范》GB 50108—2008 摘录：

5.4.1 结构上的埋设件应采用预埋或预留孔（槽）等。

5.4.2 埋设件端部或预留孔（槽）底部的混凝土厚度不得小于 250mm，当厚度小于 250mm 时，应采取局部加厚或其他防水措施（图 5.4.2）。

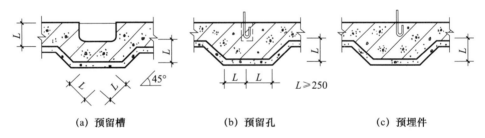

| (a) 预留槽 | (b) 预留孔 | (c) 预埋件 |

图 5.4.2 预埋件或预留孔（槽）处理

5.4.3 孔（槽）内的防水层，宜与孔（槽）外的结构防水层保持连续。

16. 隐蔽工程验收记录（预留通道口）。

1）隐蔽工程验收记录（预留通道口）表填写范例（表2.3.2-27）。

表2.3.2-27 隐蔽工程验收记录（预留通道口）

工程名称	筑业科技产业园综合楼	编号	××
隐检项目	预留通道口	隐检日期	××××年×月×日
隐检部位	1#楼～2#地下通道连接处 −5.000～−0.300m 标高		

隐检依据：施工图号___结施01～04___，设计变更/洽商/技术核定单（编号___/___）及有关国家现行标准等。

主要材料名称及规格/型号：___止水带___

隐检内容：

1. 预留通道接头用中埋式止水带，其材料质量合格证明文件齐全、进场验收合格；

2. 预留通道接头防水构造符合图纸要求要求，见下图所示；

3. 中埋式止水带埋设位置准确，其中间空心圆环与通道接头中心线重合；

4. 预留通道先浇混凝土结构时，中埋式止水带及时保护；

5. 止水带具有缓膨胀性能；止水带与施工缝基面密贴，中间无空鼓、脱离等现象；止水带牢固地安装在缝表面或预留凹槽内；止水带采用搭接连接时，搭接宽度不小于30mm；

6. 密封材料嵌填密实、连续、饱满，黏结牢固。

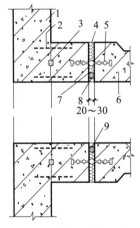

1—先浇混凝土结构；2—连接钢筋；3—遇水膨胀止水条（胶）；4—填缝材料；5—中埋式止水带；
6—后浇混凝土结构；7—遇水膨胀橡胶条（胶）；8—密封材料；9—填充材料

检查结论：

经检查，符合设计及规范要求，同意进行下道工序。

☑同意隐蔽　　　　□不同意，修改后进行复查

复查结论：

复查人：　　　　　　　　　　　　　　　　复查日期：　　　年　月　日

签字栏	施工单位	××建设集团有限公司	专业技术负责人	专业质量员	专业工长
			×××	×××	×××
	监理或建设单位	××建设监理有限公司	专业监理工程师		×××

2）隐蔽工程验收记录（预留通道口）标准要求。

（1）隐检依据来源。

《地下防水工程质量验收规范》GB 50208—2011 摘录：

9.0.6 地下防水工程应对下列部位做好隐蔽工程验收记录：

1 防水层的基层；

2 防水混凝土结构和防水层被掩盖的部位；

3 施工缝、变形缝、后浇带等防水构造做法；

4 管道穿过防水层的封固部位；

5 渗排水层、盲沟和坑槽；

6 结构裂缝注浆处理部位；

7 衬砌前围岩渗漏水处理部位；

8 基坑的超挖和回填。

（2）隐检内容相关要求。

《地下工程防水技术规范》GB 50108—2008 摘录：

5.5.3 预留通道接头的防水施工应符合下列规定：

1 中埋式止水带、遇水膨胀橡胶条（胶）、预埋注浆管、密封材料、可卸式止水带的施工应符合本规范第 5.1 节的有关规定；

2 预留通道先施工部位的混凝土、中埋式止水带和防水相关的预埋件等应及时保护，并应确保端部表面混凝土和中埋式止水带清洁，埋设件不得锈蚀；

3 采用图 5.5.2-1 的防水构造时，在接头混凝土施工前应将先浇混凝土端部表面凿毛，露出钢筋或预埋的钢筋接驳器钢板，与待浇混凝土部位的钢筋焊接或连接好后再行浇筑；

4 当先浇混凝土中未预埋可卸式止水带的预埋螺栓时，可选用金属或尼龙的膨胀螺栓固定可卸式止水带。采用金属膨胀螺栓时，可选用不锈钢材料或用金属涂膜、环氧涂料等涂层进行防锈处理。

17. 隐蔽工程验收记录（桩头）。

1）隐蔽工程验收记录（桩头）表填写范例（表 2.3.2-28）。

表 2.3.2-28 隐蔽工程验收记录（桩头）

工程名称	筑业科技产业园综合楼	编号	××
隐检项目	桩头	隐检日期	××××年×月×日
隐检部位	桩基础①～⑩/　～　轴　－5.000m　标高		

隐检依据：施工图号___结施 01～04___，设计变更/洽商/技术核定单（编号_____/_____）及有关国家现行标准等。

主要材料名称及规格/型号：___聚合物水泥防水砂浆、涂刷水泥基渗透结晶型防水涂料___

隐检内容：

1. 桩头处理材料质量合格证明文件齐全，材料进场验收合格，复试合格，报告编号××；
2. 桩头防水构造形式符合设计要求；
3. 桩头混凝土密实；
4. 桩头顶面和侧面裸露处涂刷水泥基渗透结晶型防水涂料，并延伸到结构底板垫层 150mm 处；桩头四周 300mm 范围内抹聚合物水泥防水砂浆过渡层；
5. 结构底板防水层在聚合物水泥防水砂浆过渡层上并延伸至桩头侧壁，其与桩头侧壁接缝处采用密封材料嵌填；
6. 桩头的受力钢筋根部采用遇水膨胀止水条，并采取保护措施；
7. 密封材料嵌填密实、连续、饱满、黏结牢固。

检查结论：

经检查，符合设计及规范要求，同意进行下道工序。

☑同意隐蔽　　　　　　□不同意，修改后进行复查

复查结论：

复查人：　　　　　　　　　　　　　　　　　　　复查日期：　　年　月　日

签字栏	施工单位	××建设集团有限公司	专业技术负责人	专业质量员	专业工长
			×××	×××	×××
	监理或建设单位	××建设监理有限公司	专业监理工程师	×××	

2）隐蔽工程验收记录（桩头）标准要求。

（1）隐检依据来源。

《地下防水工程质量验收规范》GB 50208—2011 摘录：

9.0.6 地下防水工程应对下列部位做好隐蔽工程验收记录：

1 防水层的基层；

2 防水混凝土结构和防水层被掩盖的部位；

3 施工缝、变形缝、后浇带等防水构造做法；

4 管道穿过防水层的封固部位；

5 渗排水层、盲沟和坑槽；

6 结构裂缝注浆处理部位；

7 衬砌前围岩渗漏水处理部位；

8 基坑的超挖和回填。

（2）隐检内容相关要求。

《地下工程防水技术规范》GB 50108—2008 摘录：

5.6.2 桩头防水施工应符合下列规定：

1 应按设计要求将桩顶剔凿至混凝土密实处，并应清洗干净；

2 破桩后如发现渗漏水，应及时采取堵漏措施；

3 涂刷水泥基渗透结晶型防水涂料时，应连续、均匀，不得少涂或漏涂，并应及时进行养护；

4 采用其他防水材料时，基面应符合施工要求；

5 应对遇水膨胀止水条（胶）进行保护。

5.6.3 桩头防水构造形式应符合图 5.6.3-1 和 5.6.3-2 的规定。

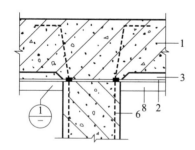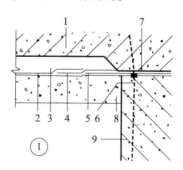

1—结构底板；2—底板防水层；3—细石混凝土保护层；4—防水层；

5—水泥基渗透结晶型防水涂料；6—桩基受力筋；7—遇水膨胀止水条（胶）；

8—混凝土垫层；9—桩基混凝土

图 5.6.3-1　桩头防水构造（一）

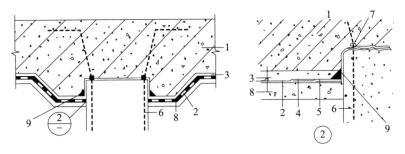

1—结构底板；2—底板防水层；3—细石混凝土保护层；4—聚合物水泥防水砂浆；

5—水泥基渗透结晶型防水涂料；6—桩基受力筋；7—遇水膨胀止水条（胶）；

8—混凝土垫层；9—密封材料

图 5.6.3-2　桩头防水构造（二）

17. 隐蔽工程验收记录（孔口）。

1）隐蔽工程验收记录（孔口）表填写范例（表 2.3.2-29）。

表 2.3.2-29　隐蔽工程验收记录（孔口）

工程名称	筑业科技产业园综合楼	编号	××
隐检项目	孔口	隐检日期	××××年×月×日
隐检部位	采光井、出入口①～⑩/　～　轴　　－5.000～－0.100m　标高		

隐检依据：施工图号　__结施 01～04__　　，设计变更/洽商/技术核定单（编号___/___） 及有关国家现行标准等。

主要材料名称及规格/型号：　__4mm＋3mm SBS 防水卷材__

隐检内容：

1. 孔口用防水卷材质量合格证明文件齐全，材料进场验收合格，复试合格，报告编号××；
2. 孔口防水构造符合设计要求，见下图所示；
3. 人员出入口高出地面不小于 500mm；汽车出入口设置明沟排水时，其高出地面为 150mm，并采取防雨措施；
4. 窗井或窗井的一部分在最高地下水位以下时，窗井与主体结构连成整体，其防水层连成整体，并在窗井内设置集水井。窗台下部的墙体和底板做防水层；
5. 窗井内的底板低于窗下缘 300mm。窗井墙高出室外地面不小于 500mm；窗井外地面做散水，散水与墙面间采用密封材料嵌填；
7. 密封材料嵌填密实、连续、饱满，黏结牢固。

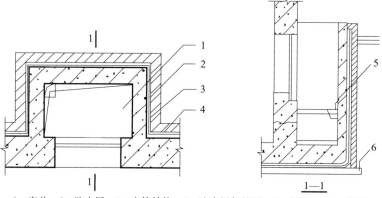

1—窗井；2—防水层；3—主体结构；4—防水层保护层；5—集水井；6—垫层

检查结论：

经检查，符合设计及规范要求，同意进行下道工序。

☑同意隐蔽　　　　　□不同意，修改后进行复查

复查结论：

复查人：　　　　　　　　　　　　　　　　　复查日期：　　年　月　日

签字栏	施工单位	××建设集团有限公司	专业技术负责人	专业质量员	专业工长
			×××	×××	×××
	监理或建设单位	××建设监理有限公司		专业监理工程师	×××

2）隐蔽工程验收记录（孔口）标准要求。

（1）隐检依据来源。

《地下防水工程质量验收规范》GB 50208—2011摘录：

9.0.6 地下防水工程应对下列部位做好隐蔽工程验收记录：

1 防水层的基层；

2 防水混凝土结构和防水层被掩盖的部位；

3 施工缝、变形缝、后浇带等防水构造做法；

4 管道穿过防水层的封固部位；

5 渗排水层、盲沟和坑槽；

6 结构裂缝注浆处理部位；

7 衬砌前围岩渗漏水处理部位；

8 基坑的超挖和回填。

（2）隐检内容相关要求。

《地下工程防水技术规范》GB 50108—2008摘录：

5.7.1 地下工程通向地面的各种孔口应采取防地面水倒灌的措施。人员出入口高出地面的高度宜为500mm，汽车出入口设置明沟排水时，其高度宜为150mm，并应采取防雨措施。

5.7.2 窗井的底部在最高地下水位以上时，窗井的底板和墙应做防水处理，并宜与主体结构断开。

5.7.3 窗井或窗井的一部分在最高地下水位以下时，窗井应与主体结构连成整体，其防水层也应连成整体，并应在窗井内设置集水井。

5.7.4 无论地下水位高低，窗台下部的墙体和底板应做防水层。

5.7.5 窗井内的底板，应低于窗下缘300mm。窗井墙高出地面不得小于500mm。窗井外地面应做散水，散水与墙面间应采用密封材料嵌填。

5.7.6 通风口应与窗井同样处理，竖井窗下缘离室外地面高度不得小于500mm。

18. 隐蔽工程验收记录（坑、池）。

1）隐蔽工程验收记录（坑、池）表填写范例（表 2.3.2-30）。

表 2.3.2-30　隐蔽工程验收记录（坑、池）

工程名称	筑业科技产业园综合楼	编号	××
隐检项目	集水井、电梯井	隐检日期	××××年×月×日
隐检部位	基础底板①～⑩/　～　轴　　－7.000～－5.000m　标高		

隐检依据：施工图号＿＿结施 01～04＿＿＿＿，设计变更/洽商/技术核定单（编号＿＿＿／＿＿＿）及有关国家现行标准等。

主要材料名称及规格/型号：＿＿4＋3mm SBS 改性沥青防水卷材、P8 C35＿＿＿＿＿

隐检内容：

1. 坑、池防水混凝土的原材料质量合格证明文件齐全，材料进场验收合格，复试合格，报告编号××；
2. 坍落度试验合格，见记录编号××；
3. 坑、池防水构造层次及施工符合设计要求；
4. 坑、池、储水库内部防水层完成后，进行蓄水试验，试验合格，记录编号××；
5. 坑、池、储水库采用防水混凝土整体浇筑，混凝土表面坚实、平整，无露筋、蜂窝和裂缝等缺陷；
6. 坑、池底板的混凝土厚度不大于250mm。

检查结论：

　　经检查，符合设计及规范要求，同意进行下道工序。

☑同意隐蔽　　　　　□不同意，修改后进行复查

复查结论：

复查人：　　　　　　　　　　　　　　　　复查日期：　　　年　月　日

签字栏	施工单位	××建设集团有限公司	专业技术负责人	专业质量员	专业工长
			×××	×××	×××
	监理或建设单位	××建设监理有限公司	专业监理工程师		×××

2）隐蔽工程验收记录（坑、池）标准要求。

（1）隐检依据来源

《地下防水工程质量验收规范》GB 50208—2011摘录：

9.0.6 地下防水工程应对下列部位做好隐蔽工程验收记录：

1 防水层的基层；

2 防水混凝土结构和防水层被掩盖的部位；

3 施工缝、变形缝、后浇带等防水构造做法；

4 管道穿过防水层的封固部位；

5 渗排水层、盲沟和坑槽；

6 结构裂缝注浆处理部位；

7 衬砌前围岩渗漏水处理部位；

8 基坑的超挖和回填。

（2）隐检内容相关要求

《地下防水工程质量验收规范》GB 50208—2011摘录：

5.9.1 坑、池防水混凝土的原材料、配合比及坍落度必须符合设计要求。

5.9.2 坑、池防水构造必须符合设计要求。

5.9.3 坑、池、储水库内部防水层完成后，应进行蓄水试验。

5.9.4 坑、池、储水库宜采用防水混凝土整体浇筑，混凝土表面应坚实、平整，不得有露筋、蜂窝和裂缝等缺陷。

5.9.5 坑、池底板的混凝土厚度不应少于250mm；当底板的厚度小于250mm时，应采取局部加厚措施，并应使防水层保持连续。

19. 隐蔽工程验收记录（地下连续墙）。

1）隐蔽工程验收记录（地下连续墙）表填写范例（表 2.3.2-31）。

表 2.3.2-31　隐蔽工程验收记录（地下连续墙）

工程名称	筑业科技产业园综合楼	编号	××
隐检项目	槽段接缝	隐检日期	××××年×月×日
隐检部位	地下室连续墙①～⑩/　～　轴　　－5.000～－0.100m　标高		

隐检依据：施工图号＿＿结施 01～04＿＿＿＿＿，设计变更/洽商/技术核定单（编号＿＿＿＿/＿＿＿＿）及有关国家现行标准等。

主要材料名称及规格/型号：＿＿＿＿/＿＿＿＿

隐检内容：
1. 幅间接缝采用工字钢；
2. 工字钢接头形式见下图所示。
3. 接缝避开拐角部位。

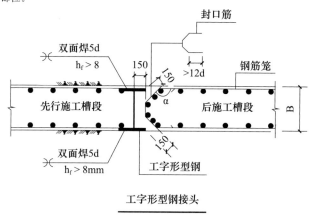

工字形型钢接头

检查结论：

经检查，符合设计及规范要求，同意进行下道工序。

☑同意隐蔽　　　　　□不同意，修改后进行复查

复查结论：

复查人：　　　　　　　　　　　　　　　　　复查日期：　　年　月　日

签字栏	施工单位	××建设集团有限公司	专业技术负责人	专业质量员	专业工长
			×××	×××	×××
	监理或建设单位	××建设监理有限公司	专业监理工程师	×××	

2）隐蔽工程验收记录（地下连续墙）标准要求。

（1）隐检依据来源。

《地下防水工程质量验收规范》GB 50208—2011摘录：

9.0.6 地下防水工程应对下列部位做好隐蔽工程验收记录：

1 防水层的基层；

2 防水混凝土结构和防水层被掩盖的部位；

3 施工缝、变形缝、后浇带等防水构造做法；

4 管道穿过防水层的封固部位；

5 渗排水层、盲沟和坑槽；

6 结构裂缝注浆处理部位；

7 衬砌前围岩渗漏水处理部位；

8 基坑的超挖和回填。

（2）隐检内容相关要求。

《地下工程防水技术规范》GB 50108—2008摘录：

8.3.1 地下连续墙应根据工程要求和施工条件划分单元槽段，宜减少槽段数量。墙体幅间接缝应避开拐角部位。

8.3.2 地下连续墙用作主体结构时，应符合下列规定：

7 幅间接缝应采用工字钢或十字钢板接头，锁口管应能承受混凝土浇筑时的侧压力，浇筑混凝土时不得发生位移和混凝土绕管。

20. 隐蔽工程验收记录（管片拼装接缝防水）。

1）隐蔽工程验收记录（管片拼装接缝防水）表填写范例（表2.3.2-32）。

表2.3.2-32 隐蔽工程验收记录（管片拼装接缝防水）

工程名称	筑业科技产业园综合楼	编号	××
隐检项目	管片拼装接缝防水	隐检日期	××××年×月×日
隐检部位	1#隧道　－8.000～－5.000m　标高		

隐检依据：施工图号　结施05、06　，设计变更/洽商/技术核定单（编号　　／　　）及有关国家现行标准等。

主要材料名称及规格/型号：　防水密封垫

隐检内容：

1. 防水材料的品种、规格、性能、构造形式、截面尺寸符合设计要求，其材料质量合格证明文件齐全、进场验收合格，试验合格，见报告编号××。
2. 防水密封垫粘贴牢固、平整、严密、位置正确；
3. 拼装时有无损坏防水密封垫及脱槽、扭曲和移位现象；
4. 管片拼装接缝及螺栓孔的防水处理情况符合设计要求。

检查结论：

经检查，符合设计及规范要求，同意进行下道工序。

☑同意隐蔽　　　　　□不同意，修改后进行复查

复查结论：

复查人：　　　　　　　　　　　　　　复查日期：　　年　月　日

签字栏	施工单位	××建设集团有限公司	专业技术负责人	专业质量员	专业工长
			×××	×××	×××
	监理或建设单位	××建设监理有限公司	专业监理工程师	×××	

2）隐蔽工程验收记录（管片拼装接缝防水）标准要求。

（1）隐检依据来源。

《地下防水工程质量验收规范》GB 50208—2011 摘录：

9.0.6　地下防水工程应对下列部位做好隐蔽工程验收记录：

1　防水层的基层；

2　防水混凝土结构和防水层被掩盖的部位；

3　施工缝、变形缝、后浇带等防水构造做法；

4　管道穿过防水层的封固部位；

5　渗排水层、盲沟和坑槽；

6　结构裂缝注浆处理部位；

7　衬砌前围岩渗漏水处理部位；

8　基坑的超挖和回填。

（2）隐检内容相关要求。

《地下工程防水技术规范》GB 50108—2008 摘录：

8.1.5　管片应至少设置一道密封垫沟槽。接缝密封垫宜选择具有合理构造形式、良好弹性或遇水膨胀性、耐久性、耐水性的橡胶类材料，其外形应与沟槽相匹配。

8.1.6　管片接缝密封垫应被完全压入密封垫沟槽内，密封垫沟槽的截面积应大于或等于密封垫的截面积。

管片接缝密封垫应满足在计算的接缝最大张开量和估算的错位量下、埋深水头的 2～3 倍水压下不渗漏的技术要求；重要工程中选用的接缝密封垫，应进行一字缝或十字缝水密性的试验检测。

8.1.7　螺孔防水应符合下列规定：

1　管片肋腔的螺孔口应设置锥形倒角的螺孔密封圈沟槽；

2　螺孔密封圈的外形应与沟槽相匹配，并应有利于压密止水或膨胀止水。在满足止水的要求下，螺孔密封圈的断面宜小。

螺孔密封圈应为合成橡胶或遇水膨胀橡胶制品，其技术指标要求应符合本规范表 8.1.5-1 和表 8.1.5-2 的规定。

8.1.8　嵌缝防水应符合下列规定：

1　在管片内侧环纵向边沿设置嵌缝槽，其深宽比不应小于 2.5，槽深宜为 25～55mm，单面槽宽宜为 5～10mm；嵌缝槽断面构造形状应符合图 8.1.8 的规定。

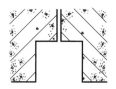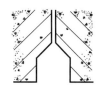

图 8.1.8　管片嵌缝槽断面构造形式

2　嵌缝材料应有良好的不透水性、潮湿基面黏结性、耐久性、弹性和抗下坠性。

3　应根据隧道使用功能和本规范表 8.1.2 中的防水等级要求，确定嵌缝作业区的范围与嵌填嵌缝槽的部位，并采取嵌缝堵水或引排水措施。

4 嵌缝防水施工应在盾构千斤顶顶力影响范围外进行。同时，应根据盾构施工方法、隧道的稳定性确定嵌缝作业开始的时间。

5 嵌缝作业应在接缝堵漏和无明显渗水后进行，嵌缝槽表面混凝土如有缺损，应采用聚合物水泥砂浆或特种水泥修补，强度应达到或超过混凝土本体的强度。嵌缝材料嵌填时，应先刷涂基层处理剂，嵌填应密实、平整。

8.1.11 竖井与隧道结合处，可用刚性接头，但接缝宜采用柔性材料密封处理，并宜加固竖井洞圈周围土体。在软土地层距竖井结合处一定范围内的衬砌段，宜增设变形缝。变形缝环面应贴设垫片，同时应采用适应变形量大的弹性密封垫。

8.1.12 盾构隧道的连接通道及其与隧道接缝的防水应符合下列规定：

1 采用双层衬砌的连接通道，内衬应采用防水混凝土。衬砌支护与内衬间宜设塑料防水板与土工织物组成的夹层防水层，并宜配以分区注浆系统加强防水。

2 当采用内防水层时，内防水层宜为聚合物水泥砂浆等抗裂防渗材料。

3 连接通道与盾构隧道接头应选用缓膨胀型遇水膨胀类止水条（胶）、预留注浆管以及接头密封材料。

21. 隐蔽工程验收记录（盲沟）。

1) 隐蔽工程验收记录（盲沟）表填写范例（表 2.3.2-33）。

表 2.3.2-33 隐蔽工程验收记录（盲沟）

工程名称	筑业科技产业园综合楼	编号	××
隐检项目	盲沟	隐检日期	××××年×月×日
隐检部位	地基 ①～⑩/ ～ 轴 －7.000m 标高		

隐检依据：施工图号___结施05、06___，设计变更/洽商/技术核定单（编号_____/_____）及有关国家现行标准等。

主要材料名称及规格/型号：___××排水管___

隐检内容：

1. 盲沟的位置、尺寸、沟底坡度符合设计要求；
2. 玻璃丝布在两侧沟壁上口留置长度××m，相互搭接不小于10cm；
3. 按排水管的坡度铺设20cm厚的石子；
4. 铺设排水管，接头处先用砖垫起，用0.2mm厚铁皮包围，铁丝绑牢，用沥青胶和玻璃丝布涂囊两层，撤砖；
5. 铺设石子滤水层至盲沟沟顶，铺设厚度、密实度均匀一致；
6. 预先留置的玻璃丝布沿石子表面覆盖搭接顺水流方向搭接，搭接宽度大于10cm。

检查结论：

经检查，符合设计及规范要求，同意进行下道工序。

☑同意隐蔽　　　　　□不同意，修改后进行复查

复查结论：

复查人：　　　　　　　　　　　　　　　　复查日期：　　年　月　日

签字栏	施工单位	××建设集团有限公司	专业技术负责人	专业质量员	专业工长
			×××	×××	×××
	监理或建设单位	××建设监理有限公司	专业监理工程师	×××	

2）隐蔽工程验收记录（盲沟）标准要求。

（1）隐检依据来源。

《地下防水工程质量验收规范》GB 50208—2011 摘录：

9.0.6 地下防水工程应对下列部位做好隐蔽工程验收记录：

1 防水层的基层；

2 防水混凝土结构和防水层被掩盖的部位；

3 施工缝、变形缝、后浇带等防水构造做法；

4 管道穿过防水层的封固部位；

5 渗排水层、盲沟和坑槽；

6 结构裂缝注浆处理部位；

7 衬砌前围岩渗漏水处理部位；

8 基坑的超挖和回填。

（2）隐检内容相关要求。

1．《地下防水工程质量验收规范》GB 50208—2011 摘录：

7.1.3 盲沟排水应符合下列规定：

1 盲沟成型尺寸和坡度应符合设计要求；

2 盲沟的类型及盲沟与基础的距离应符合设计要求；

3 盲沟用砂、石应洁净，含泥量不应大于 2.0%；

4 盲沟反滤层的层次和粒径组成应符合表 7.1.3 的规定；

表 7.1.3　盲沟反滤层的层次和粒径组成

反滤层的层次	建筑物地区地层为砂性土时 （塑性指数 I_p<3）	建筑物地区地层为黏性土时 （塑性指数 I_p>3）
第一层（贴天然土）	用 1～3mm 粒径砂子组成	用 2～5mm 粒径砂子组成
第二层	用 3～10mm 粒径小卵石组成	用 5～10mm 粒径小卵石组成

5 盲沟在转弯处和高低处应设置检查井，出水口处应设置滤水箅子。

2．《地下工程防水技术规范》GB 50108—2008 摘录：

6.4.1 纵向盲沟铺设前，应将基坑底铲平，并应按设计要求铺设碎砖（石）混凝土层。

6.4.2 集水管应放置在过滤层中间。

6.4.3 盲管应采用塑料（无纺布）带、水泥钉等固定在基层上，固定点拱部间距宜为 300～500mm，边墙宜为 1000～1200mm，在不平处应增加固定点。

6.4.4 环向盲管宜整条铺设，需要有接头时，宜采用与盲管相配套的标准接头及标准三通接。

6.4.5 铺设于贴壁式衬砌、复合式衬砌隧道或坑道中的盲沟（管），在浇灌混凝土前，应采用无纺布包裹。

6.4.6 无砂混凝土管连接时，可采用套接或插接，连接应牢固，不得扭曲变形和错位。

6.4.8 不同沟、槽、管应连接牢固，必要时可外加无纺布包裹。

22. 隐蔽工程验收记录（渗排水）。

1）隐蔽工程验收记录（渗排水）表填写范例（表 2.3.2-34）。

表 2.3.2-34　隐蔽工程验收记录（渗排水）

工程名称	筑业科技产业园综合楼	编号	××
隐检项目	渗排水	隐检日期	××××年×月×日
隐检部位	地基①～⑩/ ～ 轴 　−7.000m 标高		

隐检依据：施工图号__结施1-3，16__，设计变更/洽商/技术核定单（编号_____/_____）及有关国家现行标准等。

主要材料名称及规格/型号：__砂、石、渗排水管__

隐检内容：

1. 材料质量合格证明文件齐全、进场验收合格，试验合格，见砂试验报告编号××、石试验报告编号××；

2. 渗排水层的构造符合设计要求。过滤层与基坑土层接触处用厚度为 100mm，粒径为 5～10mm 的石子铺填。沿渗水沟安放渗排水管，管与管相互对接处留出 10mm 间隙。在做渗排水层时，将管埋实固定，渗排水管的埋设深度及坡度符合设计和规范要求；

3. 分层设渗排水层（即 20～40mm 的碎石层）至结构底面。分层厚度及密实度均匀一致，与基坑周围土接触处，设粗砂滤水层；

4. 隔浆层铺抹 50mm 厚的水泥砂浆，铺设时抹实压平，隔浆层铺抹至墙边。

检查结论：

　　经检查，符合设计及规范要求，同意进行下道工序。

☑同意隐蔽　　　　　□不同意，修改后进行复查

复查结论：

复查人：　　　　　　　　　　　　　　　　　　　复查日期：　　年　月　日

签字栏	施工单位	××建设集团有限公司	专业技术负责人	专业质量员	专业工长
			×××	×××	×××
	监理或建设单位	××建设监理有限公司	专业监理工程师	×××	

2）隐蔽工程验收记录（渗排水）标准要求。

（1）隐检依据来源。

《地下防水工程质量验收规范》GB 50208—2011摘录：

9.0.6 地下防水工程应对下列部位做好隐蔽工程验收记录：

1 防水层的基层；

2 防水混凝土结构和防水层被掩盖的部位；

3 施工缝、变形缝、后浇带等防水构造做法；

4 管道穿过防水层的封固部位；

5 渗排水层、盲沟和坑槽；

6 结构裂缝注浆处理部位；

7 衬砌前围岩渗漏水处理部位；

8 基坑的超挖和回填。

（2）隐检内容相关要求。

《地下工程防水技术规范》GB 50108—2008摘录：

6.2.3 地下工程采用渗排水法时应符合下列规定：

1 宜用于无自流排水条件、防水要求较高且有抗浮要求的地下工程；

2 渗排水层应设置在工程结构底板以下，并应由粗砂过滤层与集水管组成（图6.2.3）；

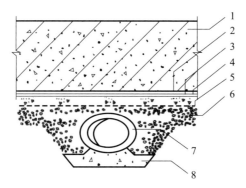

1—结构底板；2—细石混凝土；3—底板防水层；4—混凝土垫层；

5—隔浆层；6—粗砂过滤层；7—集水管；8—集水管座

图6.2.3 渗排水层构造

3 粗砂过滤层总厚度宜为300mm，如较厚时应分层铺填，过滤层与基坑土层接触处，应采用厚度100～150mm，粒径5～10mm的石子铺填；过滤层顶面与结构底面之间，宜干铺一层卷材或30～50mm厚的1:3水泥砂浆作隔浆层；

4 集水管应设置在粗砂过滤层下部，坡度不宜小于1%，且不得有倒坡现象。集水管之间的距离宜为5～10m。渗入集水管的地下水导入集水井后应用泵排走。

6.4.8 不同沟、槽、管应连接牢固，必要时可外加无纺布包裹。

23. 隐蔽工程验收记录（隧道排水）。

1）隐蔽工程验收记录（隧道排水）表填写范例（表 2.3.2-35）。

表 2.3.2-35　隐蔽工程验收记录（隧道排水）

工程名称	筑业科技产业园综合楼	编号	××
隐检项目	隧道排水	隐检日期	××××年×月×日
隐检部位	1#隧道　　−8.000m　标高		

隐检依据：施工图号___结施 05、06___，设计变更/洽商/技术核定单（编号_____/_____）及有关国家现行标准等。

主要材料名称及规格/型号：___防水板___

隐检内容：

　　1. 复合式衬砌的缓冲排水层选用的材料符合设计要求。排水层铺设平整、均匀，连续无扭曲、折皱、重叠现象；

　　2. 泡沫塑料垫衬和防水板搭接采用胶粘法，搭接宽度大于 300mm；

　　3. 初期支护基面清理后即用暗钉圈打土工织物固定在初期支护上；

　　4. 泡沫塑料垫衬面为迎水面，使涂膜面与后浇混凝土相接处；

　　5. 泡沫塑料垫衬铺设平整、均匀、连续、无扭曲、折皱和重叠现象；

　　6. 构造形式符合要求。

检查结论：

　　经检查，符合设计及规范要求，同意进行下道工序。

☑同意隐蔽　　　　　　□不同意，修改后进行复查

复查结论：

复查人：　　　　　　　　　　　　　　　　　　复查日期：　　　年　月　日

签字栏	施工单位	××建设集团有限公司	专业技术负责人	专业质量员	专业工长
			×××	×××	×××
	监理或建设单位	××建设监理有限公司	专业监理工程师		×××

2）隐蔽工程验收记录（隧道排水）标准要求。

（1）隐检依据来源。

《地下防水工程质量验收规范》GB 50208—2011 摘录：

9.0.6 地下防水工程应对下列部位做好隐蔽工程验收记录：

1 防水层的基层；

2 防水混凝土结构和防水层被掩盖的部位；

3 施工缝、变形缝、后浇带等防水构造做法；

4 管道穿过防水层的封固部位；

5 渗排水层、盲沟和坑槽；

6 结构裂缝注浆处理部位；

7 衬砌前围岩渗漏水处理部位；

8 基坑的超挖和回填。

（2）隐检内容相关要求。

《地下工程防水技术规范》GB 50108—2008 摘录：

6.2.12 贴壁式衬砌围岩渗水，可通过盲沟（管）、暗沟导入底部排水系统，其排水系统构造应符合图 6.2.12 的规定。

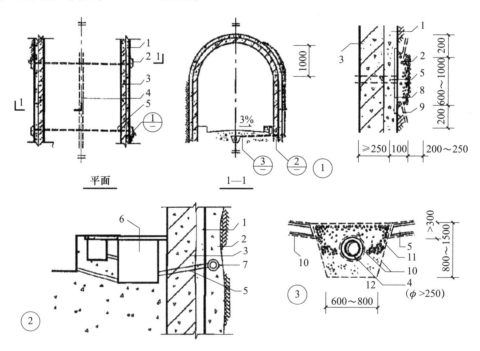

1—初期支护；2—盲沟；3—主体结构；4—中心排水盲管；5—横向排水管；6—排水明沟；
7—纵向集水盲管；8—隔浆层；9—引流孔；10—无纺布；11—无砂混凝土；12—管座混凝土

图 6.2.12 贴壁式衬砌排水构造

6.2.13 离壁式衬砌的排水应符合下列规定：

1 围岩稳定和防潮要求高的工程可设置离壁式衬砌，衬砌与岩壁间的距离，拱顶上部宜为 600～800mm，侧墙处不应小于 500mm；

2　衬砌拱部宜作卷材、塑料防水板、水泥砂浆等防水层；拱肩应设置排水沟，沟底应预埋排水管或设置排水孔，直径宜为 50～100mm，间距不宜大于 6m；在侧墙和拱肩处应设置检查孔（图 6.2.13）；

3　侧墙外排水沟应做成明沟，其纵向坡度不应小于 0.5%。

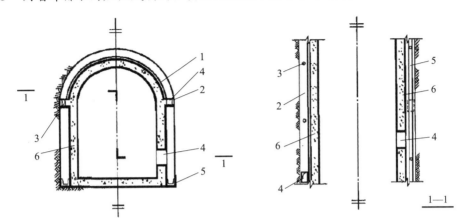

1—防水层；2—拱肩排水沟；3—排水孔；4—检查孔；5—外排水沟；6—内衬混凝土

图 6.2.13　离壁式衬砌排水构造

6.2.14　衬套排水应符合下列规定：

1　衬套外形应有利于排水，底板宜架空。

2　离壁衬套与衬砌或围岩的间距不应小于 150mm，在衬套外侧应设置明沟；半离壁衬套应在拱肩处设置排水沟。

3　衬套应采用防火、隔热性能好的材料制作，接缝宜采用嵌缝、粘结、焊接等方法密封。

24. 隐蔽工程验收记录（排水板排水）。

1）隐蔽工程验收记录（排水板排水）表填写范例（表2.3.2-36）。

表2.3.2-36 隐蔽工程验收记录（排水板排水）

工程名称	筑业科技产业园综合楼	编号	××
隐检项目	排水板排水	隐检日期	××××年×月×日
隐检部位	车库顶板①～⑩/ ～ 轴 －1.200m 标高		

隐检依据：施工图号___结施05、06___，设计变更/洽商/技术核定单（编号____/____）及有关国家现行标准等。

主要材料名称及规格/型号：___1000mm×100mm排水板、1.3mm厚土工布___

隐检内容：

1. 塑料排水板和土工布质量合格证明文件齐全，进场验收合格，记录编号××；

2. 塑料排水板排水层与室外排水系统连接畅通，无堵塞现象；

3. 塑料排水板排水层构造做法按设计要求进行施工，与规范做法相宜；

4. 铺设塑料排水板采用搭接法施工，长短边搭接宽度均不小于100mm，塑料排水板的接缝处采用配套胶粘剂黏结，黏结牢固，无明显缝隙；

5. 塑料排水板与土工布复合使用。土工布宜采用200g/m² 的聚酯无纺布。土工布铺设在塑料排水板的凸面上，相邻土工布搭接宽度不小于200mm，搭接部位黏结牢固，无明显缝隙；

6. 土工布铺设平整、无折皱。

检查结论：

经检查，符合设计及规范要求，同意进行下道工序。

☑同意隐蔽　　　　□不同意，修改后进行复查

复查结论：

复查人：　　　　　　　　　　　　　　　　　复查日期：　　年　月　日

签字栏	施工单位	××建设集团有限公司	专业技术负责人	专业质量员	专业工长
			×××	×××	×××
	监理或建设单位	××建设监理有限公司	专业监理工程师		×××

2）隐蔽工程验收记录（排水板排水）标准要求。

（1）隐检依据来源。

《地下防水工程质量验收规范》GB 50208—2011 摘录：

9.0.6 地下防水工程应对下列部位做好隐蔽工程验收记录：

1 防水层的基层；

2 防水混凝土结构和防水层被掩盖的部位；

3 施工缝、变形缝、后浇带等防水构造做法；

4 管道穿过防水层的封固部位；

5 渗排水层、盲沟和坑槽；

6 结构裂缝注浆处理部位；

7 衬砌前围岩渗漏水处理部位；

8 基坑的超挖和回填。

（2）隐检内容相关要求。

《地下防水工程质量验收规范》GB 50208—2011 摘录：

7.3.3 塑料排水板排水构造应符合设计要求，并宜符合以下工艺流程：

1 室内底板排水按混凝土底板→铺设塑料排水板（支点向下）→混凝土垫层→配筋混凝土面层等顺序进行；

2 室内侧墙排水按混凝土侧墙→粘贴塑料排水板（支点向墙面）→钢丝网固定→水泥砂浆面层等顺序进行；

3 种植顶板排水按混凝土顶板→找坡层→防水层→混凝土保护层→铺设塑料排水板（支点向上）→铺设土工布→覆土等顺序进行；

4 隧道或坑道排水按初期支护→铺设土工布→铺设塑料排水板（支点向初期支护）→二次衬砌结构等顺序进行。

7.3.4 铺设塑料排水板应采用搭接法施工，长短边搭接宽度均不应小于100mm。塑料排水板的接缝处宜采用配套胶粘剂黏结或热熔焊接。

7.3.5 地下工程种植顶板种植土若低于周边土体，塑料排水板排水层必须结合排水沟或盲沟分区设置，并保证排水畅通。

7.3.6 塑料排水板应与土工布复合使用。土工布宜采用$200\sim400 \text{g/m}^2$ 的聚酯无纺布。土工布应铺设在塑料排水板的凸面上，相邻土工布搭接宽度不应小于200mm，搭接部位应采用黏合或缝合。

7.3.8 塑料排水板和土工布必须符合设计要求。

7.3.9 塑料排水板排水层必须与排水系统连通，不得有堵塞现象。

7.3.10 塑料排水板排水层构造做法应符合本规范第7.3.3条的规定。

7.3.11 塑料排水板的搭接宽度和搭接方法应符合本规范第7.3.4条的规定。

7.3.12 土工布铺设应平整、无折皱；土工布的搭接宽度和搭接方法应符合本规范第7.3.6条的规定。

25. 隐蔽工程验收记录（预注浆/后注浆）。

1）隐蔽工程验收记录（预注浆/后注浆）表填写范例（表 2.3.2-37）。

表 2.3.2-37　隐蔽工程验收记录（预注浆/后注浆）

工程名称	筑业科技产业园综合楼	编号	××
隐检项目	预注浆/后注浆	隐检日期	××××年×月×日
隐检部位	基础底板①～⑩/ ～ 轴 －12.000～－0.500m 标高		

隐检依据：施工图号___结施 1-4、06___，设计变更/洽商/技术核定单（编号_____/_____）及有关国家现行标准等。

主要材料名称及规格/型号：___水泥-水玻璃浆液___

隐检内容：

1. 配制浆液的原材料质量合格证明文件齐全，进场验收合格，记录编号××；
2. 注浆孔的数量、布置间距、钻孔深度及角度等符合设计要求，详见施工记录编号××；
3. 按设计位置进行垂直钻孔，底标高－12.000m，钻孔距混凝土坑壁 500mm；
4. 用水泥—水玻璃浆液在坑壁后形成 1.5～2.5m 厚的水泥土料的胶凝体，起到隔水堵水作用；
5. 注浆各阶段的控制压力和进浆量符合设计要求，详见施工记录编号××；
6. 注浆对地面产生的沉降量不超过 30mm，地面隆起不超过 20mm；
7. 注浆结束后将注浆孔及检查孔封填密实。

检查结论：

经检查，符合设计及规范要求，同意进行下道工序。

☑同意隐蔽　　　　　□不同意，修改后进行复查

复查结论：

复查人：　　　　　　　　　　　　　　　　　复查日期：　　年　月　日

签字栏	施工单位	××建设集团有限公司	专业技术负责人	专业质量员	专业工长
			×××	×××	×××
	监理或建设单位	××建设监理有限公司	专业监理工程师	×××	

2）隐蔽工程验收记录（预注浆/后注浆）标准要求。

（1）隐检依据来源。

《地下防水工程质量验收规范》GB 50208—2011 摘录：

9.0.6 地下防水工程应对下列部位做好隐蔽工程验收记录：

1 防水层的基层；

2 防水混凝土结构和防水层被掩盖的部位；

3 施工缝、变形缝、后浇带等防水构造做法；

4 管道穿过防水层的封固部位；

5 渗排水层、盲沟和坑槽；

6 结构裂缝注浆处理部位；

7 衬砌前围岩渗漏水处理部位；

8 基坑的超挖和回填。

（2）隐检内容相关要求。

《地下工程防水技术规范》GB 50108—2008 摘录：

7.4.1 注浆孔数量、布置间距、钻孔深度除应符合设计要求外，尚应符合下列规定：

1 注浆孔深小于 10m 时，孔位最大允许偏差应为 100mm，钻孔偏斜率最大允许偏差应为 1%；

2 注浆孔深大于 10m 时，孔位最大允许偏差应为 50mm，钻孔偏斜率最大允许偏差应为 0.5%。

7.4.2 岩石地层或衬砌内注浆前，应将钻孔冲洗干净。

7.4.3 注浆前，应进行测定注浆孔吸水率和地层吸浆速度等参数的压水试验。

7.4.4 回填注浆时，对岩石破碎、渗漏水量较大的地段，宜在衬砌与围岩间采用定量、重复注浆法分段设置隔水墙。

7.4.5 回填注浆、衬砌后围岩注浆施工顺序，应符合下列规定：

1 应沿工程轴线由低到高，由下往上，从少水处到多水处；

2 在多水地段，应先两头，后中间；

3 对竖井应由上往下分段注浆，在本段内应从下往上注浆。

7.4.6 注浆过程中应加强监测，当发生围岩或衬砌变形、堵塞排水系统、窜浆、危及地面建筑物等异常情况时，可采取下列措施：

1 降低注浆压力或采用间歇注浆，直到停止注浆；

2 改变注浆材料或缩短浆液凝胶时间；

3 调整注浆实施方案。

7.4.7 单孔注浆结束的条件，应符合下列规定：

1 预注浆各孔段均应达到设计要求并应稳定 10min，且进浆速度应为开始进浆速度的 1/4 或注浆量达到设计注浆量的 80%；

2 衬砌后回填注浆及围岩注浆应达到设计终压；

3 其他各类注浆，应满足设计要求。

7.4.8 预注浆和衬砌后围岩注浆结束前，应在分析资料的基础上，采取钻孔取芯法对注浆效果进行检查，必要时应进行压（抽）水试验。当检查孔的吸水量大于 1.0L/（min·m）时，应进行补充注浆。

26. 隐蔽工程验收记录（结构裂缝注浆）。

1）隐蔽工程验收记录（结构裂缝注浆）表填写范例（表2.3.2-38）。

表2.3.2-38　隐蔽工程验收记录（结构裂缝注浆）

工程名称	筑业科技产业园综合楼	编号	××
隐检项目	结构裂缝注浆	隐检日期	××××年×月×日
隐检部位	基础底板①～⑩/　～　轴　－5.500m　标高		

隐检依据：施工图号＿＿结施1-4、06＿＿，设计变更/洽商/技术核定单（编号＿＿＿＿/＿＿＿＿＿）及有关国家现行标准等。

主要材料名称及规格/型号：＿＿速凝水泥浆液＿＿＿＿＿＿＿＿

隐检内容：

1. 配制浆液的原材料质量合格证明文件齐全，进场验收合格，记录编号××；
2. 混凝土强度到达设计要求；
3. 施工前，沿缝清除基面上油污杂质；
4. 沿裂缝进行钻孔，注浆孔的数量、布置间距、钻孔深度、角度符合设计要求，见施工记录编号××；
5. 压力、注浆量等符合设计要求，见施工记录编号××；
6. 浆液沿缝渗透至结构板底部，渗透痕迹明显，结构板顶部溢出浆液，注浆效果符合设计要求；
7. 注浆后待缝内浆液固化后，拆下注浆嘴并进行封口抹平。

检查结论：

　　经检查，符合设计及规范要求，同意进行下道工序。

☑同意隐蔽　　　　　□不同意，修改后进行复查

复查结论：

复查人：　　　　　　　　　　　　　　　　复查日期：　　年　月　日

签字栏	施工单位	××建设集团有限公司	专业技术负责人	专业质量员	专业工长
			×××	×××	×××
	监理或建设单位	××建设监理有限公司	专业监理工程师	×××	

2）隐蔽工程验收记录（结构裂缝注浆）标准要求。

（1）隐检依据来源。

《地下防水工程质量验收规范》GB 50208—2011摘录：

9.0.6 地下防水工程应对下列部位做好隐蔽工程验收记录：

1 防水层的基层；

2 防水混凝土结构和防水层被掩盖的部位；

3 施工缝、变形缝、后浇带等防水构造做法；

4 管道穿过防水层的封固部位；

5 渗排水层、盲沟和坑槽；

6 结构裂缝注浆处理部位；

7 衬砌前围岩渗漏水处理部位；

8 基坑的超挖和回填。

（2）隐检内容相关要求。

《地下防水工程质量验收规范》GB 50208—2011摘录：

8.2.2 裂缝注浆应待结构基本稳定和混凝土达到设计强度后进行。

8.2.3 结构裂缝堵水注浆宜选用聚氨酯、丙烯酸盐等化学浆液；补强加固的结构裂缝注浆宜选用改性环氧树脂、超细水泥等浆液。

8.2.4 结构裂缝注浆应符合下列规定：

1 施工前，应沿缝清除基面上油污杂质；

2 浅裂缝应骑缝粘埋注浆嘴，必要时沿缝开凿"U"形槽并用速凝水泥砂浆封缝；

3 深裂缝应骑缝钻孔或斜向钻孔至裂缝深部，孔内安设注浆管或注浆嘴，间距应根据裂缝宽度而定，但每条裂缝至少有一个进浆孔和一个排气孔；

4 注浆嘴及注浆管应设在裂缝的交叉处、较宽处及贯穿处等部位；对封缝的密封效果应进行检查；

5 注浆后待缝内浆液固化后，方可拆下注浆嘴并进行封口抹平。

8.2.6 注浆材料及其配合比必须符合设计要求。

8.2.7 结构裂缝注浆的注浆效果必须符合设计要求。

8.2.8 注浆孔的数量、布置间距、钻孔深度及角度应符合设计要求。

8.2.9 注浆各阶段的控制压力和注浆量应符合设计要求。

第三章　主体结构工程

第一节　主体结构隐蔽工程所涉及的规范要求

一、《混凝土结构工程施工质量验收规范》GB 50204—2015 摘录：

5.1.1 浇筑混凝土之前，应进行钢筋隐蔽工程验收。隐蔽工程验收应包括下列主要内容：

1 纵向受力钢筋的牌号、规格、数量、位置；

2 钢筋的连接方式、接头位置、接头质量、接头面积百分率、搭接长度、锚固方式及锚固长度；

3 箍筋、横向钢筋的牌号、规格、数量、间距、位置，箍筋弯钩的弯折角度及平直段长度；

4 预埋件的规格、数量和位置。

6.1.1 浇筑混凝土之前，应进行预应力隐蔽工程验收。隐蔽工程验收应包括下列主要内容：

1 预应力筋的品种、规格、级别、数量和位置；

2 成孔管道的规格、数量、位置、形状、连接以及灌浆孔、排气兼泌水孔；

3 局部加强钢筋的牌号、规格、数量和位置；

4 预应力筋锚具和连接器及锚垫板的品种、规格、数量和位置。

9.1.1 装配式结构连接部位及叠合构件浇筑混凝土之前，应进行隐蔽工程验收。隐蔽工程验收应包括下列主要内容：

1 混凝土粗糙面的质量，键槽的尺寸、数量、位置；

2 钢筋的牌号、规格、数量、位置、间距，箍筋弯钩的弯折角度及平直段长度；

3 钢筋的连接方式、接头位置、接头数量、接头面积百分率、搭接长度、锚固方式及锚固长度；

4 预埋件、预留管线的规格、数量、位置。

8.1.1 现浇结构质量验收应符合下列规定：

2 已经隐蔽的不可直接观察和量测的内容，可检查隐蔽工程验收记录。

10.2.3 混凝土结构子分部工程施工质量验收时，应提供下列文件和记录：

10 隐蔽工程验收记录。

二、《装配式混凝土结构技术规程》JGJ 1—2014 摘录：

11.3.1 在混凝土浇筑前应进行预制构件的隐蔽工程检查，检查项目应包括下列内容：

1 钢筋的牌号、规格、数量、位置、间距等；

2 纵向受力钢筋的连接方式、接头位置、接头质量、接头面积百分率、搭接长度等；

3 箍筋、横向钢筋的牌号、规格、数量、位置、间距，箍筋弯钩的弯折角度及平直段长度；

4 预埋件、吊环、插筋的规格、数量、位置等；

5 灌浆套筒、预留孔洞的规格、数量、位置等；

6 钢筋的混凝土保护层厚度；

7 夹心外墙板的保温层位置、厚度，拉结件的规格、数量、位置等；

8 预埋管线、线盒的规格、数量、位置及固定措施。

12.1.2 装配式结构的后浇混凝土部位在浇筑前应进行隐蔽工程验收。验收项目应包括下列内容：

1 钢筋的牌号、规格、数量、位置、间距等；

2 纵向受力钢筋的连接方式、接头位置、接头数量、接头面积百分率、搭接长度等；

3 纵向受力钢筋的锚固方式及长度；

4 箍筋、横向钢筋的牌号、规格、数量、位置、间距，箍筋弯钩的弯折角度及平直段长度；

5 预埋件的规格、数量、位置；

6 混凝土粗糙面的质量，键槽的规格、数量、位置；7预留管线、线盒等的规格、数量、位置及固定措施。

13.1.6 装配式混凝土结构验收时，除应按现行国家标准《混凝土结构工程施工质量验收规范》GB 50204—2015 的要求提供文件和记录外，尚应提供下列文件和记录：

5 后浇混凝土部位的隐蔽工程检查验收文件。

三、《混凝土结构工程施工规范》GB 50666—2011 摘录：

3.3.3 在混凝土结构工程施工过程中，对隐蔽工程应进行验收，对重要工序和关键部位应加强质量检查或进行测试，并应作出详细记录，同时宜留存图像资料。

8.8.2 混凝土结构施工的质量检查，应符合下列规定：

4 已经隐蔽的工程内容，可检查隐蔽工程验收记录。

四、《砌体结构工程施工质量验收规范》GB 50203—2011 摘录：

8.2.1 配筋砌体工程钢筋的品种、规格、数量和设置部位应符合设计要求。

检验方法：检查钢筋的合格证书、钢筋性能复试试验报告、隐蔽工程记录。

11.0.1 砌体工程验收前，应提供下列文件和记录：

7 隐蔽工程验收记录。

五、《砌体结构工程施工规范》GB 50924—2014 摘录：

3.2.4 砌体结构工程质量全过程控制应形成记录文件，并应符合下列规定：

2 工程中工序间应进行交接验收和隐蔽工程的质量验收，各工序的施工应在前一道工序检查合格后进行。

6.3.4 砖砌体工程施工过程中，应对拉结钢筋及复合夹心墙拉结件进行隐蔽前的检查。

7.4.4 小砌块砌体工程施工过程中，应对拉结钢筋或钢筋网片进行隐蔽前的检查。

六、《钢结构工程施工质量验收标准》GB 50205—2020 摘录：

11.4.6 钢管结构中相互搭接支管的焊接顺序和隐蔽焊缝的焊接方法应满足设计要求。

检查方法：查验施工图、详图和隐蔽记录。

14.0.5 钢结构分部工程竣工验收时，应提供下列文件和记录：

8 隐蔽工程检验项目检查验收记录。

七、《钢结构工程施工规范》GB 50755—2012 摘录：

3.0.7 钢结构施工应按下列规定进行质量过程控制：

4 隐蔽工程在封闭前进行质量验收。

八、《钢管混凝土工程施工质量验收规范》GB 50628—2010 摘录：

4.3.3 埋入式钢管混凝土柱柱脚有管内锚固钢筋时，其锚固筋的长度、弯钩应符合设计要求。

检验方法：检查施工记录、隐蔽工程验收记录。

4.5.1 钢管混凝土柱与钢筋混凝土梁连接节点核心区的构造及钢筋的规格、位置、数量应符合设计要求。

检验方法：观察检查，检查施工记录和隐蔽工程验收记录。

4.5.4 梁纵向钢筋通过钢管混凝土柱核心区应符合下列规定：

1 梁的纵向钢筋位置、间距应符合设计要求；

2 边跨梁的纵向钢筋的锚固长度应符合设计要求；

3 梁的纵向钢筋宜直接贯通核心区，且连接接头不宜设置在核心区。

检验方法：观察检查，尺量检查和检查隐蔽工程验收记录。

九、《钢-混凝土组合结构施工规范》GB 50901—2013 摘录：

10.1.6 钢-混凝土组合结构子分部工程质量验收时，应提供下列文件和记录：

8 隐蔽工程检验项目检查验收记录。

十、《铝合金结构工程施工质量验收规范》GB 50576—2010 摘录：

12.1.4 铝合金面板工程验收前，应在安装施工过程中完成隐蔽项目的现场验收。

13.3.2 铝合金幕墙结构与主体结构连接的各种预埋件、连接件、紧固件必须安装牢固，其数量、规格、位置、连接方法和防腐处理应符合设计要求。

检验方法：观察，检查隐蔽工程验收记录和施工记录。

13.3.3 各种连接件、紧固件的螺栓应有防松动措施，焊接连接应符合设计要求和国家现行有关标准的规定。

检验方法：观察，检查隐蔽工程验收记录和施工记录。

第二节 主体结构隐蔽项目汇总及填写范例

一、主体结构隐蔽项目汇总表（表 3.2.1-1、表 3.2.1-2、表 3.2.1-3）

表 3.2.1-1 混凝土结构工程

序号	隐蔽项目	隐蔽内容	对应范例表格
1	钢筋	1. 纵向受力钢筋的牌号、规格、数量、位置； 2. 钢筋的连接方式、接头位置、接头质量、接头面积百分率、搭接长度、锚固方式及锚固长度； 3. 箍筋、横向钢筋的牌号、规格、数量、间距、位置，箍筋弯钩的弯折角度及平直段长度； 4. 预埋件的规格、数量和位置。	表 3.2.2-1 表 3.2.2-2 表 3.2.2-3 表 3.2.2-4
2	预应力钢筋	1. 预应力筋的品种、规格、级别、数量和位置； 2. 成孔管道的规格、数量、位置、形状、连接以及灌浆孔、排气兼泌水孔； 3. 局部加强钢筋的牌号、规格、数量和位置； 4. 预应力筋锚具和连接器及锚垫板的品种、规格、数量和位置。	表 3.2.2-5
3	装配式结构连接部位及叠合构件	1. 混凝土粗糙面的质量，键槽的尺寸、数量、位置； 2. 钢筋的牌号、规格、数量、位置、间距，箍筋弯钩的弯折角度及平直段长度； 3. 钢筋的连接方式、接头位置、接头数量、接头面积百分率、搭接长度、锚固方式及锚固长度； 4. 预埋件、预留管线的规格、数量、位置。	表 3.2.2-6

表 3.2.1-2 砌体结构工程

序号	隐蔽项目	隐蔽内容	对应范例表格
1	钢筋	1. 配筋砌体工程钢筋的品种、规格、数量和设置部位符合设计要求。	表 3.2.2-7 表 3.2.2-8

表 3.2.1-3 钢结构工程

序号	隐蔽项目	隐蔽内容	对应范例表格
1	钢管桁架结构	1. 钢管结构中相互搭接支管的焊接顺序和隐蔽焊缝的焊接方法。	表 3.2.2-9 表 3.2.2-10
2	钢结构主体	1. 钢结构的焊接、栓接； 2. 钢结构除锈等级； 3. 钢结构表面。	表 3.2.2-11
3	防腐涂层	1. 防腐涂料、涂装遍数、涂装间隔、涂层厚度； 2. 金属热喷涂涂层厚度； 3. 金属热喷涂涂层结合强度； 4. 当钢结构处于有腐蚀介质环境、外露或设计有要求时的涂层附着力测试； 5. 涂层表面质量； 6. 金属热喷涂涂层的外观； 7. 涂装完成后，构件的标志、标记和编号。	表 3.2.2-12

序号	隐蔽项目	隐蔽内容	对应范例表格
4	固定支架	1. 固定支架数量、间距； 2. 固定支架安装允许偏差； 3. 固定支架安装后质量。	表 3.2.2-13
5	压型金属板安装	1. 压型金属板的固定、防腐、连接件数量、规格、间距； 2. 扣合型和咬合型压型金属板板肋的扣合或咬合； 3. 连接压型金属板的自攻螺钉、柳钉、射钉的规格尺寸及间距、边距； 4. 与支承结构的锚固支承长度。	表 3.2.2-14

二、填写范例

1. 隐蔽工程验收记录（直螺纹套筒接头）。

1）隐蔽工程验收记录（直螺纹套筒接头）表填写范例（表 3.2.2-1）。

表 3.2.2-1　隐蔽工程验收记录（直螺纹套筒接头）

工程名称	筑业科技产业园综合楼	编号	××
隐检项目	直螺纹套筒接头	隐检日期	××××年×月×日
隐检部位	一层墙柱①～⑩/ ～ 轴　　－0.100～3.900m　标高		

隐检依据：施工图号　结施 02、08、12　，设计变更/洽商/技术核定单（编号　/　）及有关国家现行标准等。

主要材料名称及规格/型号：　φ18、φ20、φ25、φ32　

隐检内容：

　　1. 钢筋原材质量证明书齐全、进场验收合格，复试合格，见试验编号：φ8（2021—00991），φ10（2021—00990），φ12（2021—01082），φ14（2021—01083），φ16（2021—00989），φ18（2021—00988），φ20（2021—00987），φ22（2021—00986），钢筋均无锈蚀，无污染；

　　2. 套筒、钢筋的合格证等质量合格证明文件齐全。套筒表面有规格标记，两端螺纹孔有保护盖；

　　3. 钢筋端头螺纹加工按照标准规定，且牙形逐个进行量规检查，检验合格；

　　4. 连接钢筋时，钢筋规格和连接套的规格一致，钢筋螺纹的型式、螺距、螺纹外径与连接套匹配。并确保钢筋和连接套的丝扣干净，完好无损；

　　5. 柱主筋≥18 时采用滚轧直螺纹，钢筋接头位置错开≥35d，受压区同一截面接头的接头百分率不大于 50%；

　　6. 接头拼接完成后，使两个丝头在套筒中央位置互相顶紧，套筒每端没有 2 扣以上的完整丝扣外露，经力矩扳手抽样检验全部合格；

　　7. 每种规格的接头，工艺检验合格，同一规格的接头每 500 个，用钢锯截取三组，进行送检试验，且试验合格，截取处采用单面搭接焊，搭接长度 10d；

　　8. 所有型号接头已做钢筋连接试验报告，试验合格，见报告编号××、××、××。

检查结论：

　　经检查，符合设计及规范要求，同意进行下道工序。

☑同意隐蔽　　　　□不同意，修改后进行复查

复查结论：

复查人：　　　　　　　　　　　　　　　　　　　　　复查日期：　　年　月　日

签字栏	施工单位	××建设集团有限公司	专业技术负责人	专业质量员	专业工长
			×××	×××	×××
	监理或建设单位	××建设监理有限公司	专业监理工程帅		×××

2）隐蔽工程验收记录（直螺纹套筒接头）标准要求。

（1）隐检依据来源。

《混凝土结构工程施工质量验收规范》GB 50204—2015 摘录：

5.1.1 浇筑混凝土之前，应进行钢筋隐蔽工程验收。隐蔽工程验收应包括下列主要内容：

1 纵向受力钢筋的牌号、规格、数量、位置；

2 钢筋的连接方式、接头位置、接头质量、接头面积百分率、搭接长度、锚固方式及锚固长度；

3 箍筋、横向钢筋的牌号、规格、数量、间距、位置，箍筋弯钩的弯折角度及平直段长度；

4 预埋件的规格、数量和位置。

（2）隐检内容相关要求。

《混凝土结构工程施工规范》GB 50666—2011 摘录：

5.4.1 钢筋接头宜设置在受力较小处；有抗震设防要求的结构中，梁端、柱端箍筋加密区范围内不宜设置钢筋接头，且不应进行钢筋搭接。同一纵向受力钢筋不宜设置两个或两个以上接头。接头末端至钢筋弯起点的距离，不应小于钢筋直径的 10 倍。

5.4.2 钢筋机械连接施工应符合下列规定：

1 加工钢筋接头的操作人员应经专业培训合格后上岗，钢筋接头的加工应经工艺检验合格后方可进行。

2 机械连接接头的混凝土保护层厚度宜符合现行国家标准《混凝土结构设计规范》GB 50010 中受力钢筋的混凝土保护层最小厚度规定，且不得小于 15mm。接头之间的横向净间距不宜小于 25mm。

3 螺纹接头安装后应使用专用扭力扳手校核拧紧扭力矩。挤压接头压痕直径的波动范围应控制在允许波动范围内，并使用专用量规进行检验。

4 机械连接接头的适用范围、工艺要求、套筒材料及质量要求等应符合现行行业标准《钢筋机械连接技术规程》JGJ 107 的有关规定。

5.4.4 当纵向受力钢筋采用机械连接接头或焊接接头时，接头的设置应符合下列规定：

1 同一构件内的接头宜分批错开。

2 接头连接区段的长度为 35d，且不应小于 500mm，凡接头中点位于该连接区段长度内的接头均应属于同一连接区段；其中 d 为相互连接两根钢筋中较小直径。

3 同一连接区段内，纵向受力钢筋接头面积百分率为该区段内有接头的纵向受力钢筋截面面积与全部纵向受力钢筋截面面积的比值；纵向受力钢筋的接头面积百分率应符合下列规定：

1）受拉接头，不宜大于 50%；受压接头，可不受限制；

2）板、墙、柱中受拉机械连接接头，可根据实际情况放宽；装配式混凝土结构构件连接处受拉接头，可根据实际情况放宽；

3）直接承受动力荷载的结构构件中，不宜采用焊接；当采用机械连接时，不应超过 50%。

2. 隐蔽工程验收记录（焊接接头）。

1）隐蔽工程验收记录（焊接接头）表填写范例（表 3.2.2-2）。

表 3.2.2-2　隐蔽工程验收记录（焊接接头）

工程名称	筑业科技产业园综合楼	编号	××
隐检项目	焊接接头	隐检日期	××××年×月×日
隐检部位	一层墙柱 ①～⑩/　～　轴　 −0.100～3.900m　标高		

隐检依据：施工图号　结施 02、08、12　，设计变更/洽商/技术核定单（编号＿＿＿＿/＿＿＿＿）及有关国家现行标准等。

主要材料名称及规格/型号：φ18、φ20、φ25、φ32

隐检内容：

1. 钢筋原材质量证明书齐全、进场验收合格，复试合格，见试验编号：φ8（2021—00991）、φ10（2021—00990）、φ12（2021—01082）、φ14（2021—01083）、φ16（2021—00989）、φ18（2021—00988）、φ20（2021—00987）、φ22（2021—00986），钢筋均无锈蚀，无污染；

2. 柱主筋采用电渣压力焊，同一截面接头的接头百分率不大于 50%；

3. 每种规格的接头，工艺检验合格，见报告编号××，同一规格的接头每 300 个，用钢锯截取三组，进行送检试验，且试验合格，见报告编号××；

4. 钢筋焊缝表面平整，无凹陷或焊瘤，接头区域无裂纹；

5. 焊渣已清理干净。

检查结论：

　　经检查，符合设计及规范要求，同意进行下道工序。

☑同意隐蔽　　　　　　□不同意，修改后进行复查

复查结论：

复查人：　　　　　　　　　　　　　　　　　　复查日期：　　年　月　日

签字栏	施工单位	××建设集团有限公司	专业技术负责人	专业质量员	专业工长
			×××	×××	×××
	监理或建设单位	××建设监理有限公司	专业监理工程师	×××	

2）隐蔽工程验收记录（焊接接头）标准要求。

（1）隐检依据来源。

《混凝土结构工程施工质量验收规范》GB 50204—2015 摘录：

5.1.1 浇筑混凝土之前，应进行钢筋隐蔽工程验收。隐蔽工程验收应包括下列主要内容：

1 纵向受力钢筋的牌号、规格、数量、位置；

2 钢筋的连接方式、接头位置、接头质量、接头面积百分率、搭接长度、锚固方式及锚固长度；

3 箍筋、横向钢筋的牌号、规格、数量、间距、位置，箍筋弯钩的弯折角度及平直段长度；

4 预埋件的规格、数量和位置。

（2）隐检内容相关要求。

《混凝土结构工程施工规范》GB 50666—2011 摘录：

5.4.1 钢筋接头宜设置在受力较小处；有抗震设防要求的结构中，梁端、柱端箍筋加密区范围内不宜设置钢筋接头，且不应进行钢筋搭接。同一纵向受力钢筋不宜设置两个或两个以上接头。接头末端至钢筋弯起点的距离，不应小于钢筋直径的 10 倍。

5.4.3 钢筋焊接施工应符合下列规定：

1 从事钢筋焊接施工的焊工应持有钢筋焊工考试合格证，并应按照合格证规定的范围上岗操作。

2 在钢筋工程焊接施工前，参与该项工程施焊的焊工应进行现场条件下的焊接工艺试验，经试验合格后，方可进行焊接。焊接过程中，如果钢筋牌号、直径发生变更，应再次进行焊接工艺试验。工艺试验使用的材料、设备、辅料及作业条件均应与实际施工一致。

3 细晶粒热轧钢筋及直径大于 28mm 的普通热轧钢筋，其焊接参数应经试验确定；余热处理钢筋不宜焊接。

4 电渣压力焊只应使用于柱、墙等构件中竖向受力钢筋的连接。

5 钢筋焊接接头的适用范围、工艺要求、焊条及焊剂选择、焊接操作及质量要求等应符合现行行业标准《钢筋焊接及验收规程》JGJ 18 的有关规定。

5.4.4 当纵向受力钢筋采用机械连接接头或焊接接头时，接头的设置应符合下列规定：

1 同一构件内的接头宜分批错开。

2 接头连接区段的长度为 $35d$，且不应小于 500mm，凡接头中点位于该连接区段长度内的接头均应属于同一连接区段；其中 d 为相互连接两根钢筋中较小直径。

3 同一连接区段内，纵向受力钢筋接头面积百分率为该区段内有接头的纵向受力钢筋截面面积与全部纵向受力钢筋截面面积的比值；纵向受力钢筋的接头面积百分率应符合下列规定：

1）受拉接头，不宜大于 50％；受压接头，可不受限制；

2）板、墙、柱中受拉机械连接接头，可根据实际情况放宽；装配式混凝土结构构件连接处受拉接头，可根据实际情况放宽；

3）直接承受动力荷载的结构构件中，不宜采用焊接；当采用机械连接时，不应超过 50％。

3. 隐蔽工程验收记录（墙柱钢筋安装）、隐蔽工程验收记录（梁板钢筋安装）。

1）隐蔽工程验收记录（墙柱钢筋安装）表填写范例（表3.2.2-3）。

表3.2.2-3 隐蔽工程验收记录（墙柱钢筋安装）

工程名称	筑业科技产业园综合楼	编号	××
隐检项目	墙柱钢筋安装	隐检日期	××××年×月×日
隐检部位	一层墙柱①～⑩/ ～ 轴 －0.100～3.900m 标高		

隐检依据：施工图号___结施08、12___，设计变更/洽商/技术核定单（编号___/___）及有关国家现行标准等。

主要材料名称及规格/型号：φ10、φ16、φ18、φ20、φ25、φ32

隐检内容：

1. 钢筋原材质量证明书齐全、进场验收合格，复试合格，见试验编号：φ8（2021—00991），φ10（2021—00990），φ12（2021—01082），φ14（2021—01083），φ16（2021—00989），φ18（2021—00988），φ20（2021—00987），φ22（2021—00986），钢筋均无锈蚀，无污染；

2. Q墙墙厚200mm，钢筋双层双向，竖向分布φ12@200mm，在内侧，水平筋φ12@200mm，在外侧 Q1a墙厚200mm，钢筋双层双向，竖向分布φ12@200mm，在内侧，水平筋φ12@200mm，在外侧，Q2墙墙厚300mm，钢筋双层双向，竖向分布φ14@200mm，在内侧，水平筋φ14@150mm，在外侧；

3. 墙体钢筋采用搭接绑扎，搭接长度1.2倍锚固，接头位置距嵌固部位≥500mm，搭接位置相互错开≥500mm，同一截面的接头率50%，墙体拉钩均为φ6（500×500），成梅花型布置；

4. 墙体定位筋采用φ12竖向梯子筋，每跨3道，上口设水平梯子筋与主筋绑扎牢。竖向筋起步距柱50mm，水平筋起步50mm，间距、排距均匀。墙体钢筋保护层为15mm，采用塑料垫块，间距1000mm，梅花型布置；

5. 框架柱：KZ1：450mm×450mm，主筋4φ20、2φ18，箍筋φ10@100/200mm（4）；KZ1a：450mm×450mm，主筋4φ25、2φ25，箍筋φ10@100mm（4）；KZ2：550mm×450mm，主筋4φ20、2φ20，箍筋φ10@100mm（4）；KZ2a：550mm×450mm，主筋4φ20、2φ20，箍筋φ10@100mm（4）；KZ3：450mm×550mm，主筋4φ18、3φ18，箍筋φ10@100/200mm（5）；KZ4：550mm×400mm，主筋4φ18、2φ18，箍筋φ10@100/200mm（4）；KZ5：800mm×450mm，主筋4φ32、3φ25，箍筋φ10@100mm（5×4）；

6. 暗柱：AZ8：200mm×300mm，主筋4φ16，箍筋φ10@100mm；AZ10：200mm×500mm，主筋6φ18，箍筋φ10@100mm；AZ1a：200mm×400mm，主筋6φ18，箍筋φ10@100mm；AZ9：200mm×400mm，主筋4φ8，箍筋φ10@100mm；AZ2：200mm×1180mm、200mm×500mm，主筋22φ16，箍筋φ10@100mm；AZ1：200mm×400mm，主筋6φ18，箍筋φ10@100mm；

7. 柱主筋均采用三级直螺纹连接（另见隐蔽），接头位置≥所在层柱净高的1/6，且≥500mm≥柱长边尺寸取在最大值，接头位置相互错开≥35d，同一截面的接头率为50%。四个角约束边缘构件均有拉勾，φ6@100mm，柱的箍筋加密区均为所在层柱净高的1/6处，且≥500mm柱长边尺寸取最大值。框架柱柱头用定位筋固定，均用φ16的钢筋焊制而成；

8. 箍筋弯钩135°，平直长度1000mm，梅花形布置；

9. 柱主筋保护层为30mm，采用混凝土垫块，间距为1000mm，梅花形布置；

10. 绑扎丝为双铅丝，每个相交点为八字扣绑扎，丝头朝向混凝土内部，钢筋绑扎牢固，无漏扣现象，杂物已清理干净；

11. 所有预埋线管、预埋件已按要求预埋，固定牢固。

检查结论：

经检查，符合设计及规范要求，同意进行下道工序。

☑同意隐蔽　　　　　　□不同意，修改后进行复查

复查结论：

复查人：　　　　　　　　　　　　　　　　　　　　复查日期：　　年　月　日

签字栏	施工单位	××建设集团有限公司	专业技术负责人	专业质量员	专业工长
			×××	×××	×××
	监理或建设单位	××建设监理有限公司		专业监理工程帅	×××

2）隐蔽工程验收记录（梁板钢筋安装）表填写范例（表 3.2.2-4）。

表 3.2.2-4 隐蔽工程验收记录（梁板钢筋安装）

工程名称	筑业科技产业园综合楼	编号	××
隐检项目	梁板钢筋安装	隐检日期	××××年×月×日
隐检部位	二层梁板 ①～⑩/ ～ 轴 3.900m 标高		

隐检依据：施工图号___结施 08、12___，设计变更/洽商/技术核定单（编号_____/_____）及有关国家现行标准等。
　　主要材料名称及规格/型号：___φ8、φ10、φ12、φ14、φ16、φ18、φ20、φ25、φ32___

隐检内容：
　　1. 钢筋原材质量证明书齐全、进场验收合格，复试合格，见试验编号：φ8（2021—00991），φ10（2021—00990），φ12（2021—01082），φ14（2021—01083），φ16（2021—00989），φ18（2021—00988），φ20（2021—00987），φ22（2021—00986），钢筋均无锈蚀，无污染；
　　2. 顶板厚度为：180mm，板筋为 φ10@150，双层双向，局部板筋为 φ10@200，板筋采用绑扎搭接，搭接长度为 42d；板筋的锚固长度：上筋伸入支座 36d，下筋伸入支座 5d，且过中心线，上下筋的保护层均为 15mm 的塑料垫块，间距为 1000mm，成梅花型布置。上下钢筋之间采用马凳支撑，马凳用 12 的钢筋焊制而成，间距为 1000mm；
　　3. 梁：KL10（4）：300mm×400mm，上筋 2φ20，下筋 4φ18，通长筋，在支座处加筋 φ20，局部下筋 4φ20，箍筋 φ8@100/200（2）；KL5（1）：200mm×400mm，上下筋 2φ18，通长筋，箍筋 φ8@100/200（2）；KL4（2）：200mm×500mm、200mm×400mm，上筋 2φ18，下筋 3φ22，通长筋，在支座处加筋 φ18，局部上筋 4φ18，下筋 3φ18，箍筋 φ8@100/200（2）；KL8a（1）：200mm×700mm，上筋 2φ18，4φ20，通长筋，在支座处加筋 φ22，腰筋 4φ12，箍筋 φ10@100/150（2）；KL2a（1）：300mm×400mm，上下筋 2φ18，通长筋，在支座处加筋 φ18，箍筋 φ8@100/200（2）；KL6（4）：300mm×400mm，上筋 2φ20，下筋 2φ18，通长筋，在座处加筋 φ20，箍筋 φ8@100/200（2）；KL7a（2）：200mm×500mm，上筋 2φ20，下筋 3φ20，通长筋，在支座处加筋 φ20，箍筋 φ8@100/200（2）；KL3（1）：300mm×400mm，上下筋 2φ18，通长筋，箍筋 φ10@100/200（2）；KL9（1）：200mm×400mm，上筋 4φ20，下筋 2φ22，通长筋，箍筋 φ8@100/200（2）；AL9（4）、AL8（4）、AL6（4）、AL2（1）：200mm×400mm，上下筋均为 2φ18，箍筋 φ8@100/200（2）；AL7（2）、AL11（1）、AL3（1）：300mm×600mm，上下筋 2φ20，箍筋 φ8@100/200（2）；L4（1）：200mm×400mm，2φ12，2φ16，箍筋 φ8@200（2）；L3（1）、L2（b）：200mm×400mm，上下筋 2φ18，箍筋 φ8@200（2）；
　　4. 梁的主筋≥φ18 均采用 I 级直螺纹连接（另见隐蔽），接头位置上铁跨中 1/3 处，下铁在支座的 1/3 处，接头位置相互错开 35d，同一截面的接头率为 50%，箍筋的弯钩为 135 度，平直长度为 10d，梁的保护层均为 25mm，采用 15mm 塑料垫块，间距为 1000mm，梁钢筋端部锚固在规范允许的范围内；
　　5. 楼梯的休息平台板厚为 150mm，TB1：上筋为 φ10@200，下筋 φ14@150，φ12@200 双层双向，楼梯踏步板厚为 170mm，分布筋均为 φ8@200mm，上下铁之间用马凳支撑，采用 10 的钢筋焊制而成；
　　6. 绑扎丝为双铅丝，每个相交点为八字扣绑扎，丝头朝向混凝土内部，钢筋绑扎牢固，无漏扣现象，杂物已清理干净。

检查结论：
　　经检查，符合设计及规范要求，同意进行下道工序。

☑同意隐蔽　　　　　□不同意，修改后进行复查

复查结论：

复查人：　　　　　　　　　　　　　　　复查日期：　　年　月　日

签字栏	施工单位	××建设集团有限公司	专业技术负责人	专业质量员	专业工长
			×××	×××	×××
	监理或建设单位	××建设监理有限公司	专业监理工程师	×××	

3）隐蔽工程验收记录（墙柱钢筋安装）、隐蔽工程验收记录（梁板钢筋安装）标准要求。

（1）隐检依据来源

《混凝土结构工程施工质量验收规范》GB 50204—2015 摘录：

5.1.1 浇筑混凝土之前，应进行钢筋隐蔽工程验收。隐蔽工程验收应包括下列主要内容：

1 纵向受力钢筋的牌号、规格、数量、位置；

2 钢筋的连接方式、接头位置、接头质量、接头面积百分率、搭接长度、锚固方式及锚固长度；

3 箍筋、横向钢筋的牌号、规格、数量、间距、位置，箍筋弯钩的弯折角度及平直段长度；

4 预埋件的规格、数量和位置。

（2）隐检内容相关要求

《混凝土结构工程施工规范》GB 50666—2011 摘录：

5.4.6 在梁、柱类构件的纵向受力钢筋搭接长度范围内应按设计要求配置箍筋，并应符合下列规定：

1 箍筋直径不应小于搭接钢筋较大直径的 25％；

2 受拉搭接区段的箍筋间距不应大于搭接钢筋较小直径的 5 倍，且不应大于 100mm；

3 受压搭接区段的箍筋间距不应大于搭接钢筋较小直径的 10 倍，且不应大于 200mm；

4 当柱中纵向受力钢筋直径大于 25mm 时，应在搭接接头两个端面外 100mm 范围内各设置两个箍筋，其间距宜为 50mm。

5.4.7 钢筋绑扎应符合下列规定：

1 钢筋的绑扎搭接接头应在接头中心和两端用铁丝扎牢；

2 墙、柱、梁钢筋骨架中各竖向面钢筋网交叉点应全数绑扎；板上部钢筋网的交叉点应全数绑扎，底部钢筋网除边缘部分外可间隔交错绑扎；

3 梁、柱的箍筋弯钩及焊接封闭箍筋的焊点应沿纵向受力钢筋方向错开设置；

4 构造柱纵向钢筋宜与承重结构同步绑扎；

5 梁及柱中箍筋、墙中水平分布钢筋、板中钢筋距构件边缘的起始距离宜为 50mm。

5.4.8 构件交接处的钢筋位置应符合设计要求。当设计无具体要求时，应保证主要受力构件和构件中主要受力方向的钢筋位置。框架节点处梁纵向受力钢筋宜放在柱纵向钢筋内侧；当主次梁底部标高相同时，次梁下部钢筋应放在主梁下部钢筋之上；剪力墙中水平分布钢筋宜放在外侧，并宜在墙端弯折锚固。

5.4.9 钢筋安装应采用定位件固定钢筋的位置，并宜采用专用定位件。定位件应具有足够的承载力、刚度、稳定性和耐久性。定位件的数量、间距和固定方式，应能保证钢筋的位置偏差符合国家现行有关标准的规定。混凝土框架梁、柱保护层内，不宜采用金属定位件。

5.4.10 钢筋安装过程中，因施工操作需要而对钢筋进行焊接时，应符合现行行业标准《钢筋焊接及验收规程》JGJ 18—2012 的有关规定。

5.4.11 采用复合箍筋时，箍筋外围应封闭。梁类构件复合箍筋内部，宜选用封闭箍筋，奇数肢也可采用单肢箍筋；柱类构件复合箍筋内部可部分采用单肢箍筋。

5.4.12 钢筋安装应采取防止钢筋受模板、模具内表面的脱模剂污染的措施。

4. 隐蔽工程验收记录（预应力筋）。

1）隐蔽工程验收记录（预应力筋）表填写范例（表 3.2.2-5）。

表 3.2.2-5　隐蔽工程验收记录（预应力筋）

工程名称	筑业科技产业园综合楼	编号	××
隐检项目	预应力筋	隐检日期	××××年×月×日
隐检部位	二层预应力梁 ①～⑩/　～　轴　3.900m　标高		

隐检依据：施工图号　结施 01～03、08、12　，设计变更/洽商/技术核定单（编号　　　／　　　）及有关国家现行标准等。

主要材料名称及规格/型号：　5－　15.2 钢绞线　

隐检内容：

1. 预应力筋质量合格证明文件齐全，进场验收合格，复试合格，见报告编号××；
2. 预应力筋的规格、数量、位置、形状符合设计及规范要求；
3. 端部预埋垫板的数量、位置符合设计及规范要求，并按要求设置螺纹筋；
4. 预应力筋下料长度 1♯ 63.7m、2♯ 51.1m、3♯ 19m、14♯ 12m、16♯ 26.2m、21♯ 21.4m、22♯ 44.1m、23♯ 9.2m、30♯ 14.4m、31♯ 27.3m；
5. 预应力筋下料用砂轮切割机切断；
6. 预应力筋竖向位置偏差符合设计及规范要求；
7. 预应力筋固定牢固，护套完整。

检查结论：

经检查，符合设计及规范要求，同意进行下道工序。

☑同意隐蔽　　　　　　□不同意，修改后进行复查

复查结论：

复查人：　　　　　　　　　　　　　　　　　　复查日期：　　年　月　日

签字栏	施工单位	××建设集团有限公司	专业技术负责人	专业质量员	专业工长
			×××	×××	×××
	监理或建设单位	××建设监理有限公司	专业监理工程师	×××	

2）隐蔽工程验收记录（预应力筋）标准要求。

（1）隐检依据来源

《混凝土结构工程施工质量验收规范》GB 50204—2015摘录：

5.1.1 浇筑混凝土之前，应进行钢筋隐蔽工程验收。隐蔽工程验收应包括下列主要内容：

1 纵向受力钢筋的牌号、规格、数量、位置；

2 钢筋的连接方式、接头位置、接头质量、接头面积百分率、搭接长度、锚固方式及锚固长度；

3 箍筋、横向钢筋的牌号、规格、数量、间距、位置，箍筋弯钩的弯折角度及平直段长度；

4 预埋件的规格、数量和位置。

（2）隐检内容相关要求

《混凝土结构工程施工规范》GB 50666—2011摘录：

6.3.5 钢丝镦头及下料长度偏差应符合下列规定：

1 镦头的头型直径不宜小于钢丝直径的1.5倍，高度不宜小于钢丝直径；

2 镦头不应出现横向裂纹；

3 当钢丝束两端均采用镦头锚具时，同一束中各根钢丝长度的极差不应大于钢丝长度的1/5000，且不应大于5mm。当成组张拉长度不大于10m的钢丝时，同组钢丝长度的极差不得大于2mm。

6.3.6 成孔管道的连接应密封，并应符合下列规定：

1 圆形金属波纹管接长时，可采用大一规格的同波型波纹管作为接头管，接头管长度可取其内径的3倍，且不宜小于200mm，两端旋入长度宜相等，且接头管两端应采用防水胶带密封；

2 塑料波纹管接长时，可采用塑料焊接机热熔焊接或采用专用连接管；

3 钢管连接可采用焊接连接或套筒连接。

6.3.7 预应力筋或成孔管道应按设计规定的形状和位置安装，并应符合下列规定：

1 预应力筋或成孔管道应平顺，并与定位钢筋绑扎牢固。定位钢筋直径不宜小于10mm，间距不宜大于1.2m，板中无黏结预应力筋的定位间距可适当放宽，扁形管道、塑料波纹管或预应力筋曲线曲率较大处的定位间距，宜适当缩小。

2 凡施工时需要预先起拱的构件，预应力筋或成孔管道宜随构件同时起拱。

3 预应力筋或成孔管道控制点竖向位置允许偏差应符合表6.3.7的规定。

表6.3.7 预应力筋或成孔管道控制点竖向位置允许偏差

构件截面高（厚）度 h（mm）	$h \leqslant 300$	$300 < h \leqslant 1500$	$h > 1500$
允许偏差（mm）	±5	±10	±15

6.3.8 预应力筋和预应力孔道的间距和保护层厚度，应符合下列规定：

1 先张法预应力筋之间的净间距，不宜小于预应力筋公称直径或等效直径的2.5倍和混凝土粗骨料最大粒径的1.25倍，且对预应力钢丝、三股钢绞线和七股钢绞线分别不应小于15mm、20mm和25mm。当混凝土振捣密实性有可靠保证时，净间距可放宽至粗骨料最大粒径的 1.0 倍；

2　对后张法预制构件，孔道之间的水平净间距不宜小于 50mm，且不宜小于粗骨料最大粒径的 1.25 倍；孔道至构件边缘的净间距不宜小于 30mm，且不宜小于孔道外径的 50%；

3　在现浇混凝土梁中，曲线孔道在竖直方向的净间距不应小于孔道外径，水平方向的净间距不宜小于孔道外径的 1.5 倍，且不应小于粗骨料最大粒径的 1.25 倍；从孔道外壁至构件边缘的净间距，梁底不宜小于 50mm，梁侧不宜小于 40mm；裂缝控制等级为三级的梁，从孔道外壁至构件边缘的净间距，梁底不宜小于 60mm，梁侧不宜小于 50mm；

4　预留孔道的内径宜比预应力束外径及需穿过孔道的连接器外径大 6～15mm，且孔道的截面积宜为穿入预应力束截面积的 3～4 倍；

5　当有可靠经验并能保证混凝土浇筑质量时，预应力孔道可水平并列贴紧布置，但每一并列束中的孔道数量不应超过 2 个；

6　板中单根无黏结预应力筋的水平间距不宜大于板厚的 6 倍，且不宜大于 1m；带状束的无黏结预应力筋根数不宜多于 5 根，束间距不宜大于板厚的 12 倍，且不宜大于 2.4m；

7　梁中集束布置的无黏结预应力筋，束的水平净间距不宜小于 50mm，束至构件边缘的净间距不宜小于 40mm。

6.3.9　预应力孔道应根据工程特点设置排气孔、泌水孔及灌浆孔，排气孔可兼作泌水孔或灌浆孔，并应符合下列规定：

1　当曲线孔道波峰和波谷的高差大于 300mm 时，应在孔道波峰设置排气孔，排气孔间距不宜大于 30m；

2　当排气孔兼作泌水孔时，其外接管伸出构件顶面高度不宜小于 300mm。

6.3.10　锚垫板、局部加强钢筋和连接器应按设计要求的位置和方向安装牢固，并应符合下列规定：

1　锚垫板的承压面应与预应力筋或孔道曲线末端的切线垂直。预应力筋曲线起始点与张拉锚固点之间的直线段最小长度应符合表 6.3.10 的规定；

表 6.3.10　预应力筋曲线起始点与张拉锚固点之间直线段最小长度

预应力筋张拉力 N（kN）	≤1500	1500＜N≤6000	＞6000
直线段最小长度（mm）	400	500	600

2　采用连接器接长预应力筋时，应全面检查连接器的所有零件，并应按产品技术手册要求操作；

3　内埋式固定端锚垫板不应重叠，锚具与锚垫板应贴紧。

6.3.11　后张法有黏结预应力筋穿入孔道及其防护，应符合下列规定：

1　对采用蒸汽养护的预制构件，预应力筋应在蒸汽养护结束后穿入孔道；

2　预应力筋穿入孔道后至孔道灌浆的时间间隔不宜过长，当环境相对湿度大于 60% 或处于近海环境时，不宜超过 14d；当环境相对湿度不大于 60% 时，不宜超过 28d；

3　当不能满足本条第 2 款的规定时，宜对预应力筋采取防锈措施。

6.3.12　预应力筋等安装完成后，应做好成品保护工作。

5. 隐蔽工程验收记录（装配式-预制板安装与连接）。

1）隐蔽工程验收记录（装配式-预制板安装与连接）表填写范例（表 3.2.2-6）。

表 3.2.2-6　隐蔽工程验收记录（装配式-预制板安装与连接）

工程名称	筑业科技产业园综合楼	编号	××
隐检项目	预制板安装与连接	隐检日期	××××年×月×日
隐检部位	一层预制墙、柱①～⑩/　～　轴　－0.100～3.900m　标高		

隐检依据：施工图号___结施 08_____，设计变更/洽商/技术核定单（编号_____/_____）及有关
国家现行标准等。
主要材料名称及规格/型号：_____/_____

隐检内容：
1. 混凝土粗糙面的质量，键槽的尺寸、数量、位置符合设计及规范要求；
2. 钢筋的牌号、规格、数量、位置、间距，符合设计及规范要求；
3. 箍筋弯钩的弯折角度为 135°，平直段长度为 10d；
4. 钢筋接头采用套筒灌浆连接，灌浆套筒的锚固长度符合灌浆套筒参数要求；
5. 灌浆套筒的型号、数量、位置及灌浆孔、出浆孔、排气孔的位置均符合要求；
6. 预埋件、预留管线的规格、数量、位置均按图纸要求进行布置。

检查结论：

经检查，符合设计及规范要求，同意进行下道工序。

☑同意隐蔽　　　　　　　□不同意，修改后进行复查

复查结论：

复查人：　　　　　　　　　　　　　　　　　复查日期：　　年　月　日

签字栏	施工单位	××建设集团有限公司	专业技术负责人	专业质量员	专业工长
			×××	×××	×××
	监理或建设单位	××建设监理有限公司	专业监理工程师	×××	

2）隐蔽工程验收记录（装配式-预制板安装与连接）标准要求。

（1）隐检依据来源。

《混凝土结构工程施工质量验收规范》GB 50204—2015 摘录：

9.1.1 装配式结构连接节点及叠合构件浇筑混凝土之前，应进行隐蔽工程验收。隐蔽工程验收应包括下列主要内容：

1 混凝土粗糙面的质量，键槽的尺寸、数量、位置；

2 钢筋的牌号、规格、数量、位置、间距，箍筋弯钩的弯折角度及平直段长度；

3 钢筋的连接方式、接头位置、接头数量、接头面积百分率、搭接长度、锚固方式及锚固长度；

4 预埋件、预留管线的规格、数量、位置。

（2）隐检内容相关要求。

《混凝土结构工程施工质量验收规范》GB 50204—2015 摘录：

9.2.8 预制构件的粗糙面的质量及键槽的数量应符合设计要求。

9.3.2 钢筋采用套筒灌浆连接时，灌浆应饱满、密实，其材料及连接质量应符合国家现行行业标准《钢筋套筒灌浆连接应用技术规程》JGJ 355—2015 的规定。

9.3.3 钢筋采用焊接连接时，其接头质量应符合现行行业标准《钢筋焊接及验收规程》JGJ 18—2012 的规定。

9.3.4 钢筋采用机械连接时，其接头质量应符合现行行业标准《钢筋机械连接技术规程》JGJ 107—2016 的规定。

9.3.5 预制构件采用焊接、螺栓连接等连接方式时，其材料性能及施工质量应符合国家现行标准《钢结构工程施工质量验收规范》GB 50205 和《钢筋焊接及验收规程》JGJ 18—2012 的相关规定。

9.3.6 装配式结构采用现浇混凝土连接构件时，构件连接处后浇混凝土的强度应符合设计要求。

6. 隐蔽工程验收记录（砌体构造柱-植筋）。

1）隐蔽工程验收记录（砌体构造柱-植筋）表填写范例（表3.2.2-7）。

表3.2.2-7　隐蔽工程验收记录（砌体构造柱-植筋）

工程名称	筑业科技产业园综合楼	编号	××
隐检项目	植筋	隐检日期	××××年×月×日
隐检部位	一～三层砌体①～⑩/　～　轴　　－0.100～9.900m　标高		

隐检依据：施工图号__结施03、建施01、04__，设计变更/洽商/技术核定单（编号____/____）及有关国家现行标准等。
主要材料名称及规格/型号：__Φ6.5、Φ12、植筋胶__

隐检内容：

1. 钢筋、植筋胶有出厂合格证及质量证明文件，各1套，进场复试合格，钢筋试验编号××。植筋胶试验编号××；
2. 植筋孔验收合格后，注入植筋胶，然后插入钢筋按顺时针方向边转边插直到规定深度，植筋胶液浸出孔口；
3. 钢筋的锚固深度：拉结筋Φ6.5为100mm，构造柱筋Φ12为120mm、梁筋Φ12为180mm；
4. 植筋胶固化前未触动所植钢筋；
5. 现场钢筋已做拉拔试验，试验合格，见报告编号××。

检查结论：

经检查，符合设计及规范要求，同意进行下道工序。

☑同意隐蔽　　　　□不同意，修改后进行复查

复查结论：

复查人：　　　　　　　　　　　　　　　　　复查日期：　　年　月　日

签字栏	施工单位	××建设集团有限公司	专业技术负责人	专业质量员	专业工长
			×××	×××	×××
	监理或建设单位	××建设监理有限公司	专业监理工程师	×××	

2）隐蔽工程验收记录（砌体构造柱-植筋）标准要求。

（1）隐检依据来源

《砌体结构工程施工质量验收规范》GB 50203—2011 摘录：

8.2.1　钢筋的品种、规格、数量和设置部位应符合设计要求。

检验方法：检查钢筋的合格证书、钢筋性能复试试验报告、隐蔽工程记录。

11.0.1　砌体工程验收前，应提供下列文件和记录：

7　隐蔽工程验收记录。

（2）隐检内容相关要求

《混凝土结构后锚固技术规程》JGJ 145—2013 摘录：

9.5.1　植筋施工时，基材表面温度和孔内表层含水率应符合设计和胶黏剂使用说明书要求，无明确要求时，基材表面温度不应低于15℃；植筋施工严禁在大风、雨雪天气露天进行。

9.5.2　植筋钻孔应符合下列规定：

1　植筋钻孔前，应认真进行孔位的放样和定位，经核对无误后方可进行钻孔作业；

2　植筋钻孔孔径允许偏差应满足表9.5.2-1的要求；钻孔深度、垂直度和位置允许偏差应满足表9.5.2-2的要求。

表 9.5.2-1　植筋钻孔孔径允许偏差（mm）

钻孔直径	允许偏差	钻孔直径	允许偏差
＜14	+1.0 / 0	22～32	+2.0 / 0
14～20	+1.5 / 0	34～40	+2.5 / 0

表 9.5.2-2　植筋钻孔深度、垂直度和位置允许偏差

序号	植筋部位	允许偏差		
		钻孔深度（mm）	垂直度（%）	钻孔位置（mm）
1	基础	+20 / 0	±5	±10
2	上部结构	+10 / 0	±3	±5
3	连接节点	+5 / 0	±1	±3

9.5.4　植筋钢筋在使用前，应清除表面的浮锈和污渍。

9.5.5　植筋的锚固深度允许偏差应满足表9.5.2-2钻孔深度允许偏差的要求。

9.5.6　植筋钢筋宜采用机械连接接头，也可采用焊接连接，连接接头的性能应符合国家现行相关标准的规定。采用焊接接头时，应符合下列规定：

1　焊接宜在注胶前进行，确需后焊接时，应进行同条件焊接后现场破坏性检验；

2　焊接施工时，应断续施焊，施焊部位距离注胶孔顶面的距离不应小于20d，且不应小于200mm，同时应用水浸渍多层湿巾包裹植筋外露部分，钢筋根部的温度不应超过胶粘剂产品说明书规定的最高短期温度；

3　焊接时，不应将焊接的接地线连接到植筋的根部。

7. 隐蔽工程验收记录（砌体构造柱-钢筋绑扎）。

1）隐蔽工程验收记录（砌体构造柱-钢筋绑扎）表填写范例（表 3.2.2-8）。

表 3.2.2-8　隐蔽工程验收记录（砌体构造柱-钢筋绑扎）

工程名称	筑业科技产业园综合楼	编号	××
隐检项目	钢筋绑扎	隐检日期	××××年×月×日
隐检部位	一～三层砌体 ①～⑩/　～　轴　　－0.100～9.900m　标高		

隐检依据：施工图号　结施 03、建施 01、04　，设计变更/洽商/技术核定单（编号＿＿＿/＿＿＿）及有关国家现行标准等。

主要材料名称及规格/型号：　Φ6.5、Φ12

隐检内容：

1. 钢筋原材质量合格证明文件齐全、进场验收合格，复试合格，见报告编号××；
2. 构造柱主筋为 4 根 HRB400 12mm，上下段搭接长度为 55d（55×12＝660mm）；
3. 构造柱箍筋间距为 Φ6.5@200/100，加密长度 700mm，上下两端均加密；
4. 砌体拉结筋按间距 2Φ6.5@500 进行布置；
5. 拉结钢筋两边伸入墙内 1m，弯钩朝内。

检查结论：

　　经检查，符合设计及规范要求，同意进行下道工序。

☑同意隐蔽　　　　　　□不同意，修改后进行复查

复查结论：

复查人：　　　　　　　　　　　　　　　　复查日期：　　年　月　日

签字栏	施工单位	××建设集团有限公司	专业技术负责人	专业质量员	专业工长
			×××	×××	×××
	监理或建设单位	××建设监理有限公司	专业监理工程师	×××	

2）隐蔽工程验收记录（砌体构造柱-钢筋绑扎）标准要求。

（1）隐检依据来源。

《砌体结构工程施工质量验收规范》GB 50203—2011 摘录：

8.2.1 配筋砌体工程钢筋的品种、规格、数量和设置部位应符合设计要求。

检验方法：检查钢筋的合格证书、钢筋性能复试试验报告、隐蔽工程记录。

11.0.1 砌体工程验收前，应提供下列文件和记录：

7 隐蔽工程验收记录。

（2）隐检内容相关要求。

《砌体结构工程施工规范》GB 50924—2014 摘录：

9.1.4 设置在砌体水平灰缝内的钢筋，应沿灰缝厚度居中放置。灰缝厚度应大于钢筋直径6mm以上；当设置钢筋网片时，应大于网片厚度4mm以上，但灰缝最大厚度不宜大于15mm。砌体外露面砂浆保护层的厚度不应小于15mm。

9.1.5 伸入砌体内的拉结钢筋，从接缝处算起，不应小于500mm。对多孔砖墙和砌块墙不应小于700mm。

9.1.6 网状配筋砌体的钢筋网，不得用分离放置的单根钢筋代替。

9.2.1 钢筋砖过梁内的钢筋应均匀、对称放置，过梁底面应铺1：2.5水泥砂浆层，其厚度不宜小于30mm，钢筋应埋入砂浆层中，两端伸入支座砌体内的长度不应小于240mm，并应有90°弯钩埋入墙的竖缝内。钢筋砖过梁的第一皮砖应丁砌。

9.2.2 网状配筋砌体的钢筋网，宜采用焊接网片。

9.2.3 由砌体和钢筋混凝土或配筋砂浆面层构成的组合砌体构件，其连接受力钢筋的拉结筋应在两端做成弯钩，并在砌筑砌体时正确埋入。

9.3.4 配筋砌块砌体剪力墙的水平钢筋，在凹槽砌块的混凝土带中的锚固、搭接长度应符合设计要求。

9.3.5 配筋砌块砌体剪力墙两平行钢筋间的净距不应小于50mm。水平钢筋搭接时应上下搭接，并应加设短筋固定（图9.3.5）。水平钢筋两端宜锚入端部灌孔混凝土中。

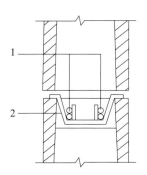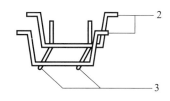

1—水平搭接钢筋；2—搭接部位固定支架的兜筋；3—固定支架加设的短筋

图 9.3.5 水平钢筋搭接

8. 隐蔽工程验收记录（钢结构-焊缝）。

1）隐蔽工程验收记录（钢结构-焊缝）表填写范例（表 3.2.2-9）。

表 3.2.2-9 隐蔽工程验收记录（钢结构-焊缝）

工程名称	筑业科技产业园综合楼	编号	××
隐检项目	焊缝	隐检日期	××××年×月×日
隐检部位	一层钢结构 ①～⑩/ ～ 轴 －0.1～3.900m 标高		

隐检依据：施工图号 <u>结施1～4、08、12</u>，设计变更/洽商/技术核定单（编号 <u>/</u> ）及有关国家现行标准等。

主要材料名称及规格/型号： <u>E5016 焊条、Q355B 钢板</u>

隐检内容：

 1. 焊接材料采用 E5016 焊条，与母材 Q355B 相匹配，符合设计及规范要求；

 2. 持证焊工在其焊工合格证书规定的认可范围内施焊；

 3. 焊接前已进行焊接工艺评定，见报告编号××；

 4. 采用二级焊缝，且进行内部缺陷的无损检测，检测合格，见报告编号××；

 5. 焊缝外观质量符合要求，未出现未焊满、根部收缩、咬边、弧坑裂纹、电弧擦伤、接头不良、表面夹渣、表面气孔等缺陷；

 6. 焊缝长度尺寸允许偏差均在 2mm 以内，符合要求；

 7. 焊接前已对焊缝进行预热处理，其预热温度符合规范要求（冬季施工）。

检查结论：

 经检查，符合设计及规范要求，同意进行下道工序。

☑同意隐蔽　　　　　　□不同意，修改后进行复查

复查结论：

复查人：　　　　　　　　　　　　　　　　　　复查日期：　　年　月　日

签字栏	施工单位	××建设集团有限公司	专业技术负责人	专业质量员	专业工长
			×××	×××	×××
	监理或建设单位	××建设监理有限公司	专业监理工程师		×××

2）隐蔽工程验收记录（钢结构-焊缝）标准要求。

（1）隐检依据来源。

《钢结构工程施工质量验收标准》GB 50205—2020 摘录：

14.0.5 钢结构分部工程竣工验收时，应提供下列文件和记录：

8 隐蔽工程检验项目检查验收记录。

（2）隐检内容相关要求。

《钢结构工程施工质量验收标准》GB 50205—2020 摘录：

4.6.1 焊接材料的品种、规格、性能应符合国家现行标准的规定并满足设计要求。焊接材料进场时，应按国家现行标准的规定抽取试件且应进行化学成分和力学性能检验，检验结果应符合国家现行标准的规定。

4.6.2 对于下列情况之一的钢结构所采用的焊接材料应按其产品标准的要求进行抽样复验，复验结果应符合国家现行标准的规定并满足设计要求：

1 结构安全等级为一级的一、二级焊缝；

2 结构安全等级为二级的一级焊缝；

3 需要进行疲劳验算构件的焊缝；

4 材料混批或质量证明文件不齐全的焊接材料；

5 设计文件或合同文件要求复检的焊接材料。

5.2.1 焊接材料与母材的匹配应符合设计文件的要求及国家现行标准的规定。焊接材料在使用前，应按其产品说明书及焊接工艺文件的规定进行烘焙和存放。

5.2.3 施工单位应按现行国家标准《钢结构焊接规范》GB 50661 的规定进行焊接工艺评定，根据评定报告确定焊接工艺，编写焊接工艺规程并进行全过程质量控制。

5.2.4 设计要求的一、二级焊缝应进行内部缺陷的无损检测，一、二级焊缝的质量等级和检测要求应符合表5.2.4的规定。

表5.2.4 一、二级焊缝质量等级及缺陷分级

焊缝质量等级		一级	二级
内部缺陷 超声波探伤	缺陷评定等级	Ⅱ	Ⅲ
	检验等级	B级	B级
	检测比例	100%	20%
内部缺陷 射线探伤	缺陷评定等级	Ⅱ	Ⅲ
	检验等级	AB级	AB级
	检测比例	100%	20%

注：二级焊缝检测比例的计数方法应以下原则确定：工厂制作焊缝按照焊缝长度计算百分比，且探伤长度不小于200mm；当焊缝长度小于200mm时，应对整条焊缝探伤；现场安装焊缝应按照同一类型、同一施焊条件的焊缝条数计算百分比，且不应少于3条焊缝。

5.2.6 T形接头、十字接头、角接接头等要求焊透的对接和角接组合焊缝，其加强焊脚尺寸 h_k 不应小于 $t/4$ 且不大于10mm，其允许偏差为0～4mm。

5.2.7 焊缝外观质量应符合表5.2.7-1和表5.2.7-2的规定。

5.2.8 焊缝外观尺寸要求应符合表5.2.8-1和表5.2.8-2的规定。

5.2.9 对于需要进行预热或后热的焊缝，其预热温度或后热温度应符合国家现行标准的规定或通过焊接工艺评定确定。

9. 隐蔽工程验收记录（钢结构-高强度螺栓连接接头）。

1）隐蔽工程验收记录（钢结构-高强度螺栓连接接头）表填写范例（表 3.2.2-10）。

表 3.2.2-10　隐蔽工程验收记录（钢结构-高强度螺栓连接接头）

工程名称	筑业科技产业园综合楼	编号	××
隐检项目	高强度螺栓连接接头	隐检日期	××××年×月×日
隐检部位	一层钢结构①～⑩/　～　轴　 −0.1～3.900m　标高		

隐检依据：施工图号　结施1～4、08、12　，设计变更/洽商/技术核定单（编号＿＿＿/＿＿＿＿）及有关国家现行标准等。
主要材料名称及规格/型号：　10.9S 高强度大六角头螺栓、Q355D 钢板　

隐检内容：
1. 钢结构用高强度螺栓的产品合格证、检测报告均符合要求，且进场复试合格，见报告编号××；
2. 高强度螺栓连接摩擦面干燥、整洁，无飞边、毛刺、焊接飞溅物、焊疤、氧化铁皮、污垢等；
3. 涂层摩擦面钢材表面处理符合要求；
4. 高强度螺栓能自由穿入螺栓孔；
5. 采用高强度螺栓公称直径 20mm，高强度螺栓连接副终拧后，螺栓丝扣外露为 2 扣，符合设计及规范要求；
6. 高强度螺栓连接副的施拧顺序和初拧、终拧扭矩满足设计要求；
7. 钢结构安装偏差，均在规范允许范围内。

检查结论：

　　经检查，符合设计及规范要求，同意进行下道工序。

☑同意隐蔽　　　　　　　□不同意，修改后进行复查

复查结论：

复查人：　　　　　　　　　　　　　　　　　　　　复查日期：　　年　月　日

签字栏	施工单位	××建设集团有限公司	专业技术负责人	专业质量员	专业工长
			×××	×××	×××
	监理或建设单位	××建设监理有限公司	专业监理工程师		×××

2）隐蔽工程验收记录（钢结构-高强度螺栓连接接头）标准要求。

（1）隐检依据来源。

《钢结构工程施工质量验收标准》GB 50205—2020摘录：

14.0.5 钢结构分部工程竣工验收时，应提供下列文件和记录：

8 隐蔽工程检验项目检查验收记录。

（2）隐检内容相关要求。

《钢结构工程施工质量验收标准》GB 50205—2020摘录：

4.7.1 钢结构连接用高强度螺栓连接副的品种、规格、性能应符合国家现行标准的规定并满足设计要求。高强度大六角头螺栓连接副应随箱带有扭矩系数检验报告，扭剪型高强度螺栓连接副应随箱带有紧固轴力（预拉力）检验报告。高强度大六角头螺栓连接副和扭剪型高强度螺栓连接副进场时，应按国家现行标准的规定抽取试件且应分别进行扭矩系数和紧固轴力（预拉力）检验，检验结果应符合国家现行标准的规定。

4.7.2 高强度大六角头螺栓连接副应复验其扭矩系数，扭剪型高强度螺栓连接副应复验其紧固轴力，其检验结果应符合本标准附录B的规定。

6.3.1 钢结构制作和安装单位应分别进行高强度螺栓连接摩擦面（含涂层摩擦面）的抗滑移系数试验和复验，现场处理的构件摩擦面应单独进行摩擦面抗滑移系数试验，其结果应满足设计要求。

6.3.2 涂层摩擦面钢材表面处理应达到Sa2½，涂层最小厚度应满足设计要求。

6.3.3 高强度螺栓连接副应在终拧完成1h后、48h内进行终拧质量检查，检查结果应符合本标准附录B的规定。

6.3.6 高强度螺栓连接副终拧后，螺栓丝扣外露应为2~3扣，其中允许有10%的螺栓丝扣外露1扣或4扣。

6.3.7 高强度螺栓连接摩擦面应保持干燥、整洁，不应有飞边、毛刺、焊接飞溅物、焊疤、氧化铁皮、污垢等，除设计要求外摩擦面不应涂漆。

10. 隐蔽工程验收记录（钢结构-防腐基层处理）。

1）隐蔽工程验收记录（钢结构-防腐基层处理）表填写范例（表3.2.2-11）。

表 3.2.2-11　隐蔽工程验收记录（钢结构-防腐基层处理）

工程名称	筑业科技产业园综合楼	编号	××
隐检项目	防腐基层处理	隐检日期	××××年×月×日
隐检部位	一层钢结构 ①～⑩/ ～ 轴 －0.100～3.900m 标高		

隐检依据：施工图号__结施1～3、08、12__，设计变更/洽商/技术核定单（编号_____/_____）及有关国家现行标准等。

主要材料名称及规格/型号：_____/_____

隐检内容：

1. 钢结构安装工程已验收合格；
2. 钢材表面除锈等级，符合要求，见施工记录××；
3. 钢材表面无焊渣、焊疤、灰尘、油污、水和毛刺等。

检查结论：

经检查，符合设计及规范要求，同意进行下道工序。

☑同意隐蔽　　　　　□不同意，修改后进行复查

复查结论：

复查人：　　　　　　　　　　　　　　　复查日期：　　年　月　日

签字栏	施工单位	××建设集团有限公司	专业技术负责人	专业质量员	专业工长
			×××	×××	×××
	监理或建设单位	××建设监理有限公司	专业监理工程师		×××

2）隐蔽工程验收记录（钢结构-防腐基层处理）标准要求。

（1）隐检依据来源。

《钢结构工程施工质量验收标准》GB 50205—2020 摘录：

14.0.5　钢结构分部工程竣工验收时，应提供下列文件和记录：

8　隐蔽工程检验项目检查验收记录。

（2）隐检内容相关要求。

《钢结构工程施工规范》GB 50755—2012 摘录：

13.2.1　构件采用涂料防腐涂装时，表面除锈等级可按设计文件及现行国家标准《涂装前钢材表面锈蚀等级和除锈等级》GB 8923 的有关规定，采用机械除锈和手工除锈方法进行处理。

13.2.2　构件的表面粗糙度可根据不同底涂层和除锈等级按下表进行选择，并应按现行国家标准《涂覆涂料前钢材表面处理 喷射清理后的钢材表面粗糙度特性 第 2 部分：磨料喷射清理后钢材表面粗糙度等级的测定方法 比较样块法》GB/T 13288.2—2011 的有关规定执行。

构件的表面粗糙度

钢材底涂层	除锈等级	表面粗糙度 Ra（μm）
热喷锌/铝	Sa3 级	60～100
无机富锌	Sa2½级～Sa3 级	50～80
环氧富锌	Sa2½级	30～75
不便喷砂的部位	St3 级	

13.2.3　经处理的钢材表面不应有焊渣、焊疤、灰尘、油污、水和毛刺等；对于镀锌构件，酸洗除锈后，钢材表面应露出金属色泽，并应无污渍、锈迹和残留酸液。

11. 隐蔽工程验收记录（钢结构-防腐涂层）。

1）隐蔽工程验收记录（钢结构-防腐涂层）表填写范例（表 3.2.2-12）。

表 3.2.2-12 隐蔽工程验收记录（钢结构-防腐涂层）

工程名称	筑业科技产业园综合楼	编号	××
隐检项目	防腐涂层	隐检日期	××××年×月×日
隐检部位	一层钢结构①～⑩/ ～ 轴 －0.100～3.900m 标高		

隐检依据：施工图号 结施1～3、08、12 ，设计变更/洽商/技术核定单（编号 / ）及有关国家现行标准等。
主要材料名称及规格/型号： ××防腐涂料

隐检内容：
1. 涂装前，已进行工艺评定，且评定合格，见报告编号××；
2. 材料质量合格证明文件齐全、进场验收合格，复试合格，见报告编号××；
3. 防腐涂装采用喷涂法涂装；
4. 防腐涂装 2 遍、涂装间隔时间 4h、涂层厚度 200μm，均满足设计文件、涂料产品标准的要求；
5. 涂层均匀，无明显皱皮、流坠、针眼和气泡等；
6. 涂装完成后，构件的标志、标记和编号清晰完整。

检查结论：

经检查，符合设计及规范要求，同意进行下道工序。

☑同意隐蔽　　　　　□不同意，修改后进行复查

复查结论：

复查人：　　　　　　　　　　　　　　　　　　　复查日期：　　年　月　日

签字栏	施工单位	××建设集团有限公司	专业技术负责人	专业质量员	专业工长
			×××	×××	×××
	监理或建设单位	××建设监理有限公司	专业监理工程师		×××

2）隐蔽工程验收记录（钢结构-防腐涂层）标准要求。

（1）隐检依据来源。

《钢结构工程施工质量验收标准》GB 50205—2020 摘录：

14.0.5　钢结构分部工程竣工验收时，应提供下列文件和记录：

8　隐蔽工程检验项目检查验收记录。

（2）隐检内容相关要求。

《钢结构工程施工质量验收标准》GB 50205—2020 摘录：

13.2.2　当设计要求或施工单位首次采用某涂料和涂装工艺时，应按本标准附录 D 的规定进行涂装工艺评定，评定结果应满足设计要求并符合国家现行标准的要求。

13.2.3　防腐涂料、涂装遍数、涂装间隔、涂层厚度均应满足设计文件、涂料产品标准的要求。当设计对涂层厚度无要求时，涂层干漆膜总厚度：室外不应小于 $150\mu m$，室内不应小于 $125\mu m$。

13.2.4　金属热喷涂涂层厚度应满足设计要求。

13.2.5　金属热喷涂涂层结合强度应符合现行国家标准《热喷涂 金属和其他无机覆盖层 锌、铝及其合金》GB/T 9793—2012 的有关规定。

13.2.6　当钢结构处于有腐蚀介质环境、外露或设计有要求时，应进行涂层附着力测试。在检测范围内，当涂层完整程度达到 70％以上时，涂层附着力可认定为质量合格。

13.2.7　涂层应均匀，无明显皱皮、流坠、针眼和气泡等。

13.2.8　金属热喷涂涂层的外观应均匀一致，涂层不得有气孔、裸露母材的斑点、附着不牢的金属熔融颗粒、裂纹或影响使用寿命的其他缺陷。

13.2.9　涂装完成后，构件的标志、标记和编号应清晰完整。

12. 隐蔽工程验收记录（钢结构-檩条）。

1）隐蔽工程验收记录（钢结构-檩条）表填写范例（表 3.2.2-13）。

表 3.2.2-13　隐蔽工程验收记录（钢结构-檩条）

工程名称	筑业科技产业园综合楼	编号	××
隐检项目	檩条	隐检日期	××××年×月×日
隐检部位	二层梁①～⑩/ ～ 轴　3.900m 标高		

隐检依据：施工图号___结施 01～03、08___，设计变更/洽商/技术核定单（编号___/___）及有关国家现行标准等。

主要材料名称及规格/型号：___60mm×60mm×6mm 镀锌方钢管___

隐检内容：

1. 支架材料质量合格证明文件齐全，进场验收合格，见记录编号××；
2. 檩条与钢梁采用焊接连接，连接密贴，其数量、间距符合设计要求；
3. 檩条安装允许偏差符合规范的规定；
4. 檩条安装后无松动、破损、变形，表面无杂物。

检查结论：

经检查，符合设计及规范要求，同意进行下道工序。

☑同意隐蔽　　　　　□不同意，修改后进行复查

复查结论：

复查人：　　　　　　　　　　　　　　　复查日期：　　年　　月　　日

签字栏	施工单位	××建设集团有限公司	专业技术负责人	专业质量员	专业工长
			×××	×××	×××
	监理或建设单位	××建设监理有限公司	专业监理工程师	×××	

2）隐蔽工程验收记录（钢结构-檩条）标准要求。

（1）隐检依据来源。

《钢结构工程施工质量验收标准》GB 50205—2020 摘录：

14.0.5 钢结构分部工程竣工验收时，应提供下列文件和记录：

8 隐蔽工程检验项目检查验收记录。

（2）隐检内容相关要求。

《钢结构工程施工质量验收标准》GB 50205—2020 摘录：

12.4.1 固定支架数量、间距应满足设计要求，紧固件固定应牢固、可靠，与支承结构应密贴。

12.4.2 固定支架安装允许偏差应符合表 12.4.2 的规定。

12.4.3 固定支架安装后应无松动、破损、变形，表面无杂物。

13. 隐蔽工程验收记录（钢结构-压型金属板）。

1）隐蔽工程验收记录（钢结构-压型金属板）表填写范例（表 3.2.2-14）。

表 3.2.2-14　隐蔽工程验收记录（钢结构-压型金属板）

工程名称	筑业科技产业园综合楼	编号	××
隐检项目	压型金属板	隐检日期	××××年×月×日
隐检部位	二层梁①～⑩/　～　轴　3.900m　标高		

隐检依据：施工图号　结施 08　　，设计变更/洽商/技术核定单（编号＿＿＿/＿＿＿）及有关国家现行标准等。

主要材料名称及规格/型号：　600mm×1200mm×1.2mm 压型金属板，焊钉

隐检内容：

1. 金属板及其配套材料的质量合格证明文件齐全有效，进场验收合格，记录编号××；
2. 金属板采用焊钉与檩条及结构固定可靠、牢固，焊钉的位置、数量、间距等符合设计及方案要求；
3. 金属板之间的咬合牢固，板肋处无开裂、脱落现象；
4. 金属板长度方向的搭接长度满足设计要求，采用焊接搭接，压型金属板搭接长度不小于 50mm；
5. 金属板安装平整、顺直，板面无施工残留物和污物。

检查结论：

经检查，符合设计及规范要求，同意进行下道工序。

☑同意隐蔽　　　　　□不同意，修改后进行复查

复查结论：

复查人：　　　　　　　　　　　　　　　　复查日期：　　年　月　日

签字栏	施工单位	××建设集团有限公司	专业技术负责人	专业质量员	专业工长
			×××	×××	×××
	监埋或建设单位	××建设监理有限公司	专业监理工程师	×××	

2）隐蔽工程验收记录（钢结构-压型金属板）标准要求。

（1）隐检依据来源。

《钢结构工程施工质量验收标准》GB 50205—2020摘录：

14.0.5　钢结构分部工程竣工验收时，应提供下列文件和记录：

8　隐蔽工程检验项目检查验收记录。

（2）隐检内容相关要求。

①《钢结构工程施工规范》GB 50755—2012摘录：

12.0.2　压型金属板安装前，应绘制各楼层压型金属板铺设的排板图；图中应包含压型金属板的规格、尺寸和数量，与主体结构的支承构造和连接详图，以及封边挡板等内容。

12.0.3　压型金属板安装前，应在支承结构上标出压型金属板的位置线。铺放时，相邻压型金属板端部的波形槽口应对准。

12.0.4　压型金属板应采用专用吊具装卸和转运，严禁直接采用钢丝绳绑扎吊装。

12.0.5　压型金属板与主体结构（钢梁）的锚固支承长度应符合设计要求，且不应小于50mm；端部锚固可采用点焊、贴角焊或射钉连接，设置位置应符合设计要求。

12.0.6　转运至楼面的压型金属板应当天安装和连接完毕，当有剩余时应固定在钢梁上或转移到地面堆场。

12.0.7　支承压型金属板的钢梁表面应保持清洁，压型金属板与钢梁顶面的间隙应控制在1mm以内。

12.0.8　安装边模封口板时，应与压型金属板波距对齐，偏差不大于3mm。

12.0.9　压型金属板安装应平整、顺直，板面不得有施工残留物和污物。

12.0.10　压型金属板需预留设备孔洞时，应在混凝土浇筑完毕后使用等离子切割或空心钻开孔，不得采用火焰切割。

②《钢结构工程施工质量验收标准》GB 50205—2020摘录：

12.4.1　固定支架数量、间距应满足设计要求，紧固件固定应牢固、可靠，与支承结构应密贴。

12.3.1　压型金属板、泛水板、包角板和屋脊盖板等应固定可靠、牢固，防腐涂料涂刷和密封材料敷设应完好，连接件数量、规格、间距应满足设计要求并符合国家现行标准的规定。

12.3.2　扣合型和咬合型压型金属板板肋的扣合或咬合应牢固，板肋处无开裂、脱落现象。

12.3.3　连接压型金属板、泛水板、包角板和屋脊盖板采用的自攻螺钉、铆钉、射钉的规格尺寸及间距、边距等应满足设计要求并符合国家现行标准的规定。

12.3.4　屋面及墙面压型金属板的长度方向连接采用搭接连接时，搭接端应设置在支承构件（如檩条、墙梁等）上，并应与支承构件有可靠连接。当采用螺钉或铆钉固定搭接时，搭接部位应设置防水密封胶带。压型金属板长度方向的搭接长度应满足设计要求，且当采用焊接搭接时，压型金属板搭接长度不宜小于50mm；当采用直接搭接时，压型金属板搭接长度不宜小于表12.3.4规定的数值。

表 12.3.4　压型金属板在支承构件上的搭接长度（mm）

项目	搭接长度	
屋面、墙面内层板	80	
屋面外层板	屋面坡度≤10%	250
	屋面坡度＞10%	200
墙面外层板	120	

12.3.5　组合楼板中压型钢板与支承结构的锚固支承长度应满足设计要求，且在钢梁上的支承长度不应小于50mm，在混凝土梁上的支承长度不应小于75mm，端部锚固件连接应可靠，设置位置应满足设计要求。

12.3.6　组合楼板中压型钢板侧向在钢梁上的搭接长度不应小于25mm，在设有预埋件的混凝土梁或砌体墙上的搭接长度不应小于50mm；压型钢板铺设末端距钢梁上翼缘或预埋件边不大于200mm时，可用收边板收头。

12.3.9　压型金属板安装应平整、顺直，板面不应有施工残留物和污物。檐口和墙面下端应呈直线，不应有未经处理的孔洞。

12.3.10　连接压型金属板、泛水板、包角板和屋脊盖板采用的自攻螺钉、铆钉、射钉等与被连接板应紧固密贴，外观排列整齐。

第四章　建筑装饰装修工程

第一节　建筑装饰装修隐蔽工程所涉及的规范要求

一、《建筑地面工程质量验收规范》GB 50209—2010 摘录：

3.0.9　建筑地面下的沟槽、暗管、保温、隔热、隔声等工程完工后，应经检验合格并做隐蔽记录，方可进行建筑地面工程的施工。

8.0.2　建筑地面工程子分部工程质量验收应检查下列文件和记录：

5　各构造层的隐蔽验收及其他有关验收文件。

二、《建筑装饰装修工程质量验收标准》GB 50210—2018 摘录：

3.3.12　隐蔽工程验收应有记录，记录应包含隐蔽部位照片。施工质量的检验批验收应有现场检查原始记录。

4.1.2　抹灰工程验收时应检查下列文件和记录：

3　隐蔽工程验收记录。

4.1.4　抹灰工程应对下列隐蔽工程项目进行验收：

1　抹灰总厚度大于或等于 35mm 时的加强措施；

2　不同材料基体交接处的加强措施。

4.2.3　一般抹灰工程应分层进行。当抹灰总厚度大于或等于 35mm 时，应采取加强措施。不同材料基体交接处表面的抹灰，应采取防止开裂的加强措施，当采用加强网时，加强网与各基体的搭接宽度不应小于 100mm。

检验方法：检查隐蔽工程验收记录和施工记录。

4.3.3　保温层薄抹灰及其加强处理应符合设计要求和国家现行标准的有关规定。

检验方法：检查隐蔽工程验收记录和施工记录。

4.4.3　装饰抹灰工程应分层进行。当抹灰总厚度大于或等于 35mm 时，应采取加强措施。不同材料基体交接处表面的抹灰，应采取防止开裂的加强措施，当采用加强网时，加强网与各基体的搭接宽度不应小于 100mm。

检验方法：检查隐蔽工程验收记录和施工记录。

5.1.2　外墙防水工程验收时应检查下列文件和记录：

5　隐蔽工程验收记录。

5.1.4　外墙防水工程应对下列隐蔽工程项目进行验收：

1　外墙不同结构材料交接处的增强处理措施的节点；

2　防水层在变形缝、门窗洞口、穿外墙管道、预埋件及收头等部位的节点；

3　防水层的搭接宽度及附加层。

5.2.2　砂浆防水层在变形缝、门窗洞口、穿外墙管道和预埋件等部位的做法应符合设计要求。

检验方法：观察；检查隐蔽工程验收记录。

5.3.2 涂膜防水层在变形缝、门窗洞口、穿外墙管道、预埋件等部位的做法应符合设计要求。

检验方法：观察；检查隐蔽工程验收记录。

5.4.2 透气膜防水层在变形缝、门窗洞口、穿外墙管道和预埋件等部位的做法应符合设计要求。

检验方法：观察；检查隐蔽工程验收记录。

6.1.2 门窗工程验收时应检查下列文件和记录：

4 隐蔽工程验收记录。

6.1.4 门窗工程应对下列隐蔽工程项目进行验收：

1 预埋件和锚固件；

2 隐蔽部位的防腐和填嵌处理；

3 高层金属窗防雷连接节点。

6.2.1 木门窗的品种、类型、规格、尺寸、开启方向、安装位置、连接方式及性能应符合设计要求及国家现行标准的有关规定。

检验方法：检查隐蔽工程验收记录。

6.2.4 木门窗框的安装应牢固。预埋木砖的防腐处理、木门窗框固定点的数量、位置和固定方法应符合设计要求。

检验方法：观察；手扳检查；检查隐蔽工程验收记录和施工记录。

6.2.10 木门窗与墙体间的缝隙应填嵌饱满。严寒和寒冷地区外门窗（或门窗框）与砌体间的空隙应填充保温材料。

检验方法：轻敲门窗框检查；检查隐蔽工程验收记录和施工记录。

6.3.1 金属门窗的品种、类型、规格、尺寸、性能、开启方向、安装位置、连接方式及门窗的型材壁厚应符合设计要求及国家现行标准的有关规定。金属门窗的防雷、防腐处理及填嵌、密封处理应符合设计要求。

检验方法：观察；尺量检查；检查产品合格证书、性能检验报告、进场验收记录和复验报告；检查隐蔽工程验收记录。

6.3.2 金属门窗框和附框的安装应牢固。预埋件及锚固件的数量、位置、埋设方式、与框的连接方式应符合设计要求。

检验方法：手扳检查；检查隐蔽工程验收记录。

6.3.7 金属门窗框与墙体之间的缝隙应填嵌饱满，并应采用密封胶密封。密封胶表面应光滑、顺直、无裂纹。

检验方法：观察；轻敲门窗框检查；检查隐蔽工程验收记录。

6.4.1 塑料门窗的品种、类型、规格、尺寸、性能、开启方向、安装位置、连接方式和填嵌密封处理应符合设计要求及国家现行标准的有关规定，内衬增强型钢的壁厚及设置应符合现行国家标准《建筑用塑料门》GB/T 28886—2023 和《建筑用塑料窗》GB/T 28887—2012 的规定。

检验方法：观察；尺量检查；检查产品合格证书、性能检验报告、进场验收记录和复验报告；检查隐蔽工程验收记录。

6.4.2　塑料门窗框、附框和扇的安装应牢固。固定片或膨胀螺栓的数量与位置应正确，连接方式应符合设计要求。固定点应距窗角、中横框、中竖框 150～200mm，固定点间距不应大于 600mm。

检验方法：观察；手扳检查；尺量检查；检查隐蔽工程验收记录。

6.4.4　窗框与洞口之间的伸缩缝内应采用聚氨酯发泡胶填充，发泡胶填充应均匀、密实。发泡胶成型后不宜切割。表面应采用密封胶密封。密封胶应黏结牢固，表面应光滑、顺直、无裂纹。

检验方法：观察；检查隐蔽工程验收记录。

6.4.5　滑撑铰链的安装应牢固，紧固螺钉应使用不锈钢材质。螺钉与框扇连接处应进行防水密封处理。

检验方法：观察；手扳检查；检查隐蔽工程验收记录。

6.5.2　特种门的品种、类型、规格、尺寸、开启方向、安装位置和防腐处理应符合设计要求及国家现行标准的有关规定。

检验方法：观察；尺量检查；检查进场验收记录和隐蔽工程验收记录。

6.5.4　特种门的安装应牢固。预埋件及锚固件的数量、位置、埋设方式、与框的连接方式应符合设计要求。

检验方法：观察；手扳检查；检查隐蔽工程验收记录。

7.1.2　吊顶工程验收时应检查下列文件和记录：

3　隐蔽工程验收记录。

7.1.4　吊顶工程应对下列隐蔽工程项目进行验收：

1　吊顶内管道、设备的安装及水管试压、风管严密性检验；

2　木龙骨防火、防腐处理；

3　埋件；

4　吊杆安装；

5　龙骨安装；

6　填充材料的设置；

7　反支撑及钢结构转换层。

7.2.3　整体面层吊顶工程的吊杆、龙骨和面板的安装应牢固。

检验方法：观察；手扳检查；检查隐蔽工程验收记录和施工记录。

7.2.4　吊杆和龙骨的材质、规格、安装间距及连接方式应符合设计要求。金属吊杆和龙骨应经过表面防腐处理；木龙骨应进行防腐、防火处理。

检验方法：观察；尺量检查；检查产品合格证书、性能检验报告、进场验收记录和隐蔽工程验收记录。

7.2.8　金属龙骨的接缝应均匀一致，角缝应吻合，表面应平整，应无翘曲和锤印。木质龙骨应顺直，应无劈裂和变形。

检验方法：检查隐蔽工程验收记录和施工记录。

7.2.9　吊顶内填充吸声材料的品种和铺设厚度应符合设计要求，并应有防散落措施。

检验方法：检查隐蔽工程验收记录和施工记录。

7.3.4 吊杆和龙骨的材质、规格、安装间距及连接方式应符合设计要求。金属吊杆和龙骨应进行表面防腐处理；木龙骨应进行防腐、防火处理。

检验方法：观察；尺量检查；检查产品合格证书、性能检验报告、进场验收记录和隐蔽工程验收记录。

7.3.5 板块面层吊顶工程的吊杆和龙骨安装应牢固。

检验方法：手扳检查；检查隐蔽工程验收记录和施工记录。

7.3.9 吊顶内填充吸声材料的品种和铺设厚度应符合设计要求，并应有防散落措施。

检验方法：检查隐蔽工程验收记录和施工记录。

7.4.3 吊杆和龙骨的材质、规格、安装间距及连接方式应符合设计要求。金属吊杆和龙骨应进行表面防腐处理；木龙骨应进行防腐、防火处理。

检验方法：观察；尺量检查；检查产品合格证书、性能检验报告、进场验收记录和隐蔽工程验收记录。

7.4.4 格栅吊顶工程的吊杆、龙骨和格栅的安装应牢固。

检验方法：观察；手扳检查；检查隐蔽工程验收记录和施工记录。

7.4.8 吊顶内填充吸声材料的品种和铺设厚度应符合设计要求，并应有防散落措施。

检验方法：观察；检查隐蔽工程验收记录和施工记录。

8.1.2 轻质隔墙工程验收时应检查下列文件和记录：

3 隐蔽工程验收记录。

8.1.4 轻质隔墙工程应对下列隐蔽工程项目进行验收：

1 骨架隔墙中设备管线的安装及水管试压；

2 木龙骨防火和防腐处理；

3 预埋件或拉结筋；

4 龙骨安装；

5 填充材料的设置。

8.2.2 安装隔墙板材所需预埋件、连接件的位置、数量及连接方法应符合设计要求。

检验方法：观察；尺量检查；检查隐蔽工程验收记录。

8.3.2 骨架隔墙地梁所用材料、尺寸及位置等应符合设计要求。骨架隔墙的沿地、沿顶及边框龙骨应与基体结构连接牢固。

检验方法：手扳检查；尺量检查；检查隐蔽工程验收记录。

8.3.3 骨架隔墙中龙骨间距和构造连接方法应符合设计要求。骨架内设备管线的安装、门窗洞口等部位加强龙骨的安装应牢固、位置正确。填充材料的品种、厚度及设置应符合设计要求。

检验方法：检查隐蔽工程验收记录。

8.3.4 木龙骨及木墙面板的防火和防腐处理应符合设计要求。

检验方法：检查隐蔽工程验收记录。

8.3.9　骨架隔墙内的填充材料应干燥，填充应密实、均匀、无下坠。

检验方法：轻敲检查；检查隐蔽工程验收记录。

8.5.6　玻璃砖隔墙砌筑中埋设的拉结筋应与基体结构连接牢固，数量、位置应正确。

检验方法：手扳检查；尺量检查；检查隐蔽工程验收记录。

9.1.2　饰面板工程验收时应检查下列文件和记录：

5　隐蔽工程验收记录。

9.1.4　饰面板工程应对下列隐蔽工程项目进行验收：

1　预埋件（或后置埋件）；

2　龙骨安装；

3　连接节点；

4　防水、保温、防火节点；

5　外墙金属板防雷连接节点。

9.2.3　石板安装工程的预埋件（或后置埋件）、连接件的材质、数量、规格、位置、连接方法和防腐处理应符合设计要求。后置埋件的现场拉拔力应符合设计要求。石板安装应牢固。

检验方法：手扳检查；检查进场验收记录、现场拉拔检验报告、隐蔽工程验收记录和施工记录。

9.3.3　陶瓷板安装工程的预埋件（或后置埋件）、连接件的材质、数量、规格、位置、连接方法和防腐处理应符合设计要求。后置埋件的现场拉拔力应符合设计要求。陶瓷板安装应牢固。

检验方法：手扳检查；检查进场验收记录、现场拉拔检验报告、隐蔽工程验收记录和施工记录。

9.4.2　木板安装工程的龙骨、连接件的材质、数量、规格、位置、连接方法和防腐处理应符合设计要求。木板安装应牢固。

检验方法：手扳检查；检查进场验收记录、隐蔽工程验收记录和施工记录。

9.5.2　金属板安装工程的龙骨、连接件的材质、数量、规格、位置、连接方法和防腐处理应符合设计要求。金属板安装应牢固。

检验方法：手扳检查；检查进场验收记录、隐蔽工程验收记录和施工记录。

9.5.3　外墙金属板的防雷装置应与主体结构防雷装置可靠接通。

检验方法：检查隐蔽工程验收记录。

9.6.2　塑料板安装工程的龙骨、连接件的材质、数量、规格、位置、连接方法和防腐处理应符合设计要求。塑料板安装应牢固。

检验方法：手扳检查；检查进场验收记录、隐蔽工程验收记录和施工记录。

10.1.2　饰面砖工程验收时应检查下列文件和记录：

4　隐蔽工程验收记录。

10.1.4　饰面砖工程应对下列隐蔽工程项目进行验收：

1　基层和基体；

2　防水层。

10.2.2 内墙饰面砖粘贴工程的找平、防水、粘结和填缝材料及施工方法应符合设计要求及国家现行标准的有关规定。

检验方法：检查产品合格证书、复验报告和隐蔽工程验收记录。

10.3.2 外墙饰面砖粘贴工程的找平、防水、粘结、填缝材料及施工方法应符合设计要求和现行行业标准《外墙饰面砖工程施工及验收规程》JGJ 126—2000 的规定。

检验方法：检查产品合格证书、复验报告和隐蔽工程验收记录。

11.1.2 幕墙工程验收时应检查下列文件和记录：

9 隐蔽工程验收记录。

11.1.4 幕墙工程应对下列隐蔽工程项目进行验收：

1 预埋件或后置埋件、锚栓及连接件；

2 构件的连接节点；

3 幕墙四周、幕墙内表面与主体结构之间的封堵；

4 伸缩缝、沉降缝、防震缝及墙面转角节点；

5 隐框玻璃板块的固定；

6 幕墙防雷连接节点；

7 幕墙防火、隔烟节点；

8 单元式幕墙的封口节点。

11.2.2 玻璃幕墙工程一般项目应包括下列项目：

6 玻璃幕墙隐蔽节点的遮封。

13.1.2 裱糊与软包工程验收时应检查下列资料：

5 隐蔽工程验收记录。

13.1.4 裱糊工程应对基层封闭底漆、腻子、封闭底胶及软包内衬材料进行隐蔽工程验收。

13.2.2 裱糊工程基层处理质量应符合高级抹灰的要求。

检验方法：检查隐蔽工程验收记录和施工记录。

14.1.2 细部工程验收时应检查下列文件和记录：

3 隐蔽工程验收记录。

14.1.4 细部工程应对下列部位进行隐蔽工程验收：

1 预埋件（或后置埋件）；

2 护栏与预埋件的连接节点。

14.2.2 橱柜安装预埋件或后置埋件的数量、规格、位置应符合设计要求。

检验方法：检查隐蔽工程验收记录和施工记录。

14.5.3 护栏和扶手安装预埋件的数量、规格、位置以及护栏与预埋件的连接节点应符合设计要求。

检验方法：检查隐蔽工程验收记录和施工记录。

第二节 建筑地面隐蔽项目汇总及填写范例

一、建筑地面隐蔽项目汇总表（表 4.2.1-1）。

表 4.2.1-1 建筑地面隐蔽项目汇总

序号	隐蔽项目	隐蔽内容	对应范例表格
1	基土	1. 基土材料； 2. Ⅰ类建筑基土的氡浓度； 3. 基土压实系数； 4. 基土表面。	表 4.2.2-1
2	灰土垫层	1. 灰土体积比； 2. 石灰颗粒粒径； 3. 灰土垫层铺设； 4. 灰土垫层夯实； 5. 灰土垫层表面。	表 4.2.2-2
3	砂垫层和砂石垫层	1. 砂和砂石材料； 2. 砂垫层和砂石垫层的干密度（或贯入度）； 3. 砂垫层和砂石垫层表面； 4. 砂垫层和砂石垫层表面。	表 4.2.2-3
4	碎石垫层和碎砖垫层	1. 碎石或碎砖材料； 2. 垫层压（夯）实； 3. 碎石、碎砖垫层的密实度； 4. 碎石、碎砖垫层的表面。	表 4.2.2-4
5	水泥混凝土垫层和陶粒混凝土垫层	1. 水泥混凝土垫层和陶粒混凝土垫层采用的粗骨料； 2. 水泥混凝土和陶粒混凝土的强度等级； 3. 水泥混凝土垫层和陶粒混凝土垫层表面； 4. 水泥混凝土垫层和陶粒混凝土垫层伸缩缝。	表 4.2.2-5
6	找平层	1. 找平层材料； 2. 水泥砂浆体积比、水泥混凝土强度等级； 3. 有防水要求的建筑地面工程的立管、套管、地漏处； 4. 在有防静电要求的整体面层； 5. 找平层与其下一层结合； 6. 找平层表面质量； 7. 找平层的表面允许偏差。	表 4.2.2-6 表 4.2.2-7 表 4.2.2-8
7	隔离层	1. 隔离层材料； 2. 卷材类、涂料类隔离层材料复验； 3. 厕浴间和有防水要求的建筑地面； 4. 水泥类防水隔离层的防水等级和强度等级； 5. 防水隔离层渗漏及排水情况； 6. 隔离层厚度； 7. 隔离层与其下一层黏结； 8. 隔离层表面的允许偏差。	表 4.2.2-9
8	填充层	1. 填充层材料； 2. 填充层的厚度、配合比； 3. 填充材料接缝； 4. 松散材料填充层铺设； 5. 填充层的坡度； 6. 填充层表面的允许偏差； 7. 用作隔声的填充层，其表面允许偏差。	表 4.2.2-10

续表

序号	隐蔽项目	隐蔽内容	对应范例表格
9	绝热层	1. 绝热层进场验收； 2. 绝热层材料复验； 3. 绝热层的板块材料的铺设； 4. 绝热层的厚度； 5. 绝热层表面。	表 4.2.2-11
10	活动地板面层支架	1. 支架与基层的连接； 2. 支架高度； 3. 金属支架支撑面。	表 4.2.2-12
11	木、竹面层龙骨	1. 木搁栅材料； 2. 木搁栅的截面尺寸、间距和稳固方法； 3. 木搁栅的固定； 4. 木搁栅、垫木和垫层地板等防腐、防蛀处理； 5. 木搁栅安装。	表 4.2.2-13

二、填写范例

1. 隐蔽工程验收记录（基土）。

1) 隐蔽工程验收记录（基土）表填写范例（表 4.2.2-1）。

表 4.2.2-1 隐蔽工程验收记录（基土）

工程名称	筑业科技产业园综合楼	编号	××
隐检项目	基土	隐检日期	××××年×月×日
隐检部位	首层地面 ①～⑩/　～　轴　　－0.300m 标高		

隐检依据：施工图号___建施 03、04___，设计变更/洽商/技术核定单（编号_____/_____）及有关国家现行标准等。

主要材料名称及规格/型号：_____/_____

隐检内容：

1. 基土土质符合要求，见土质记录××；

2. 建筑基土的氡浓度符合设计和规范要求，见试验报告编号××；

3. 基土均匀密实，压实系数符合设计要求，见试验报告编号××；

4. 经量测，基土表面平整度在 10mm 范围内，标高偏差在－50～0mm 范围内，厚度偏差不大于 20mm，符合规范要求。

检查结论：

经检查，符合设计及规范要求，同意进行下道工序。

☑同意隐蔽　　　　　□不同意，修改后进行复查

复查结论：

复查人：　　　　　　　　　　　　　　　　　　　　复查日期：　　年　月　日

签字栏	施工单位	××建设集团有限公司	专业技术负责人	专业质量员	专业工长
			×××	×××	×××
	监理或建设单位	××建设监理有限公司	专业监理工程师	×××	

2）隐蔽工程验收记录（基土）标准要求。

（1）隐检依据来源。

《建筑地面工程质量验收规范》GB 50209—2010 摘录：

3.0.9 建筑地面下的沟槽、暗管、保温、隔热、隔声等工程完工后，应经检验合格并做隐蔽记录，方可进行建筑地面工程的施工。

8.0.2 建筑地面工程子分部工程质量验收应检查下列文件和记录：

5 各构造层的隐蔽验收及其他有关验收文件。

（2）隐检内容相关要求。

《建筑地面工程质量验收规范》GB 50209—2010 摘录：

4.2.5 基土不应用淤泥、腐殖土、冻土、耕植土、膨胀土和建筑杂物作为填土，填土土块的粒径不应大于50mm。

4.2.6 Ⅰ类建筑基土的氡浓度应符合现行国家标准《民用建筑工程室内环境污染控制规范》GB 50325—2020 的规定。

4.2.7 基土应均匀密实，压实系数应符合设计要求，设计无要求时，不应小于0.9。

4.2.8 基土表面的允许偏差应符合本规范表 4.1.7 的规定。

表 4.1.7 基层表面的允许偏差和检验方法

项次	项目	允许偏差（mm）														检验方法
		基土	垫层					找平层				填充层		隔离层	绝热层	
					垫层地板			用胶粘剂做结合层铺设拼花木板、浸渍纸层压木质地板、实木复合地板、竹地板、软木地板面层								
		土	砂、砂石、碎石、碎砖	灰土、三合土、四合土、炉渣、水泥混凝土、陶粒混凝土	木搁栅	拼花实木地板、拼花实木复合地板、软木类地板面层	其他种类面层	用胶结料结合层铺设板块面层	用水泥砂浆做结合层铺设板块面层	（见上）	金属板面层	松散材料	板、块材料	防水、防潮、防油渗	板块材料、浇筑材料、喷涂材料	
1	表面平整度	15	15	10	3	3	5	3	5	2	3	7	5	3	4	用2m靠尺和楔形塞尺检查
2	标高	0 −50	±20	±10	±5	±5	±8	±5	±8	±4	±4	±4	±4	±4	±4	用水准仪检查
3	坡度	不大于房间相应尺寸的2/1000，且不大于30														用坡度尺检查
4	厚度	在个别地方不大于设计厚度的1/10，且不大于20														用钢尺检查

2. 隐蔽工程验收记录（灰土垫层）。

1）隐蔽工程验收记录（灰土垫层）表填写范例（表 4.2.2-2）。

表 4.2.2-2　隐蔽工程验收记录（灰土垫层）

工程名称	筑业科技产业园综合楼	编号	××
隐检项目	灰土垫层	隐检日期	××××年×月×日
隐检部位	首层楼面①～⑩/ ～ 轴　－0.300m 标高		

隐检依据：施工图号＿＿建施 03、04＿＿＿＿＿，设计变更/洽商/技术核定单（编号＿＿＿/＿＿＿）及有关国家现行标准等。

主要材料名称及规格/型号：＿＿2：8 灰土＿＿＿＿＿

隐检内容：

1. 垫层采用 2：8 灰土回填，其质量合格证明文件齐全、配合比符合要求，进场验收合格；
2. 垫层分层夯实，均匀密实，压实系数符合设计要求，见试验报告编号××；
3. 垫层表面平整度均在允许偏差 15mm 以内，符合规范要求；
4. 垫层标高均在允许偏差 0，50mm 以内，符合规范要求。

检查结论：

　　经检查，符合设计及规范要求，同意进行下道工序。

☑同意隐蔽　　　　□不同意，修改后进行复查

复查结论：

复查人：　　　　　　　　　　　　　　　　　　复查日期：　　年　月　日

签字栏	施工单位	××建设集团有限公司	专业技术负责人	专业质量员	专业工长
			×××	×××	×××
	监理或建设单位	××建设监理有限公司	专业监理工程师	×××	

2）隐蔽工程验收记录（灰土垫层）标准要求。

（1）隐检依据来源。

《建筑地面工程质量验收规范》GB 50209—2010 摘录：

3.0.9　建筑地面下的沟槽、暗管、保温、隔热、隔声等工程完工后，应经检验合格并做隐蔽记录，方可进行建筑地面工程的施工。

8.0.2　建筑地面工程子分部工程质量验收应检查下列文件和记录：

5　各构造层的隐蔽验收及其他有关验收文件。

（2）隐检内容相关要求。

《建筑地面工程质量验收规范》GB 50209—2010 摘录：

4.1.4　垫层分段施工时，接槎处应做成阶梯形，每层接槎处的水平距离应错开0.5～1.0m。接槎处不应设在地面荷载较大的部位。

4.3.6　灰土体积比应符合设计要求。

4.3.7　熟化石灰颗粒粒径不应大于5mm；黏土（或粉质黏土、粉土）内不得含有有机物质，颗粒粒径不应大于16mm。

4.3.8　灰土垫层表面的允许偏差应符合本规范表4.1.7的规定。

3. 隐蔽工程验收记录（砂石垫层）。

1）隐蔽工程验收记录（砂石垫层）表填写范例（表 4.2.2-3）。

表 4.2.2-3　隐蔽工程验收记录（砂石垫层）

工程名称	筑业科技产业园综合楼	编号	××
隐检项目	碎石垫层	隐检日期	××××年×月×日
隐检部位	一层地面 ①～⑩/ ～ 轴 －0.450m 标高		

隐检依据：施工图号___建施 04___，设计变更/洽商/技术核定单（编号___/___）及有关国家现行标准等。
主要材料名称及规格/型号：___20mm 级配砂石___

隐检内容：

1. 砂石质量合格证明文件齐全，材料进场验收合格；
2. 垫层的干密度（或贯入度）符合设计要求，见试验报告编号××；
3. 砂石垫层厚度为 100mm；
4. 垫层表面无砂窝、石堆等现象；
5. 经量测，砂石表面平整度在 10mm 范围内，标高偏差在±20mm 范围内，厚度偏差不大于 20mm，符合规范要求。

检查结论：

经检查，符合设计及规范要求，同意进行下道工序。

☑同意隐蔽　　　　　□不同意，修改后进行复查

复查结论：

复查人：　　　　　　　　　　　　　　　　复查日期：　　年　月　日

签字栏	施工单位	××建设集团有限公司	专业技术负责人	专业质量员	专业工长
			×××	×××	×××
	监理或建设单位	××建设监理有限公司	专业监理工程师	×××	

2）隐蔽工程验收记录（砂石垫层）标准要求。

（1）隐检依据来源。

《建筑地面工程质量验收规范》GB 50209—2010摘录：

3.0.9　建筑地面下的沟槽、暗管、保温、隔热、隔声等工程完工后，应经检验合格并做隐蔽记录，方可进行建筑地面工程的施工。

8.0.2　建筑地面工程子分部工程质量验收应检查下列文件和记录：

5　各构造层的隐蔽验收及其他有关验收文件。

（2）隐检内容相关要求。

《建筑地面工程质量验收规范》GB 50209—2010摘录：

4.1.4　垫层分段施工时，接槎处应做成阶梯形，每层接槎处的水平距离应错开0.5～1.0m。接槎处不应设在地面荷载较大的部位。

4.4.3　砂和砂石不应含有草根等有机杂质；砂应采用中砂；石子最大粒径不应大于垫层厚度的2/3。

4.4.4　砂垫层和砂石垫层的干密度（或贯入度）应符合设计要求。

4.4.5　表面不应有砂窝、石堆等现象。

4.4.6　砂垫层和砂石垫层表面的允许偏差应符合本规范表4.1.7的规定。

4. 隐蔽工程验收记录（碎石垫层）。

1）隐蔽工程验收记录（碎石垫层）表填写范例（表 4.2.2-4）。

表 4.2.2-4　隐蔽工程验收记录（碎石垫层）

工程名称	筑业科技产业园综合楼	编号	××
隐检项目	碎石垫层	隐检日期	××××年×月×日
隐检部位	一层地面①～⑩/　～　轴　－0.450m　标高		

隐检依据：施工图号　<u>建施04</u>　，设计变更/洽商/技术核定单（编号<u>　　/　　</u>）及有关国家现行标准等。
主要材料名称及规格/型号：　<u>20mm 级配碎石</u>

隐检内容：
1. 碎石质量合格证明文件齐全，材料进场验收合格；
2. 垫层的密实度符合设计要求，见试验报告编号××；
3. 碎石垫层厚度为100mm；
4. 垫层分层压（夯）实，达到表面坚实、平整；
5. 经量测，基土表面平整度在10mm范围内，标高偏差在±20mm范围内，厚度偏差不大于20mm，符合规范要求。

检查结论：

经检查，符合设计及规范要求，同意进行下道工序。

☑同意隐蔽　　　　　□不同意，修改后进行复查

复查结论：

复查人：　　　　　　　　　　　　　　　　复查日期：　　年　月　日

签字栏	施工单位	××建设集团有限公司	专业技术负责人	专业质量员	专业工长
			×××	×××	×××
	监理或建设单位	××建设监理有限公司	专业监理工程师	×××	

2）隐蔽工程验收记录（碎石垫层）标准要求。

（1）隐检依据来源。

《建筑地面工程质量验收规范》GB 50209—2010 摘录：

3.0.9　建筑地面下的沟槽、暗管、保温、隔热、隔声等工程完工后，应经检验合格并做隐蔽记录，方可进行建筑地面工程的施工。

8.0.2　建筑地面工程子分部工程质量验收应检查下列文件和记录：

5　各构造层的隐蔽验收及其他有关验收文件。

（2）隐检内容相关要求。

《建筑地面工程质量验收规范》GB 50209—2010 摘录：

4.1.4　垫层分段施工时，接槎处应做成阶梯形，每层接槎处的水平距离应错开 0.5～1.0m。接槎处不应设在地面荷载较大的部位。

4.5.3　碎石的强度应均匀，最大粒径不应大于垫层厚度的 2/3；碎砖不应采用风化、酥松、夹有有机杂质的砖料，颗粒粒径不应大于 60mm。

4.5.4　碎石、碎砖垫层的密实度应符合设计要求。

4.5.5　碎石、碎砖垫层的表面允许偏差应符合本规范表 4.1.7 的规定。

5. 隐蔽工程验收记录（水泥混凝土垫层）。

1）隐蔽工程验收记录（水泥混凝土垫层）表填写范例（表 4.2.2-5）。

表 4.2.2-5　隐蔽工程验收记录（水泥混凝土垫层）

工程名称	筑业科技产业园综合楼	编号	××
隐检项目	水泥混凝土垫层	隐检日期	××××年×月×日
隐检部位	一层地面①～⑩/　～　轴　　－0.100m　标高		

隐检依据：施工图号___建施 04_____，设计变更/洽商/技术核定单（编号_____/_____）及有关国家现行标准等。
主要材料名称及规格/型号：___C20 混凝土_____

隐检内容：
1. 水泥混凝土垫层质量合格证明文件齐全，进场验收合格；
2. 水泥混凝土垫层厚度为 100mm，并按要求留置混凝土试块；
3. 水泥混凝土垫层按要求留置分格缝，纵横间距均为 6m；
4. 混凝土垫层的平整度、标高和坡度等表面允许偏差在规范允许范围内；
5. 水泥混凝土垫层按要求进行养护 7d，其强度已达到作业要求。

检查结论：

　　经检查，符合设计及规范要求，同意进行下道工序。

☑同意隐蔽　　　　　　　□不同意，修改后进行复查

复查结论：

复查人：　　　　　　　　　　　　　　　　　　　　复查日期：　　年　月　日

签字栏	施工单位	××建设集团有限公司	专业技术负责人	专业质量员	专业工长
			×××	×××	×××
	监理或建设单位	××建设监理有限公司	专业监理工程师	×××	

2）隐蔽工程验收记录（水泥混凝土垫层）标准要求。

（1）隐检依据来源

《建筑地面工程质量验收规范》GB 50209—2010 摘录：

3.0.9　建筑地面下的沟槽、暗管、保温、隔热、隔声等工程完工后，应经检验合格并做隐蔽记录，方可进行建筑地面工程的施工。

8.0.2　建筑地面工程子分部工程质量验收应检查下列文件和记录：

5　各构造层的隐蔽验收及其他有关验收文件。

（2）隐检内容相关要求

《建筑地面工程质量验收规范》GB 50209—2010 摘录：

4.1.4　垫层分段施工时，接槎处应做成阶梯形，每层接槎处的水平距离应错开 0.5～1.0m。接槎处不应设在地面荷载较大的部位。

4.8.1　水泥混凝土垫层和陶粒混凝土垫层应铺设在基土上。当气温长期处于 0℃以下，设计无要求时，垫层应设置缩缝，缝的位置、嵌缝做法等应与面层伸、缩缝相一致，并应符合本规范第 3.0.16 条的规定。

4.8.2　水泥混凝土垫层的厚度不应小于 60mm；陶粒混凝土垫层的厚度不应小于 80mm。

4.8.3　垫层铺设前，当为水泥类基层时，其下一层表面应湿润。

4.8.4　室内地面的水泥混凝土垫层和陶粒混凝土垫层，应设置纵向缩缝和横向缩缝；纵向缩缝、横向缩缝的间距均不得大于 6m。

4.8.5　垫层的纵向缩缝应做平头缝或加肋板平头缝。当垫层厚度大于 150mm 时，可做企口缝。横向缩缝应做假缝。平头缝和企口缝的缝间不得放置隔离材料，浇筑时应互相紧贴。企口缝尺寸应符合设计要求，假缝宽度宜为 5～20mm，深度宜为垫层厚度的 1/3，填缝材料应与地面变形缝的填缝材料相一致。

4.8.6　工业厂房、礼堂、门厅等大面积水泥混凝土、陶粒混凝土垫层应分区段浇筑。分区段应结合变形缝位置、不同类型的建筑地面连接处和设备基础的位置进行划分，并应与设置的纵向、横向缩缝的间距相一致。

4.8.7　水泥混凝土、陶粒混凝土施工质量检验尚应符合国家现行标准《混凝土结构工程施工质量验收规范》GB 50204—2015 和《轻骨料混凝土技术规程》JGJ 51—1990 的有关规定。

4.8.8　水泥混凝土垫层和陶粒混凝土垫层采用的粗骨料，其最大粒径不应大于垫层厚度的 2/3，含泥量不应大于 3‰；砂为中粗砂，其含泥量不应大于 3‰。陶粒中粒径小于 5mm 的颗粒含量应小于 10‰；粉煤灰陶粒中大于 15mm 的颗粒含量不应大于 5‰；陶粒中不得混夹杂物或黏土块。陶粒宜选用粉煤灰陶粒、页岩陶粒等。

4.8.9　水泥混凝土和陶粒混凝土的强度等级应符合设计要求。陶粒混凝土的密度应在 800～1400kg/m³ 之间。

4.8.10　水泥混凝土垫层和陶粒混凝土垫层表面的允许偏差应符合本规范表 4.1.7 的规定。

6. 隐蔽工程验收记录（水泥混凝土找平层）、隐蔽工程验收记录（穿墙、板套管、管道找平层）、隐蔽工程验收记录（找平层）。

1）隐蔽工程验收记录（水泥混凝土找平层）表填写范例（表 4.2.2-6）。

表 4.2.2-6 隐蔽工程验收记录（水泥混凝土找平层）

工程名称	筑业科技产业园综合楼	编号	××
隐检项目	水泥混凝土找平层	隐检日期	××××年×月×日
隐检部位	一层地面 ①～⑩/ ～ 轴 －0.050m 标高		

隐检依据：施工图号___建施04___，设计变更/洽商/技术核定单（编号___/___）及有关国家现行标准等。
主要材料名称及规格/型号：___C20 细石混凝土___

隐检内容：
1. 采用 40mm 厚 C20 细石混凝土，其质量合格证明文件齐全，进场验收合格；
2. 找平层黏结牢固，无空鼓现象；
3. 找平层表面密实，无起砂、蜂窝和裂缝等缺陷；
4. 找平层已按要求留置分隔缝；
5. 找平层平整度、标高、坡度等表面偏差均在允许范围内。

检查结论：

经检查，符合设计及规范要求，同意进行下道工序。

☑同意隐蔽　　　　□不同意，修改后进行复查

复查结论：

复查人：　　　　　　　　　　　　　　复查日期：　　年　月　日

签字栏	施工单位	××建设集团有限公司	专业技术负责人	专业质量员	专业工长
			×××	×××	×××
	监理或建设单位	××建设监理有限公司	专业监理工程师	×××	

2) 隐蔽工程验收记录（穿墙、板套管、管道找平层）表填写范例（表 4.2.2-7）。

表 4.2.2-7 隐蔽工程验收记录（穿墙、板套管、管道找平层）

工程名称	筑业科技产业园综合楼	编号	××
隐检项目	穿墙、板套管、管道	隐检日期	××××年×月×日
隐检部位	一层卫生间地面①～⑩/ ～ 轴 −0.300m 标高		

隐检依据：施工图号___建施 04_____，设计变更/洽商/技术核定单（编号_____/_____）及有关国家现行标准等。

主要材料名称及规格/型号：___防火岩棉、防火泥、Φ100 不锈钢防水套管_____

隐检内容：

1. 阻火圈质量合格证明文件齐全，进场验收合格；
2. 套管位置准确，固定牢靠；
3. 套管与楼板之间的缝隙采用防火岩棉封堵，套管与立管之间的缝隙先用防火岩棉封堵，再在岩棉上铺设防火泥。

检查结论：

经检查，符合设计及规范要求，同意进行下道工序。

☑同意隐蔽　　　　　□不同意，修改后进行复查

复查结论：

复查人：　　　　　　　　　　　　　　　　　　复查日期：　　年　月　日

签字栏	施工单位	××建设集团有限公司	专业技术负责人	专业质量员	专业工长
			×××	×××	×××
	监理或建设单位	××建设监理有限公司	专业监理工程师	×××	

3）隐蔽工程验收记录（找平层）表填写范例（表4.2.2-8）。

表4.2.2-8 隐蔽工程验收记录（找平层）

工程名称	筑业科技产业园综合楼	编号	××
隐检项目	找平层	隐检日期	××××年×月×日
隐检部位	一层卫生间地面①～⑩/ ～ 轴 −0.300m 标高		

隐检依据：施工图号___建施04___，设计变更/洽商/技术核定单（编号___/___）及有关国家现行标准等。

主要材料名称及规格/型号：___C20___

隐检内容：
1. 采用100mm厚C20细石混凝土，其质量合格证明文件齐全，进场验收合格；
2. 找平层黏结牢固，无空鼓现象；
3. 建筑地面工程的立管、套管、地漏处不渗漏，坡向正确、无积水，见试验记录编号××；
4. 找平层表面密实，无起砂、蜂窝和裂缝等缺陷；
5. 找平层已按要求留置分隔缝；
6. 找平层平整度、标高、坡度等表面偏差均在允许范围内。

检查结论：

经检查，符合设计及规范要求，同意进行下道工序。

☑同意隐蔽　　　　　　　□不同意，修改后进行复查

复查结论：

复查人：　　　　　　　　　　　　　　　　复查日期：　　年　月　日

签字栏	施工单位	××建设集团有限公司	专业技术负责人	专业质量员	专业工长
			×××	×××	×××
	监理或建设单位	××建设监理有限公司	专业监理工程师		×××

4）隐蔽工程验收记录（水泥混凝土找平层）、隐蔽工程验收记录（穿墙、板套管、管道找平层）、隐蔽工程验收记录（找平层）标准要求。

（1）隐检依据来源。

《建筑地面工程质量验收规范》GB 50209—2010 摘录：

3.0.9　建筑地面下的沟槽、暗管、保温、隔热、隔声等工程完工后，应经检验合格并做隐蔽记录，方可进行建筑地面工程的施工。

8.0.2　建筑地面工程子分部工程质量验收应检查下列文件和记录：

5　各构造层的隐蔽验收及其他有关验收文件。

（2）隐检内容相关要求。

《建筑地面工程质量验收规范》GB 50209—2010 摘录：

4.9.1　找平层宜采用水泥砂浆或水泥混凝土铺设。当找平层厚度小于 30mm 时，宜用水泥砂浆做找平层；当找平层厚度不小于 30mm 时，宜用细石混凝土做找平层。

4.9.2　找平层铺设前，当其下一层有松散填充料时，应予铺平振实。

4.9.3　有防水要求的建筑地面工程，铺设前必须对立管、套管和地漏与楼板节点之间进行密封处理，并应进行隐蔽验收；排水坡度应符合设计要求。

4.9.4　在预制钢筋混凝土板上铺设找平层前，板缝填嵌的施工应符合下列要求：

1　预制钢筋混凝土板相邻缝底宽不应小于 20mm；

2　填嵌时，板缝内清理干净，保持湿润；

3　填缝应采用细石混凝土，其强度等级不应小于 C20。填缝高度应低于板面 10～20mm，且振捣密实；填缝后应养护。当填缝混凝土的强度等级达到 C15 后方可继续施工；

4　当板缝底宽大于 40mm 时，应按设计要求配置钢筋。

4.9.5　在预制钢筋混凝土板上铺设找平层时，其板端应按设计要求做防裂的构造措施。

4.9.6　找平层采用碎石或卵石的粒径不应大于其厚度的 2/3，含泥量不应大于 2％；砂为中粗砂，其含泥量不应大于 3％。

4.9.7　水泥砂浆体积比、水泥混凝土强度等级应符合设计要求，且水泥砂浆体积比不应小于 1∶3（或相应强度等级）；水泥混凝土强度等级不应小于 C15。

4.9.8　有防水要求的建筑地面工程的立管、套管、地漏处不应渗漏，坡向应正确、无积水。

4.9.9　在有防静电要求的整体面层的找平层施工前，其下敷设的导电地网系统应与接地引下线和地下接电体有可靠连接，经电性能检测且符合相关要求后进行隐蔽工程验收。

4.9.10　找平层与其下一层结合应牢固，不应有空鼓。

4.9.11　找平层表面应密实，不应有起砂、蜂窝和裂缝等缺陷。

4.9.12　找平层的表面允许偏差应符合本规范表 4.1.7 的规定。

7. 隐蔽工程验收记录（防水涂料隔离层）。

1）隐蔽工程验收记录（防水涂料隔离层）表填写范例（表 4.2.2-9）。

表 4.2.2-9　隐蔽工程验收记录（防水涂料隔离层）

工程名称	筑业科技产业园综合楼	编号	××
隐检项目	防水涂料隔离层	隐检日期	××××年×月×日
隐检部位	一层地面①～⑩/ 　～　 轴　　－0.300m　标高		

隐检依据：施工图号___建施 04___，设计变更/洽商/技术核定单（编号___/___）及有关国家现行标准等。

主要材料名称及规格/型号：___聚氨酯防水涂料___

隐检内容：

1. 隔离层材料使用 1.5mm 厚单组分聚氨酯防水涂料 I 型，其质量合格证明文件齐全、进场验收合格，复试合格，见报告编号××；

2. 基层坚硬、平整、干燥，无裂缝、起砂等缺陷；

3. 基层表面清理干净，墙根处、水管根部等均已找 5cm 圆弧处理；

4. 地漏、套管、卫生洁具根部、阴阳角均做附加层；

5. 防水涂料分 3 层涂刷，每层 0.5mm 左右，最终厚度达到 1.5mm，下一层均在上一层干燥后涂刷；

6. 防水涂料涂刷均匀，表面平整、无脱皮，起泡等现象；

7. 防水层从地面延伸至墙面，高出成活地面 0.3m；

8. 卫生间淋浴房防水涂料从地面延伸至墙面 2.0m；

9. 其他出水口部位，均已涂刷；

10. 有水房间出口处，涂料外延 200mm；

11. 已做 24h 蓄水试验，试验合格，无渗漏，试验记录编号××。

检查结论：

经检查，符合设计及规范要求，同意进行下道工序。

☑同意隐蔽　　　　　□不同意，修改后进行复查

复查结论：

复查人：　　　　　　　　　　　　　　　　　　复查日期：　　年　月　日

签字栏	施工单位	××建设集团有限公司	专业技术负责人	专业质量员	专业工长
			×××	×××	×××
	监理或建设单位	××建设监理有限公司	专业监理工程师	×××	

2）隐蔽工程验收记录（防水涂料隔离层）标准要求。

（1）隐检依据来源。

《建筑地面工程质量验收规范》GB 50209—2010 摘录：

3.0.9 建筑地面下的沟槽、暗管、保温、隔热、隔声等工程完工后，应经检验合格并做隐蔽记录，方可进行建筑地面工程的施工。

8.0.2 建筑地面工程子分部工程质量验收应检查下列文件和记录：

5 各构造层的隐蔽验收及其他有关验收文件。

（2）隐检内容相关要求。

《建筑地面工程质量验收规范》GB 50209—2010 摘录：

4.10.2 隔离层的铺设层数（或道数）、上翻高度应符合设计要求。有种植要求的地面隔离层的防根穿刺等应符合现行行业标准《种植屋面工程技术规程》JGJ 155 的有关规定。

4.10.3 在水泥类找平层上铺设卷材类、涂料类防水、防油渗隔离层时，其表面应坚固、洁净、干燥。铺设前，应涂刷基层处理剂。基层处理剂应采用与卷材性能相容的配套材料或采用与涂料性能相容的同类涂料的底子油。

4.10.4 当采用掺有防渗外加剂的水泥类隔离层时，其配合比、强度等级、外加剂的复合掺量等应符合设计要求。

4.10.5 铺设隔离层时，在管道穿过楼板面四周，防水、防油渗材料应向上铺涂，并超过套管的上口；在靠近柱、墙处，应高出面层200～300mm或按设计要求的高度铺涂。阴阳角和管道穿过楼板面的根部应增加铺涂附加防水、防油渗隔离层。

4.10.7 防水隔离层铺设后，应按本规范第3.0.24条的规定进行蓄水检验，并做记录。

4.10.9 隔离层材料应符合设计要求和国家现行有关标准的规定。

4.10.10 卷材类、涂料类隔离层材料进入施工现场，应对材料的主要物理性能指标进行复验。

4.10.11 厕浴间和有防水要求的建筑地面必须设置防水隔离层。楼层结构必须采用现浇混凝土或整块预制混凝土板，混凝土强度等级不应小于C20；房间的楼板四周除门洞外应做混凝土翻边，高度不应小于200mm，宽同墙厚，混凝土强度等级不应小于C20。施工时结构层标高和预留孔洞位置应准确，严禁乱凿洞。

4.10.12 水泥类防水隔离层的防水等级和强度等级应符合设计要求。

4.10.13 防水隔离层严禁渗漏，排水的坡向应正确、排水通畅。

4.10.14 隔离层厚度应符合设计要求。

4.10.15 隔离层与其下一层应黏结牢固，不应有空鼓；防水涂层应平整、均匀，无脱皮、起壳、裂缝、鼓泡等缺陷。

4.10.16 隔离层表面的允许偏差应符合本规范表4.1.7的规定。

8. 隐蔽工程验收记录（陶粒混凝土填充层）。

1) 隐蔽工程验收记录（陶粒混凝土填充层）表填写范例（表 4.2.2-10）。

表 4.2.2-10 隐蔽工程验收记录（陶粒混凝土填充层）

工程名称	筑业科技产业园综合楼	编号	××
隐检项目	陶粒混凝土填充层	隐检日期	××××年×月×日
隐检部位	一层地面①～⑩/ ～ 轴 －0.300m 标高		

隐检依据：施工图号___建施 04_____，设计变更/洽商/技术核定单（编号_____/_____）及有关国家现行标准等。
主要材料名称及规格/型号：___CL7.5 陶粒混凝土_____

隐检内容：

1. 采用陶粒填充层，其材料质量合格证明文件齐全，进场验收合格；
2. 填充层的厚度为300mm，符合设计要求；
3. 填充层铺设均匀、密实；
4. 填充层的坡度符合设计要求，无倒泛水和积水现象；
5. 填充层表面的允许偏差符合规范要求。

检查结论：

经检查，符合设计及规范要求，同意进行下道工序。

☑同意隐蔽　　　　　□不同意，修改后进行复查

复查结论：

复查人：　　　　　　　　　　　　　　　　　复查日期：　　年　月　日

签字栏	施工单位	××建设集团有限公司	专业技术负责人	专业质量员	专业工长
			×××	×××	×××
	监理或建设单位	××建设监理有限公司	专业监理工程师	×××	

2）隐蔽工程验收记录（陶粒混凝土填充层）标准要求。

（1）隐检依据来源。

《建筑地面工程质量验收规范》GB 50209—2010 摘录：

3.0.9　建筑地面下的沟槽、暗管、保温、隔热、隔声等工程完工后，应经检验合格并做隐蔽记录，方可进行建筑地面工程的施工。

8.0.2　建筑地面工程子分部工程质量验收应检查下列文件和记录：

5　各构造层的隐蔽验收及其他有关验收文件。

（2）隐检内容相关要求。

《建筑地面工程质量验收规范》GB 50209—2010 摘录：

4.11.2　填充层的下一层表面应平整。当为水泥类时，尚应洁净、干燥，并不得有空鼓、裂缝和起砂等缺陷。

4.11.3　采用松散材料铺设填充层时，应分层铺平拍实；采用板、块状材料铺设填充层时，应分层错缝铺贴。

4.11.4　有隔声要求的楼面，隔声垫在柱、墙面的上翻高度应超出楼面20mm，且应收口于踢脚线内。地面上有竖向管道时，隔声垫应包裹管道四周，高度同卷向柱、墙面的高度。隔声垫保护膜之间应错缝搭接，搭接长度应大于100mm，并用胶带等封闭。

4.11.5　隔声垫上部应设置保护层，其构造做法应符合设计要求。当设计无要求时，混凝土保护层厚度不应小于30mm，内配间距不大于200mm×200mm 的 Φ6mm 钢筋网片。

4.11.7　填充层材料应符合设计要求和国家现行有关标准的规定。

4.11.8　填充层的厚度、配合比应符合设计要求。

4.11.9　对填充材料接缝有密闭要求的应密封良好。

4.11.10　松散材料填充层铺设应密实；板块状材料填充层应压实、无翘曲。

4.11.11　填充层的坡度应符合设计要求，不应有倒泛水和积水现象。

4.11.12　填充层表面的允许偏差应符合本规范表 4.1.7 的规定。

4.11.13　用作隔声的填充层，其表面允许偏差应符合本规范表 4.1.7 中隔离层的规定。

9. 隐蔽工程验收记录（聚苯板绝热层）。

1）隐蔽工程验收记录（聚苯板绝热层）表填写范例（表 4.2.2-11）。

表 4.2.2-11　隐蔽工程验收记录（聚苯板绝热层）

工程名称	筑业科技产业园综合楼	编号	××
隐检项目	聚苯板绝热层	隐检日期	××××年×月×日
隐检部位	一层地面①～⑩/　～　轴　－0.100m　标高		

隐检依据：施工图号___建施 04___，设计变更/洽商/技术核定单（编号___/___）及有关国家现行标准等。
主要材料名称及规格/型号：___100mm 厚挤塑聚苯板___

隐检内容：

1. 采用 100mm 厚聚苯板，其材料质量合格证明文件齐全，进场验收合格，复试合格，见报告编号××；
2. 绝热层的板块材料采用无缝铺贴法铺设，表面平整；
3. 绝热层的厚度符合设计要求，无负偏差，表面平整；
4. 绝热层表面平整、无开裂；
5. 绝热层与地面面层之间的水泥混凝土结合层或水泥砂浆找平层，表面平整，允许偏差符合规范要求。

检查结论：

经检查，符合设计及规范要求，同意进行下道工序。

☑同意隐蔽　　　　　□不同意，修改后进行复查

复查结论：

复查人：　　　　　　　　　　　　　　　　　　复查日期：　　年　月　日

签字栏	施工单位	××建设集团有限公司	专业技术负责人	专业质量员	专业工长
			×××	×××	×××
	监理或建设单位	××建设监理有限公司	专业监理工程师	×××	

2）隐蔽工程验收记录（聚苯板绝热层）标准要求。

（1）隐检依据来源。

《建筑地面工程质量验收规范》GB 50209—2010摘录：

3.0.9 建筑地面下的沟槽、暗管、保温、隔热、隔声等工程完工后，应经检验合格并做隐蔽记录，方可进行建筑地面工程的施工。

8.0.2 建筑地面工程子分部工程质量验收应检查下列文件和记录：

5 各构造层的隐蔽验收及其他有关验收文件。

（2）隐检内容相关要求。

《建筑地面工程质量验收规范》GB 50209—2010摘录：

4.12.1 绝热层材料的性能、品种、厚度、构造做法应符合设计要求和国家现行有关标准的规定。

4.12.2 建筑物室内接触基土的首层地面应增设水泥混凝土垫层后方可铺设绝热层，垫层的厚度及强度等级应符合设计要求。首层地面及楼层楼板铺设绝热层前，表面平整度宜控制在3mm以内。

4.12.3 有防水、防潮要求的地面，宜在防水、防潮隔离层施工完毕并验收合格后再铺设绝热层。

4.12.4 穿越地面进入非采暖保温区域的金属管道应采取隔断热桥的措施。

4.12.5 绝热层与地面面层之间应设有水泥混凝土结合层，构造做法及强度等级应符合设计要求。设计无要求时，水泥混凝土结合层的厚度不应小于30mm，层内应设置间距不大于200mm×200mm的φ6mm钢筋网片。

4.12.6 有地下室的建筑，地上、地下交界部位楼板的绝热层应采用外保温做法，绝热层表面应设有外保护层。外保护层应安全、耐候，表面应平整、无裂纹。

4.12.7 建筑物勒脚处绝热层的铺设应符合设计要求。设计无要求时，应符合下列规定：

1 当地区冻土深度不大于500mm时，应采用外保温做法；

2 当地区冻土深度大于500mm且不大于1000mm时，宜采用内保温做法；

3 当地区冻土深度大于1000mm时，应采用内保温做法；

4 当建筑物的基础有防水要求时，宜采用内保温做法；

5 采用外保温做法的绝热层，宜在建筑物主体结构完成后再施工。

4.12.8 绝热层的材料不应采用松散型材料或抹灰浆料。

4.12.10 绝热层材料应符合设计要求和国家现行有关标准的规定。

4.12.11 绝热层材料进入施工现场时，应对材料的导热系数、表观密度、抗压强度或压缩强度、阻燃性进行复验。

4.12.12 绝热层的板块材料应采用无缝铺贴法铺设，表面应平整。

4.12.13 绝热层的厚度应符合设计要求，不应出现负偏差，表面应平整。

4.2.14 绝热层表面应无开裂。

4.12.15 绝热层与地面面层之间的水泥混凝土结合层或水泥砂浆找平层，表面应平整，允许偏差应符合本规范表4.1.7中"找平层"的规定。

10. 隐蔽工程验收记录（活动地板支架安装）。

1）隐蔽工程验收记录（活动地板支架安装）表填写范例（表4.2.2-12）。

表4.2.2-12　隐蔽工程验收记录（活动地板支架安装）

工程名称	筑业科技产业园综合楼	编号	××
隐检项目	活动地板支架安装	隐检日期	××××年×月×日
隐检部位	二层活动地板①～⑩/　～　轴　3.900～4.200m　标高		

隐检依据：施工图号＿＿建施04＿＿＿＿＿，设计变更/洽商/技术核定单（编号＿＿＿/＿＿＿）及有关国家现行标准等。

主要材料名称及规格/型号：＿＿金属支架、横梁＿＿＿＿＿＿＿＿＿＿＿＿＿

隐检内容：

1. 金属支架、横梁的规格、型号符合设计要求；
2. 金属支架支承在现浇水泥混凝土基层上，基层表面平整、光洁、不起灰。
3. 活动地板所有的支座柱和横梁构成框架一体，并与基层连接牢固；
4. 支架抄平后的标高符合设计要求；
5. 活动地板的接地网设置与接地电阻符合设计要求。

检查结论：

经检查，符合设计及规范要求，同意进行下道工序。

☑同意隐蔽　　　　　□不同意，修改后进行复查

复查结论：

复查人：　　　　　　　　　　　　　　　　复查日期：　　年　月　日

签字栏	施工单位	××建设集团有限公司	专业技术负责人	专业质量员	专业工长
			×××	×××	×××
	监理或建设单位	××建设监理有限公司	专业监理工程师	×××	

2）隐蔽工程验收记录（活动地板支架安装）标准要求。

（1）隐检依据来源。

《建筑地面工程质量验收规范》GB 50209—2010摘录：

3.0.9　建筑地面下的沟槽、暗管、保温、隔热、隔声等工程完工后，应经检验合格并做隐蔽记录，方可进行建筑地面工程的施工。

8.0.2　建筑地面工程子分部工程质量验收应检查下列文件和记录：

5　各构造层的隐蔽验收及其他有关验收文件。

（2）隐检内容相关要求。

《建筑地面工程质量验收规范》GB 50209—2010摘录：

6.7.2　活动地板所有的支座柱和横梁应构成框架一体，并与基层连接牢固；支架抄平后高度应符合设计要求。

6.7.4　活动地板面层的金属支架应支承在现浇水泥混凝土基层（或面层）上，基层表面应平整、光洁、不起灰。

6.7.5　当房间的防静电要求较高，需要接地时，应将活动地板面层的金属支架、金属横梁连通跨接，并与接地体相连，接地方法应符合设计要求。

6.7.6　活动板块与横梁接触搁置处应达到四角平整、严密。

6.7.7　当活动地板不符合模数时，其不足部分可在现场根据实际尺寸将板块切割后镶补，并应配装相应的可调支撑和横梁。切割边不经处理不得镶补安装，并不得有局部膨胀变形情况。

11. 隐蔽工程验收记录（木地板龙骨安装）。

1）隐蔽工程验收记录（木地板龙骨安装）表填写范例（表4.2.2-13）。

表 4.2.2-13 隐蔽工程验收记录（木地板龙骨安装）

工程名称	筑业科技产业园综合楼	编号	××
隐检项目	木地板龙骨安装	隐检日期	××××年×月×日
隐检部位	二层实木地板①～⑩/ ～ 轴 3.900m 标高		

隐检依据：施工图号___建施04___，设计变更/洽商/技术核定单（编号___ / ___）及有关国家现行标准等。

主要材料名称及规格/型号：___20mm×20mm 防腐木___

隐检内容：
1. 木龙骨材料质量合格证明文件齐全、进场验收合格；
2. 木龙骨已做防腐、防虫处理；
3. 固定木龙骨的金属件已做防锈处理；
4. 木龙骨下已铺设防潮衬垫；
5. 木龙骨布置位置、间距等符合要求；
6. 木龙骨固定牢固，平直，与墙柱之间留出20mm的缝隙。

检查结论：

经检查，符合设计及规范要求，同意进行下道工序。

☑同意隐蔽　　　　□不同意，修改后进行复查

复查结论：

复查人：　　　　　　　　　　　　　　　　　复查日期：　　年　月　日

签字栏	施工单位	××建设集团有限公司	专业技术负责人	专业质量员	专业工长
			×××	×××	×××
	监理或建设单位	××建设监理有限公司	专业监理工程师	×××	

2）隐蔽工程验收记录（木地板龙骨安装）标准要求。

（1）隐检依据来源。

《建筑地面工程质量验收规范》GB 50209—2010摘录：

3.0.9 建筑地面下的沟槽、暗管、保温、隔热、隔声等工程完工后，应经检验合格并做隐蔽记录，方可进行建筑地面工程的施工。

8.0.2 建筑地面工程子分部工程质量验收应检查下列文件和记录：

5 各构造层的隐蔽验收及其他有关验收文件。

（2）隐检内容相关要求。

《建筑地面工程质量验收规范》GB 50209—2010摘录：

7.1.2 木、竹地板面层下的木搁栅、垫木、垫层地板等采用木材的树种、选材标准和铺设时木材含水率以及防腐、防蛀处理等，均应符合现行国家标准《木结构工程施工质量验收规范》GB 50206—2002的有关规定。所选用的材料应符合设计要求，进场时应对其断面尺寸、含水率等主要技术指标进行抽检，抽检数量应符合国家现行有关标准的规定。

7.1.3 用于固定和加固用的金属零部件应采用不锈蚀或经过防锈处理的金属件。

7.1.5 木、竹面层铺设在水泥类基层上，其基层表面应坚硬、平整、洁净、不起砂，表面含水率不应大于8%。

7.2.3 铺设实木地板、实木集成地板、竹地板面层时，其木搁栅的截面尺寸、间距和稳固方法等均应符合设计要求。

木搁栅固定时，不得损坏基层和预埋管线。木搁栅应垫实钉牢，与柱、墙之间留出20mm的缝隙，表面应平直，其间距不宜大于300mm。

7.2.4 当面层下铺设垫层地板时，垫层地板的髓心应向上，板间缝隙不应大于3mm，与柱、墙之间应留8～12mm的空隙，表面应刨平。

7.2.5 实木地板、实木集成地板、竹地板面层铺设时，相邻板材接头位置应错开不小于300mm的距离；与柱、墙之间应留8～12mm的空隙。

第三节 建筑装饰装修隐蔽项目汇总及填写范例

一、建筑装饰装修隐蔽项目汇总表（表 4.3.1-1）。

表 4.3.1-1 建筑装饰装修隐蔽项目汇总

序号	隐蔽项目	隐蔽内容	对应范例表格
1	抹灰工程	1. 抹灰总厚度大于或等于 35mm 时的加强措施； 2. 不同材料基体交接处的加强措施。	表 4.3.2-1 表 4.3.2-2 表 4.3.2-3 表 4.3.2-4
2	砂浆防水工程	1. 砂浆防水层所用砂浆品种及性能； 2. 砂浆防水层在变形缝、门窗洞口、穿外墙管道和预埋件等部位的做法； 3. 砂浆防水层渗漏现象； 4. 砂浆防水层与基层之间及防水层各层之间黏结牢固，不得有空鼓； 5. 砂浆防水层表面； 6. 砂浆防水层施工缝位置及施工方法； 7. 砂浆防水层厚度。	表 4.3.2-5 表 4.3.2-6
3	涂膜防水工程	1. 涂膜防水层所用防水涂料及配套材料的品种及性能； 2. 涂膜防水层在变形缝、门窗洞口、穿外墙管道、预埋件等部位的做法； 3. 涂膜防水层渗漏现象； 4. 涂膜防水层与基层之间的黏结； 5. 涂膜防水层表面； 6. 涂膜防水层的厚度。	表 4.3.2-7
4	透气膜防水工程	1. 透气膜防水层所用透气膜及配套材料的品种及性能； 2. 透气膜防水层在变形缝、门窗洞口、穿外墙管道和预埋件等部位的做法； 3. 透气膜防水层的渗漏现象； 4. 防水透气膜基层黏结； 5. 透气膜防水层表面； 6. 防水透气膜的铺贴方向； 7. 防水透气膜的搭接缝。	表 4.3.2-8
5	门窗工程	1. 预埋件和锚固件； 2. 隐蔽部位的防腐和填嵌处理； 3. 高层金属窗防雷连接节点。	表 4.3.2-9 表 4.3.2-10 表 4.3.2-11 表 4.3.2-12
6	吊顶工程	1. 吊顶内管道、设备的安装及水管试压、风管严密性检验； 2. 木龙骨防火、防腐处理； 3. 埋件； 4. 吊杆安装； 5. 龙骨安装； 6. 填充材料的设置； 7. 反支撑及钢结构转换层。	表 4.3.2-13 表 4.3.2-14 表 4.3.2-15
7	轻质隔墙工程	1. 骨架隔墙中设备管线的安装及水管试压； 2. 木龙骨防火和防腐处理； 3. 预埋件或拉结筋； 4. 龙骨安装； 5. 填充材料的设置。	表 4.3.2-16 表 4.3.2-17 表 4.3.2-18 表 4.3.2-19

续表

序号	隐蔽项目	隐蔽内容	对应范例表格
8	饰面板工程	1. 预埋件（或后置埋件）； 2. 龙骨安装； 3. 连接节点； 4. 防水、保温、防火节点； 5. 外墙金属板防雷连接节点。	表 4.3.2-20 表 4.3.2-21 表 4.3.2-22
9	饰面砖工程	1. 基层和基体； 2. 防水层。	表 4.3.2-23 表 4.3.2-24 表 4.3.2-25
10	幕墙工程	1. 预埋件或后置埋件、锚栓及连接件； 2. 构件的连接节点； 3. 幕墙四周、幕墙内表面与主体结构之间的封堵； 4. 伸缩缝、沉降缝、防震缝及墙面转角节点； 5. 隐框玻璃板块的固定； 6. 幕墙防雷连接节点； 7. 幕墙防火、隔烟节点； 8. 单元式幕墙的封口节点。	表 4.3.2-26 表 4.3.2-27 表 4.3.2-28 表 4.3.2-29
11	涂饰工程	1. 基层处理。	表 4.3.2-30
12	裱糊工程	1. 基层处理。	表 4.3.2-31
13	细部工程	1. 预埋件（或后置埋件）； 2. 护栏与预埋件的连接节点。	表 4.3.2-32 表 4.3.2-33

二、填写范例

1. 隐蔽工程验收记录（抹灰工程-基体）。

1）隐蔽工程验收记录（抹灰工程-基体）表填写范例（表4.3.2-1）。

表4.3.2-1 隐蔽工程验收记录（抹灰工程-基体）

工程名称	筑业科技产业园综合楼	编号	××
隐检项目	基体	隐检日期	××××年×月×日
隐检部位	一层内墙①～⑩/ ～ 轴 −0.100～3.800m 标高		

隐检依据：施工图号__建施02、04__，设计变更/洽商/技术核定单（编号___/___）及有关国家现行标准等。

主要材料名称及规格/型号：__混凝土界面剂__

隐检内容：

　　1. 基层浮浆清理干净，表面浇水湿润；

　　2. 基层凹地不平处，用聚合物水泥砂浆补平；

　　3. 外墙抹灰工程施工前先安装钢木门窗框、护栏等，将墙上的施工孔洞堵塞密实；

　　4. 不同材料接缝处采取加强措施：将钢丝网钉在接缝处，缝两边宽度为100mm；

　　5. 基层表面进行拉毛处理，其质量符合要求。

检查结论：

　　经检查，符合设计及规范要求，同意进行下道工序。

☑同意隐蔽　　　　□不同意，修改后进行复查

复查结论：

复查人：　　　　　　　　　　　　　　　　　　　复查日期：　　年　月　日

签字栏	施工单位	××建设集团有限公司	专业技术负责人	专业质量员	专业工长
			×××	×××	×××
	监理或建设单位	××建设监理有限公司	专业监理工程师	×××	

2）隐蔽工程验收记录（抹灰工程-基体）标准要求。

（1）隐检依据来源。

《建筑装饰装修工程质量验收标准》GB 50210—2018 摘录：

3.3.12 隐蔽工程验收应有记录，记录应包含隐蔽部位照片。施工质量的检验批验收应有现场检查原始记录。

4.1.2 抹灰工程验收时应检查下列文件和记录：

3 隐蔽工程验收记录。

4.1.4 抹灰工程应对下列隐蔽工程项目进行验收：

1 抹灰总厚度大于或等于 35mm 时的加强措施；

2 不同材料基体交接处的加强措施。

（2）隐检内容相关要求。

《抹灰砂浆技术规程》JGJ/T 220—2010 摘录：

6.1.1 内墙抹灰基层宜进行处理，并应符合下列规定：

1 对于烧结砖砌体的基层，应清除表面杂物、残留灰浆、舌头灰、尘土等，并应在抹灰前一天浇水润湿，水应渗入墙面内 10～20mm。抹灰时，墙面不得有明水。

2 对于蒸压灰砂砖、蒸压粉煤灰砖、轻骨料混凝土、轻骨料混凝土空心砌块的基层，应清除表面杂物、残留灰浆、舌头灰、尘土等，并可在抹灰前浇水润湿墙面。

3 对于混凝土基层，应先将基层表面的尘土、污垢、油渍等清除干净，再采用下列方法之一进行处理：

1）可将混凝土基层凿成麻面；抹灰前一天，应浇水润湿，抹灰时，基层表面不得有明水；

2）可在混凝土基层表面涂抹界面砂浆，界面砂浆应先加水搅拌均匀，无生粉团后再进行满批刮，并应覆盖全部基层表面，厚度不宜大于 2mm。在界面砂浆表面稍收浆后再进行抹灰。

4 对于加气混凝土砌块基层，应先将基层清扫干净，再采用下列方法之一进行处理：

1）可浇水润湿，水应渗入墙面内 10～20mm，且墙面不得有明水；

2）可涂抹界面砂浆，界面砂浆应先加水搅拌均匀，无生粉团后再进行满批刮，并应覆盖全部基层墙体，厚度不宜大于 2mm。在界面砂浆表面稍收浆后再进行抹灰。

5 对于混凝土小型空心砌块砌体和混凝土多孔砖砌体的基层，应将基层表面的尘土、污垢、油渍等清扫干净，并不得浇水润湿。

6 采用聚合物水泥抹灰砂浆时，基层应清理干净，可不浇水润湿。

7 采用石膏抹灰砂浆时，基层可不进行界面增强处理，应浇水润湿。

6.1.6 不同材质的基体交接处，应采取防止开裂的加强措施；当采用加强网时，每侧铺设宽度不应小于 100mm。

2. 隐蔽工程验收记录（抹灰工程-钢丝网加强层）、隐蔽工程验收记录（抹灰工程-内墙抹灰层）、隐蔽工程验收记录（抹灰工程-外墙抹灰层）。

1）隐蔽工程验收记录（抹灰工程-钢丝网加强层）表填写范例（表 4.3.2-2）。

表 4.3.2-2　隐蔽工程验收记录（抹灰工程-钢丝网加强层）

工程名称	筑业科技产业园综合楼	编号	××
隐检项目	钢丝网加强层	隐检日期	××××年×月×日
隐检部位	一层内墙 ①～⑩/ ～ 轴 －0.100～3.800m 标高		

隐检依据：施工图号　建施 02、04　　　，设计变更/洽商/技术核定单（编号　　／　　）及有关国家现行标准等。

主要材料名称及规格/型号：　钢丝网

隐检内容：

1. 采用 10mm×10mm 的钢丝网满铺在第一层抹灰层上；
2. 采用水泥钉加钢片按间距 1m 将钢丝网固定牢固；
3. 相邻的两钢丝网之间搭接宽度为 50mm，搭接处压紧墙面；
4. 钢丝网平整、贴紧墙面，无翘边、起鼓等现象。

检查结论：

经检查，符合设计及规范要求，同意进行下道工序。

☑同意隐蔽　　　　　　□不同意，修改后进行复查

复查结论：

复查人：　　　　　　　　　　　　　　　　　　　复查日期：　　年　月　日

签字栏	施工单位	××建设集团有限公司	专业技术负责人	专业质量员	专业工长
			×××	×××	×××
	监理或建设单位	××建设监理有限公司	专业监理工程师	×××	

2）隐蔽工程验收记录（抹灰工程-内墙抹灰层）表填写范例（表4.3.2-3）。

表4.3.2-3 隐蔽工程验收记录（抹灰工程-内墙抹灰层）

工程名称	筑业科技产业园综合楼	编号	××
隐检项目	内墙抹灰层	隐检日期	××××年×月×日
隐检部位	一层内墙①～⑩/ ～ 轴 －0.100～3.800m 标高		

隐检依据：施工图号___建施02、04___，设计变更/洽商/技术核定单（编号____/____）及有关国家现行标准等。
主要材料名称及规格/型号：___M5水泥砂浆___

隐检内容：
1. 一般抹灰所用材料的品种和性能符合设计要求，其质量合格证明文件齐全，复试合格，报告编号××；
2. 抹灰层与基层之间及各抹灰层之间黏结牢固，抹灰层无脱层和空鼓，面层无爆灰和裂缝等现象；
3. 抹灰表面光滑、洁净、接槎平整；
4. 抹灰层的厚度符合设计要求；
5. 经量测垂直度在4mm以内，平整度在4mm以内，阴阳角方正在4mm以内，勒脚直线度在4mm以内均符合规范要求。

检查结论：

经检查，符合设计及规范要求，同意进行下道工序。

☑同意隐蔽　　　　　□不同意，修改后进行复查

复查结论：

复查人：　　　　　　　　　　　　　　　　　　复查日期：　　年　月　日

签字栏	施工单位	××建设集团有限公司	专业技术负责人	专业质量员	专业工长
			×××	×××	×××
	监理或建设单位	××建设监理有限公司	专业监理工程师		×××

3. 隐蔽工程验收记录（抹灰工程-外墙抹灰层）表填写范例（表4.3.2-4）

表4.3.2-4 隐蔽工程验收记录（抹灰工程-外墙抹灰层）

工程名称	筑业科技产业园综合楼	编号	××
隐检项目	外墙抹灰层	隐检日期	××××年×月×日
隐检部位	1～10层外墙 ①～⑩/ 轴 －0.100～3.800m 标高		

隐检依据：施工图号___建施02、04___，设计变更/洽商/技术核定单（编号___/___）及有关国家现行标准等。

主要材料名称及规格/型号：___M5水泥砂浆___

隐检内容：
1. 一般抹灰所用材料的品种和性能符合设计要求，其质量合格证明文件齐全，复试合格，报告编号××；
2. 抹灰层与基层之间及各抹灰层之间黏结牢固，抹灰层无脱层和空鼓，面层无爆灰和裂缝等现象；
3. 抹灰表面光滑、洁净、接槎平整，分格缝清晰；
4. 抹灰分格缝按外墙排版图进行布置，宽度和深度均匀，表面光滑，棱角整齐；
5. 滴水线（槽）整齐顺直，滴水线内高外低，滴水槽的宽度和深度满足设计要求，且均不小于10mm；
6. 抹灰层的厚度符合设计要求；
7. 经量测垂直度在4mm以内，平整度在4mm以内，阴阳角方正在4mm以内，勒脚直线度在4mm以内均符合规范要求；
8. 抹灰层现场试验合格，报告编号××。

检查结论：

经检查，符合设计及规范要求，同意进行下道工序。

☑同意隐蔽　　　　□不同意，修改后进行复查

复查结论：

复查人：　　　　　　　　　　　　　　　　　　复查日期：　　年　月　日

签字栏	施工单位	××建设集团有限公司	专业技术负责人	专业质量员	专业工长
			×××	×××	×××
	监理或建设单位	××建设监理有限公司	专业监理工程师	×××	

　　4）隐蔽工程验收记录（抹灰工程-钢丝网加强层）、隐蔽工程验收记录（抹灰工程-内墙抹灰层）、隐蔽工程验收记录（抹灰工程-外墙抹灰层）标准要求。

（1）隐检依据来源

《建筑装饰装修工程质量验收标准》GB 50210—2018摘录：

3.3.12　隐蔽工程验收应有记录，记录应包含隐蔽部位照片。施工质量的检验批验收应有现场检查原始记录。

4.1.2　抹灰工程验收时应检查下列文件和记录：

3　隐蔽工程验收记录。

4.1.4　抹灰工程应对下列隐蔽工程项目进行验收：

1　抹灰总厚度大于或等于35mm时的加强措施；

2　不同材料基体交接处的加强措施。

（2）隐检内容相关要求

《建筑装饰装修工程质量验收标准》GB 50210—2018摘录：

4.2.1　一般抹灰所用材料的品种和性能应符合设计要求及国家现行标准的有关规定主控项目。

4.2.2　抹灰前基层表面的尘土、污垢和油渍等应清除干净，并应洒水润湿或进行界面处理。

4.2.3　抹灰工程应分层进行。当抹灰总厚度大于或等于35mm时，应采取加强措施。不同材料基体交接处表面的抹灰，应采取防止开裂的加强措施，当采用加强网时，加强网与各基体的搭接宽度不应小于100mm。

4.2.4　抹灰层与基层之间及各抹灰层之间应黏结牢固，抹灰层应无脱层和空鼓，面层应无爆灰和裂缝。

4.2.5　一般抹灰工程的表面质量应符合下列规定：

1　普通抹灰表面应光滑、洁净、接槎平整，分格缝应清晰；

2　高级抹灰表面应光滑、洁净、颜色均匀、无抹纹，分格缝和灰线应清晰美观。

4.2.6　护角、孔洞、槽、盒周围的抹灰表面应整齐、光滑；管道后面的抹灰表面应平整。

4.2.7　抹灰层的总厚度应符合设计要求；水泥砂浆不得抹在石灰砂浆层上；罩面石膏灰不得抹在水泥砂浆层上。

4.2.8　抹灰分格缝的设置应符合设计要求，宽度和深度应均匀，表面应光滑，棱角应整齐。

4.2.9　有排水要求的部位应做滴水线（槽）。滴水线（槽）应整齐顺直，滴水线应内高外低，滴水槽的宽度和深度应满足设计要求，且均不应小于10mm。

4.2.10　一般抹灰工程质量的允许偏差和检验方法应符合表4.2.10的规定。

表 4.2.10 一般抹灰的允许偏差和检验方法

项次	项目	允许偏差（mm）		检验方法
		普通抹灰	高级抹灰	
1	立面垂直度	4	3	用 2m 垂直检测尺检查
2	表面平整度	4	3	用 2m 靠尺和塞尺检查
3	阴阳角方正	4	3	用 200mm 直角检测尺检查
4	分格条（缝）直线度	4	3	拉 5m 线，不足 5m 拉通线，用钢直尺检查
5	墙裙、勒脚上口直线度	4	3	拉 5m 线，不足 5m 拉通线，用钢直尺检查

注：1 普通抹灰，本表第 3 项阴角方正可不检查；

    2 顶棚抹灰，本表第 2 项表面平整度可不检查，但应平顺。

3. 隐蔽工程验收记录（外墙防水基层处理）。

1）隐蔽工程验收记录（外墙防水基层处理）表填写范例（表 4.3.2-5）。

表 4.3.2-5　隐蔽工程验收记录（外墙防水基层处理）

工程名称	筑业科技产业园综合楼	编号	××
隐检项目	外墙防水基层处理	隐检日期	××××年×月×日
隐检部位	外墙防水 ①～⑩/　轴　－0.100～21.600m　标高		

隐检依据：施工图号　建施 02、04　　　　，设计变更/洽商/技术核定单（编号　　／　　）及有关国家现行标准等。

主要材料名称及规格/型号：　　／

隐检内容：

　　1. 外墙门框、窗框、伸出外墙管道、设备或预埋件等均已安装完毕；

　　2. 外墙结构表面的油污、浮浆清除，孔洞、缝隙堵塞抹平；

　　3. 不同结构材料交接处用热镀锌电焊网片做增强处理，网片沿交接处两侧宽 100mm，且固定牢固；

　　4. 外墙基层表面清理干净后再进行界面处理，涂刷均匀。

检查结论：

　　经检查，符合设计及规范要求，同意进行下道工序。

☑同意隐蔽　　　　　□不同意，修改后进行复查

复查结论：

复查人：　　　　　　　　　　　　　　　　　　　复查日期：　　　年　月　日

签字栏	施工单位	××建设集团有限公司	专业技术负责人	专业质量员	专业工长
			×××	×××	×××
	监理或建设单位	××建设监理有限公司	专业监理工程师		×××

2）隐蔽工程验收记录（外墙防水基层处理）标准要求。

（1）隐检依据来源。

《建筑装饰装修工程质量验收标准》GB 50210—2018 摘录：

3.3.12 隐蔽工程验收应有记录，记录应包含隐蔽部位照片。施工质量的检验批验收应有现场检查原始记录。

5.1.4 外墙防水工程应对下列隐蔽工程项目进行验收：

1 外墙不同结构材料交接处的增强处理措施的节点；

2 防水层在变形缝、门窗洞口、穿外墙管道、预埋件及收头等部位的节点；

3 防水层的搭接宽度及附加层。

（2）隐检内容相关要求。

《建筑外墙防水工程技术规程》JGJ/T 235—2011 摘录：

6.1.5 外墙门框、窗框、伸出外墙管道、设备或预埋件等应在建筑外墙防水施工前安装完毕。

6.1.6 外墙防水层的基层找平层应平整、坚实、牢固、干净，不得酥松、起砂、起皮。

6.2.1 外墙结构表面的油污、浮浆应清除，孔洞、缝隙应堵塞抹平；不同结构材料交接处的增强处理材料应固定牢固。

6.2.2 外墙结构表面宜进行找平处理，找平层施工应符合下列规定：

1 外墙基层表面应清理干净后再进行界面处理；

2 界面处理材料的品种和配比应符合设计要求，拌合应均匀一致，无粉团、沉淀等缺陷，涂层应均匀、不露底，并应待表面收水后再进行找平层施工；

3 找平层砂浆的厚度超过 10mm 时，应分层压实、抹平。

6.2.3 外墙防水层施工前，宜先做好节点处理，再进行大面积施工。

4. 隐蔽工程验收记录（水泥砂浆防水层）。

1）隐蔽工程验收记录（水泥砂浆防水层）表填写范例（表4.3.2-6）。

表 4.3.2-6　隐蔽工程验收记录（水泥砂浆防水层）

工程名称	筑业科技产业园综合楼	编号	××
隐检项目	水泥砂浆防水层	隐检日期	××××年×月×日
隐检部位	外墙防水 ①～⑩/ 轴　　－0.100～21.600m　标高		

隐检依据：施工图号＿＿建施02、04＿＿＿＿＿＿，设计变更/洽商/技术核定单（编号＿＿＿＿/＿＿＿＿）及有关国家现行标准等。
主要材料名称及规格/型号：＿聚合物水泥防水砂浆 M7.5＿＿＿＿＿＿＿＿＿＿＿＿＿＿＿＿

隐检内容：
    1. 防水材料采用聚合物水泥防水砂浆，材料质量合格证明文件齐全，进场验收合格，复试合格，见报告编号××；
    2. 抹灰厚度5mm，符合设计及规范要求；
    3. 门框、窗框、伸出外墙管道、预埋件等与防水层交接处留置10mm宽的凹槽，并按要求进行密封处理；
    4. 砂浆防水层转角处抹成圆弧形，圆弧半径5mm，转角抹压顺直；
    5. 砂浆防水层与基层之间黏结牢固，未出现空鼓现象；
    6. 防水砂浆进行现场拉拔试验，试验合格，见报告编号××；
    7. 砂浆防水层表面密实、平整，无裂纹，起砂和麻面等缺陷；
    8. 防水层分格缝的留置位置和尺寸符合设计要求，嵌填密实；
    9. 防水层进行现场淋水试验，试验合格，未出现渗漏现象，见试验记录编号××。

检查结论：

    经检查，符合设计及规范要求，同意进行下道工序。

☑同意隐蔽　　　　　□不同意，修改后进行复查

复查结论：

复查人：　　　　　　　　　　　　　　　　　　　复查日期：　　年　月　日

签字栏	施工单位	××建设集团有限公司	专业技术负责人	专业质量员	专业工长
			×××	×××	×××
	监理或建设单位	××建设监理有限公司	专业监理工程师	×××	

2）隐蔽工程验收记录（水泥砂浆防水层）标准要求。

（1）隐检依据来源。

《建筑装饰装修工程质量验收标准》GB 50210—2018 摘录：

3.3.12 隐蔽工程验收应有记录，记录应包含隐蔽部位照片。施工质量的检验批验收应有现场检查原始记录。

5.1.4 外墙防水工程应对下列隐蔽工程项目进行验收：

1 外墙不同结构材料交接处的增强处理措施的节点；

2 防水层在变形缝、门窗洞口、穿外墙管道、预埋件及收头等部位的节点；

3 防水层的搭接宽度及附加层。

（2）隐检内容相关要求。

①《建筑外墙防水工程技术规程》JGJ/T 235—2011 摘录：

6.2.4 砂浆防水层施工应符合下列规定：

1 基层表面应为平整的毛面，光滑表面应进行界面处理，并应按要求湿润。

2 防水砂浆的配制应满足下列要求：

1）配合比应按照设计要求，通过试验确定；

2）配制乳液类聚合物水泥防水砂浆前，乳液应先搅拌均匀，再按规定比例加入拌合料中搅拌均匀；

3）干粉类聚合物水泥防水砂浆应按规定比例加水搅拌均匀；

4）粉状防水剂配制普通防水砂浆时，应先将规定比例的水泥、砂和粉状防水剂干拌均匀，再加水搅拌均匀；

5）液态防水剂配制普通防水砂浆时，应先将规定比例的水泥和砂干拌均匀，再加入用水稀释的液态防水剂搅拌均匀。

3 配制好的防水砂浆宜在 1h 内用完；施工中不得加水。

4 界面处理材料涂刷厚度应均匀、覆盖完全，收水后应及时进行砂浆防水层施工。

5 防水砂浆铺抹施工应符合下列规定：

1）厚度大于 10mm 时，应分层施工，第二层应待前一层指触不粘时进行，各层应黏结牢固；

2）每层宜连续施工，留茬时，应采用阶梯坡形茬，接茬部位离阴阳角不得小于200mm；上下层接茬应错开300mm以上，接茬应依层次顺序操作、层层搭接紧密；

3）喷涂施工时，喷枪的喷嘴应垂直于基面，合理调整压力、喷嘴与基面距离；

4）涂抹时应压实、抹平；遇气泡时应挑破，保证铺抹密实；

5）抹平、压实应在初凝前完成。

6 窗台、窗楣和凸出墙面的腰线等部位上表面的排水坡度应准确，外口下沿的滴水线应连续、顺直。

7 砂浆防水层分格缝的留设位置和尺寸应符合设计要求，嵌填密封材料前，应将分格缝清理干净，密封材料应嵌填密实。

8 砂浆防水层转角宜抹成圆弧形，圆弧半径不应小于5mm，转角抹压应顺直。

9 门框、窗框、伸出外墙管道、预埋件等与防水层交接处应留8～10mm宽的凹槽，并应按本条第7款的规定进行密封处理。

10　砂浆防水层未达到硬化状态时，不得浇水养护或直接受雨水冲刷，聚合物水泥防水砂浆硬化后应采用干湿交替的养护方法；普通防水砂浆防水层应在终凝后进行保湿养护。养护期间不得受冻。

6.2.6　防水层中设置的耐碱玻璃纤维网布或热镀锌电焊网片不得外露。热镀锌电焊网片应与基层墙体固定牢固；耐碱玻璃纤维网布应铺贴平整、无皱褶，两幅间的搭接宽度不应小于50mm。

②《建筑装饰装修工程质量验收标准》GB 50210—2018摘录：

5.2.1　砂浆防水层所用的砂浆品种及性能应符合设计要求及国家现行标准的有关规定。

5.2.2　砂浆防水层在变形缝、门窗洞口、穿外墙管道和预埋件等部位的做法应符合设计要求。

5.2.3　砂浆防水层不得有渗漏现象。

5.2.4　砂浆防水层与基层之间及防水层各层之间应黏结牢固，不得有空鼓。

5.2.5　砂浆防水层表面应密实、平整，不得有裂纹、起砂和麻面等缺陷。

5.2.6　砂浆防水层施工缝位置及施工方法应符合设计及施工方案要求。

5.2.7　砂浆防水层厚度应符合设计要求。

5. 隐蔽工程验收记录（涂膜防水层）。

1）隐蔽工程验收记录（涂膜防水层）表填写范例（表 4.3.2-7）。

表 4.3.2-7　隐蔽工程验收记录（涂膜防水层）

工程名称	筑业科技产业园综合楼	编号	××
隐检项目	涂膜防水层	隐检日期	××××年×月×日
隐检部位	外墙防水①～⑩/　轴　　－0.100～21.600m　标高		

隐检依据：施工图号＿＿建施02、04＿＿＿＿＿，设计变更/洽商/技术核定单（编号＿＿＿＿/＿＿＿＿）及有关国家现行标准等。
主要材料名称及规格/型号：＿＿聚氨酯防水涂料＿＿＿＿＿＿＿＿＿＿＿

隐检内容：

1. 防水材料采用聚氨酯防水涂料，材料质量合格证明文件齐全，进场验收合格，复试合格，见报告编号××；
2. 防水层厚度 3mm，符合设计及规范要求；
3. 基层为水泥砂浆找平层，表面平整、干燥、整洁；
4. 门框、窗框、伸出外墙管道、预埋件等与防水层交接处留置 10mm 宽的凹槽，并按要求进行密封处理；
5. 防水层与基层之间黏结牢固，未出现空鼓现象；
6. 防水层表面平整，涂刷均匀，无流坠、露底、气泡、皱折和翘边等缺陷；
7. 防水层进行现场淋水试验，试验合格，未出现渗漏现象，见试验记录××。

检查结论：

　　经检查，符合设计及规范要求，同意进行下道工序。

☑同意隐蔽　　　　　□不同意，修改后进行复查

复查结论：

复查人：　　　　　　　　　　　　　　　　　　　　复查日期：　　年　月　日

签字栏	施工单位	××建设集团有限公司	专业技术负责人	专业质量员	专业工长
			×××	×××	×××
	监理或建设单位	××建设监理有限公司	专业监理工程师	×××	

2）隐蔽工程验收记录（涂膜防水层）标准要求。

（1）隐检依据来源

《建筑装饰装修工程质量验收标准》GB 50210—2018摘录：

3.3.12 隐蔽工程验收应有记录，记录应包含隐蔽部位照片。施工质量的检验批验收应有现场检查原始记录。

5.1.4 外墙防水工程应对下列隐蔽工程项目进行验收：

1 外墙不同结构材料交接处的增强处理措施的节点；

2 防水层在变形缝、门窗洞口、穿外墙管道、预埋件及收头等部位的节点；

3 防水层的搭接宽度及附加层。

（2）隐检内容相关要求

①《建筑外墙防水工程技术规程》JGJ/T 235—2011摘录：

6.2.5 涂膜防水层施工应符合下列规定：

1 施工前应对节点部位进行密封或增强处理。

2 涂料的配制和搅拌应满足下列要求：

1）双组分涂料配制前，应将液体组分搅拌均匀，配料应按照规定要求进行，不得任意改变配合比；

2）应采用机械搅拌，配制好的涂料应色泽均匀，无粉团、沉淀。

3 基层的干燥程度应根据涂料的品种和性能确定；防水涂料涂布前，宜涂刷基层处理剂。

4 涂膜宜多遍完成，后遍涂布应在前遍涂层干燥成膜后进行。挥发性涂料的每遍用量每平方米不宜大于0.6kg。

5 每遍涂布应交替改变涂层的涂布方向，同一涂层涂布时，先后接茬宽度宜为30～50mm。

6 涂膜防水层的甩茬部位不得污损，接茬宽度不应小于100mm。

7 胎体增强材料应铺贴平整，不得有褶皱和胎体外露，胎体层充分浸透防水涂料；胎体的搭接宽度不应小于50mm。胎体的底层和面层涂膜厚度均不应小于0.5mm。

8 涂膜防水层完工并经检验合格后，应及时做好饰面层。

②《建筑装饰装修工程质量验收标准》GB 50210—2018摘录：

5.3.1 涂膜防水层所用防水涂料及配套材料的品种及性能应符合设计要求及国家现行标准的有关规定。

5.3.2 涂膜防水层在变形缝、门窗洞口、穿外墙管道和预埋件等部位的做法应符合设计要求。

5.3.3 涂膜防水层不得有渗漏现象。

5.3.4 涂膜防水层与基层之间应黏结牢固。

5.3.5 涂膜防水层表面应平整，涂刷应均匀，不得有流坠、露底、气泡、皱折和翘边等缺陷。

5.3.6 涂膜防水层的厚度应符合设计要求。

6. 隐蔽工程验收记录（透气膜防水层）。

1）隐蔽工程验收记录（透气膜防水层）表填写范例（表 4.3.2-8）。

表 4.3.2-8 隐蔽工程验收记录（透气膜防水层）

工程名称	筑业科技产业园综合楼	编号	××
隐检项目	透气膜防水层	隐检日期	××××年×月×日
隐检部位	外墙防水①～⑩/　轴　　－0.100～21.600m　标高		

隐检依据：施工图号＿＿建施02、04＿＿＿＿＿，设计变更/洽商/技术核定单（编号＿＿＿＿/＿＿＿＿）及有关国家现行标准等。

主要材料名称及规格/型号：＿＿防水透气膜＿＿＿＿＿＿＿＿＿＿＿＿＿＿＿＿＿＿

隐检内容：

1. 防水透气膜，材料质量合格证明文件齐全，进场验收合格，复试合格，见报告编号××；
2. 防水层厚度 2mm，符合设计及规范要求；
3. 基层表面干净、牢固，无尖锐凸起物；
4. 门框、窗框、伸出外墙管道、预埋件等与防水层交接处留置 10mm 宽的凹槽，并按要求进行密封处理；
5. 防水层的搭接缝黏结牢固、密封严密；收头与基层粘结固定牢固，缝口严密，无翘边现象；
6. 防水层的铺贴方向正确，纵向搭接缝错开，搭接宽度 20cm，符合设计要求；
7. 防水层表面平整，涂刷均匀，无流坠、露底，气泡、皱折和翘边等缺陷；
8. 防水层进行现场淋水试验，试验合格，未出现渗漏现象，见试验记录××。

检查结论：

　　经检查，符合设计及规范要求，同意进行下道工序。

☑同意隐蔽　　　　　　□不同意，修改后进行复查

复查结论：

复查人：　　　　　　　　　　　　　　　　　复查日期：　　年　月　日

签字栏	施工单位	××建设集团有限公司	专业技术负责人	专业质量员	专业工长
			×××	×××	×××
	监理或建设单位	××建设监理有限公司	专业监理工程师		×××

2）隐蔽工程验收记录（透气膜防水层）标准要求。

（1）隐检依据来源

《建筑装饰装修工程质量验收标准》GB 50210—2018 摘录：

3.3.12　隐蔽工程验收应有记录，记录应包含隐蔽部位照片。施工质量的检验批验收应有现场检查原始记录。

5.1.4　外墙防水工程应对下列隐蔽工程项目进行验收：

1　外墙不同结构材料交接处的增强处理措施的节点；

2　防水层在变形缝、门窗洞口、穿外墙管道、预埋件及收头等部位的节点；

3　防水层的搭接宽度及附加层。

（2）隐检内容相关要求

①《建筑外墙防水工程技术规程》JGJ/T 235—2011 摘录：

6.3.1　防水层的基层表面应平整、干净；防水层与保温层应相容。

6.3.2　防水层施工应符合本规程第 6.2.4 条、第 6.2.5 条和第 6.2.6 条的规定。

6.3.3　防水透气膜施工应符合下列规定：

1　基层表面应干净、牢固，不得有尖锐凸起物；

2　铺设宜从外墙底部一侧开始，沿建筑立面自下而上横向铺设，并应顺流水方向搭接；

3　防水透气膜横向搭接宽度不得小于 100mm，纵向搭接宽度不得小于 150mm，相邻两幅膜的纵向搭接缝应相互错开，间距不应小于 500mm，搭接缝应采用密封胶粘带覆盖密封；

4　防水透气膜应随铺随固定，固定部位应预先粘贴小块密封胶粘带，用带塑料垫片的塑料锚栓将防水透气膜固定在基层上，固定点每平方米不得少于 3 处；

5　铺设在窗洞或其他洞口处的防水透气膜，应以"I"字形裁开，并应用密封胶粘带固定在洞口内侧；与门、窗框连接处应使用配套密封胶粘带满粘密封，四角用密封材料封严；

6　穿透防水透气膜的连接件周围应用密封胶粘带封严。

②《建筑装饰装修工程质量验收标准》GB 50210—2018 摘录：

5.4.1　透气膜防水层所用透气膜及配套材料的品种及性能应符合设计要求及国家现行标准的有关规定。

5.4.2　透气膜防水层在变形缝、门窗洞口、穿外墙管道和预埋件等部位的做法应符合设计要求。

5.4.3　透气膜防水层不得有渗漏现象。

5.4.4　防水透气膜应与基层黏结固定牢固。

5.4.5　透气膜防水层表面应平整，不得有皱折、伤痕、破裂等缺陷。

5.4.6　防水透气膜的铺贴方式应正确，纵向搭接缝应错开，搭接宽度应符合设计要求。

5.4.7　防水透气膜的搭接缝应黏结牢固、密封严密；收头应与基层黏结固定牢固，缝口应严密，不得有翘边现象。

7. 隐蔽工程验收记录（门窗工程-预埋件、锚固件安装）、隐蔽工程验收记录（门窗工程-填嵌处理）、隐蔽工程验收记录（门窗工程-防雷连接）、隐蔽工程验收记录（门窗工程-防火门附框安装）。

1）隐蔽工程验收记录（门窗工程-预埋件、锚固件安装）表填写范例（表 4.3.2-9）。

表 4.3.2-9　隐蔽工程验收记录（门窗工程-预埋件、锚固件安装）

工程名称	筑业科技产业园综合楼	编号	××
隐检项目	预埋件、锚固件安装	隐检日期	××××年×月×日
隐检部位	一层金属门窗①～⑩/　～　轴　0.000～3.200m　标高		

隐检依据：施工图号　　建施02、04　　　，设计变更/洽商/技术核定单（编号　　/　　）及有关国家现行标准等。

主要材料名称及规格/型号：　　附框、预埋件、固定件　　　　　　　　　　　　　　　

隐检内容：
1. 附框型号、规格符合设计要求，其材料质量合格证明文件齐全，进场验收合格；
2. 金属预埋件、锚固件已做防锈处理；
3. 预埋件留置数量、位置正确、安装牢固；
4. 副框已固定牢固、顺直，其对角线的误差及与墙体之间缝隙在允许偏差范围内；
5. 门窗框与墙体之间缝隙浮浆、杂物等清理干净。

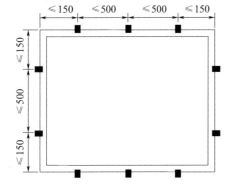
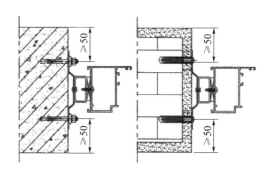

检查结论：

经检查，符合设计及规范要求，同意进行下道工序。

☑同意隐蔽　　　　　　　□不同意，修改后进行复查

复查结论：

复查人：　　　　　　　　　　　　　　　　　　　　　　复查日期：　　年　月　日

签字栏	施工单位	××建设集团有限公司	专业技术负责人	专业质量员	专业工长
			×××	×××	×××
	监理或建设单位	××建设监理有限公司	专业监理工程师	×××	

2) 隐蔽工程验收记录（门窗工程-填嵌处理）表填写范例（表 4.3.2-10）。

表 4.3.2-10 隐蔽工程验收记录（门窗工程-填嵌处理）

工程名称	筑业科技产业园综合楼	编号	××
隐检项目	填嵌处理	隐检日期	××××年×月×日
隐检部位	一层金属门窗①～⑩/ ～ 轴 0.000～3.200m 标高		

隐检依据：施工图号___建施02、04___，设计变更/洽商/技术核定单（编号_____/_____）及有关国家现行标准等。
主要材料名称及规格/型号：___聚氨酯发泡剂___

隐检内容：
1. 缝内浮浆清理干净；
2. 门窗框与墙体之间的缝隙填嵌饱满、注胶平整密实，胶缝宽度均匀、表面光滑、整洁美观；
3. 固化后采用密封胶密封，密封胶表面光滑、顺直、无裂纹。

检查结论：

　　经检查，符合设计及规范要求，同意进行下道工序。

☑同意隐蔽　　　　　□不同意，修改后进行复查

复查结论：

复查人：　　　　　　　　　　　　　　　　　　　复查日期： 年 月 日

签字栏	施工单位	××建设集团有限公司	专业技术负责人	专业质量员	专业工长
			×××	×××	×××
	监理或建设单位	××建设监理有限公司	专业监理工程师	×××	

3）隐蔽工程验收记录（门窗工程-防雷连接）表填写范例（表 4.3.2-11）。

表 4.3.2-11　隐蔽工程验收记录（门窗工程-防雷连接）

工程名称	筑业科技产业园综合楼	编号	××
隐检项目	防雷连接	隐检日期	××××年×月×日
隐检部位	一层金属门窗①～⑩/　轴　0.000～325.600m　标高		

隐检依据：施工图号＿＿建施 02、04＿＿＿＿＿＿，设计变更/洽商/技术核定单（编号＿＿＿＿/＿＿＿）及有关国家现行标准等。
主要材料名称及规格/型号：＿＿Φ8mm 镀锌圆钢＿＿＿＿＿＿＿＿＿＿＿＿＿＿＿＿＿

隐检内容：
1. 门窗框与建筑主体结构防雷装置连接导体采用 Φ8mm 的圆钢；
2. 门窗框与防雷连接件连接处，去除型材表面的非导电防护层，并与防雷连接件连接；
3. 防雷连接导体分别与门窗框防雷连接件和建筑主体结构防雷装置焊接连接，焊接长度不小于 100mm，焊接处涂防腐漆。

检查结论：

经检查，符合设计及规范要求，同意进行下道工序。

☑同意隐蔽　　　　　□不同意，修改后进行复查

复查结论：

复查人：　　　　　　　　　　　　　　　　　复查日期：　　年　月　日

签字栏	施工单位	××建设集团有限公司	专业技术负责人	专业质量员	专业工长
			×××	×××	×××
	监理或建设单位	××建设监理有限公司	专业监理工程师	×××	

4）隐蔽工程验收记录（门窗工程-防火门附框安装）表填写范例（表4.3.2-12）。

表4.3.2-12 隐蔽工程验收记录（门窗工程-防火门附框安装）

工程名称	筑业科技产业园综合楼	编号	××
隐检项目	防火门附框安装	隐检日期	××××年×月×日
隐检部位	一层防火门窗 ①～⑩/ ～ 轴 0.000～3.200m 标高		

隐检依据：施工图号＿＿建施02、04＿＿＿＿＿＿，设计变更/洽商/技术核定单（编号＿＿＿＿／＿＿＿＿）及有关国家现行标准等。
主要材料名称及规格/型号：＿防火门框＿＿＿＿＿＿＿＿＿＿＿＿＿＿＿＿

隐检内容：

1. 洞口水平基准线和洞口竖向中心线均用墨汁弹出；
2. 钢质防火门框表面洁净，无划痕、碰伤，有出厂合格证、性能检验报告齐全有效，材料进场验收合格；
3. 门框外侧已刷防火涂料，无翘曲，品种、规格及尺寸符合设计要求；
4. 钢质防火门门框与墙体的连接采用在墙面预埋M8膨胀螺栓，用电锤在墙面打φ8mm孔置放M8×100mm塑料胀栓，从门框内侧用螺丝钉将门框固定在墙体上，每边设4个固定点，上下两点各距门框端部200mm，门框宽度≥1500mm时，在横梁处加一个固定点；
5. 门框的安装位置准确，安装牢固；
6. 焊接处焊缝饱满，无夹渣、咬肉现象；
7. 焊接已做防腐处理，防锈漆涂刷均匀无遗漏现象。

检查结论：

　　经检查，符合设计及规范要求，同意进行下道工序。

☑同意隐蔽　　　　□不同意，修改后进行复查

复查结论：

复查人：　　　　　　　　　　　　　　　　复查日期：　　年　月　日

签字栏	施工单位	××建设集团有限公司	专业技术负责人	专业质量员	专业工长
			×××	×××	×××
	监理或建设单位	××建设监理有限公司	专业监理工程师	×××	

5）隐蔽工程验收记录（门窗工程-预埋件、锚固件安装）、隐蔽工程验收记录（门窗工程-填嵌处理）、隐蔽工程验收记录（门窗工程-防雷连接）、隐蔽工程验收记录（门窗工程-防火门附框安装）标准要求。

（1）隐检依据来源

《建筑装饰装修工程质量验收标准》GB 50210—2018摘录：

3.3.12 隐蔽工程验收应有记录，记录应包含隐蔽部位照片。施工质量的检验批验收应有现场检查原始记录。

6.1.4 门窗工程应对下列隐蔽工程项目进行验收：

1 预埋件和锚固件；

2 隐蔽部位的防腐和填嵌处理；

3 高层金属窗防雷连接节点。

（2）隐检内容相关要求

①《铝合金门窗工程技术规范》JGJ 214—2010摘录：

7.3.1 铝合金门窗采用干法施工安装时，应符合下列规定：

3 金属附框的内、外两侧宜采用固定片与洞口墙体连接固定；固定片宜用Q235钢材，厚度不应小于1.5mm，宽度不应小于20mm，表面应做防腐处理；

4 金属附框固定片安装位置应满足：角部的距离不应大于150mm，其余部位的固定片中心距不应大于500mm（图7.3.1-1）；固定片与墙体固定点的中心位置至墙体边缘距离不应小于50mm（图7.3.1-2）；

6 铝合金门窗框与金属附框连接固定应牢固可靠。连接固定点设置应符合（图7.3.1-1）要求。

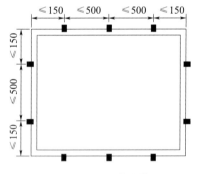

图7.3.1-1 固定片安装位置

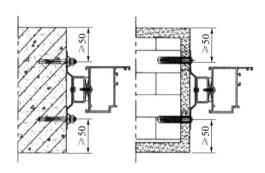

图7.3.1-2 固定片与墙体位置

表7.3.1 金属附框尺寸允许偏差（mm）

项目	允许偏差值	检测方法
金属附框高、宽偏差	±3	钢卷尺
对角线尺寸偏差	±4	钢卷尺

7.3.2 铝合金门窗采用湿法安装时，应符合下列规定：

1 铝合金门窗框安装应在洞口及墙体抹灰湿作业前完成；

2 铝合金门窗框采用固定片连接洞口时，应符合本规范第7.3.1条的要求；

3 铝合金门窗框与墙体连接固定点的设置应符合本规范第7.3.1条的要求；

4　固定片与铝合金门窗框连接宜采用卡槽连接方式（图 7.3.2-1）。与无槽口铝门窗框连接时，可采用自攻螺钉或抽芯铆钉，钉头处应密封（图 7.3.2-2）；

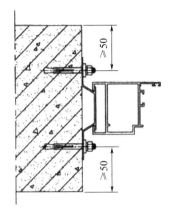 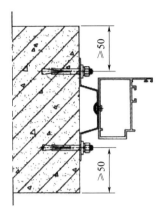

图 7.3.2-1　卡槽连接方式　　　　　　图 7.3.2-2　自攻螺钉连接方式

6　铝合金门窗框与洞口缝隙，应采用保温、防潮且无腐蚀性的软质材料填塞密实；亦可使用防水砂浆填塞，但不宜使用海砂成分的砂浆。使用聚氨酯泡沫填缝胶，施工前应清除粘接面的灰尘，墙体粘接面应进行淋水处理，固化后的聚氨酯泡沫胶缝表面应作密封处理；

7　与水泥砂浆接触的铝合金框应进行防腐处理。湿法抹灰施工前，应对外露铝型材表面进行可靠保护。

②《塑料门窗工程技术规程》JGJ 103—2008 摘录：

6.2.7　门窗在安装时应确保门窗框上下边位置及内外朝向准确，安装应符合下列要求：

1　当门窗框与墙体间采用固定片固定时，应使用单向固定片，固定片应双向交叉安装。与外保温墙体固定的边框固定片宜朝向室内。固定片与窗框连接应采用十字槽盘头自钻自攻螺钉直接钻入固定，不得直接锤击钉入或仅靠卡紧方式固定。

2　当门窗框与墙体间采用膨胀螺钉直接固定时，应按膨胀螺钉规格先在窗框上打好基孔，安装膨胀螺钉时应在伸缩缝中膨胀螺钉位置两边加支撑块。膨胀螺钉端头应加盖工艺孔帽（图 6.2.7-1），并应用密封胶进行密封。

3　固定片或膨胀螺钉的位置应距门窗端角、中竖梃、中横梃 150～200mm，固定片或膨胀螺钉之间的间距应符合设计要求，并不得大于 600mm。不得将固定片直接装在中横梃、中竖梃的端头上。平开门安装铰链的相应位置宜安装固定片或采用直接固定法固定。

6.2.13　窗下框与洞口缝隙的处理应符合下列规定：

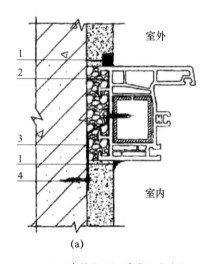
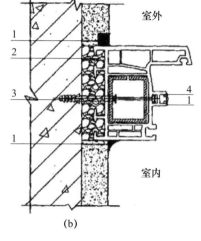

(a)　　　　　　　　　　　　　(b)

1—密封胶；2—聚氨酯发泡胶；　　　1—密封胶；2—聚氨酯发泡胶；

3—固定片；4—膨胀螺钉　　　　　3—膨胀螺钉；4—工艺孔帽

图 6.2.7-1　窗安装节点

1　普通墙体：应先将窗下框与洞口间缝隙用防水砂浆填实，填实后撤掉临时固定用木楔或垫块，其空隙也应用防水砂浆填实，并在窗框外侧做相应的防水处理。当外侧抹灰时，应做出披水坡度，并应采用片材将抹灰层与窗框临时隔开，留槽宽度及深度宜为5~8mm。抹灰面应超出窗框（图6.2.9），但厚度不应影响窗扇的开启，并不得盖住排水孔。待外侧抹灰层硬化后，应撤去片材，然后将密封胶挤入沟槽内填实抹平。打胶前应将窗框表面清理干净打胶部位两侧的窗框及墙面均应用遮蔽条遮盖严密，密封胶的打注应饱满，表面应平整光滑，刮胶缝的余胶不得重复使用。密封胶抹平后，应立即揭去两侧的遮蔽条。内侧抹灰应略高于外侧，且内侧与窗框之间也应采用密封胶密封。

2　保温墙体：应将窗下框与洞口间缝隙全部用聚氨酯发泡胶填塞饱满。外侧防水密封处理应符合设计要求。外贴保温材料时，保温材料应略压住窗下框（图6.2.13），其缝隙应用密封胶进行密封处理。当外侧抹灰时，应做出披水坡度，并应采用片材将抹灰层与窗框临时隔开，留槽宽度及深度宜为5~8mm。抹灰及密封胶的打注应符合本条第1款的规定。

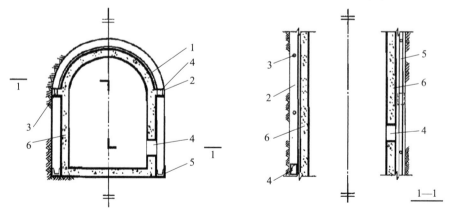

1—密封胶；2—内窗台板；3—固定片；4—膨胀螺钉；5—墙体；6—聚氨酯发泡胶；7—防水砂浆；8—保温材料

图 6.2.13　外保温墙体窗下框安装节点

6.2.16　门、窗洞口内外侧与门、窗框之间缝隙的处理应在聚氨酯发泡胶固化后进行，处理过程应符合下列要求：

1　普通门窗工程：其洞口内外侧与窗框之间均应采用普通水泥砂浆填实抹平，抹灰及密封胶的打注应符合本规程第 6.2.13 条第 1 款的规定；

2　装修质量要求较高的门窗工程，室内侧窗框与抹灰层之间宜采用与门窗材料一致的塑料盖板掩盖接缝。外侧抹灰及密封胶的打注应符合本规程第 6.2.13 条第 1 款的规定。

8. 隐蔽工程验收记录（吊顶工程-木龙骨吊顶）。

1）隐蔽工程验收记录（吊顶工程-木龙骨吊顶）表填写范例（表4.3.2-13）。

表 4.3.2-13 隐蔽工程验收记录（吊顶工程-木龙骨吊顶）

工程名称	筑业科技产业园综合楼	编号	×××
隐检项目	木龙骨吊顶	隐检日期	××××年×月×日
隐检部位	一层吊顶①～⑩/ ～ 轴 3.600～3.9000m 标高		

隐检依据：施工图号___建施 02、04___，设计变更/洽商/技术核定单（编号_____/_____）及有关国家现行标准等。

主要材料名称及规格/型号：___Φ10 吊杆、20mm×20mm 木龙骨___

隐检内容：

1. 吊杆和龙骨材料质量合格证明文件齐全，进场验收合格，；
2. 木龙骨已做防腐、防火、防虫处理；
3. 木质龙骨顺直，无劈裂和变形；
4. 吊顶内管道、设备的安装均已进行水管试压、风管严密性检验；
5. 木龙骨布置、间距、连接方式、吊杆布置、长度等均符合设计与规范要求；
6. 木龙骨安装牢固、平整，其固定金属已做防锈处理。

检查结论：

经检查，符合设计及规范要求，同意进行下道工序。

☑同意隐蔽　　　　　□不同意，修改后进行复查

复查结论：

复查人：　　　　　　　　　　　　　　　　　　　复查日期：　　年　月　日

签字栏	施工单位	××建设集团有限公司	专业技术负责人	专业质量员	专业工长
			×××	×××	×××
	监理或建设单位	××建设监理有限公司	专业监理工程师	×××	

226

2) 隐蔽工程验收记录（吊顶工程-轻钢龙骨吊顶）表填写范例（表4.3.2-14）。

表 4.3.2-14 隐蔽工程验收记录（吊顶工程-轻钢龙骨吊顶）

工程名称	筑业科技产业园综合楼	编号	××
隐检项目	轻钢龙骨吊顶	隐检日期	××××年×月×日
隐检部位	一层吊顶 ①～⑩/ ～ 轴 3.600～3.9000m 标高		

隐检依据：施工图号___建施02、04___，设计变更/洽商/技术核定单（编号_____/_____）及有关国家现行标准等。
主要材料名称及规格/型号：___Φ10吊杆、20mm×12mm轻钢龙骨___

隐检内容：
    1. 吊杆和龙骨材料质量合格证明文件齐全，进场验收合格；
    2. 金属吊杆和龙骨进行表面防腐处理；
    3. 吊顶内管道、设备的安装均已进行水管试压、风管严密性检验，见记录××；
    4. 吊杆和龙骨的安装间距、连接方式、位置均按排版图施工，符合设计和规范要求；
    5. 吊杆和龙骨安装牢固、顺直、平整；
    6. 龙骨的接缝平整、吻合、颜色一致，无划伤和擦伤等表面缺陷；
    7. 吊顶内填充吸声材料的品种和铺设厚度符合设计要求，并设有防散落措施；
    8. 吊杆和龙骨安装标高符合设计要求；
    9. 边龙骨安装顺直与墙面连接紧密，无缝隙；
    10. 重型设备和有振动荷载的设备设有独立的支撑体系；
    11. 大空间房间吊顶按要求进行起拱，起拱高度为短跨度的1/200。

检查结论：

    经检查，符合设计及规范要求，同意进行下道工序。

☑同意隐蔽   □不同意，修改后进行复查

复查结论：

复查人：   复查日期： 年 月 日

签字栏	施工单位	××建设集团有限公司	专业技术负责人	专业质量员	专业工长
			×××	×××	×××
	监理或建设单位	××建设监理有限公司	专业监理工程师	×××	

3）隐蔽工程验收记录（吊顶工程-钢转换层）表填写范例（表 4.3.2-15）。

表 4.3.2-15　隐蔽工程验收记录（吊顶工程-钢转换层）

工程名称	筑业科技产业园综合楼	编号	×××
隐检项目	钢转换层	隐检日期	××××年×月×日
隐检部位	一层吊顶①～⑩／　～　轴　3.600～5.600m 标高		

隐检依据：施工图号　建施02、04　　　，设计变更/洽商/技术核定单（编号　　／　　）及有关国家现行标准等。
主要材料名称及规格/型号：　50mm×50mm×5mm 角钢

隐检内容：
　1. 材料进场验收合格，均做防腐处理；
　2. 采用 2m 长 50mm×50mm×5mm 角钢做吊杆，吊杆采用 Φ8 膨胀螺栓固定在结构顶板上，布置位置及间距 1200mm×1200mm 均按排版布置图进行，符合规范要求；
　3. 吊杆距主龙骨端部距离为 200mm；
　4. 采用 50mm×50mm×5mm 镀锌角钢做龙骨，龙骨与龙骨、龙骨与吊杆均采用焊接连接，搭接长度均不小于 4cm，接缝处满焊，焊接均匀饱满，并对焊缝做防腐；
　5. 龙骨距边缘距离 10cm，符合规范要求。

检查结论：

　经检查，符合设计及规范要求，同意进行下道工序。

☑同意隐蔽　　　　　　□不同意，修改后进行复查

复查结论：

复查人：　　　　　　　　　　　　　　　　　　复查日期：　　年　月　日

签字栏	施工单位	××建设集团有限公司	专业技术负责人	专业质量员	专业工长
			×××	×××	×××
	监理或建设单位	××建设监理有限公司	专业监理工程师	×××	

4）隐蔽工程验收记录（吊顶工程-木龙骨吊顶）、隐蔽工程验收记录（吊顶工程-轻钢龙骨吊顶）、隐蔽工程验收记录（吊顶工程-钢转换层）标准要求。

（1）隐检依据来源

《建筑装饰装修工程质量验收标准》GB 50210—2018摘录：

7.1.2　吊顶工程验收时应检查下列文件和记录：

3　隐蔽工程验收记录。

7.1.4　吊顶工程应对下列隐蔽工程项目进行验收：

1　吊顶内管道、设备的安装及水管试压、风管严密性检验；

2　木龙骨防火、防腐处理；

3　埋件；

4　吊杆安装；

5　龙骨安装；

6　填充材料的设置；

7　反支撑及钢结构转换层。

（2）隐检内容相关要求

①《建筑装饰装修工程质量验收标准》GB 50210—2018摘录：

7.1.8　吊顶工程的木龙骨和木面板应进行防火处理，并应符合有关设计防火标准的规定。

7.1.9　吊顶工程中的埋件、钢筋吊杆和型钢吊杆应进行防腐处理。

7.1.10　安装面板前应完成吊顶内管道和设备的调试及验收。

7.1.11　吊杆距主龙骨端部距离不得大于300mm。当吊杆长度大于1500mm时，应设置反支撑。当吊杆与设备相遇时，应调整并增设吊杆或采用型钢支架。

7.1.12　重型设备和有振动荷载的设备严禁安装在吊顶工程的龙骨上。

7.1.13　吊顶埋件与吊杆的连接、吊杆与龙骨的连接、龙骨与面板的连接应安全可靠。

7.1.14　吊杆上部为网架、钢屋架或吊杆长度大于2500mm时，应设有钢结构转换层。

②《住宅装饰装修工程施工规范》GB 50327—2001摘录：

8.1.2　吊杆、龙骨的安装间距、连接方式应符合设计要求。后置埋件、金属吊杆、龙骨应进行防腐处理。木吊杆、木龙骨、造型木板和木饰面板应进行防腐、防火、防蛀处理。

8.3.1　龙骨的安装应符合下列要求：

1　应根据吊顶的设计标高在四周墙上弹线。弹线应清晰、位置应准确；

2　主龙骨吊点间距、起拱高度应符合设计要求。当设计无要求时，吊点间距应小于1.2m，应按房间短向跨度的1‰～3‰起拱。主龙骨安装后应及时校正其位置标高；

3　吊杆应通直，距主龙骨端部距离不得超过300mm。当吊杆与设备相遇时，应调整吊点构造或增设吊杆；

4　次龙骨应紧贴主龙骨安装。固定板材的次龙骨间距不得大于600mm，在潮湿地区和场所，间距宜为300～400mm。用沉头自攻钉安装饰面板时，接缝处次龙骨宽度不得小于 40mm；

5 暗龙骨系列横撑龙骨应用连接件将其两端连接在通长次龙骨上。明龙骨系列的横撑龙骨与通长龙骨搭接处的间隙不得大于 1mm；

6 边龙骨应按设计要求弹线，固定在四周墙上；

7 全面校正主、次龙的位置及平整度，连接件应错位安装。

8.3.2 安装饰面板前应完成吊顶内管道和设备的调试和验收。

9. 隐蔽工程验收记录（板材隔墙）、隐蔽工程验收记录（玻璃隔墙）、隐蔽工程验收记录（骨架隔墙）、隐蔽工程验收记录（活动隔墙）。

1）隐蔽工程验收记录（板材隔墙）表填写范例（表 4.3.2-16）。

表 4.3.2-16　隐蔽工程验收记录（板材隔墙）

工程名称	筑业科技产业园综合楼	编号	××
隐检项目	板材隔墙	隐检日期	××××年×月×日
隐检部位	一层隔墙 ①～⑩/ ～ 轴	−0.100～3.800m 标高	

隐检依据：施工图号　建施 02、04　，设计变更/洽商/技术核定单（编号　/　）及有关国家现行标准等。
主要材料名称及规格/型号：　木隔墙板、条板

隐检内容：
1. 隔墙板材的品种、规格、颜色和性能符合设计要求，材料质量合格证明文件齐全，进场验收合格；
2. 安装隔墙板，条板对准预先在顶板和地板上弹好的定位线用 2m 靠尺及塞尺测量墙面的平整度，用 2m 托线板检查板的垂直度符合要求；
3. 门头板和相邻板连接符合图集要求，在两块条板顶端拼缝之间射钉将 U 形钢板卡固定在梁和板上，随安随固定 U 形钢板卡，板缝处粘贴无纺布和玻纤网格布，并用专用黏结剂挤严抹平；
4. 专用胶黏剂要随配随用，配制的胶粘剂在 30min 内用完；
5. 黏结完毕的墙体，立即用 C20 干硬性混凝土将板下口堵严，3 天后，撤去板下楔，并用同等强度的干硬性砂浆灌实；
6. 空心条板内设备管线安装按施工图纸要求完毕，设备管卡已固定牢固，且已试压，见试验记录编号××。

检查结论：

经检查，符合设计及规范要求，同意进行下道工序。

☑同意隐蔽　　　　□不同意，修改后进行复查

复查结论：

复查人：　　　　　　　　　　　　　　　　　　　复查日期：　　年　月　日

签字栏	施工单位	××建设集团有限公司	专业技术负责人	专业质量员	专业工长
			×××	×××	×××
	监理或建设单位	××建设监理有限公司	专业监理工程师	×××	

2）隐蔽工程验收记录（玻璃隔墙）表填写范例（表4.3.2-17）。

表4.3.2-17 隐蔽工程验收记录（玻璃隔墙）

工程名称	筑业科技产业园综合楼	编号	××
隐检项目	玻璃隔墙	隐检日期	××××年×月×日
隐检部位	一层隔墙①～⑩/ ～ 轴 －0.100～3.800m 标高		

隐检依据：施工图号 建施02、04 ，设计变更/洽商/技术核定单（编号 / ）及有关国家现行标准等。
主要材料名称及规格/型号： 玻璃墙板

隐检内容：
    1. 玻璃板隔墙的主材、框架、边框用金属材料，其品种、规格、性能符合设计要求和现行标准规定，其质量合格证明文件齐全、进场验收合格；
    2. 隔墙安装位置线和高度线已在地面与墙面用墨斗弹出；
    3. 隔墙面积较大时，则直接将隔墙的沿地、沿顶型材，靠墙及中间位置的竖向型材按控制线位置固定在墙、地、顶上；
    4. 面积较大的玻璃隔墙采用吊挂式安装时，已先在建筑结构梁或板下做出吊挂玻璃支撑架，并已装好吊挂玻璃的夹具及上框；
    5. 边框装饰符合要求，饰面材料采用不锈钢；
    6. 玻璃幕墙采用玻璃胶嵌缝，胶缝宽度一致，表面平整。

检查结论：

    经检查，符合设计及规范要求，同意进行下道工序。

☑同意隐蔽　　　　□不同意，修改后进行复查

复查结论：

复查人：　　　　　　　　　　　　　　复查日期：　　年　月　日

签字栏	施工单位	××建设集团有限公司	专业技术负责人	专业质量员	专业工长
			×××	×××	×××
	监理或建设单位	××建设监理有限公司	专业监理工程师	×××	

231

3) 隐蔽工程验收记录（骨架隔墙）表填写范例（表 4.3.2-18）。

表 4.3.2-18　隐蔽工程验收记录（骨架隔墙）

工程名称	筑业科技产业园综合楼	编　号	××
隐检项目	骨架隔墙	隐检日期	××××年×月×日
隐检部位	一层隔墙 ①～⑩/　～　轴　－0.100～3.800 标高		

隐检依据：施工图号＿＿建施 02、04＿＿＿＿＿＿，设计变更/洽商/技术核定单（编号＿＿＿＿/＿＿＿＿）及有关国家现行标准等。

主要材料名称及规格/型号：＿＿天、地龙骨＿＿＿＿＿＿＿＿＿＿＿＿

隐检内容：
1. 骨架隔墙所用龙骨、配件、墙面板、填充材料及嵌缝材料的品种、规格、性能和木材的含水率符合设计要求，其质量合格证明文件齐全，进场验收合格，复试合格，见报告编号××；
2. 按墙顶龙骨位置边线，安装顶龙骨和地龙骨，用射钉固定于主体结构上，其固定间距 500mm；
3. 按门窗位置进行竖龙骨分档，竖龙骨中心距尺寸为 450mm；
4. 根据设计要求布置支撑卡式横向龙骨三道，卡距 500mm，支撑卡安装在竖向龙骨的开口上，与竖向龙骨采用抽芯铆钉固定；
5. 骨架内设备管线安装按施工图纸要求完毕，固定牢固，并采用局部加强措施；
6. 骨架内的隔声保温材料（岩棉）已铺满、铺平、固定；
7. 玻璃幕墙采用玻璃胶嵌缝，胶缝宽度一致，表面平整。

检查结论：

　经检查，符合设计及规范要求，同意进行下道工序。

☑同意隐蔽　　　　　□不同意，修改后进行复查

复查结论：

复查人：　　　　　　　　　　　　　　　　　　　复查日期：　　年　月　日

签字栏	施工单位	××建设集团有限公司	专业技术负责人	专业质量员	专业工长
			×××	×××	×××
	监理或建设单位	××建设监理有限公司	专业监理工程师	×××	

4）隐蔽工程验收记录（活动隔墙）表填写范例（表 4.3.2-19）。

表 4.3.2-19　隐蔽工程验收记录（活动隔墙）

工程名称	筑业科技产业园综合楼	编号	××
隐检项目	活动隔墙	隐检日期	××××年×月×日
隐检部位	一层隔墙①～⑩/　～　轴　－0.100～3.800m　标高		

隐检依据：施工图号＿＿建施 02、04＿＿＿＿＿，设计变更/洽商/技术核定单（编号＿＿＿＿/＿＿＿＿＿）及有关国家现行标准等。
主要材料名称及规格/型号：＿＿轨道＿＿＿＿＿＿＿＿＿＿＿＿＿＿＿＿＿＿＿＿＿＿＿＿＿＿＿

隐检内容：
　　1. 活动隔墙所用、轨道、配件等材料的品种、规格、性能符合设计要求，材料质量合格证明文件齐全，进场验收合格，复试合格，见报告编号××；
　　2. 活动隔墙轨道与基体结构连接牢固、位置正确；
　　3. 活动隔墙用于组装、推拉和制动的构配件安装牢固、位置正确，推拉安全、平稳、灵活；
　　4. 所有金属件均已做防锈处理。

检查结论：

　　经检查，符合设计及规范要求，同意进行下道工序。

☑同意隐蔽　　　　　　　□不同意，修改后进行复查

复查结论：

复查人：　　　　　　　　　　　　　　　　　　复查日期：　　年　月　日

签字栏	施工单位	××建设集团有限公司	专业技术负责人	专业质量员	专业工长
			×××	×××	×××
	监理或建设单位	××建设监理有限公司	专业监理工程师	×××	

5）隐蔽工程验收记录（板材隔墙）、隐蔽工程验收记录（玻璃隔墙）、隐蔽工程验收记录（骨架隔墙）、隐蔽工程验收记录（活动隔墙）标准要求。

（1）隐检依据来源

《建筑装饰装修工程质量验收标准》GB 50210—2018 摘录：

8.1.4 轻质隔墙工程应对下列隐蔽工程项目进行验收：

1 骨架隔墙中设备管线的安装及水管试压；

2 木龙骨防火和防腐处理；

3 预埋件或拉结筋；

4 龙骨安装；

5 填充材料的设置。

（2）隐检内容相关要求

① 《建筑装饰装修工程质量验收标准》GB 50210—2018 摘录：

8.2.1 隔墙板材的品种、规格、颜色和性能应符合设计要求。有隔声、隔热、阻燃和防潮等特殊要求的工程，板材应有相应性能等级的检验报告。

8.2.2 安装隔墙板材所需预埋件、连接件的位置、数量及连接方法应符合设计要求。

8.3.1 骨架隔墙所用龙骨、配件、墙面板、填充材料及嵌缝材料的品种、规格、性能和木材的含水率应符合设计要求。有隔声、隔热、阻燃和防潮等特殊要求的工程，材料应有相应性能等级的检验报告。

8.3.2 骨架隔墙地梁所用材料、尺寸及位置等应符合设计要求。骨架隔墙的沿地、沿顶及边框龙骨应与基体结构连接牢固。

8.3.3 骨架隔墙中龙骨间距和构造连接方法应符合设计要求。骨架内设备管线的安装、门窗洞口等部位加强龙骨的安装应牢固、位置正确。填充材料的品种、厚度及设置应符合设计要求。

8.3.4 木龙骨及木墙面板的防火和防腐处理应符合设计要求。

8.5.3 有框玻璃板隔墙的受力杆件应与基体结构连接牢固，玻璃板安装橡胶垫位置应正确。玻璃板安装应牢固，受力应均匀。

8.5.4 无框玻璃板隔墙的受力爪件应与基体结构连接牢固，爪件的数量、位置应正确，爪件与玻璃板的连接应牢固。

8.5.6 玻璃砖隔墙砌筑中埋设的拉结筋应与基体结构连接牢固，数量、位置应正确。

② 《住宅装饰装修工程施工规范》GB 50327—2001 摘录：

9.3.1 墙位放线应按设计要求，沿地、墙、顶弹出隔墙的中心线和宽度线，宽度线应与隔墙厚度一致。弹线应清晰，位置应准确。

9.3.2 轻钢龙骨的安装应符合下列规定：

1 应按弹线位置固定沿地、沿顶龙骨及边框龙骨，龙骨的边线应与弹线重合。龙骨的端部应安装牢固，龙骨与基体的固定点间距应不大于 1m；

2 安装竖向龙骨应垂直，龙骨间距应符合设计要求。潮湿房间和钢板网抹灰墙，龙骨间距不宜大于 400mm；

3 安装支撑龙骨时，应先将支撑卡安装在竖向龙骨的开口方向，卡距宜为 400～600mm，距龙骨两端的距离宜为 20～25mm；

4 安装贯通系列龙骨时，低于 3m 的隔墙安装一道，3～5m 隔墙安装两道；

5 饰面板横向接缝处不在沿地、沿顶龙骨上时，应加横撑龙骨固定；

6 门窗或特殊接点处安装附加龙骨应符合设计要求。

9.3.3 木龙骨的安装应符合下列规定：

1 木龙骨的横截面积及纵、横向间距应符合设计要求；

2 骨架横、竖龙骨宜采用开半榫、加胶、加钉连接；

3 安装饰面板前应对龙骨进行防火处理。

9.3.4 骨架隔墙在安装饰面板前应检查骨架的牢固程度、墙内设备管线及填充材料的安装是否符合设计要求，如有不符合处应采取措施。

9.3.5 纸面石膏板的安装应符合以下规定：

1 石膏板宜竖向铺设，长边接缝应安装在竖龙骨上；

2 龙骨两侧的石膏板及龙骨一侧的双层板的接缝应错开，不得在同一根龙骨上接缝；

3 轻钢龙骨应用自攻螺钉固定，木龙骨应用木螺钉固定。沿石膏板周边钉间距不得大于 200mm，板中钉间距不得大于 300mm，螺钉与板边距离应为 10～15mm；

4 安装石膏板时应从板的中部向板的四边固定。钉头略埋入板内，但不得损坏纸面。钉眼应进行防锈处理；

5 石膏板的接缝应按设计要求进行板缝处理。石膏板与周围墙或柱应留有 3mm 的槽口，以便进行防开裂处理。

9.3.6 胶合板的安装应符合下列规定：

1 胶合板安装前应对板背面进行防火处理；

2 轻钢龙骨应采用自攻螺钉固定。木龙骨采用圆钉固定时，钉距宜为 80～150mm，钉帽应砸扁；采用钉枪固定时，钉距宜为 80～100mm；

3 阳角处宜作护角；

4 胶合板用木压条固定时，固定点间距不应大于 200mm。

9.3.7 板材隔墙的安装应符合下列规定：

1 墙位放线应清晰，位置应准确。隔墙上下基层应平整，牢固；

2 板材隔墙安装拼接应符合设计和产品构造要求；

3 安装板材隔墙时使用简易支架；

4 安装板材隔墙所用的金属件应进行防腐处理；

5 板材隔墙拼接用的芯材应符合防火要求；

6 在板材隔墙上开槽、打孔应用云石机切割或电钻钻孔，不得直接剔凿和用力敲击。

9.3.8 玻璃砖墙的安装应符合下列规定：

1 玻璃砖墙宜以 1.5m 高为一个施工段，待下部施工段胶结材料达到设计强度后再进行上部施工；

2 当玻璃砖墙面积过大时应增加支撑。玻璃砖墙的骨架应与结构连接牢固；

3 玻璃砖应排列均匀整齐，表面平整，嵌缝的油灰或密封膏应饱满密实。

9.3.9 平板玻璃隔墙的安装应符合下列规定：

1 墙位放线应清晰，位置应准确。隔墙基层应平整、牢固；

2 骨架边框的安装应符合设计和产品组合的要求；

3 压条应与边框紧贴，不得弯棱、凸鼓；

4 安装玻璃前应对骨架、边框的牢固程度进行检查，如有不牢应进行加固；

5 玻璃安装应符合本规范门窗工程的有关规定。

10. 隐蔽工程验收记录（饰面板工程-预埋件、龙骨安装）。

1）隐蔽工程验收记录（饰面板工程-预埋件、龙骨安装）表填写范例（表 4.3.2-20）。

表 4.3.2-20 隐蔽工程验收记录（饰面板工程-预埋件、龙骨安装）

工程名称	筑业科技产业园综合楼	编号	××
隐检项目	预埋件、龙骨安装	隐检日期	××××年×月×日
隐检部位	一层墙面饰面板①～⑩/ ～ 轴 −0.100～3.800m 标高		

隐检依据：施工图号 __建施 02、04__ ，设计变更/洽商/技术核定单（编号_____/_____）及有关国家现行标准等。

主要材料名称及规格/型号： __预埋件、龙骨__

隐检内容：

1. 埋件、龙骨材质、规格符合设计要求，其质量合格证明文件齐全、进场验收合格；

2. 埋件、龙骨均做防锈、防腐处理；

3. 基层混凝土墙体平整度、垂直度符合要求；

4. 埋件采用 φ10 膨胀螺栓打入墙体，打入深度不小于 5cm，其布置位置、间距符合要求，且现场拉拔试验合格，见报告编号××；

5. 竖龙骨与后置埋件焊接牢固，其布置位置、间距、尺寸符合要求；

6. 横龙骨用自攻钉，与竖龙骨固定牢固，横龙骨布置位置、间距、尺寸符合要求；

7. 骨架内线管均按要求布置完成，固定牢固。

检查结论：

经检查，符合设计及规范要求，同意进行下道工序。

☑同意隐蔽　　　　□不同意，修改后进行复查

复查结论：

复查人：　　　　　　　　　　　　　　　　复查日期：　　年 月 日

签字栏	施工单位	××建设集团有限公司	专业技术负责人	专业质量员	专业工长
			×××	×××	×××
	监理或建设单位	××建设监理有限公司	专业监理工程师	×××	

2）隐蔽工程验收记录（饰面板工程-保温板、防火节点）表填写范例（表4.3.2-21）。

表4.3.2-21 隐蔽工程验收记录（饰面板工程-保温板、防火节点）

工程名称	筑业科技产业园综合楼	编号	××
隐检项目	保温板、防火节点	隐检日期	××××年×月×日
隐检部位	一层墙面饰面板 ①～⑩/ ～ 轴 －0.100～3.800m 标高		

隐检依据：施工图号___建施02、04___，设计变更/洽商/技术核定单（编号____/____）及有关国家现行标准等。
主要材料名称及规格/型号：___30mm厚岩棉板___

隐检内容：
1. 材料质量合格证明文件齐全，进场验收合格；
2. 在建筑缝隙上、下沿处分别采用矿物棉等背衬材料填塞且填塞高度均不小于200mm；在矿物棉等背衬材料的上面覆盖具有弹性的防火封堵材料，在矿物棉下面设置承托板；
3. 承托板采用钢质承托板，且承托板的厚度不小于1.5mm。承托板与饰面板、建筑外墙之间及承托板之间的缝隙，采用具有弹性的防火封堵材料封堵；
4. 防火封堵的构造具有自承重和适应缝隙变形的性能；
5. 缝隙内采用整块岩棉板满贴。

检查结论：

经检查，符合设计及规范要求，同意进行下道工序。

☑同意隐蔽 　　　　□不同意，修改后进行复查

复查结论：

复查人：　　　　　　　　　　　　　　　　复查日期：　　年　月　日

签字栏	施工单位	××建设集团有限公司	专业技术负责人	专业质量员	专业工长
			×××	×××	×××
	监理或建设单位	××建设监理有限公司	专业监理工程师	×××	

3）隐蔽工程验收记录（饰面板工程-防雷连接）表填写范例（表 4.3.2-22）。

表 4.3.2-22　隐蔽工程验收记录（饰面板工程-防雷连接）

工程名称	筑业科技产业园综合楼	编号	××
隐检项目	防雷连接	隐检日期	××××年×月×日
隐检部位	外墙饰面板 ①～⑩/　轴　　−0.100～21.600m　标高		

隐检依据：施工图号　建施 02、04　，设计变更/洽商/技术核定单（编号　　/　　）及有关国家现行标准等。
主要材料名称及规格/型号：　40mm×5mm 镀锌扁钢，Φ12mm 镀锌圆钢　

隐检内容：

1. 饰面板避雷工程所需各种材料的质量、数量、规格符合设计及施工规范要求，其质量合格证明文件齐全、进场验收合格；
2. 采用 40mm×5mm 扁钢及 ϕ12mm 的圆钢与主体结构避雷预留点搭接，搭接量符合设计及避雷施工规范要求；
3. 扁钢搭接双面施焊，搭接倍数＞2d，圆钢与扁钢搭接＞6d，双面施焊焊接处做防锈处理；
4. 焊缝刷防锈漆两遍，焊缝质量符合设计及规范要求，表面未出现裂缝、夹渣、气孔等缺陷；
5. 饰面板的防雷装置与主体结构的连接可靠，符合设计及避雷施工规范要求。

检查结论：

经检查，符合设计及规范要求，同意进行下道工序。

☑同意隐蔽　　　　□不同意，修改后进行复查

复查结论：

复查人：　　　　　　　　　　　　　　复查日期：　　年　月　日

签字栏	施工单位	××建设集团有限公司	专业技术负责人	专业质量员	专业工长
			×××	×××	×××
	监理或建设单位	××建设监理有限公司	专业监理工程师	×××	

4）隐蔽工程验收记录（饰面板工程-预埋件、龙骨安装）、隐蔽工程验收记录（饰面板工程-保温板、防火节点）、隐蔽工程验收记录（饰面板工程-防雷连接）标准要求。

（1）隐检依据来源

《建筑装饰装修工程质量验收标准》GB 50210—2018摘录：

9.1.4 饰面板工程应对下列隐蔽工程项目进行验收：

1 预埋件（或后置埋件）；

2 龙骨安装；

3 连接节点；

4 防水、保温、防火节点；

5 外墙金属板防雷连接节点。

（2）隐检内容相关要求

① 《建筑装饰装修工程质量验收标准》GB 50210—2018摘录：

9.2.3 石板安装工程的预埋件（或后置埋件）、连接件的材质、数量、规格、位置、连接方法和防腐处理应符合设计要求。后置埋件的现场拉拔力应符合设计要求。石板安装应牢固。

9.3.3 陶瓷板安装工程的预埋件（或后置埋件）、连接件的材质、数量、规格、位置、连接方法和防腐处理应符合设计要求。后置埋件的现场拉拔力应符合设计要求。陶瓷板安装应牢固。

9.4.2 木板安装工程的龙骨、连接件的材质、数量、规格、位置、连接方法和防腐处理应符合设计要求。木板安装应牢固。

9.5.2 金属板安装工程的龙骨、连接件的材质、数量、规格、位置、连接方法和防腐处理应符合设计要求。金属板安装应牢固。

9.5.3 外墙金属板的防雷装置应与主体结构防雷装置可靠接通。

9.6.2 塑料板安装工程的龙骨、连接件的材质、数量、规格、位置、连接方法和防腐处理应符合设计要求。塑料板安装应牢固。

② 《住宅室内装饰装修工程质量验收规范》JGJ/T 304—2013摘录：

9.3.1 饰面板及其嵌缝材料的品种、规格、颜色和性能应符合设计要求，木龙骨、木饰面板和塑料饰面板的燃烧性能等级应符合设计要求和国家现行有关标准的规定。

9.3.2 干挂饰面工程的骨架与预埋件的安装、连接，防锈、防腐、防火处理应符合设计要求。

9.3.7 饰面板工程骨架制作安装质量应符合下列规定：

1 饰面板骨架安装的预埋件或后置埋件、连接件的数量、规格、位置、连接方法和防腐、防锈处理应符合设计要求；

2 有防潮要求的应进行防潮处理；

3 龙骨间距应符合设计要求；

4 骨架应安装牢固，横平竖直，安装位置、外形和尺寸应符合设计要求。

11. 隐蔽工程验收记录（饰面砖工程-基体）、隐蔽工程验收记录（饰面砖工程-抹灰找平层）、隐蔽工程验收记录（饰面砖工程-防水层）。

1）隐蔽工程验收记录（饰面砖工程-基体）表填写范例（表4.3.2-23）。

表4.3.2-23　隐蔽工程验收记录（饰面砖工程-基体）

工程名称	筑业科技产业园综合楼	编号	××
隐检项目	基体	隐检日期	××××年×月×日
隐检部位	一层墙砖面层 ①～⑩/　～　轴　0.000～3.700m　标高		

隐检依据：施工图号___建施02、04_____，设计变更/洽商/技术核定单（编号_____/_____）及有关
国家现行标准等。
主要材料名称及规格/型号：_____/_____

隐检内容：
1. 基层浮浆清理干净，表面浇水湿润；
2. 基层凹地不平处，用聚合物水泥砂浆补平；
3. 不同材料接缝处采取加强措施：将钢丝网钉在接缝处，缝两边宽度为100mm；
4. 基层表面进行拉毛处理，其质量符合要求。

检查结论：

　　经检查，符合设计及规范要求，同意进行下道工序。

☑同意隐蔽　　　　　　□不同意，修改后进行复查

复查结论：

复查人：　　　　　　　　　　　　　　　　　　　复查日期：　　年　月　日

签字栏	施工单位	××建设集团有限公司	专业技术负责人	专业质量员	专业工长
			×××	×××	×××
	监理或建设单位	××建设监理有限公司	专业监理工程师	×××	

2）隐蔽工程验收记录（饰面砖工程-抹灰找平层）表填写范例（表 4.3.2-24）。

表 4.3.2-24　隐蔽工程验收记录（饰面砖工程-抹灰找平层）

工程名称	筑业科技产业园综合楼	编号	××
隐检项目	抹灰找平层	隐检日期	2021 年×月×日
隐检部位	一层墙砖面层 ①～⑩/　～　轴　　0.000～3.700m　标高		

隐检依据：施工图号　建施 02、04　　　　，设计变更/洽商/技术核定单（编号　　　/　　　）及有关国家现行标准等。
主要材料名称及规格/型号：　M5 水泥砂浆

隐检内容：
1. 找平层采用 8mm 厚 M5 水泥砂浆，材料质量合格证明文件齐全，进场验收合格；
2. 找平层平整度、垂直度偏差均在规范允许范围内；
3. 找平层黏结牢固，无脱层、空鼓和裂缝等缺陷；
4. 找平层表面平整、搓毛；
5. 找平层表面已浇水养护 7d。

检查结论：

经检查，符合设计及规范要求，同意进行下道工序。

☑同意隐蔽　　　　　□不同意，修改后进行复查

复查结论：

复查人：　　　　　　　　　　　　　　　　复查日期：　　年　月　日

签字栏	施工单位	××建设集团有限公司	专业技术负责人	专业质量员	专业工长
			×××	×××	×××
	监理或建设单位	××建设监理有限公司	专业监理工程师	×××	

3）隐蔽工程验收记录（饰面砖工程-防水层）表填写范例（表 4.3.2-25）。

表 4.3.2-25　隐蔽工程验收记录（饰面砖工程-防水层）

工程名称	筑业科技产业园综合楼	编号	××
隐检项目	防水层	隐检日期	××××年×月×日
隐检部位	一层卫生间墙砖面层　　0.000～3.700m　标高		

隐检依据：施工图号___建施 02、04___，设计变更/洽商/技术核定单（编号___／___）及有关国家现行标准等。

主要材料名称及规格/型号：___聚氨酯防水涂料___

隐检内容：

1. 防水层采用聚氨酯防水防涂料，材料质量合格证明文件齐全，进场验收合格；
2. 涂料共涂刷两遍，两遍涂刷间隔时间 4h，符合规范要求；
3. 墙面涂层高度大于 2m，符合设计及规范要求；
4. 防水层涂刷均匀，无疙瘩、流坠裂纹等缺陷；
5. 墙面已进行淋水试验，墙面无渗漏，见试验记录编号××；
6. 防水层表面已用素水泥浆（内掺 108 胶）甩毛。

检查结论：

经检查，符合设计及规范要求，同意进行下道工序。

☑同意隐蔽　　　　□不同意，修改后进行复查

复查结论：

复查人：　　　　　　　　　　　　　　　　　　复查日期：　　　年　月　日

签字栏	施工单位	××建设集团有限公司	专业技术负责人	专业质量员	专业工长
			×××	×××	×××
	监理或建设单位	××建设监理有限公司	专业监理工程师	×××	

　　4）隐蔽工程验收记录（饰面砖工程-基体）、隐蔽工程验收记录（饰面砖工程-抹灰找平层）、隐蔽工程验收记录（饰面砖工程-防水层）标准要求。

（1）隐检依据来源

《建筑装饰装修工程质量验收标准》GB 50210—2018 摘录：

10.1.4　饰面砖工程应对下列隐蔽工程项目进行验收：

1　基层和基体；

2　防水层。

（2）隐检内容相关要求

《外墙饰面砖工程施工及验收规程》JGJ 126—2015 摘录：

4.0.2　基体应该符合下列规定：

1　基体的黏结强度不应小于0.4MPa；当基体的黏结强度小于0.4MPa时，应进行加强处理；

2　加气混凝土、轻质墙板、外墙外保温系统等基体，当采用外墙饰面砖时，应有可靠的加强及粘结质量保证措施。

5.1.2　外墙饰面砖工程施工前，应对粘贴外墙饰面的基层和基体进行验收，并应对基层表面平整度和立面垂直度进行检验。基层表面平整度偏差不应大于3mm，立面垂直度偏差不应大于4mm。

5.2.1　水泥抹灰砂浆找平应符合下列规定：

1　在基体处理完毕后，应进行挂线，贴灰饼，冲筋。其间距不宜大于2m；

2　抹灰平层前应将基体表面湿润。需要时在基体表面涂刷结合层；

3　找平层应分层施工，每层厚度不应大于7mm，且应在前一层终凝后再抹后一层，不得空鼓，按平层厚度不应大于20mm，超过20mm时应采取加强措施；

4　找平层的表面应刮平搓毛。并应在终凝后浇水或保湿养护。

12. 隐蔽工程验收记录（幕墙工程-龙骨、埋件安装）、隐蔽工程验收记录（幕墙工程-隐框玻璃板块的固定）、隐蔽工程验收记录（幕墙工程-铝塑板、保温板安装）。

1）隐蔽工程验收记录（幕墙工程-龙骨、埋件安装）表填写范例（表4.3.2-26）。

表 4.3.2-26　隐蔽工程验收记录（幕墙工程-龙骨、埋件安装）

工程名称	筑业科技产业园综合楼	编号	××
隐检项目	龙骨、埋件安装	隐检日期	××××年×月×日
隐检部位	幕墙 ①~⑩/　轴　　−0.100~21.600m　标高		

隐检依据：施工图号　建施02、04　　　，设计变更/洽商/技术核定单（编号　　/　　）及有关国家现行标准等。

主要材料名称及规格/型号：　40mm×40mm×4mm、80mm×40mm×6mm 镀锌方钢管；300mm×300mm×10mm　埋件

隐检内容：
1. 幕墙龙骨材质、规格符合设计及规范要求，其质量合格证明文件齐全，进场验收合格；
2. 幕墙龙骨、后置埋件均已做防锈处理；
3. 后置埋件布置位置、间距符合设计及规范要求；
4. 后置使用膨胀螺栓固定在主体结构上，后置埋件经现场拉拔试验合格，见报告编号××；
5. 已在主体结构外墙面放出龙骨布置线；
6. 主龙骨与后置埋件进行焊接，龙骨两侧均进行满焊；
7. 次龙骨用自攻钉固定在主龙骨上；
8. 主龙骨、次龙骨均按龙骨排版布置图进行布置且固定牢固；
9. 主龙骨与主龙骨通过400mm芯柱连通，留有2mm的缝隙，并用金属导线连通；
10. 龙骨内根据设计要求布满岩棉板保温层。

检查结论：

　　经检查，符合设计及规范要求，同意进行下道工序。

☑同意隐蔽　　　　　□不同意，修改后进行复查

复查结论：

复查人：　　　　　　　　　　　　　　　　复查日期：　　年　月　日

签字栏	施工单位	××建设集团有限公司	专业技术负责人	专业质量员	专业工长
			×××	×××	×××
	监理或建设单位	××建设监理有限公司	专业监理工程师		×××

2）隐蔽工程验收记录（幕墙工程-隐框玻璃板块的固定）表填写范例（表4.3.2-27）。

表4.3.2-27 隐蔽工程验收记录（幕墙工程-隐框玻璃板块的固定）

工程名称	筑业科技产业园综合楼	编号	××
隐检项目	隐框玻璃板块的固定	隐检日期	××××年×月×日
隐检部位	幕墙 ①～⑩/ 轴 －0.100～21.600m 标高		

隐检依据：施工图号　建施02、04　，设计变更/洽商/技术核定单（编号　　/　　）及有关
国家现行标准等。
主要材料名称及规格/型号：　6＋12＋6mm钢化玻璃；硅酮建筑密封胶　

隐检内容：
1. 材料质量合格证明文件齐全，进场验收合格，记录编号××；
2. 玻璃幕墙立柱，横梁安装完毕，氟碳喷涂色泽均匀；
3. 隐蔽节点的遮封装修牢固、美观；
4. 密封胶横平竖直，深浅一致，宽窄均匀，光滑顺直。

检查结论：

　　经检查，符合设计及规范要求，同意进行下道工序。

☑同意隐蔽　　　　　□不同意，修改后进行复查

复查结论：

复查人：　　　　　　　　　　　　　　　　　　复查日期：　　年　月　日

签字栏	施工单位	××建设集团有限公司	专业技术负责人	专业质量员	专业工长
			×××	×××	×××
	监理或建设单位	××建设监理有限公司	专业监理工程师	×××	

3）隐蔽工程验收记录（幕墙工程-铝塑板、保温板安装）表填写范例（表4.3.2-28）。

表4.3.2-28 隐蔽工程验收记录（幕墙工程-铝塑板、保温板安装）

工程名称	筑业科技产业园综合楼	编号	××
隐检项目	铝塑板、保温板安装	隐检日期	××××年×月×日
隐检部位	幕墙①～⑩/ 轴 －0.100～21.600m 标高		

隐检依据：施工图号 <u>建施02、04</u> ，设计变更/洽商/技术核定单（编号 <u>/</u> ）及有关国家现行标准等。

主要材料名称及规格/型号： <u>铝塑板（浅黄）4mm×1220mm×2440mm，30mm厚挤塑板</u>

隐检内容：

1. 材料质量合格证明文件齐全，进场验收合格，复试合格，报告编号××；

2. 铝塑板背面距边缘60mm，满贴30mm挤塑保温板，钢龙骨位置在钢龙骨与结构之间也满贴30mm挤塑保温板，使其与铝塑板背面挤塑保温板形成一个整体；

3. 铝塑板与龙骨之间垫隔离塑料胶条；

4. 铝塑板采用4mm厚氟碳喷涂铝塑板，铝塑板与龙骨之间采用自攻自攻钉连接固定，自攻钉横向间距为500mm，竖向间距为300mm，符合设计和规范要求；

5. 铝塑板在变形缝处折边为15mm，相邻两张铝塑板之间宽度为8mm，厚度为4mm胶缝，并贴有5mm×5mm单面贴，深浅一致，宽窄均匀，光滑顺直，符合设计和规范要求。

检查结论：

经检查，符合设计及规范要求，同意进行下道工序。

☑同意隐蔽　　　　　　　□不同意，修改后进行复查

复查结论：

复查人：　　　　　　　　　　　　　　　　复查日期：　　年　月　日

签字栏	施工单位	××建设集团有限公司	专业技术负责人	专业质量员	专业工长
			×××	×××	×××
	监理或建设单位	××建设监理有限公司	专业监理工程师	×××	

　　4）隐蔽工程验收记录（幕墙工程-龙骨、埋件安装）、隐蔽工程验收记录（幕墙工程-隐框玻璃板块的固定）、隐蔽工程验收记录（幕墙工程-铝塑板、保温板安装）标准要求。

　　（1）隐检依据来源

　　《建筑装饰装修工程质量验收标准》GB 50210—2018摘录：

11.1.4　幕墙工程应对下列隐蔽工程项目进行验收：

1　预埋件或后置埋件、锚栓及连接件；

2　构件的连接节点；

3　幕墙四周、幕墙内表面与主体结构之间的封堵；

4　伸缩缝、沉降缝、防震缝及墙面转角节点；

5　隐框玻璃板块的固定；

6　幕墙防雷连接节点；

7　幕墙防火、隔烟节点；

8　单元式幕墙的封口节点。

　　（2）隐检内容相关要求

　　①《金属与石材幕墙工程技术规范》JGJ 133—2001摘录：

7.2.4　金属、石材幕墙与主体结构连接的预埋件，应在主体结构施工时按设计要求埋设。预埋件应牢固，位置准确，预埋件的位置误差应按设计要求进行复查。当设计无明确要求时，预埋件的标高偏差不应大于10mm，预埋件位置差不应大于20mm。

7.3.2　金属与石材幕墙立柱的安装应符合下列规定：

1　立柱安装标高偏差不应大于3mm，轴线前后偏差不应大于2mm，左右偏差不应大于3mm；

2　相邻两根立柱安装标高偏差不应大于3mm，同层立柱的最大标高偏差不应大于5mm，相邻两根立柱的距离偏差不应大于2mm。

7.3.3　金属与石材幕墙横梁安装应符合下列规定：

1　应将横梁两端的连接件及垫片安装在立柱的预定位置，并应安装牢固，其接缝应严密；

2　相邻两根横梁的水平标高偏差不应大于1mm。同层标高偏差：当一幅幕墙宽度小于或等于35m时，不应大于5mm；当一幅幕墙宽度大于35m时，不应大于7mm。

7.3.4　金属板与石板安装应符合下列规定：

1　应对横竖连接件进行检查、测量、调整；

2　金属板、石板安装时，左右、上下的偏差不应大于1.5mm；

3　金属板、石板空缝安装时，必须有防水措施，并应有符合设计要求的排水出口；

4　填充硅酮耐候密封胶时，金属板、石板缝的宽度、厚度应根据硅酮耐候密封胶的技术参数，经计算后确定。

7.3.5　幕墙钢构件施焊后，其表面应采取有效的防腐措施。

　　②《玻璃幕墙工程技术规范》JGJ 102—2003摘录：

10.3.1　玻璃幕墙立柱的安装应符合下列要求：

1　立柱安装轴线偏差不应大于2mm；

2　相邻两根立柱安装标高偏差不应大于 3mm，同层立柱的最大标高偏差不应大于 5mm；相邻两根立柱固定点的距离偏差不应大于 2mm；

3　立柱安装就位、调整后应及时紧固。

10.3.2　玻璃幕墙横梁安装应符合下列要求：

1　横梁应安装牢固，设计中横梁和立柱间留有空隙时，空隙宽度应符合设计要求；

2　同一根横梁两端或相邻两根横梁的水平标高偏差不应大于 1mm。同层标高偏差：当一幅幕墙宽度不大于 35m 时，不应大于 5mm；当一幅幕墙宽度大于 35m 时，不应大于 7mm；

3　当安装完成一层高度时，应及时进行检查、校正和固定。

10.3.3　玻璃幕墙其他主要附件安装应符合下列要求：

1　防火、保温材料应铺设平整且可靠固定，拼接处不应留缝隙；

2　冷凝水排出管及其附件应与水平构件预留孔连接严密，与内衬板出水孔连接处应密封；

3　其他通气槽孔及雨水排出口等应按设计要求施工，不得遗漏；

4　封口应按设计要求进行封闭处理；

5　玻璃幕墙安装用的临时螺栓等，应在构件紧固后及时拆除；

6　采用现场焊接或高强螺栓紧固的构件，应在紧固后及时进行防锈处理。

10.3.7　构件式玻璃幕墙中硅酮建筑密封胶的施工应符合下列要求：

1　硅酮建筑密封胶的施工厚度应大于 3.5mm，施工宽度不宜小于施工厚度的 2 倍；较深的密封槽口底部应采用聚乙烯发泡材料填塞；

2　硅酮建筑密封胶在接缝内应两对面黏结，不应三面黏结。

③《人造板材幕墙工程技术规范》JGJ 336—2016 摘录：

9.3.1　幕墙与主体结构连接的预埋件，应在主体结构施工时按设计要求埋设。预埋件的形状、尺寸应符合设计要求，预埋件的焊接应符合现行行业标准《玻璃幕墙工程技术规范》JGJ 102—2013 附录 B 的规定。

9.3.2　预埋件的埋设位置应符合设计规定。预埋件的位置应使锚筋或锚爪位于构件的外层主筋的内侧。锚筋或锚爪至构件边缘的距离应符合现行行业标准《玻璃幕墙工程技术规范》JGJ 102—2013 的规定。预埋件安装到位后，应采取措施，对预埋件进行固定，并进行隐蔽工程验收。

9.3.3　后锚固连接锚栓孔的位置应符合设计要求。锚栓施工前，宜检测基材原钢筋的位置，钻孔不得损伤主体结构构件钢筋。锚固区的基材厚度、锚板孔径、锚固深度等构造措施及锚栓安装施工，应符合现行行业标准《混凝土结构后锚固技术规程》JGJ 145—2013 的规定，且应采取防止锚栓螺母松动和锚板滑移的措施。

9.3.4　平板型预埋件和后置锚固连接件锚板的安装允许偏差应符合表 9.3.4 的规定。槽型预埋件的允许偏差应符合设计要求。

表 9.3.4　平板型预埋件和后置锚固连接件锚板的安装允许偏差（mm）

项目	允许偏差
标高	±10
平面位置	±20

9.4.1 幕墙立柱的安装应符合下列规定：

1 立柱安装轴线偏差不应大于2mm；

2 相邻两根立柱安装标高偏差不应大于3mm，同层立柱端部的标高偏差不应大于5mm；相邻两根立柱固定点的距离偏差不应大于2mm；

3 立柱安装就位、调整后应及时紧固。

9.4.2 幕墙横梁的安装应符合下列规定：

1 横梁应安装牢固。伸缩间隙宽度应满足设计要求，采用密封胶对伸缩间隙进行填充时，密封胶填缝应均匀、密实、连续。

2 同一根横梁两端或相邻两根横梁的水平标高偏差不应大于1mm；同层横梁的标高偏差应符合下列规定：

1）当一幅幕墙宽度不大于35m时，不应大于5mm；

2）当一幅幕墙宽度大于35m时，不应大于7mm。

3 横梁安装完成一层高度时，应及时进行检查、校正和固定。

9.4.3 幕墙其他主要附件安装应符合下列规定：

1 防火、保温材料应铺设平整且可靠固定，拼接处不应留缝隙；

2 冷凝水排出管及其附件应与水平构件预留孔连接严密，与内衬板出水孔连接处应采取密封措施；

3 其他通气槽、孔及雨水排出口等应按设计要求施工，不得遗漏；

4 封口应按设计要求进行封闭处理；

5 幕墙安装采用的临时构件、临时螺栓等，应在紧固后及时拆除；

6 采用现场焊接或高强螺栓紧固的构件，应对焊接或紧固部位及时进行防锈处理。

9.4.5 幕墙面板开缝安装时，应对主体结构采取可靠的防水措施，并应有符合设计要求的排水出口。

9.4.6 板缝密封施工，不得在雨天打胶，也不宜在夜晚进行。打胶温度应符合设计要求和产品要求，打胶前应使打胶面清洁、干燥。较深的密封槽口底部应采用聚乙烯发泡材填塞。

13. 隐蔽工程验收记录（幕墙工程-防雷连接）。

1）隐蔽工程验收记录（幕墙工程-防雷连接）表填写范例（表 4.3.2-29）。

表 4.3.2-29　隐蔽工程验收记录（幕墙工程-防雷连接）

工程名称	筑业科技产业园综合楼	编号	××
隐检项目	防雷连接	隐检日期	××××年×月×日
隐检部位	幕墙①～⑩/　轴　　－0.100～21.600m　标高		

隐检依据：施工图号＿＿建施 02、04＿＿＿＿，设计变更/洽商/技术核定单（编号＿＿＿／＿＿＿）及有关国家现行标准等。
主要材料名称及规格/型号：＿＿40mm×5mm 镀锌扁钢，Φ12mm 镀锌圆钢＿＿＿

隐检内容：
　　1. 幕墙避雷工程所需各种材料的质量、数量、规格符合设计及施工规范要求，其质量合格证明文件齐全、进场验收合格；
　　2. 采用 40mm×5mm 扁钢及 φ12mm 的圆钢与主体结构避雷预留点搭接，搭接量符合设计及避雷施工规范要求；
　　3. 扁钢搭接双面施焊，搭接倍数＞2d，圆钢与扁钢搭接＞6d，双面施焊焊接处做防锈处理；
　　4. 焊缝刷防锈漆两遍，焊缝质量符合设计及规范要求，表面未出现裂缝、夹渣、气孔等缺陷；
　　5. 幕墙的防雷装置与主体结构的连接可靠，符合设计及避雷施工规范要求。

检查结论：

　　经检查，符合设计及规范要求，同意进行下道工序。

☑同意隐蔽　　　　　□不同意，修改后进行复查

复查结论：

复查人：　　　　　　　　　　　　　　　　　　复查日期：　　年　月　日

签字栏	施工单位	××建设集团有限公司	专业技术负责人	专业质量员	专业工长
			×××	×××	×××
	监理或建设单位	××建设监理有限公司	专业监理工程师	×××	

2）隐蔽工程验收记录（幕墙工程-防雷连接）标准要求。

（1）隐检依据来源。

《建筑装饰装修工程质量验收标准》GB 50210—2018 摘录：

11.1.4 幕墙工程应对下列隐蔽工程项目进行验收：

1 预埋件或后置埋件、锚栓及连接件；

2 构件的连接节点；

3 幕墙四周、幕墙内表面与主体结构之间的封堵；

4 伸缩缝、沉降缝、防震缝及墙面转角节点；

5 隐框玻璃板块的固定；

6 幕墙防雷连接节点；

7 幕墙防火、隔烟节点；

8 单元式幕墙的封口节点。

（2）隐检内容相关要求。

①《玻璃幕墙工程质量检验标准》JGJ/T 139—2020 摘录：

4.1.1 玻璃幕墙工程防雷措施的检验抽样，应符合下列规定：

1 有均压环的楼层数少于或等于 3 层时，应全数检查；多于 3 层时，抽查不得少于 3 层，对有女儿墙盖顶的必须检查，每层抽查不应少于 3 处；

2 无均压环的楼层抽查不得少于 2 层，每层抽查不应少于 3 处。

4.1.2 幕墙防雷除应执行本标准的规定外，尚应符合现行国家标准《建筑物防雷设计规范》GB 50057—2010、《建筑物防雷工程施工与质量验收规范》GB 50601—2010 及《民用建筑电气设计标准》GB 51348—2019 的规定。

4.2.3 玻璃幕墙与主体结构防雷装置连接的检验，应符合下列规定：

1 连接材质、截面尺寸和连接方式应满足设计要求；

2 幕墙金属框架与主体结构防雷装置的连接应紧密可靠，应采用焊接或机械连接，形成导电通路。连接点水平间距不应大于防雷引下线的间距，垂直间距不应大于均压环的间距；

3 女儿墙压顶罩板宜与女儿墙部位幕墙框架连接，女儿墙部位幕墙框架与防雷装置的连接节点宜明露，其连接应满足设计要求。

4.2.4 检验玻璃幕墙与主体结构防雷装置的连接，应在幕墙框架与主体结构防雷装置连接部位，采用接地电阻仪或兆欧表测量和观察检查。

②《金属与石材幕墙工程技术规范》JGJ 133—2001 摘录：

4.4.2 金属与石材幕墙的防雷设计除应符合现行国家标准《建筑物防雷设计规范》GB 50057 的有关规定外，还应符合下列规定：

1 在幕墙结构中应自上而下地安装防雷装置，并应与主体结构的防雷装置可靠连接；

2 导线应在材料表面的保护膜除掉部位进行连接；

3 幕墙的防雷装置设计及安装应经建筑设计单位认可。

③《人造板材幕墙工程技术规范》JGJ 336—2016 摘录：

4.5.6 幕墙的防雷设计应符合现行国家标准《建筑物防雷设计规范》GB 50057—2010 的规定。幕墙的金属框架应与主体结构的防雷装置可靠连接，并保持导电通畅。

14. 隐蔽工程验收记录（涂饰工程基层处理）。

1）隐蔽工程验收记录（涂饰工程基层处理）表填写范例（表4.3.2-30）。

表 4.3.2-30　隐蔽工程验收记录（涂饰工程基层处理）

工程名称	筑业科技产业园综合楼	编号	××
隐检项目	涂饰工程基层处理	隐检日期	××××年×月×日
隐检部位	一层墙面①～⑩/　～　轴　0.000～3.700m　标高		

隐检依据：施工图号　建施02、04　　，设计变更/洽商/技术核定单（编号＿＿＿/＿＿＿）及有关
国家现行标准等。
主要材料名称及规格/型号：　柔性腻子、防水腻子　＿＿＿＿＿＿＿＿＿＿＿＿＿＿＿

隐检内容：
　1. 抹灰层上的浮浆已清除；
　2. 抹灰基层的含水率经测试，在10%以内，符合规范要求；
　3. 抹灰基层在用腻子找平前涂刷抗碱封闭底漆；
　4. 找平层平整、坚实、牢固，无粉化、起皮和裂缝；
　5. 厨房、卫生间墙面的找平层使用耐水腻子。

检查结论：

　　经检查，符合设计及规范要求，同意进行下道工序。

☑同意隐蔽　　　　　　□不同意，修改后进行复查

复查结论：

复查人：　　　　　　　　　　　　　　　　复查日期：　　年　月　日

签字栏	施工单位	××建设集团有限公司	专业技术负责人	专业质量员	专业工长
			×××	×××	×××
	监理或建设单位	××建设监理有限公司	专业监理工程师	×××	

2）隐蔽工程验收记录（涂饰工程基层处理）标准要求。

（1）隐检依据来源

《建筑装饰装修工程质量验收标准》GB 50210—2018 摘录：

12.1.2 涂饰工程验收时应检查下列文件和记录：

1 涂饰工程的施工图、设计说明及其他设计文件；

2 材料的产品合格证书、性能检验报告、有害物质限量检验报告和进场验收记录；

3 施工记录。

（2）隐检内容相关要求

①《建筑涂饰工程施工及验收规程》JGJ/T 29—2015 摘录：

4.0.1 基层质量应符合下列规定：

1 基层应牢固不开裂、不掉粉、不起砂、不空鼓、无剥离、无石灰爆裂点和无附着力不良的旧涂层等；

2 基层应表面平整、立面垂直、阴阳角方正和无缺棱掉角，分格缝（线）应深浅一致且横平竖直；允许偏差应符合现行国家标准《建筑装饰装修工程质量验收规范》GB 50210—2022 的规定，且表面应平而不光；

3 基层应清洁：表面无灰尘、无浮浆、无油迹、无锈斑、无霉点、无盐类析出物等；

4 基层应干燥：涂刷溶剂型涂料时，基层含水率不得大于 8%；涂刷水性涂料时，基层含水率不得大于 10%；

5 基层 pH 值不得大于 10。

②《建筑装饰装修工程质量验收标准》GB 50210—2022 摘录：

12.1.5 涂饰工程的基层处理应符合下列规定：

1 新建筑物的混凝土或抹灰基层在用腻子找平或直接涂饰涂料前应涂刷抗碱封闭底漆；

2 既有建筑墙面在用腻子找平或直接涂饰涂料前应清除疏松的旧装修层，并涂刷界面剂；

3 混凝土或抹灰基层在用溶剂型腻子找平或直接涂刷溶剂型涂料时，含水率不得大于 8%；在用乳液型腻子找平或直接涂刷乳液型涂料时，含水率不得大于 10%，木材基层的含水率不得大于 12%；

4 找平层应平整、坚实、牢固，无粉化、起皮和裂缝；内墙找平层的黏结强度应符合现行行业标准《建筑室内用腻子》JG/T 298—2010 的规定；

5 厨房、卫生间墙面的找平层应使用耐水腻子。

15. 隐蔽工程验收记录（裱糊工程基层处理）。

1）隐蔽工程验收记录（裱糊工程基层处理）表填写范例（表 4.3.2-31）。

表 4.3.2-31　隐蔽工程验收记录（裱糊工程基层处理）

工程名称	筑业科技产业园综合楼	编号	××
隐检项目	裱糊工程基层处理	隐检日期	××××年×月×日
隐检部位	一层墙面 ①～⑩/ ～ 轴　0.000～3.700m　标高		

隐检依据：施工图号___建施 02、04___，设计变更/洽商/技术核定单（编号_____/_____）及有关国家现行标准等。

主要材料名称及规格/型号：___柔性腻子___

隐检内容：
1. 抹灰基层墙面在刮腻子前涂刷抗碱封闭底漆；
2. 抹灰基层含水率不大于 8%，符合规范要求；
3. 基层腻子平整、坚实、牢固，无粉化、起皮、空鼓、酥松、裂缝和泛碱；
4. 腻子的黏结强度试验合格，见报告编号××；
5. 基层表面平整度、立面垂直度及阴阳角方正达到高级抹灰的要求；
6. 基层表面颜色一致；
7. 裱糊前用封闭底胶涂刷基层。

检查结论：

经检查，符合设计及规范要求，同意进行下道工序。

☑同意隐蔽　　　　　　□不同意，修改后进行复查

复查结论：

复查人：　　　　　　　　　　　　　　　　复查日期：　　年　月　日

签字栏	施工单位	××建设集团有限公司	专业技术负责人	专业质量员	专业工长
			×××	×××	×××
	监理或建设单位	××建设监理有限公司	专业监理工程师	×××	

2）隐蔽工程验收记录（裱糊工程基层处理）标准要求。

（1）隐检依据来源

《建筑装饰装修工程质量验收标准》GB 50210—2018 摘录：

13.1.4 裱糊工程应对基层封闭底漆、腻子、封闭底胶及软包内衬材料进行隐蔽工程验收。

（2）隐检内容相关要求

《建筑装饰装修工程质量验收标准》GB 50210—2018 摘录：

13.1.4 裱糊工程应对基层封闭底漆、腻子、封闭底胶及软包内衬材料进行隐蔽工程验收。裱糊前，基层处理应达到下列规定：

1 新建筑物的混凝土抹灰基层墙面在刮腻子前应涂刷抗碱封闭底漆；

2 粉化的旧墙面应先除去粉化层，并在刮涂腻子前涂刷一层界面处理剂；

3 混凝土或抹灰基层含水率不得大于 8%；木材基层的含水率不得大于 12%；

4 石膏板基层，接缝及裂缝处应贴加强网布后再刮腻子；

5 基层腻子应平整、坚实、牢固，无粉化、起皮、空鼓、酥松、裂缝和泛碱；腻子的黏结强度不得小于 0.3MPa；

6 基层表面平整度、立面垂直度及阴阳角方正应达到本标准第 4.2.10 条高级抹灰的要求；

7 基层表面颜色应一致；

8 裱糊前应用封闭底胶涂刷基层。

16. 隐蔽工程验收记录（窗帘盒制作和安装）、隐蔽工程验收记录（楼梯栏杆埋件、连接节点）。

1）隐蔽工程验收记录（窗帘盒制作和安装）表填写范例（表 4.3.2-32）。

表 4.3.2-32　隐蔽工程验收记录（窗帘盒制作和安装）

工程名称	筑业科技产业园综合楼	编号	××
隐检项目	窗帘盒制作和安装	隐检日期	××××年×月×日
隐检部位	一层外窗 ①～⑩/ ～ 轴　2.700m　标高		

隐检依据：施工图号　建施 02、04　，设计变更/洽商/技术核定单（编号＿＿＿/＿＿＿）及有关国家现行标准等。

主要材料名称及规格/型号：　1220mm×2440mm×17mm 细木工板

隐检内容：

1. 所用 1220mm×2440mm×17mm 细木工板做复试检测合格，检验见报告编号××。各种材料的质量合格证明文件齐全，进场验收合格；
2. 窗帘盒的造型、规格、尺寸、安装位置和固定方法符合设计要求，窗帘盒安装牢固；
3. 窗帘盒配件的品种、规格符合设计要求，安装牢固；
4. 窗帘盒表面平整、洁净、线条顺直、接缝严密、色泽一致，无裂缝、翘曲及损坏；
5. 窗帘盒与墙、窗框的衔接严密，密封胶缝顺直、光滑；
6. 五金件已做防锈防腐处理，细木工板满涂防腐防火涂料；
7. 窗帘盒和窗台板安装偏差均在规范允许范围内。

检查结论：

经检查，符合设计及规范要求，同意进行下道工序。

☑同意隐蔽　　　　　□不同意，修改后进行复查

复查结论：

复查人：　　　　　　　　　　　　　　　　　　复查日期：　　年　月　日

签字栏	施工单位	××建设集团有限公司	专业技术负责人	专业质量员	专业工长
			×××	×××	×××
	监理或建设单位	××建设监理有限公司	专业监理工程师	×××	

2）隐蔽工程验收记录（楼梯栏杆埋件、连接节点）表填写范例（表4.3.2-33）。

表 4.3.2-33　隐蔽工程验收记录（楼梯栏杆埋件、连接节点）

工程名称	筑业科技产业园综合楼	编号	××
隐检项目	楼梯栏杆埋件、连接节点	隐检日期	××××年×月×日
隐检部位	一单元楼梯 0.000～24.800m　标高		

隐检依据：施工图号　__建施02、04__　，设计变更/洽商/技术核定单（编号__　/__）及有关
国家现行标准等。
主要材料名称及规格/型号：　__埋件、钢管__

隐检内容：
　　1. 材料材质、规格符合要求，其质量合格证明文件齐全，进场验收合格；
　　2. 护栏材料为 20mm×40mm×1.5mm 型钢管焊接而成，地坪下底部焊接 20mm×40mm×60mm 长底脚，符合设计要求；
　　3. 后置连接件为 60mm×60mm×6mm 钢板，预埋件间距为 600mm，用膨胀螺栓固定在原混凝土地面上，固定牢固；
　　4. 护栏底脚与连接件钢板焊接，焊缝长 20mm；
　　5. 焊缝饱满，敲掉焊渣，涂上防锈漆。

检查结论：

　　经检查，符合设计及规范要求，同意进行下道工序。

☑同意隐蔽　　　　　□不同意，修改后进行复查

复查结论：

复查人：　　　　　　　　　　　　　　　　　　　复查日期：　　年　月　日

签字栏	施工单位	××建设集团有限公司	专业技术负责人	专业质量员	专业工长
			×××	×××	×××
	监理或建设单位	××建设监理有限公司	专业监理工程师	×××	

3）隐蔽工程验收记录（窗帘盒制作和安装）、隐蔽工程验收记录（楼梯栏杆埋件、连接节点）标准要求。

（1）隐检依据来源

《建筑装饰装修工程质量验收标准》GB 50210—2018 摘录：

14.1.4 细部工程应对下列部位进行隐蔽工程验收：

1 预埋件（或后置埋件）；

2 护栏与预埋件的连接节点。

（2）隐检内容相关要求

① 《建筑装饰装修工程质量验收标准》GB 50210—2018 摘录：

14.2.2 橱柜安装预埋件或后置埋件的数量、规格、位置应符合设计要求。

14.5.3 护栏和扶手安装预埋件的数量、规格、位置以及护栏与预埋件的连接节点应符合设计要求。

② 《住宅装饰装修工程施工规范》GB 50327—2001 摘录：

11.3.3 固定橱柜的制作安装应符合下列规定：

1 根据设计要求及地面及顶棚标高，确定橱柜的平面位置和标高；

2 制作木框架时，整体立面应垂直、平面应水平，框架交接处应做榫连接，并应涂刷木工乳胶；

3 侧板、底板、面板应用扁头钉与框架固定牢固，钉帽应做防腐处理；

4 抽屉应采用燕尾榫连接，安装时应配置抽屉滑轨；

5 五金件可先安装就位，油漆之前将其拆除，五金件安装应整齐、牢固。

11.3.4 扶手、护栏的制作安装应符合下列规定：

1 木扶手与弯头的接头要在下部连接牢固。木扶手的宽度或厚度超过 70mm 时，其接头应粘接加强；

2 扶手与垂直杆件连接牢固，紧固件不得外露；

5 金属扶手、护栏垂直杆件与预埋件连接应牢固、垂直，如焊接，则表面应打磨抛光。

第五章 屋面工程

第一节 屋面隐蔽工程所涉及的规范要求

《屋面工程质量验收规范》GB 50207—2012 摘录：

3.0.3 施工单位应建立、健全施工质量的检验制度，严格工序管理，做好隐蔽工程的质量检查和记录。

9.0.5 屋面工程验收资料和记录应符合表 9.0.5 的规定。

表 9.0.5 屋面工程验收资料和记录

资料项目	验收资料
工程检验记录	工序交接检验记录、检验批质量验收记录、隐蔽工程验收记录、淋水或蓄水试验记录、观感质量检查记录、安全与功能抽样检验（检测）记录

9.0.6 屋面工程应对下列部位进行隐蔽工程验收：

1 卷材、涂膜防水层的基层；

2 保温层的隔汽和排汽措施；

3 保温层的铺设方式、厚度、板材缝隙填充质量及热桥部位的保温措施；

4 接缝的密封处理；

5 瓦材与基层的固定措施；

6 檐沟、天沟、泛水、水落口和变形缝等细部做法；

7 在屋面易开裂和渗水部位的附加层；

8 保护层与卷材、涂膜防水层之间的隔离层；

9 金属板材与基层的固定和板缝间的密封处理；

10 坡度较大时，防水卷材和保温层下滑的措施。

第二节 屋面隐蔽项目汇总及填写范例

一、屋面隐蔽项目汇总表。

表 5.2.1-1 屋面隐蔽项目汇总

序号	隐蔽项目	隐蔽内容	对应范例表格
1	找坡层	1. 找坡层所用材料的质量及配合比； 2. 找坡层的排水坡度； 3. 找坡层的铺设； 4. 找平层表面平整度。	表 5.2.2-1

序号	隐蔽项目	隐蔽内容	对应范例表格
2	找平层	1. 找平层所用材料的质量及配合比； 2. 在交接处及转角处的做法； 3. 找平层分格缝的宽度和间距； 4. 找平层表面平整度； 5. 找平层的养护。	表 5.2.2-2 表 5.2.2-9
3	隔汽层	1. 隔汽层所用材料的质量； 2. 隔汽层破损； 3. 卷材隔汽层铺设、搭接缝、密封； 4. 涂膜隔汽层粘结； 5. 隔汽层高出保温层上表面的高度； 6. 隔汽层采用卷材、涂料时的施工。	表 5.2.2-13
4	隔离层	1. 隔离层所用材料的质量及配合比； 2. 隔离层破损和漏铺现象； 3. 采用塑料膜、土工布、卷材的铺设； 4. 采用低强度等级砂浆表面。	表 5.2.2-7 表 5.2.2-8
5	板状材料 保温层	1. 板状保温材料的质量； 2. 板状材料保温层的厚度； 3. 屋面热桥部位处理； 4. 板状保温材料铺设； 5. 固定件的规格、数量和位置（坡屋面）； 6. 板状材料保温层接缝高低差；	表 5.2.2-10
6	纤维材料 保温层	1. 纤维保温材料的质量； 2. 纤维材料保温层的厚度； 3. 屋面热桥部位处理； 4. 纤维保温材料铺设； 5. 固定件的规格、数量和位置； 6. 装配式骨架和水泥纤维板铺设； 7. 具有抗水蒸气渗透外覆面的玻璃棉制品其朝向及拼缝。	表 5.2.2-11
7	泡沫混凝土 保温层	1. 现浇泡沫混凝土所用原材料的质量及配合比； 2. 现浇泡沫混凝土保温层的厚度； 3. 屋面热桥部位处理； 4. 现浇泡沫混凝土分层施工； 5. 现浇泡沫混凝土表观质量； 6. 现浇泡沫混凝土保温层表面平整度。	表 5.2.2-12
8	卷材防水层	1. 防水卷材及其配套材料的质量； 2. 卷材防水层的渗漏和积水现象； 3. 卷材防水层细部的构造做法； 4. 卷材的搭接缝； 5. 卷材防水层的收头； 6. 卷材的铺贴方法； 7. 卷材防水层的铺贴方向、搭接宽度； 8. 屋面排汽构造措施（正置式屋面）。	表 5.2.2-3 表 5.2.2-4 表 5.2.2-5
9	涂膜防水层	1. 防水涂料和胎体增强材料的质量； 2. 涂膜防水层渗漏和积水现象； 3. 涂膜防水层细部的防水构造； 4. 涂膜防水层的平均厚度； 5. 涂膜防水层与基层的粘结； 6. 涂膜防水层的收头； 7. 铺贴胎体增强材料的搭接。	表 5.2.2-6

序号	隐蔽项目	隐蔽内容	对应范例表格
10	接缝密封防水	1. 密封防水部位的基层； 2. 密封材料及其配套材料的质量； 3. 密封材料嵌填； 4. 密封防水部位的基层； 5. 接缝宽度和密封材料的嵌填深度、接缝宽度； 6. 嵌填的密封材料表面。	表 5.2.2-15
11	烧结瓦和混凝土瓦铺装基层、顺水条、挂瓦条	1. 木质材料的处理； 2. 金属材料的处理； 3. 基层表面积厚度； 4. 顺水条表面、间距及铺钉； 5. 挂瓦条的间距； 6. 挂瓦条铺钉。	表 5.2.2-16 表 5.2.2-17
12	耐根穿刺防水层	1. 耐根穿刺防水材料及其配套材料的质量； 2. 耐根穿刺防水层施工方式； 3. 防水层渗漏或积水现象； 4. 防水层的细部防水构造； 5. 卷材的搭接缝； 6. 卷材防水层的收头； 7. 卷材防水层的铺贴方向； 8. 卷材搭接宽度。	表 5.2.2-18
13	细部构造	1. 防水构造； 2. 排水坡度； 3. 渗漏和积水现象； 4. 附加层铺设； 5. 其他。	表 5.2.2-14
14	排蓄水层	1. 排（蓄）水层材料的质量； 2. 排水系统； 3. 排水管道； 4. 排（蓄）水层材料的厚度、单位面积质量和搭接宽度； 5. 排水层与排水系统的连通。	表 5.2.2-19
15	无纺布过滤层	1. 过滤层材料的质量； 2. 过滤层材料的厚度、单位面积质量和搭接宽度； 3. 过滤层应铺设。	表 5.2.2-20

二、屋面隐蔽项目填写范例。

1. 隐蔽工程验收记录（屋面找平层）、（屋面找坡层）。

1）隐蔽工程验收记录（屋面找平层）表填写范例（表 5.2.2-1）。

表 5.2.2-1　隐蔽工程验收记录（屋面找平层）

工程名称	筑业科技产业园综合楼	编号	××
隐检项目	屋面找平层	隐检日期	××××年×月×日
隐检部位	屋面 ①～⑩/ ～ 轴　　26.800m　标高		

隐检依据：施工图号____建施 02、04____，设计变更/洽商/技术核定单（编号____/____）及有关国家现行标准等。
主要材料名称及规格/型号：____水泥砂浆 M5____

隐检内容：
1. 找平层用 1：3 水泥砂浆，最薄处不小于 20mm，坡度按设计要求为 2%；
2. 基层与突出屋面结构的交接处和基层的转角处均做成半径为 50mm 圆弧。立面抹灰高度＞250mm，卷材收头处的凹槽内抹灰呈 45°排水口周围做半径为 500mm 坡度不小于 5% 的环形洼坑；
3. 找平层分格缝纵横间距为 6m，分格缝的宽度为 20mm；
4. 找平层抹平、压光，无酥松、起砂、起皮现象；
5. 找平层表面平整度的偏差在 5mm 以内。

检查结论：

经检查，符合设计及规范要求，同意进行下道工序。

☑同意隐蔽　　　　□不同意，修改后进行复查

复查结论：

复查人：　　　　　　　　　　　　　　　　　复查日期：　　年　月　日

签字栏	施工单位	××建设集团有限公司	专业技术负责人	专业质量员	专业工长
			×××	×××	×××
	监理或建设单位	××建设监理有限公司	专业监理工程师	×××	

2）隐蔽工程验收记录（屋面找坡层）表填写范例（表 5.2.2-2）。

表 5.2.2-2　隐蔽工程验收记录（屋面找坡层）

工程名称	筑业科技产业园综合楼	编号	××
隐检项目	屋面找坡层	隐检日期	××××年×月×日
隐检部位	屋面 ①～⑩/　～　轴　　26.800m　标高		

隐检依据：施工图号　　建施 02、04　　　　，设计变更/洽商/技术核定单（编号　　　　/　　　　）及有关
国家现行标准等。
主要材料名称及规格/型号：　　1：8 水泥膨胀珍珠岩　　　　　　　　　　　　　　　

隐检内容：
1. 采用 1：8 水泥膨胀珍珠岩找坡，其质量合格证明文件齐全、材料进场验收合格；
2. 找坡层施工前，对保温层上的杂物进行清理，突出屋面的管道、支架根部，用 C20 细石混凝土堵实；
3. 找坡层坡度 2%，按屋面排水方向和设计要求进行放坡，最薄处 20mm；
4. 找坡层分层铺设，表面平整；
5. 找坡层表面平整度在允许偏差 7mm 范围内，符合规范要求；

检查结论：

经检查，符合设计及规范要求，同意进行下道工序。

☑同意隐蔽　　　　　　　□不同意，修改后进行复查

复查结论：

复查人：　　　　　　　　　　　　　　　　复查日期：　　年　月　日

签字栏	施工单位	××建设集团有限公司	专业技术负责人	专业质量员	专业工长
			×××	×××	×××
	监理或建设单位	××建设监理有限公司	专业监理工程师	×××	

3）隐蔽工程验收记录（屋面找平层）、隐蔽工程验收记录（屋面找坡层）标准要求。

（1）隐检依据来源

《屋面工程质量验收规范》GB 50207—2012摘录：

9.0.6 屋面工程应对下列部位进行隐蔽工程验收：

1 卷材、涂膜防水层的基层；

2 保温层的隔汽和排汽措施；

3 保温层的铺设方式、厚度、板材缝隙填充质量及热桥部位的保温措施；

4 接缝的密封处理；

5 瓦材与基层的固定措施；

6 檐沟、天沟、泛水、水落口和变形缝等细部做法；

7 在屋面易开裂和渗水部位的附加层；

8 保护层与卷材、涂膜防水层之间的隔离层；

9 金属板材与基层的固定和板缝间的密封处理；

10 坡度较大时，防水卷材和保温层下滑的措施。

（2）隐检内容相关要求

①《屋面工程技术规范》GB 50345—2012摘录：

5.2.1 装配式钢筋混凝土板的板缝嵌填施工应符合下列规定：

1 嵌填混凝土前板缝内应清理干净，并应保持湿润；

2 当板缝宽度大于40mm或上窄下宽时，板缝内应按设计要求配置钢筋；

3 嵌填细石混凝土的强度等级不应低于C20，填缝高度宜低于板面10～20mm，且应振捣密实和浇水养护；

4 板端缝应按设计要求增加防裂的构造措施。

5.2.2 找坡层和找平层的基层的施工应符合下列规定：

1 应清理结构层、保温层上面的松散杂物，凸出基层表面的硬物应剔平扫净；

2 抹找坡层前，宜对基层洒水湿润；

3 突出屋面的管道、支架等根部，应用细石混凝土堵实和固定；

4 对不易与找平层结合的基层应做界面处理。

5.2.3 找坡层和找平层所用材料的质量和配合比应符合设计要求，并应做到计量准确和机械搅拌。

5.2.4 找坡应按屋面排水方向和设计坡度要求进行，找坡层最薄处厚度不宜小于20mm。

5.2.5 找坡材料应分层铺设和适当压实，表面宜平整和粗糙，并应适时浇水养护。

5.2.6 找平层应在水泥初凝前压实抹平，水泥终凝前完成收水后应二次压光，并应及时取出分格条。养护时间不得少于7d。

5.2.7 卷材防水层的基层与突出屋面结构的交接处，以及基层的转角处，找平层均应做成圆弧形，且应整齐平顺。找平层圆弧半径应符合表5.2.7的规定。

表 5.2.7　找平层圆弧半径（mm）

卷材种类	圆弧半径
高聚物改性沥青防水卷材	50
合成高分子防水卷材	20

②《屋面工程质量验收规范》GB 50207—2012 摘录：

4.2.1 装配式钢筋混凝土板的板缝嵌填施工，应符合下列要求：

1 嵌填混凝土时板缝内应清理干净，并应保持湿润；

2 当板缝宽度大于 40mm 或上窄下宽时，板缝内应按设计要求配置钢筋；

3 嵌填细石混凝土的强度等级不应低于 C20，嵌填深度宜低于板面 10～20mm，且应振捣密实和浇水养护；

4 板端缝应按设计要求增加防裂的构造措施。

4.2.2 找坡层宜采用轻骨料混凝土；找坡材料应分层铺设和适当压实，表面应平整。

4.2.3 找平层宜采用水泥砂浆或细石混凝土；找平层的抹平工序应在初凝前完成，压光工序应在终凝前完成，终凝后应进行养护。

4.2.5 找坡层和找平层所用材料的质量及配合比，应符合设计要求。

4.2.6 找坡层和找平层的排水坡度，应符合设计要求。

4.2.7 找平层应抹平、压光，不得有酥松、起砂、起皮现象。

4.2.8 卷材防水层的基层与突出屋面结构的交接处，以及基层的转角处，找平层应做成圆弧形，且应整齐平顺。

4.2.9 找平层分格缝的宽度和间距，均应符合设计要求。

4.2.10 找坡层表面平整度的允许偏差为 7mm，找平层表面平整度的允许偏差为 5mm。

2. 隐蔽工程验收记录（屋面防水层）。

1）隐蔽工程验收记录（屋面防水附加层）表填写范例（表 5.2.2-3）。

表 5.2.2-3 隐蔽工程验收记录（屋面防水附加层）

工程名称	筑业科技产业园综合楼	编号	××
隐检项目	屋面防水附加层	隐检日期	××××年×月×日
隐检部位	屋面 ①～⑩/ ～ 轴 26.800m 标高		

隐检依据：施工图号＿＿建施 02、12＿＿＿＿＿＿，设计变更/洽商/技术核定单（编号＿＿＿＿/＿＿＿＿＿）及有关国家现行标准等。

主要材料名称及规格/型号：＿＿SBS 改性沥青防水卷材（Ⅱ PY PE PE 3）＿＿＿＿＿＿＿

隐检内容：

1. 附加层防水材料采用 SBS 防水卷材，其质量合格证明文件齐全，进场验收合格，复试合格，见报告编号××；
2. 附加层卷材厚度 3mm，宽度 500mm，采用热熔法施工工艺，黏结牢固；
3. 阴阳角处、出屋面管道根部、水落口处、变形缝、檐沟、天沟均按要求设置防水附加层；
4. 底油涂抹均匀，卷材搭接长度为 150mm，接缝处压实，无缝隙；
5. 卷材平整、顺直、无扭曲，卷材防水层的搭接黏结牢固，密封严密，无皱褶、鼓泡和翘边等缺陷。

检查结论：

经检查，符合设计及规范要求，同意进行下道工序。

☑同意隐蔽　　　　　　　□不同意，修改后进行复查

复查结论：

复查人：　　　　　　　　　　　　　　　　复查日期：　　年　月　日

签字栏	施工单位	××建设集团有限公司	专业技术负责人	专业质量员	专业工长
			×××	×××	×××
	监理或建设单位	××建设监理有限公司	专业监理工程师	×××	

2）隐蔽工程验收记录（屋面第一层防水层）表填写范例（表5.2.2-4）。

表5.2.2-4 隐蔽工程验收记录（屋面第一层防水层）

工程名称	筑业科技产业园综合楼	编号	××
隐检项目	屋面第一层防水层	隐检日期	××××年×月×日
隐检部位	屋面 ①～⑩/ ～ 轴 26.800m 标高		

隐检依据：施工图号 建施02、12 ，设计变更/洽商/技术核定单（编号 / ）及有关国家现行标准等。

主要材料名称及规格/型号： SBS改性沥青防水卷材（Ⅱ PY PE PE 4）

隐检内容：

1. 采用SBS弹性体改性沥青防水卷材（Ⅱ PY PE PE 4），有出厂合格证、质量检验报告和进场复试报告，报告编号××；

2. 卷材防水层基层坚实、干净、平整；

3. 防水卷材粘贴前先涂刷冷底子有一道，涂刷均匀、厚薄一致，无漏底、漏刷，表面干燥后铺设防水卷材；

4. 第一层防水卷材采用热熔法施工，满粘，与基层黏结牢固无空鼓；

5. 卷材长边搭接100mm，短边搭接150mm，相邻两幅卷材的短边接缝错开500mm以上；

6. 卷材铺贴方向准确、粘结牢固、接缝严密无缝隙；

7. 卷材沿墙面伸出高度符合要求；

8. 卷材平整、顺直、无扭曲，卷材防水层的搭接黏结牢固，密封严密，无皱褶、鼓泡和翘边等缺陷；

9. 屋面与女儿墙转角处增设附件防水层，屋面防水宽度不小于250mm，女儿墙防水高度不小于250mm。

检查结论：

经检查，符合设计及规范要求，同意进行下道工序。

☑同意隐蔽　　　　　□不同意，修改后进行复查

复查结论：

复查人：　　　　　　　　　　　　　　　　　　　复查日期：　　年　月　日

签字栏	施工单位	××建设集团有限公司	专业技术负责人	专业质量员	专业工长
			×××	×××	×××
	监理或建设单位	××建设监理有限公司	专业监理工程师		×××

3) 隐蔽工程验收记录（屋面第二层防水层）表填写范例（表5.2.2-5）。

表5.2.2-5　隐蔽工程验收记录（屋面第二层防水层）

工程名称	筑业科技产业园综合楼	编号	××
隐检项目	屋面第二层防水层	隐检日期	××××年×月×日
隐检部位	屋面 ①～⑩/　～　轴　26.800m　标高		

隐检依据：施工图号___建施02、12___，设计变更/洽商/技术核定单（编号_____/_____）及有关国家现行标准等。
主要材料名称及规格/型号：___SBS改性沥青防水卷材（Ⅱ PY PE PE 3）___

隐检内容：

　　1. 采用SBS弹性体改性沥青防水卷材（Ⅱ PY PE PE 3），有出厂合格证、质量检验报告和进场复试报告，报告编号××；

　　2. 第二层防水卷材采用热熔法施工，与第一层卷材黏结牢固，无空鼓；

　　3. 卷材长边搭接100mm，短边搭接150mm，相邻两幅卷材的短边接缝错开500mm以上，上下两幅卷材的接缝错开1/2篇幅以上；

　　4. 卷材铺贴方向准确，与第一层卷材方向平行铺贴，接缝严密无缝隙；

　　5. 卷材沿墙面伸出高度符合要求；

　　6. 卷材平整、顺直、无扭曲，卷材防水层的搭接黏结牢固，密封严密，无皱褶、鼓泡和翘边等缺陷；

　　7. 屋面防水做至女儿墙鹰嘴下，采用水泥钉固定，间距不大于500mm，外加 20mm×20mm×0.7mm 镀锌垫片；

　　8. 卷材进行蓄水试验，试验合格，无渗漏，见试验记录编号××。

检查结论：

　　经检查，符合设计及规范要求，同意进行下道工序。

☑同意隐蔽　　　　　　　□不同意，修改后进行复查

复查结论：

复查人：　　　　　　　　　　　　　　　　　　复查日期：　　年　月　日

签字栏	施工单位	××建设集团有限公司	专业技术负责人	专业质量员	专业工长
			×××	×××	×××
	监理或建设单位	××建设监理有限公司	专业监理工程师		×××

4）隐蔽工程验收记录（屋面防水附加层）、隐蔽工程验收记录（屋面第一层防水层）、隐蔽工程验收记录（屋面第二层防水层）标准要求。

（1）隐检依据来源

《屋面工程质量验收规范》GB 50207—2012摘录：

9.0.6 屋面工程应对下列部位进行隐蔽工程验收：

1 卷材、涂膜防水层的基层；

2 保温层的隔汽和排汽措施；

3 保温层的铺设方式、厚度、板材缝隙填充质量及热桥部位的保温措施；

4 接缝的密封处理；

5 瓦材与基层的固定措施；

6 檐沟、天沟、泛水、水落口和变形缝等细部做法；

7 在屋面易开裂和渗水部位的附加层；

8 保护层与卷材、涂膜防水层之间的隔离层；

9 金属板材与基层的固定和板缝间的密封处理；

10 坡度较大时，防水卷材和保温层下滑的措施。

（2）隐检内容相关要求

《屋面工程质量验收规范》GB 50207—2012摘录：

6.2.1 屋面坡度大于25％时，卷材应采取满粘和钉压固定措施。

6.2.2 卷材铺贴方向应符合下列规定：

1 卷材宜平行屋脊铺贴；

2 上下层卷材不得相互垂直铺贴。

6.2.3 卷材搭接缝应符合下列规定：

1 平行屋脊的卷材搭接缝应顺流水方向，卷材搭接宽度应符合表6.2.3的规定；

2 相邻两幅卷材短边搭接缝应错开，且不得小于500mm；

3 上下层卷材长边搭接缝应错开，且不得小于幅宽的1/3。

表6.2.3 卷材的搭接宽度（mm）

卷材类别		搭接宽度
合成高分子防水卷材	胶粘剂	80
	胶粘带	50
	单缝焊	60，有效焊接宽度不小于25
	双缝焊	80，有效焊接宽度10×2＋空腔宽
高聚物改性沥青防水卷材	胶粘剂	100
	自粘	80

6.2.10 防水卷材及其配套材料的质量，应符合设计要求。

6.2.11 卷材防水层不得有渗漏和积水现象。

6.2.12 卷材防水层在檐口、檐沟、天沟、水落口、泛水、变形缝和伸出屋面管道的防水构造，应符合设计要求。

6.2.13 卷材的搭接缝应粘结或焊接牢固，密封应严密，不得扭曲、皱折和翘边。

6.2.14　卷材防水层的收头应与基层粘结，钉压应牢固，密封应严密。

6.2.15　卷材防水层的铺贴方向应正确，卷材搭接宽度的允许偏差为－10mm。

6.2.16　屋面排汽构造的排汽道应纵横贯通，不得堵塞；排汽管应安装牢固，位置应正确，封闭应严密。

3. 隐蔽工程验收记录（屋面涂膜防水层）。

1）隐蔽工程验收记录（屋面涂膜防水层）表填写范例（表5.2.2-6）。

表5.2.2-6 隐蔽工程验收记录（屋面涂膜防水层）

工程名称	筑业科技产业园综合楼	编号	××
隐检项目	屋面涂膜防水层	隐检日期	××××年×月×日
隐检部位	屋面 ①～⑩/ ～ 轴　26.800m　标高		

隐检依据：施工图号___建施02、12_____，设计变更/洽商/技术核定单（编号_____/_____）及有关国家现行标准等。

主要材料名称及规格/型号：___聚氨酯防水涂料_____

隐检内容：

1. 涂膜防水涂料质量合格证明文件齐全，进场验收合格，复试合格，见报告编号××；
2. 防水找平层基面干燥、干净；
3. 施工总厚度为2mm，分4遍完成，每遍厚0.5mm，每遍间隔时间不少于6h，干固后才进行下一遍施工；
4. 涂刷每层薄涂均匀，且施工方向平行，涂层间每遍涂布退槎和接缝控制在50～100mm；
5. 涂膜收头用防水涂料多遍涂刷密实；
6. 涂膜防水层与基层黏结牢固，表面平整，涂布均匀，无流淌、皱折、起泡和露胎体等缺陷；
7. 涂膜防水层在檐口、檐沟、天沟、水落口、泛水、变形缝和伸出屋面管道已做加强处理；
8. 涂膜防水层蓄水试验合格，无渗漏和积水现象，见试验记录编号××。

检查结论：

　　经检查，符合设计及规范要求，同意进行下道工序。

☑同意隐蔽　　　　　□不同意，修改后进行复查

复查结论：

复查人：　　　　　　　　　　　　　　　　　　　　复查日期：　　年　月　日

签字栏	施工单位	××建设集团有限公司	专业技术负责人	专业质量员	专业工长
			×××	×××	×××
	监理或建设单位	××建设监理有限公司	专业监理工程师	×××	

2) 隐蔽工程验收记录（屋面涂膜防水层）标准要求。

（1）隐检依据来源

《屋面工程质量验收规范》GB 50207—2012摘录：

9.0.6 屋面工程应对下列部位进行隐蔽工程验收：

1 卷材、涂膜防水层的基层；

2 保温层的隔汽和排汽措施；

3 保温层的铺设方式、厚度、板材缝隙填充质量及热桥部位的保温措施；

4 接缝的密封处理；

5 瓦材与基层的固定措施；

6 檐沟、天沟、泛水、水落口和变形缝等细部做法；

7 在屋面易开裂和渗水部位的附加层；

8 保护层与卷材、涂膜防水层之间的隔离层；

9 金属板材与基层的固定和板缝间的密封处理；

10 坡度较大时，防水卷材和保温层下滑的措施。

（2）隐检内容相关要求

《屋面工程质量验收规范》GB 50207—2012摘录：

6.3.1 防水涂料应多遍涂布，并应待前一遍涂布的涂料干燥成膜后，再涂布后一遍涂料，且前后两遍涂料的涂布方向应相互垂直。

6.3.2 铺设胎体增强材料应符合下列规定：

1 胎体增强材料宜采用聚酯无纺布或化纤无纺布；

2 胎体增强材料长边搭接宽度不应小于50mm，短边搭接宽度不应小于70mm；

3 上下层胎体增强材料的长边搭接缝应错开，且不得小于幅宽的1/3；

4 上下层胎体增强材料不得相互垂直铺设。

6.3.4 防水涂料和胎体增强材料的质量，应符合设计要求。

6.3.5 涂膜防水层不得有渗漏和积水现象。

6.3.6 涂膜防水层在檐口、檐沟、天沟、水落口、泛水、变形缝和伸出屋面管道的防水构造，应符合设计要求。

6.3.7 涂膜防水层的平均厚度应符合设计要求，且最小厚度不得小于设计厚度的80%。

6.3.8 涂膜防水层与基层应黏结牢固，表面应平整，涂布应均匀，不得有流淌、皱折、起泡和露胎体等缺陷。

6.3.9 涂膜防水层的收头应用防水涂料多遍涂刷。

6.3.10 铺贴胎体增强材料应平整顺直，搭接尺寸应准确，应排除气泡，并应与涂料黏结牢固；胎体增强材料搭接宽度的允许偏差为—10mm。

4. 隐蔽工程验收记录（屋面隔离层）。

1）隐蔽工程验收记录（屋面隔离层）表填写范例（表5.2.2-7）。

表 5.2.2-7　隐蔽工程验收记录（屋面隔离层）

工程名称	筑业科技产业园综合楼	编号	××
隐检项目	屋面隔离层	隐检日期	××××年×月×日
隐检部位	屋面 ①～⑩/ ～ 轴　26.800m 标高		

隐检依据：施工图号 ___建施02、12___ ，设计变更/洽商/技术核定单（编号 ___/___ ）及有关国家现行标准等。
主要材料名称及规格/型号： ___塑料膜___

隐检内容：

1. 隔离层采用干铺塑料膜。其材质符合要求，质量合格证明文件齐全；
2. 隔离层铺设平整，其搭接宽度不小于50mm，无皱折；
3. 隔离层无破损和漏铺现象。

检查结论：

　　经检查，符合设计及规范要求，同意进行下道工序。

☑同意隐蔽　　　　　　□不同意，修改后进行复查

复查结论：

复查人：　　　　　　　　　　　　　　　　　　复查日期：　　年　月　日

签字栏	施工单位	××建设集团有限公司	专业技术负责人	专业质量员	专业工长
			×××	×××	×××
	监理或建设单位	××建设监理有限公司	专业监理工程师	×××	

2）隐蔽工程验收记录（屋面砂浆隔离层）表填写范例（表5.2.2-8）。

表 5.2.2-8　隐蔽工程验收记录（屋面砂浆隔离层）

工程名称	筑业科技产业园综合楼	编号	××
隐检项目	屋面砂浆隔离层	隐检日期	××××年×月×日
隐检部位	屋面 ①～⑩/ ～ 轴　　60.900m　标高		

隐检依据：施工图号＿＿建施02、12＿＿＿＿＿，设计变更/洽商/技术核定单（编号＿＿＿／＿＿＿）及有关国家现行标准等。

主要材料名称及规格/型号：＿＿20mm厚低强度砂浆＿＿＿＿＿＿＿＿＿＿＿＿＿＿＿＿＿

隐检内容：

　　1. 保温层上铺设20mm低强度砂浆做隔离层，石灰膏：砂＝1：4。

　　2. 隔离层表面平整、压实，无起壳、起砂现象。

检查结论：

　　经检查，符合设计及规范要求，同意进行下道工序。

☑同意隐蔽　　　　　　□不同意，修改后进行复查

复查结论：

复查人：　　　　　　　　　　　　　　　　复查日期：　　年　月　日

签字栏	施工单位	××建设集团有限公司	专业技术负责人	专业质量员	专业工长
			×××	×××	×××
	监理或建设单位	××建设监理有限公司	专业监理工程师	×××	

3）隐蔽工程验收记录（屋面隔离层）、隐蔽工程验收记录（屋面砂浆隔离层）标准要求。

（1）隐检依据来源

《屋面工程质量验收规范》GB 50207—2012摘录：

9.0.6 屋面工程应对下列部位进行隐蔽工程验收：

1 卷材、涂膜防水层的基层；

2 保温层的隔汽和排汽措施；

3 保温层的铺设方式、厚度、板材缝隙填充质量及热桥部位的保温措施；

4 接缝的密封处理；

5 瓦材与基层的固定措施；

6 檐沟、天沟、泛水、水落口和变形缝等细部做法；

7 在屋面易开裂和渗水部位的附加层；

8 保护层与卷材、涂膜防水层之间的隔离层；

9 金属板材与基层的固定和板缝间的密封处理；

10 坡度较大时，防水卷材和保温层下滑的措施。

（2）隐检内容相关要求

《屋面工程质量验收规范》GB 50207—2012摘录：

4.4.3 隔离层所用材料的质量及配合比，应符合设计要求。

4.4.4 隔离层不得有破损和漏铺现象。

4.4.5 塑料膜、土工布、卷材应铺设平整，其搭接宽度不应小于50mm，不得有皱折。

4.4.6 低强度等级砂浆表面应压实、平整，不得有起壳、起砂现象。

5. 隐蔽工程验收记录（屋面防水保护层/保温层保护层）。

1）隐蔽工程验收记录（屋面防水保护层/保温层保护层）表填写范例（表5.2.2-9）。

表 5.2.2-9　隐蔽工程验收记录（屋面防水保护层/保温层保护层）

工程名称	筑业科技产业园综合楼	编号	××
隐检项目	屋面防水保护层/保温层保护层	隐检日期	××××年×月×日
隐检部位	屋面 ①～⑩/ ～ 轴 26.900m 标高		

隐检依据：施工图号＿＿建施02、12＿＿＿＿＿，设计变更/洽商/技术核定单（编号＿＿＿＿／＿＿＿＿）及有关国家现行标准等。

主要材料名称及规格/型号：＿＿C20 细石混凝土＿＿＿＿＿＿＿＿＿＿＿＿

隐检内容：

1. 保护层采用 50mm 厚 C20 细石混凝土保护层，材料质量合格证明文件齐全，进场验收合格；

2. 混凝土振捣密实，表面抹平压光，分格缝纵横间距为 6m，分格缝的宽度为 20mm；

3. 保护层与女儿墙和山墙之间，预留宽度为 30mm 的缝隙；

4. 保护层无裂纹、脱皮、麻面和起砂等现象。

检查结论：

经检查，符合设计及规范要求，同意进行下道工序。

☑同意隐蔽　　　　　　□不同意，修改后进行复查

复查结论：

复查人：　　　　　　　　　　　　　　　　　　　　复查日期：　　年　月　日

签字栏	施工单位	××建设集团有限公司	专业技术负责人	专业质量员	专业工长
			×××	×××	×××
	监理或建设单位	××建设监理有限公司	专业监理工程师	×××	

2）隐蔽工程验收记录（屋面防水保护层/保温层保护层）标准要求。

（1）隐检依据来源

《屋面工程质量验收规范》GB 50207—2012摘录：

9.0.6 屋面工程应对下列部位进行隐蔽工程验收：

1 卷材、涂膜防水层的基层；

2 保温层的隔汽和排汽措施；

3 保温层的铺设方式、厚度、板材缝隙填充质量及热桥部位的保温措施；

4 接缝的密封处理；

5 瓦材与基层的固定措施；

6 檐沟、天沟、泛水、水落口和变形缝等细部做法；

7 在屋面易开裂和渗水部位的附加层；

8 保护层与卷材、涂膜防水层之间的隔离层；

9 金属板材与基层的固定和板缝间的密封处理；

10 坡度较大时，防水卷材和保温层下滑的措施。

（2）隐检内容相关要求

《屋面工程质量验收规范》GB 50207—2012摘录：

4.5.2 用块体材料做保护层时，宜设置分格缝，分格缝纵横间距不应大于10m，分格缝宽度宜为20mm。

4.5.3 用水泥砂浆做保护层时，表面应抹平压光，并应设表面分格缝，分格面积宜为1㎡。

4.5.4 用细石混凝土做保护层时，混凝土应振捣密实，表面应抹平压光，分格缝纵横间距不应大于6m。分格缝的宽度宜为10～20mm。

4.5.6 保护层所用材料的质量及配合比，应符合设计要求。

4.5.7 块体材料、水泥砂浆或细石混凝土保护层的强度等级，应符合设计要求。

4.5.8 保护层的排水坡度，应符合设计要求。

4.5.9 块体材料保护层表面应干净，接缝应平整，周边应顺直，镶嵌应正确，应无空鼓现象。

4.5.10 水泥砂浆、细石混凝土保护层不得有裂纹、脱皮、麻面和起砂等现象。

4.5.11 浅色涂料应与防水层黏结牢固，厚薄应均匀，不得漏涂。

4.5.12 保护层的允许偏差和检验方法应符合表4.5.12的规定。

表4.5.12 保护层的允许偏差和检验方法

项目	允许偏差（mm）			检验方法
	块体材料	水泥材料	细石混凝土	
表面平整度	4.0	4.0	5.0	2m靠尺和塞尺检查
缝格平直	3.0	3.0	3.0	拉线和尺量检查
接缝高低差	1.5	—	—	直尺和塞尺检查
板块间隙宽度	2.0	—	—	尺量检查
保护层厚度	设计厚度的10%，且不得大于5mm			钢针插入和尺量检查

6. 隐蔽工程验收记录（屋面板块保温层）。

1) 隐蔽工程验收记录（屋面板块保温层）表填写范例（表5.2.2-10）。

表 5. 2. 2-10　隐蔽工程验收记录（屋面板块保温层）

工程名称	筑业科技产业园综合楼	编号	××
隐检项目	屋面板块保温层	隐检日期	××××年×月×日
隐检部位	屋面 ①～⑩/ ～ 轴　26.900m 标高		

隐检依据：施工图号___建施02、12___，设计变更/洽商/技术核定单（编号____/____）及有关
国家现行标准等。
主要材料名称及规格/型号：___100mm厚挤塑聚苯板___

隐检内容：

1. 保温材料采用100mm厚挤塑板，其质量合格证明文件齐全、材料进场验收合格，复试合格，见报告编号
××；

2. 保温层采用干铺法施工，错缝拼接；

3. 保温材料贴紧基层，铺平垫稳，拼缝严密；

4. 屋面热桥部位处理符合设计要求；

5. 板状材料保温层表面平整度、接缝高低差均符合要求。

检查结论：

经检查，符合设计及规范要求，同意进行下道工序。

☑同意隐蔽　　　　　　　□不同意，修改后进行复查

复查结论：

复查人：　　　　　　　　　　　　　　　　　　　　　　　复查日期：　　年　月　日

签字栏	施工单位	××建设集团有限公司	专业技术负责人	专业质量员	专业工长
			×××	×××	×××
	监理或建设单位	××建设监理有限公司	专业监理工程师		×××

279

2）隐蔽工程验收记录（屋面板块保温层）标准要求。

（1）隐检依据来源

《屋面工程质量验收规范》GB 50207—2012 摘录：

9.0.6 屋面工程应对下列部位进行隐蔽工程验收：

1 卷材、涂膜防水层的基层；

2 保温层的隔汽和排汽措施；

3 保温层的铺设方式、厚度、板材缝隙填充质量及热桥部位的保温措施；

4 接缝的密封处理；

5 瓦材与基层的固定措施；

6 檐沟、天沟、泛水、水落口和变形缝等细部做法；

7 在屋面易开裂和渗水部位的附加层；

8 保护层与卷材、涂膜防水层之间的隔离层；

9 金属板材与基层的固定和板缝间的密封处理；

10 坡度较大时，防水卷材和保温层下滑的措施。

（2）隐检内容相关要求

《屋面工程质量验收规范》GB 50207—2012 摘录：

5.2.1 板状材料保温层采用干铺法施工时，板状保温材料应紧靠在基层表面上，应铺平垫稳；分层铺设的板块上下层接缝应相互错开，板间缝隙应采用同类材料的碎屑嵌填密实。

5.2.2 板状材料保温层采用粘贴法施工时，胶粘剂应与保温材料的材性相容，并应贴严、粘牢；板状材料保温层的平面接缝应挤紧拼严，不得在板块侧面涂抹胶粘剂，超过2mm的缝隙应采用相同材料板条或片填塞严实。

5.2.3 板状保温材料采用机械固定法施工时，应选择专用螺钉和垫片；固定件与结构层之间应连接牢固。

5.2.4 板状保温材料的质量，应符合设计要求。

5.2.5 板状材料保温层的厚度应符合设计要求，其正偏差应不限，负偏差应为5%，且不得大于4mm。

5.2.6 屋面热桥部位处理应符合设计要求。

5.2.7 板状保温材料铺设应紧贴基层，应铺平垫稳，拼缝应严密，粘贴应牢固。

5.2.8 固定件的规格、数量和位置均应符合设计要求；垫片应与保温层表面齐平。

5.2.9 板状材料保温层表面平整度的允许偏差为5mm。

5.2.10 板状材料保温层接缝高低差的允许偏差为2mm。

7. 隐蔽工程验收记录（纤维材料保温层）。

1）隐蔽工程验收记录（纤维材料保温层）表填写范例（表 5.2.2-11）。

表 5.2.2-11 隐蔽工程验收记录（纤维材料保温层）

工程名称	筑业科技产业园综合楼	编号	××
隐检项目	纤维材料保温层	隐检日期	××××年×月×日
隐检部位	屋面 ①~⑩/ ～ 轴 60.900m 标高		

隐检依据：施工图号___建施 02、12___，设计变更/洽商/技术核定单（编号_____/_____）及有关国家现行标准等。
主要材料名称及规格/型号：___50mm 岩棉保温层___

隐检内容：
  1. 找坡层上铺设 50mm 岩棉，燃烧性能 A 级，岩棉有出厂合格证、质量检验报告，进场复试合格，报告编号××；
  2. 岩棉厚度符合设计要求；
  3. 岩棉紧贴基层，拼缝严密，表面平整。

检查结论：

  经检查，符合设计及规范要求，同意进行下道工序。

☑同意隐蔽   □不同意，修改后进行复查

复查结论：

复查人：   复查日期：   年   月   日

签字栏	施工单位	××建设集团有限公司	专业技术负责人	专业质量员	专业工长
			×××	×××	×××
	监理或建设单位	××建设监理有限公司	专业监理工程师	×××	

2）隐蔽工程验收记录（纤维材料保温层）标准要求。

（1）隐检依据来源

《屋面工程质量验收规范》GB 50207—2012 摘录：

9.0.6 屋面工程应对下列部位进行隐蔽工程验收：

1 卷材、涂膜防水层的基层；

2 保温层的隔汽和排汽措施；

3 保温层的铺设方式、厚度、板材缝隙填充质量及热桥部位的保温措施；

4 接缝的密封处理；

5 瓦材与基层的固定措施；

6 檐沟、天沟、泛水、水落口和变形缝等细部做法；

7 在屋面易开裂和渗水部位的附加层；

8 保护层与卷材、涂膜防水层之间的隔离层；

9 金属板材与基层的固定和板缝间的密封处理；

10 坡度较大时，防水卷材和保温层下滑的措施。

（2）隐检内容相关要求

《屋面工程质量验收规范》GB 50207—2012 摘录：

5.3.1 纤维材料保温层施工应符合下列规定：

1 纤维保温材料应紧靠在基层表面上，平面接缝应挤紧拼严，上下层接缝应相互错开；

2 屋面坡度较大时，宜采用金属或塑料专用固定件将纤维保温材料与基层固定；

3 纤维材料填充后，不得上人踩踏。

5.3.2 装配式骨架纤维保温材料施工时，应先在基层上铺设保温龙骨或金属龙骨，龙骨之间应填充纤维保温材料，再在龙骨上铺钉水泥纤维板。金属龙骨和固定件应经防锈处理，金属龙骨与基层之间应采取隔热断桥措施。

5.3.3 纤维保温材料的质量，应符合设计要求。

5.3.4 纤维材料保温层的厚度应符合设计要求，其正偏差应不限，不得有负偏差，板负偏差应为 4%，且不得大于 3mm。

5.3.5 屋面热桥部位处理应符合设计要求。

5.3.6 纤维保温材料铺设应紧贴基层，拼缝应严密，表面应平整。

5.3.7 固定件的规格、数量和位置应符合设计要求；垫片应与保温层表面齐平。

5.3.8 装配式骨架和水泥纤维板应铺钉牢固，表面应平整；龙骨间距和板材厚度应符合设计要求。

5.3.9 具有抗水蒸气渗透外覆面的玻璃棉制品，其外覆面应朝向室内，拼缝应用防水密封胶带封严。

8. 隐蔽工程验收记录（屋面泡沫混凝土保温层）。

1）隐蔽工程验收记录（屋面泡沫混凝土保温层）表填写范例（表 5.2.2-12）。

表 5.2.2-12　隐蔽工程验收记录（屋面泡沫混凝土保温层）

工程名称	筑业科技产业园综合楼	编号	××
隐检项目	屋面泡沫混凝土保温层	隐检日期	××××年×月×日
隐检部位	屋面 ①～⑩/ ～ 轴　26.900m 标高		

隐检依据：施工图号＿＿建施02、12＿＿＿＿＿，设计变更/洽商/技术核定单（编号＿＿＿＿/＿＿＿＿）及有关国家现行标准等。

主要材料名称及规格/型号：＿＿泡沫混凝土保温层＿＿＿＿＿＿＿＿＿＿＿＿＿＿＿＿＿＿＿＿＿

隐检内容：

1. 保温材料采用100mm泡沫混凝土，其质量合格证明文件齐全，进场验收合格；
2. 基层上的杂物和油污清理干净，基层浇水湿润，无积水；
3. 屋面热桥部位处理符合设计要求；
4. 现浇泡沫混凝土分层施工，黏结牢固，表面平整，找坡正确；
5. 现浇泡沫混凝土无贯通性裂缝、疏松、起砂、起皮等缺陷；
6. 现浇泡沫混凝土平整度符合要求。

检查结论：

经检查，符合设计及规范要求，同意进行下道工序。

☑同意隐蔽　　　　　　□不同意，修改后进行复查

复查结论：

复查人：　　　　　　　　　　　　　　　　　　复查日期：　　　年　月　日

签字栏	施工单位	××建设集团有限公司	专业技术负责人	专业质量员	专业工长
			×××	×××	×××
	监理或建设单位	××建设监理有限公司	专业监理工程师	×××	

2) 隐蔽工程验收记录（屋面泡沫混凝土保温层）标准要求。

（1）隐检依据来源

《屋面工程质量验收规范》GB 50207—2012 摘录：

9.0.6 屋面工程应对下列部位进行隐蔽工程验收：

1 卷材、涂膜防水层的基层；

2 保温层的隔汽和排汽措施；

3 保温层的铺设方式、厚度、板材缝隙填充质量及热桥部位的保温措施；

4 接缝的密封处理；

5 瓦材与基层的固定措施；

6 檐沟、天沟、泛水、水落口和变形缝等细部做法；

7 在屋面易开裂和渗水部位的附加层；

8 保护层与卷材、涂膜防水层之间的隔离层；

9 金属板材与基层的固定和板缝间的密封处理；

10 坡度较大时，防水卷材和保温层下滑的措施。

（2）隐检内容相关要求

《屋面工程质量验收规范》GB 50207—2012 摘录：

5.5.5 现浇泡沫混凝土所用原材料的质量及配合比，应符合设计要求。

5.5.6 现浇泡沫混凝土保温层的厚度应符合设计要求，其正负偏差应为 5%，且不得大于 5mm。

5.5.7 屋面热桥部位处理应符合设计要求。

5.5.8 现浇泡沫混凝土应分层施工，黏结应牢固，表面应平整，找坡应正确。

5.5.9 现浇泡沫混凝土不得有贯通性裂缝，以及疏松、起砂、起皮现象。

5.5.10 现浇泡沫混凝土保温层表面平整度的允许偏差为 5mm。

9. 隐蔽工程验收记录（屋面隔汽层）。

1）隐蔽工程验收记录（屋面隔汽层）表填写范例（表5.2.2-13）。

表5.2.2-13　隐蔽工程验收记录（屋面隔汽层）

工程名称	筑业科技产业园综合楼	编号	××
隐检项目	屋面隔汽层	隐检日期	××××年×月×日
隐检部位	屋面 ①～⑩/ ～ 轴　26.900m 标高		

隐检依据：施工图号　 建施02、12 　，设计变更/洽商/技术核定单（编号　/　）及有关国家现行标准等。

主要材料名称及规格/型号：　3mm 厚 SBS 防水卷材

隐检内容：

1. 隔汽层设置于结构找平层上，保温层下，采用 SBS 弹性体改性沥青防水卷材（Ⅱ PY PE PE 3），有出厂合格证、质量检验报告和进场复试报告，报告编号××；

2. 隔汽层的基层平整、干净、干燥；

3. 在屋面与墙的连接处，隔汽层沿墙面向上连续铺设250mm；

4. 卷材铺设时采用空铺法；

5. 卷材铺设平整，卷材搭接缝搭接宽度超过80mm，搭接处黏结牢固，密封严密，无有扭曲、皱折和起泡等缺陷；

6. 穿过隔汽层的管线周围封严，转角处无折损；

7. 隔汽层无破损现象。

检查结论：

经检查，符合设计及规范要求，同意进行下道工序。

☑同意隐蔽　　　　　□不同意，修改后进行复查

复查结论：

复查人：　　　　　　　　　　　　　　　　　　复查日期：　　年　月　日

签字栏	施工单位	××建设集团有限公司	专业技术负责人	专业质量员	专业工长
			×××	×××	×××
	监理或建设单位	××建设监理有限公司	专业监理工程师	×××	

2）隐蔽工程验收记录（屋面隔汽层）标准要求。

（1）隐检依据来源

《屋面工程质量验收规范》GB 50207—2012 摘录：

9.0.6 屋面工程应对下列部位进行隐蔽工程验收：

1 卷材、涂膜防水层的基层；

2 保温层的隔汽和排汽措施；

3 保温层的铺设方式、厚度、板材缝隙填充质量及热桥部位的保温措施；

4 接缝的密封处理；

5 瓦材与基层的固定措施；

6 檐沟、天沟、泛水、水落口和变形缝等细部做法；

7 在屋面易开裂和渗水部位的附加层；

8 保护层与卷材、涂膜防水层之间的隔离层；

9 金属板材与基层的固定和板缝间的密封处理；

10 坡度较大时，防水卷材和保温层下滑的措施。

（2）隐检内容相关要求

《屋面工程质量验收规范》GB 50207—2012 摘录：

4.3.1 隔汽层的基层应平整、干净、干燥。

4.3.2 隔汽层应设置在结构层与保温层之间；隔汽层应选用气密性、水密性好的材料。

4.3.3 在屋面与墙的连接处，隔汽层应沿墙面向上连续铺设，高出保温层上表面不得小于 150mm。

4.3.4 隔汽层采用卷材时宜空铺，卷材搭接缝应满粘，其搭接宽度不应小于 80mm；隔汽层采用涂料时，应涂刷均匀。

4.3.5 穿过隔汽层的管线周围应封严，转角处应无折损；隔汽层凡有缺陷或破损的部位，均应进行返修。

4.3.6 隔汽层所用材料的质量，应符合设计要求。

4.3.7 隔汽层不得有破损现象。

4.3.8 卷材隔汽层应铺设平整，卷材搭接缝应粘结牢固，密封应严密，不得有扭曲、皱折和起泡等缺陷。

4.3.9 涂膜隔汽层应粘结牢固，表面平整，涂布均匀，不得有堆积、起泡和露底等缺陷。

10. 隐蔽工程验收记录（水落口）。

1）隐蔽工程验收记录（水落口）表填写范例（表5.2.2-14）。

表5.2.2-14　隐蔽工程验收记录（水落口）

工程名称	筑业科技产业园综合楼	编号	××
隐检项目	水落口	隐检日期	××××年×月×日
隐检部位	屋面 ①～⑩/ ～ 轴　60.900m 标高		

隐检依据：施工图号___建施02、12___，设计变更/洽商/技术核定单（编号___/___）及有关国家现行标准等。
主要材料名称及规格/型号：___3mm厚SBS防水卷材___

隐检内容：

1. 采用SBS弹性体改性沥青防水卷材（Ⅱ PY PE PE 3），有出厂合格证、质量检验报告和进场复试报告，报告编号××；

2. 防水层及附加层伸入水落口杯内部小于50mm，具体做法如下图所示。

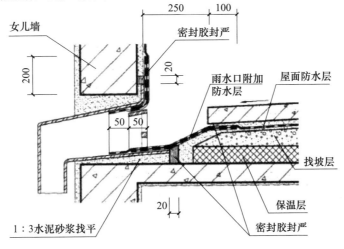

检查结论：

　　经检查，符合设计及规范要求，同意进行下道工序。

☑同意隐蔽　　　　　□不同意，修改后进行复查

复查结论：

复查人：　　　　　　　　　　　　　　　复查日期：　　　年　月　日

签字栏	施工单位	××建设集团有限公司	专业技术负责人	专业质量员	专业工长
			×××	×××	×××
	监理或建设单位	××建设监理有限公司	专业监理工程师		×××

2）隐蔽工程验收记录（水落口）标准要求。

（1）隐检依据来源

《屋面工程质量验收规范》GB 50207—2012 摘录：

9.0.6 屋面工程应对下列部位进行隐蔽工程验收：

1 卷材、涂膜防水层的基层；

2 保温层的隔汽和排汽措施；

3 保温层的铺设方式、厚度、板材缝隙填充质量及热桥部位的保温措施；

4 接缝的密封处理；

5 瓦材与基层的固定措施；

6 檐沟、天沟、泛水、水落口和变形缝等细部做法；

7 在屋面易开裂和渗水部位的附加层；

8 保护层与卷材、涂膜防水层之间的隔离层；

9 金属板材与基层的固定和板缝间的密封处理；

10 坡度较大时，防水卷材和保温层下滑的措施。

（2）隐检内容相关要求

《屋面工程质量验收规范》GB 50207—2012 摘录：

一、檐口

8.2.1 檐口的防水构造应符合设计要求。

8.2.2 檐口的排水坡度应符合设计要求；檐口部位不得有渗漏和积水现象。

8.2.3 檐口 800mm 范围内的卷材应满粘。

8.2.4 卷材收头应在找平层的凹槽内用金属压条钉压固定，并应用密封材料封严。

8.2.5 涂膜收头应用防水涂料多遍涂刷。

8.2.6 檐口端部应抹聚合物水泥砂浆，其下端应做成鹰嘴和滴水槽。

二、檐沟和天沟

8.3.1 檐沟、天沟的防水构造应符合设计要求。

8.3.2 檐沟、天沟的排水坡度应符合设计要求；沟内不得有渗漏和积水现象。

8.3.3 檐沟、天沟附加层铺设应符合设计要求。

8.3.4 檐沟防水层应由沟底翻上至外侧顶部，卷材收头应用金属压条钉压固定，并应用密封材料封严；涂膜收头应用防水涂料多遍涂刷。

8.3.5 檐沟外侧顶部及侧面均应抹聚合物水泥砂浆，其下端应做成鹰嘴或滴水槽。

三、女儿墙和山墙

8.4.1 女儿墙和山墙的防水构造应符合设计要求。

8.4.2 女儿墙和山墙的压顶向内排水坡度不应小于 5%，压顶内侧下端应做成鹰嘴或滴水槽。

8.4.3 女儿墙和山墙的根部不得有渗漏和积水现象。

8.4.4 女儿墙和山墙的泛水高度及附加层铺设应符合设计要求。

8.4.5 女儿墙和山墙的卷材应满粘，卷材收头应用金属压条钉压固定，并应用密封材料封严。

8.4.6 女儿墙和山墙的涂膜应直接涂刷至压顶下，涂膜收头应用防水涂料多遍涂刷。

四、水落口

8.5.1 水落口的防水构造应符合设计要求。

8.5.2 水落口杯上口应设在沟底的最低处；水落口处不得有渗漏和积水现象。

8.5.3 水落口的数量和位置应符合设计要求；水落口杯应安装牢固。

8.5.4 落口周围直径500mm范围内坡度不应小于5%，水落口周围的附加层铺设应符合设计要求。

8.5.5 防水层及附加层伸入水落口杯内不应小于50mm，并应粘结牢固。

五、变形缝

8.6.1 变形缝的防水构造应符合设计要求。

8.6.2 变形缝处不得有渗漏和积水现象。

8.6.3 变形缝的泛水高度及附加层铺设应符合设计要求。

8.6.4 防水层应铺贴或涂刷至泛水墙的顶部。

8.6.5 等高变形缝顶部宜加扣混凝土或金属盖板。混凝土盖板的接缝应用密封材料封严；金属盖板应铺钉牢固，搭接缝应顺流水方向，并应做好防锈处理。

8.6.6 高低跨变形缝在高跨墙面上的防水卷材封盖和金属盖板，应用金属压条钉压固定，并应用密封材料封严。

六、伸出屋面管道

8.7.1 伸出屋面管道的防水构造应符合设计要求。

8.7.2 伸出屋面管道根部不得有渗漏和积水现象。

8.7.3 伸出屋面管道的泛水高度及附加层铺设，应符合设计要求。

8.7.4 伸出屋面管道周围的找平层应抹出高度不小于30mm的排水坡。

8.7.5 卷材防水层收头应用金属箍固定，并应用密封材料封严；涂膜防水层收头应用防水涂料多遍涂刷。

七、屋面出入口

8.8.1 屋面出入口的防水构造应符合设计要求。

8.8.2 屋面出入口处不得有渗漏和积水现象。

8.8.3 屋面垂直出入口防水层收头应压在压顶圈下，附加层铺设应符合设计要求。

8.8.4 屋面水平出入口防水层收头应压在混凝土踏步下，附加层铺设和护墙应符合设计要求。

8.8.5 屋面出入口的泛水高度不应小于250mm。

八、反梁过水孔

8.9.1 反梁过水孔的防水构造应符合设计要求。

8.9.2 反梁过水孔处不得有渗漏和积水现象。

8.9.3 反梁过水孔的孔底标高、孔洞尺寸或预埋管管径，均应符合设计要求。

8.9.4 反梁过水孔的孔洞四周应涂刷防水涂料；预埋管道两端周围与混凝土接触处应留凹槽，并应用密封材料封严。

九、设施基座

8.10.1 设施基座的防水构造应符合设计要求。

8.10.2 设施基座处不得有渗漏和积水现象。

8.10.3 设施基座与结构层相连时，防水层应包裹设施基座的上部，并应在地脚螺栓周围做密封处理。

8.10.4 设施基座直接放置在防水层上时，设施基座下部应增设附加层，必要时应在其上浇筑细石混凝土，其厚度不应小于50mm。

8.10.5 需经常维护的设施基座周围和屋面出入口至设施之间的人行道，应铺设块体材料或细石混凝土保护层。

十、屋脊

8.11.1 屋脊的防水构造应符合设计要求。

8.11.2 屋脊处不得有渗漏现象。

8.11.3 平脊和斜脊铺设应顺直，应无起伏现象。

8.11.4 脊瓦应搭盖正确，间距应均匀，封固应严密。

十一、屋顶窗

8.12.1 屋顶窗的防水构造应符合设计要求。

8.12.2 屋顶窗及其周围不得有渗漏现象。

8.12.3 屋顶窗用金属排水板、窗框固定铁脚应与屋面连接牢固。

8.12.4 屋顶窗用窗口防水卷材应铺贴平整，黏结应牢固。

11. 隐蔽工程验收记录（屋面密封材料嵌缝）。

1）隐蔽工程验收记录（屋面密封材料嵌缝）表填写范例（表 5.2.2-15）。

表 5.2.2-15　隐蔽工程验收记录（屋面密封材料嵌缝）

工程名称	筑业科技产业园综合楼	编号	××
隐检项目	屋面密封材料嵌缝	隐检日期	××××年×月×日
隐检部位	屋面 ①～⑩/　～　轴　26.900m　标高		

隐检依据：施工图号＿＿建施 02、12＿＿＿＿＿，设计变更/洽商/技术核定单（编号＿＿＿＿/＿＿＿＿）及有关国家现行标准等。

主要材料名称及规格/型号：＿＿改性石油沥青密封材料，20mm 泡沫塑料棒＿＿＿＿＿＿＿

隐检内容：

　　1. 接缝密封防水采用改性石油沥青密封材料，背衬材料采用 20mm 泡沫塑料棒，有产品合格证、质量检验报告，进场验收合格，记录编号××；

　　2. 基层牢固、表面平整密实设置背衬材料，背衬材料大于接缝宽度 20%，嵌入深度为密封材料的设计厚度；

　　3. 密封防水部位的基层涂刷基层处理剂一道，涂刷均匀，无漏刷；

　　4. 基层处理剂表干后进行嵌填密封材料，采用热灌法施工；

　　5. 密封材料衔接部位的嵌填，在密封材料固化前进行。嵌填时将枪嘴移动到已嵌填好的密封材料内重复填充，衔接部位的密实饱满。嵌填到接缝端部时，填到离顶端 200mm 处，然后从顶端往已嵌填好的方向嵌填，接缝端部密封材料与基层黏结牢固。

检查结论：

　　经检查，符合设计及规范要求，同意进行下道工序。

☑同意隐蔽　　　　　　　□不同意，修改后进行复查

复查结论：

复查人：　　　　　　　　　　　　　　　　　　　　　复查日期：　　年　月　日

签字栏	施工单位	××建设集团有限公司	专业技术负责人	专业质量员	专业工长
			×××	×××	×××
	监理或建设单位	××建设监理有限公司	专业监理工程师	×××	

2）隐蔽工程验收记录（屋面密封材料嵌缝）标准要求。

（1）隐检依据来源

《屋面工程质量验收规范》GB 50207—2012 摘录：

9.0.6 屋面工程应对下列部位进行隐蔽工程验收：

1 卷材、涂膜防水层的基层；

2 保温层的隔汽和排汽措施；

3 保温层的铺设方式、厚度、板材缝隙填充质量及热桥部位的保温措施；

4 接缝的密封处理；

5 瓦材与基层的固定措施；

6 檐沟、天沟、泛水、水落口和变形缝等细部做法；

7 在屋面易开裂和渗水部位的附加层；

8 保护层与卷材、涂膜防水层之间的隔离层；

9 金属板材与基层的固定和板缝间的密封处理；

10 坡度较大时，防水卷材和保温层下滑的措施。

（2）隐检内容相关要求

《屋面工程质量验收规范》GB 50207—2012 摘录：

6.5.1 密封防水部位的基层应符合下列要求：

1 基层应牢固，表面应平整、密实，不得有裂缝、蜂窝、麻面、起皮和起砂现象；

2 基层应清洁、干燥，并应无油污、无灰尘；

3 嵌入的背衬材料与接缝壁间不得留有空隙；

4 密封防水部位的基层宜涂刷基层处理剂，涂刷应均匀，不得漏涂。

6.5.4 密封材料及其配套材料的质量，应符合设计要求。

6.5.5 密封材料嵌填应密实、连续、饱满，黏结牢固，不得有气泡、开裂、脱落等缺陷。

6.5.7 接缝宽度和密封材料的嵌填深度应符合设计要求，接缝宽度的允许偏差为 $\pm10\%$。

6.5.8 嵌填的密封材料表面应平滑，缝边应顺直，应无明显不平和周边污染现象。

12. 隐蔽工程验收记录（瓦屋面顺水条、挂瓦条安装）。

1）隐蔽工程验收记录（瓦屋面顺水条、挂瓦条安装）表填写范例（表5.2.2-16）。

表5.2.2-16　隐蔽工程验收记录（瓦屋面顺水条、挂瓦条安装）

工程名称	筑业科技产业园综合楼	编号	××
隐检项目	瓦屋面顺水条、挂瓦条安装	隐检日期	××××年×月×日
隐检部位	混凝土瓦屋面 ①～⑩/ ～ 轴　26.900m 标高		

隐检依据：施工图号　建施02、12　　　，设计变更/洽商/技术核定单（编号＿＿＿＿/＿＿＿＿＿）及有关国家现行标准等。

主要材料名称及规格/型号：＿＿40mm×40mm 防腐木条＿＿＿＿＿＿＿＿＿＿＿＿＿

隐检内容：

1. 混凝土瓦屋顺水条、挂瓦条采用木质材料，其质量合格证明文件齐全，进场验收合格；

2. 木质顺水条、挂瓦条均做防腐、防火、防虫处理；

3. 顺水条顺流水方向，垂直正脊方向铺钉在基层上，顺水条表面平整，其间距不大于500mm。顺水条使用固定钉钉入持钉层，铺钉牢固、平整；

4. 挂瓦条铺钉牢固、平整，上棱成一直线间距不大于30mm；

5. 檐口第一根挂瓦条，保证瓦头出檐50～70mm；上下排平瓦的瓦头和瓦尾的搭扣长度50～70mm；

6. 屋脊处两个坡面上最上两根挂瓦条，保证挂瓦后，两个瓦尾的间距在搭盖脊瓦时，脊瓦搭接瓦尾的宽度每边不小于40mm；

7. 挂瓦条断面40mm×40mm，长度不小于三根椽条间距，挂瓦条平直，接头在顺水条上，钉置牢固，不得漏钉，接头要错开，同顺水条上未连续超过三个接头；

8. 钉挂瓦条从檐口开始逐步向上至屋脊钉置，瓦条间距尺寸应一致。

检查结论：

经检查，符合设计及规范要求，同意进行下道工序。

☑同意隐蔽　　　　　　□不同意，修改后进行复查

复查结论：

复查人：　　　　　　　　　　　　　　　　　复查日期：　　年　月　日

签字栏	施工单位	××建设集团有限公司	专业技术负责人	专业质量员	专业工长
			×××	×××	×××
	监理或建设单位	××建设监理有限公司	专业监理工程师	×××	

2）隐蔽工程验收记录（瓦屋面顺水条、挂瓦条安装）标准要求。

（1）隐检依据来源

《屋面工程质量验收规范》GB 50207—2012摘录：

9.0.6 屋面工程应对下列部位进行隐蔽工程验收：

1 卷材、涂膜防水层的基层；

2 保温层的隔汽和排汽措施；

3 保温层的铺设方式、厚度、板材缝隙填充质量及热桥部位的保温措施；

4 接缝的密封处理；

5 瓦材与基层的固定措施；

6 檐沟、天沟、泛水、水落口和变形缝等细部做法；

7 在屋面易开裂和渗水部位的附加层；

8 保护层与卷材、涂膜防水层之间的隔离层；

9 金属板材与基层的固定和板缝间的密封处理；

10 坡度较大时，防水卷材和保温层下滑的措施。

（2）隐检内容相关要求

1.《屋面工程质量验收规范》GB 50207—2012摘录：

7.1.3 木质望板、檩条、顺水条、挂瓦条等构件，均应做防腐、防蛀和防火处理；金属顺水条、挂瓦条以及金属板、固定件，均应做防锈处理。

7.2.2 基层、顺水条、挂瓦条的铺设应符合下列规定：

1 基层应平整、干净、干燥；持钉层厚度应符合设计要求；

2 顺水条应垂直正脊方向铺钉在基层上，顺水条表面应平整，其间距不宜大于500mm；

3 挂瓦条的间距应根据瓦片尺寸和屋面坡长经计算确定；

4 挂瓦条应铺钉平整、牢固，上棱应成一直线。

2.《屋面工程技术规范》GB 50345—2012摘录：

5.8.4 持钉层的铺设应符合下列规定：

1 屋面无保温层时，木基层或钢筋混凝土基层可视为持钉层；钢筋混凝土基层不平整时，宜用1：2.5的水泥砂浆进行找平；

2 屋面有保温层时，保温层上应按设计要求做细石混凝土持钉层，内配钢筋网应骑跨屋脊，并应绷直与屋脊和檐口、檐沟部位的预埋锚筋连牢；预埋锚筋穿过防水层或防水垫层时，破损处应进行局部密封处理；

3 水泥砂浆或细石混凝土持钉层可不设分格缝；持钉层与突出屋面结构的交接处应预留30mm宽的缝隙。

5.8.5 顺水条应顺流水方向固定，间距不宜大于500mm，顺水条应铺钉牢固、平整。钉挂瓦条时应拉通线，挂瓦条的间距应根据瓦片尺寸和屋面坡长经计算确定，挂瓦条应铺钉牢固、平整，上棱应成一直线。

13. 隐蔽工程验收记录（金属板固定与密封）。

1）隐蔽工程验收记录（金属板固定与密封）表填写范例（表 5.2.2-17）。

表 5.2.2-17　隐蔽工程验收记录（金属板固定与密封）

工程名称	筑业科技产业园综合楼	编号	××
隐检项目	金属板固定与密封	隐检日期	××××年×月×日
隐检部位	金属板屋面 ①～⑩/ ～ 轴　26.900m 标高		

隐检依据：施工图号___建施02、12___，设计变更/洽商/技术核定单（编号_____/_____）及有关国家现行标准等。

主要材料名称及规格/型号：__密封胶、自攻钉__

隐检内容：
1. 钢板用建筑密封胶，其质量合格证明文件齐全；
2. 金属板固定支架位置准确，安装牢固；
3. 压型金属板的紧固件连接采用带防水垫圈的自攻螺钉，固定点设在波峰上，固定牢固；
4. 所有自攻螺钉外露的部位及板缝处均做密封处理，均匀、密实。

检查结论：

经检查，符合设计及规范要求，同意进行下道工序。

☑同意隐蔽　　　　　　□不同意，修改后进行复查

复查结论：

复查人：　　　　　　　　　　　　　　　　　复查日期：　　年　月　日

签字栏	施工单位	××建设集团有限公司	专业技术负责人	专业质量员	专业工长
			×××	×××	×××
	监理或建设单位	××建设监理有限公司	专业监理工程师	×××	

2）隐蔽工程验收记录（金属板固定与密封）标准要求。

（1）隐检依据来源

《屋面工程质量验收规范》GB 50207—2012 摘录：

9.0.6 屋面工程应对下列部位进行隐蔽工程验收：

1 卷材、涂膜防水层的基层；

2 保温层的隔汽和排汽措施；

3 保温层的铺设方式、厚度、板材缝隙填充质量及热桥部位的保温措施；

4 接缝的密封处理；

5 瓦材与基层的固定措施；

6 檐沟、天沟、泛水、水落口和变形缝等细部做法；

7 在屋面易开裂和渗水部位的附加层；

8 保护层与卷材、涂膜防水层之间的隔离层；

9 金属板材与基层的固定和板缝间的密封处理；

10 坡度较大时，防水卷材和保温层下滑的措施。

（2）隐检内容相关要求

《屋面工程质量验收规范》GB 50207—2012 摘录：

7.1.3 木质望板、檩条、顺水条、挂瓦条等构件，均应做防腐、防蛀和防火处理；金属顺水条、挂瓦条以及金属板、固定件，均应做防锈处理。

7.4.4 金属板固定支架或支座位置应准确，安装应牢固。

7.4.10 压型金属板的紧固件连接应采用带防水垫圈的自攻螺钉，固定点应设在波峰上；所有自攻螺钉外露的部位均应密封处理。

14. 隐蔽工程验收记录（耐根穿刺防水层）。

1）隐蔽工程验收记录（耐根穿刺防水层）表填写范例（表5.2.2-18）。

表5.2.2-18 隐蔽工程验收记录（耐根穿刺防水层）

工程名称	筑业科技产业园综合楼	编号	××
隐检项目	耐根穿刺防水层	隐检日期	××××年×月×日
隐检部位	屋面 ①～⑩/ ～ 轴　60.900m 标高		

隐检依据：施工图号　建施02、12　　，设计变更/洽商/技术核定单（编号　　/　　）及有关国家现行标准等。
主要材料名称及规格/型号：　SBS改性沥青防水卷材（Ⅱ PY PE PE 4）

隐检内容：

1. 采用种植用抗根SBS改性沥青防水卷材（Ⅱ PY PE PE 4），有出厂质量证明文件，进场复试报告，其品种、规格、性能符合设计及现行相关标准要求。种植用抗根SBS改性沥青防水卷材上铺设350号石油沥青油毡一层；

2. 高出屋面板面墙根部、出板面管道等阴阳角部位增加防水附加层，防水附加层材料及做法与防水层相同，防水附加层从阴阳角开始上返，不小于250mm，防水层上反高度不低于种植土完成面300mm；

3. 防水层搭接缝黏结牢固，密封严密，无扭曲、皱折或起泡等现象；

4. 防水层的铺贴方向正确，卷材长、短边搭接宽度超过100mm；

5. 48h蓄水试验合格，见试验记录××。

检查结论：

经检查，符合设计及规范要求，同意进行下道工序。

☑同意隐蔽　　　　□不同意，修改后进行复查

复查结论：

复查人：　　　　　　　　　　复查日期：　　年　月　日

签字栏	施工单位	××建设集团有限公司	专业技术负责人	专业质量员	专业工长
			×××	×××	×××
	监理或建设单位	××建设监理有限公司	专业监理工程师	×××	

2）隐蔽工程验收记录（耐根穿刺防水层）标准要求。

（1）隐检依据来源

《屋面工程质量验收规范》GB 50207—2012 摘录：

9.0.6 屋面工程应对下列部位进行隐蔽工程验收：

1 卷材、涂膜防水层的基层；

2 保温层的隔汽和排汽措施；

3 保温层的铺设方式、厚度、板材缝隙填充质量及热桥部位的保温措施；

4 接缝的密封处理；

5 瓦材与基层的固定措施；

6 檐沟、天沟、泛水、水落口和变形缝等细部做法；

7 在屋面易开裂和渗水部位的附加层；

8 保护层与卷材、涂膜防水层之间的隔离层；

9 金属板材与基层的固定和板缝间的密封处理；

10 坡度较大时，防水卷材和保温层下滑的措施。

（2）隐检内容相关要求

《种植屋面工程技术规程》JGJ 155—2013 摘录：

7.4.1 耐根穿刺防水材料及其配套材料的质量应符合设计要求。

7.4.2 耐根穿刺防水层施工方式应与耐根穿刺检验报告一致。

7.4.3 防水层不应有渗漏或积水现象。

7.4.4 防水层在檐口、檐沟、天沟、水落口、泛水、变形缝和伸出屋面管道的防水构造，应符合设计要求。

7.4.5 喷涂聚脲防水层的平均厚度应符合设计要求，最小厚度不应小于设计厚度的80%。

7.4.6 喷涂聚脲涂层颜色应均匀，涂层应连续、无漏喷和流坠，无气泡、无针孔、无剥落、无划伤、无折皱、无龟裂、无异物。

7.3.5 卷材的搭接缝应粘结或焊接牢固，密封严密，不应扭曲、皱折或起泡。

7.3.6 卷材防水层的收头应与基层黏结并钉压牢固，密封严密，不应翘边。

7.3.7 卷材防水层的铺贴方向应正确，卷材搭接宽度的允许偏差应为—10mm。

15. 隐蔽工程验收记录（种植屋面保护层）。

1）隐蔽工程验收记录（种植屋面保护层）表填写范例（表 5.2.2-19）。

表 5.2.2-19 隐蔽工程验收记录（种植屋面保护层）

工程名称	筑业科技产业园综合楼	编号	××
隐检项目	种植屋面保护层	隐检日期	××××年×月×日
隐检部位	屋面 ①～⑩/ ～ 轴 60.900m 标高		

隐检依据：施工图号　建施 02、12　　　　，设计变更/洽商/技术核定单（编号　　/　　）及有关国家现行标准等。

主要材料名称及规格/型号：　塑料防护排水板 F　0.70　8　1000×20　800/200　

隐检内容：

1. 排蓄水层采用带无纺布、厚度 0.70mm、凹凸高度 8mm、宽度 1000mmm、长度 20m、主材单位面积质量 800g/m² 、无纺布单位面积质量 200g/m² 的排水板，有产品合格证、质量检验报告和进场验检报告，报告编号××；

2. 基层平整干净、无杂物，明显凹陷和凸起，用水泥砂浆找平；

3. 排水板凹点向下铺设，长边铺设方向与找坡方向一致，无褶皱，长边搭接整齐；

4. 防水收头位置预留 200mm 的排水板用于固定；

5. 排水板长边采用焊接搭接，短边采用扣接搭接，搭接宽度均大于 80mm；长边焊接采用单缝焊，焊缝宽度大于 25mm，无焊焦、焊穿。

检查结论：

　　经检查，符合设计及规范要求，同意进行下道工序。

☑同意隐蔽　　　　　　□不同意，修改后进行复查

复查结论：

复查人：　　　　　　　　　　　　　　　　　复查日期：　　年　月　日

签字栏	施工单位	××建设集团有限公司	专业技术负责人	专业质量员	专业工长
			×××	×××	×××
	监理或建设单位	××建设监理有限公司	专业监理工程师	×××	

2）隐蔽工程验收记录（种植屋面保护层）标准要求。

（1）隐检依据来源

《屋面工程质量验收规范》GB 50207—2012摘录：

9.0.6 屋面工程应对下列部位进行隐蔽工程验收：

1 卷材、涂膜防水层的基层；

2 保温层的隔汽和排汽措施；

3 保温层的铺设方式、厚度、板材缝隙填充质量及热桥部位的保温措施；

4 接缝的密封处理；

5 瓦材与基层的固定措施；

6 檐沟、天沟、泛水、水落口和变形缝等细部做法；

7 在屋面易开裂和渗水部位的附加层；

8 保护层与卷材、涂膜防水层之间的隔离层；

9 金属板材与基层的固定和板缝间的密封处理；

10 坡度较大时，防水卷材和保温层下滑的措施。

（2）隐检内容相关要求

《种植屋面工程技术规程》JGJ 155—2013摘录：

6.5.1 排（蓄）水层施工应符合下列规定：

1 排（蓄）水层应与排水系统连通；

2 排（蓄）水设施施工前应根据屋面坡向确定整体排水方向；

3 排（蓄）水层应铺设至排水沟边缘或水落口周边；

4 铺设排（蓄）水材料时，不应破坏耐根穿刺防水层；

5 凹凸塑料排（蓄）水板宜采用搭接法施工，搭接宽度不应小于100mm；

6 网状交织、块状塑料排水板宜采用对接法施工，并应接茬齐整；

7 排水层采用卵石、陶粒等材料铺设时，粒径应大小均匀，铺设厚度应符合设计要求。

7.5.1 排水系统应符合设计要求。

7.5.2 排水管道应畅通，水落口、观察井不得堵塞。

7.5.3 排（蓄）水层和过滤层材料的质量应符合设计要求。

7.5.4 排（蓄）水层和过滤层材料的厚度、单位面积质量和搭接宽度应符合设计要求。

7.5.5 排水层应与排水系统连通，保证排水畅通。

16. 隐蔽工程验收记录（无纺布过滤层）。

1）隐蔽工程验收记录（无纺布过滤层）表填写范例（表5.2.2-20）。

表 5.2.2-20 隐蔽工程验收记录（无纺布过滤层）

工程名称	筑业科技产业园综合楼	编号	××
隐检项目	无纺布过滤层	隐检日期	××××年×月×日
隐检部位	屋面 ①～⑩/ ～ 轴 60.900m 标高		

隐检依据：施工图号___建施02、12___，设计变更/治商/技术核定单（编号___/___）及有关国家现行标准等。

主要材料名称及规格/型号：___丙纶材质土工布___

隐检内容：

　　1. 过滤层采用丙纶材质土工布，有产品合格证、质量检验报告和进场验检验报告，报告编号××；

　　2. 土工布铺设于蓄水板上，搭接平整无皱折；

　　3. 土工布搭接采用缝合连接方式，搭接宽度不小于150mm。

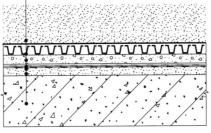

检查结论：

　　经检查，符合设计及规范要求，同意进行下道工序。

☑同意隐蔽　　　　　□不同意，修改后进行复查

复查结论：

复查人：　　　　　　　　　　　　　　　　　复查日期：　　年　月　日

签字栏	施工单位	××建设集团有限公司	专业技术负责人	专业质量员	专业工长
			×××	×××	×××
	监理或建设单位	××建设监理有限公司	专业监理工程师	×××	

2）隐蔽工程验收记录（无纺布过滤层）标准要求。

（1）隐检依据来源

《屋面工程质量验收规范》GB 50207—2012 摘录：

9.0.6 屋面工程应对下列部位进行隐蔽工程验收：

1 卷材、涂膜防水层的基层；

2 保温层的隔汽和排汽措施；

3 保温层的铺设方式、厚度、板材缝隙填充质量及热桥部位的保温措施；

4 接缝的密封处理；

5 瓦材与基层的固定措施；

6 檐沟、天沟、泛水、水落口和变形缝等细部做法；

7 在屋面易开裂和渗水部位的附加层；

8 保护层与卷材、涂膜防水层之间的隔离层；

9 金属板材与基层的固定和板缝间的密封处理；

10 坡度较大时，防水卷材和保温层下滑的措施。

（2）隐检内容相关要求

《种植屋面工程技术规程》JGJ 155—2013 摘录：

6.5.2 无纺布过滤层施工应符合下列规定：

1 空铺于排（蓄）水层之上，铺设应平整、无皱折；

2 搭接宜采用黏合或缝合固定，搭接宽度不应小于150mm；

3 边缘沿种植挡墙上翻时应与种植土高度一致。

7.5.3 排（蓄）水层和过滤层材料的质量应符合设计要求。

7.5.4 排（蓄）水层和过滤层材料的厚度、单位面积质量和搭接宽度应符合设计要求。

7.5.6 过滤层应铺设平整、接缝严密，其搭接宽度的允许偏差应为±30mm。

第六章　建筑给水排水及供暖工程

第一节　建筑给水排水及供暖隐蔽工程所涉及的规范要求

《建筑给水排水及采暖工程施工质量验收规范》GB 50242—2002 摘录：

3.3.2 隐蔽工程应在隐蔽前经验收各方检验合格后，才能隐蔽，并形成记录。

14.0.3 工程质量验收文件和记录中应包括下列主要内容：

5 隐蔽工程验收及中间试验记录。

第二节　建筑给水排水及供暖隐蔽项目汇总及填写范例

一、建筑给水排水及供暖隐蔽项目汇总表。

表 6.2.1-1　建筑给水排水及供暖隐蔽项目汇总表

序号	隐蔽项目	隐蔽内容	对应范例表格
1	管道安装（直埋于地下或暗敷）	1. 管材、管件、阀门、设备的材质与型号； 2. 安装位置、标高、坡度； 3. 管道连接做法及质量； 4. 附件使用、支架固定； 5. 强度严密性、冲洗等试验。	表 6.2.2-1～表 6.2.2-8 表 6.2.2-11～表 6.2.2-13
2	绝热、防腐	1. 绝热方式； 2. 绝热材料的材质与规格； 3. 绝热管道与支吊架之间的防结露措施； 4. 防腐处理材料及做法等。	表 6.2.2-15 表 6.2.2-16 表 6.2.2-17
3	埋地的采暖，热水管道	1. 安装位置、标高、坡度； 2. 支架做法； 3. 保温层、保护层设置； 4. 水压试验结果及冲洗情况等。	表 6.2.2-9（1） 表 6.2.2-9（2） 表 6.2.2-10 表 6.2.2-14
4	穿墙（板）套管	1. 套管材料； 2. 套管位置； 3. 套管固定及加强措施； 4. 套管防腐、密封处理等。	表 6.2.2-18
5	防水套管	1. 穿墙管用遇水膨胀止水条和密封材料； 2. 穿墙管防水构造； 3. 套管式穿墙管的套管与止水环及翼环； 4. 套管固定及加强措施； 5. 套管的安装位置； 6. 密封材料嵌填。	表 6.2.2-19

二、建筑给水排水及供暖隐蔽项目填写范例。

1. 隐蔽工程验收记录（室内给水系统）。

1）隐蔽工程验收记录（室内给水系统支管安装）表填写范例（表 6.2.2-1）。

表 6.2.2-1　隐蔽工程验收记录（室内给水系统支管安装）

工程名称	筑业科技产业园综合楼	编号	××
隐检项目	室内给水系统支管安装	隐检日期	××××年×月×日
隐检部位	四层　　12.900mm　标高		

隐检依据：施工图号　水施－02、12　，设计变更/洽商/技术核定单（编号　　/　　）及有关国家现行标准等。

主要材料名称及规格/型号：　三型聚丙烯管 PP-R DN20

隐检内容：

1. PP-R 管质量合格证明文件齐全，其品种、规格符合设计要求，进场验收合格，材料进场验收记录××；
2. 本层支管采用 PP-R 管，管径为 DN20，采用热熔连接，接口严密，管卡固定间距为 1.0m；
3. 强度严密性试验合格，试验记录编号××。

检查结论：

经检查，符合设计及规范要求，同意进行下道工序。

☑同意隐蔽　　　　　□不同意，修改后进行复查

复查结论：

复查人：　　　　　　　　　　　　　　　　　　复查日期：　　年　月　日

签字栏	施工单位	××建设集团有限公司	专业技术负责人	专业质量员	专业工长
			×××	×××	×××
	监理或建设单位	××建设监理有限公司	专业监理工程师		×××

2）隐蔽工程验收记录（室内给水系统立管安装）表填写范例（表6.2.2-2）。

表 6.2.2-2 隐蔽工程验收记录（室内给水系统立管安装）

工程名称	筑业科技产业园综合楼	编号	××
隐检项目	室内给水系统立管安装	隐检日期	××××年×月×日
隐检部位	低区给水系统 －1.400～5.025m 标高		

隐检依据：施工图号___水施02、12___，设计变更/洽商/技术核定单（编号_____/_____）及有关国家现行标准等。

主要材料名称及规格/型号：___给水衬塑复合钢管 DN100、DN65___

隐检内容：

　　1. 给水衬塑复合钢管质量合格证明文件齐全，其品种、规格符合设计要求，进场验收合格，材料进场验收记录××；

　　2. 按照在结构位置上标记的管道位置安装，衬塑复合管道采用丝扣连接，连接紧密；

　　3. 吊卡采用圆钢制作，采用膨胀螺栓固定，其制作形式、安装位置、数量等均符合设计要求；

　　4. 管道穿结构梁、板处均使用预留套管，套管的安装和填料符合设计要求；

　　5. 阀门安装前强度和严密性试验合格，见试验记录××，安装位置符合设计要求，启闭灵活；

　　6. 管道强度严密性试验合格，见试验记录××。

检查结论：

　　经检查，符合设计及规范要求，同意进行下道工序。

☑同意隐蔽　　　　　□不同意，修改后进行复查

复查结论：

复查人：　　　　　　　　　　　　　　　　　　复查日期：　　　年　月　日

签字栏	施工单位	××建设集团有限公司	专业技术负责人	专业质量员	专业工长
			×××	×××	×××
	监理或建设单位	××建设监理有限公司	专业监理工程师	×××	

3）隐蔽工程验收记录（室内给水系统水平干管安装）表填写范例（表 6.2.2-3）。

表 6.2.2-3　隐蔽工程验收记录（室内给水系统水平干管安装）

工程名称	筑业科技产业园综合楼	编号	××
隐检项目	室内给水系统水平干管安装	隐检日期	××××年×月×日
隐检部位	地下一层　　－1.280m　标高		

隐检依据：施工图号＿＿水施 02、12＿＿＿＿＿，设计变更/洽商/技术核定单（编号＿＿＿/＿＿＿）及有关国家现行标准等。

主要材料名称及规格/型号：＿＿给水镀锌钢管 DN200＿＿＿＿＿＿＿＿＿＿＿＿＿＿

隐检内容：

1. 给水镀锌钢管质量合格证明文件齐全，其品种、规格符合设计要求，进场验收合格，材料进场验收记录××；

2. 按照结构位置上标记的管道位置安装，给水镀锌钢管管道采用法兰连接；

3. 吊卡采用圆钢制作，采用膨胀螺栓固定，其制作形式、安装位置、数量等均符合设计要求；

4. 管道穿结构梁、板处均使用预留套管，套管的安装和填料符合设计要求；

5. 阀门安装前强度和严密性试验合格，见试验记录××，安装位置符合设计要求，启闭灵活；

6. 管道强度严密性试验合格，见试验记录××。

检查结论：

　　经检查，符合设计及规范要求，同意进行下道工序。

☑同意隐蔽　　　　　　□不同意，修改后进行复查

复查结论：

复查人：　　　　　　　　　　　　　　　　　　　　　复查日期：　　年　月　日

签字栏	施工单位	××建设集团有限公司	专业技术负责人	专业质量员	专业工长
			×××	×××	×××
	监理或建设单位	××建设监理有限公司	专业监理工程师	×××	

4）隐蔽工程验收记录（室内给水系统干管安装）表填写范例（表6.2.2-4）。

表 6.2.2-4　隐蔽工程验收记录（室内给水系统干管安装）

工程名称	筑业科技产业园综合楼	编号	××
隐检项目	室内给水系统干管安装	隐检日期	××××年×月×日
隐检部位	负一层　　　－3.600m　标高		

隐检依据：施工图号　 水施02、12 　，设计变更/洽商/技术核定单（编号　　／　　）及有关国家现行标准等。
主要材料名称及规格/型号：　 给水镀锌钢管 DN300

隐检内容：
　　1. 给水镀锌钢管质量合格证明文件齐全，其品种、规格符合设计要求，进场验收合格，材料进场验收记录××；
　　2. 房心土已挖到管底标高，管底清理干净，穿墙处已安装套管，套管规格符合要求，坐标、标高位置准确；
　　3. 按照已标记的管道位置安装，给水镀锌管道采用法兰连接，连接紧密；
　　4. 管道穿结构墙处均使用预留套管，套管的安装和填料符合设计要求；
　　5. 阀门安装前强度和严密性试验合格，见试验记录××，安装位置符合设计要求，启闭灵活；
　　6. 管道强度严密性试验合格，见试验记录××。

检查结论：

　　经检查，符合设计及规范要求，同意进行下道工序。

☑同意隐蔽　　　　　　□不同意，修改后进行复查

复查结论：

复查人：　　　　　　　　　　　　　　　　　　　复查日期：　　年　月　日

签字栏	施工单位	××建设集团有限公司	专业技术负责人	专业质量员	专业工长
			×××	×××	×××
	监理或建设单位	××建设监理有限公司	专业监理工程师		×××

5）隐蔽工程验收记录（室内给水系统支管安装）、隐蔽工程验收记录（室内给水系统立管安装）、隐蔽工程验收记录（室内给水系统水平干管安装）、隐蔽工程验收记录（室内给水系统干管安装）标准要求。

（1）隐检依据来源

《建筑给水排水及采暖工程施工质量验收规范》GB 50242—2002摘录：

3.3.2 隐蔽工程应在隐蔽前经验收各方检验合格后，才能隐蔽，并形成记录。

14.0.3 工程质量验收文件和记录中应包括下列主要内容：

5 隐蔽工程验收及中间试验记录。

（2）隐检内容相关要求

《建筑给水排水及采暖工程施工质量验收规范》GB 50242—2002摘录：

4.1.3 管径小于或等于100mm的镀锌钢管应采用螺纹连接，套丝扣时破坏的镀锌层表面及外露螺纹部分应做防腐处理；管径大于100mm的镀锌钢管应采用法兰或卡套式专用管件连接，镀锌钢管与法兰的焊接处应二次镀锌。

4.1.4 给水塑料管和复合管可以采用橡胶圈接口、粘接接口、热熔连接、专用管件连接及法兰连接等形式。塑料管和复合管与金属管件、阀门等的连接应使用专用管件连接，不得在塑料管上套丝。

4.1.5 给水铸铁管管道应采用水泥捻口或橡胶圈接口方式进行连接。

4.1.6 铜管连接可采用专用接头或焊接，当管径小于22mm时宜采用承插或套管焊接，承口应迎介质流向安装；当管径大于或等于22mm时宜采用对口焊接。

4.1.7 给水立管和装有3个或3个以上配水点的支管始端，均应安装可拆卸的连接件。

4.1.8 冷、热水管道同时安装应符合下列规定：

1 上、下平行安装时热水管应在冷水管上方。

2 垂直平行安装时热水管应在冷水管左侧。

4.2.1 室内给水管道的水压试验必须符合设计要求。当设计未注明时，各种材质的给水管道系统试验压力均为工作压力的1.5倍，但不得小于0.6MPa。

4.2.4 室内直埋给水管道（塑料管道和复合管道除外）应做防腐处理。埋地管道防腐层材质和结构应符合设计要求。

4.2.5 给水引入管与排水排出管的水平净距不得小于1m。室内给水与排水管道平行敷设时，两管间的最小水平净距不得小于0.5m；交叉铺设时，垂直净距不得小于0.15m。给水管应铺在排水管上面，若给水管必须铺在排水管的下面时，给水管应加套管，其长度不得小于排水管管径的3倍。

4.2.6 管道及管件焊接的焊缝表面质量应符合下列要求：

1 焊缝外形尺寸应符合图纸和工艺文件的规定，焊缝高度不得低于母材表面，焊缝与母材应圆滑过渡。

2 焊缝及热影响区表面应无裂纹、未熔合、未焊透、夹渣、弧坑和气孔等缺陷。

4.2.7 给水水平管道应有2‰～5‰的坡度坡向泄水装置。

4.2.8 给水管道和阀门安装的允许偏差应符合表4.2.8的规定。

表 4.2.8 管道和阀门安装的允许偏差和检验方法

项次	项目			允许偏差（mm）	检验方法
1	水平管道纵横方向弯曲	钢管	每米	1	用水平尺、直尺、拉线和尺量检查
			全长 25m 以上	≯25	
		塑料管复合管	每米	1.5	
			全长 25m 以上	≯25	
		铸铁管	每米	2	
			全长 25m 以上	≯25	
2	立管垂直度	钢管	每米	3	吊线和尺量检查
			5m 以上	≯8	
		塑料管复合管	每米	2	
			5m 以上	≯8	
		铸铁管	每米	3	
			5m 以上	≯10	
3	成排管段和成排阀门		在同一平面上间距	3	尺量检查

2）隐蔽工程验收记录（消火栓系统管道安装）。

1）隐蔽工程验收记录（消火栓系统管道安装）表填写范例（表6.2.2-5）。

表 6.2.2-5　隐蔽工程验收记录（消火栓系统管道安装）

工程名称	筑业科技产业园综合楼	编号	××
隐检项目	消火栓系统管道安装	隐检日期	××××年×月×日
隐检部位	地下一层～三层　－4.800～9.400m　标高		

隐检依据：施工图号___水施－15、水施－18___，设计变更/洽商/技术核定单（编号_____/_____）及有关国家现行标准等。

主要材料名称及规格/型号：___热镀锌焊接钢管 DN65～DN100___

隐检内容：

　　1. 管材、管件质量合格证明文件齐全，其品种、规格符合设计要求，进场验收合格，材料进场验收记录××；

　　2. 管材及管件安装的位置、标高、坡度符合设计要求。消防管道 DN≥100 时，采用沟槽连接，DN＜100 时，采用丝扣连接，外露丝扣均做防锈处理；

　　3. 管道变径位置、支架规格、位置及固定形式符合设计及规范要求；

　　4. 管道采用防冻伴热保温，符合设计要求；

　　5. 管道水压试压结果符合设计及规范要求，见试验记录××。

检查结论：

　　经检查，符合设计及规范要求，同意进行下道工序。

☑同意隐蔽　　　　　　□不同意，修改后进行复查

复查结论：

复查人：　　　　　　　　　　　　　　　　　　　复查日期：　　年　月　日

签字栏	施工单位	××建设集团有限公司	专业技术负责人	专业质量员	专业工长
			×××	×××	×××
	监理或建设单位	××建设监理有限公司	专业监理工程师	×××	

2）隐蔽工程验收记录（消火栓系统管道安装）标准要求。

（1）隐检依据来源

《建筑给水排水及采暖工程施工质量验收规范》GB 50242—2002摘录：

3.3.2 隐蔽工程应在隐蔽前经验收各方检验合格后，才能隐蔽，并形成记录。

14.0.3 工程质量验收文件和记录中应包括下列主要内容：

5 隐蔽工程验收及中间试验记录。

（2）隐检内容相关要求

《建筑给水排水及采暖工程施工质量验收规范》GB 50242—2002摘录：

4.1.3 管径小于或等于100mm的镀锌钢管应采用螺纹连接，套丝扣时破坏的镀锌层表面及外露螺纹部分应做防腐处理；管径大于100mm的镀锌钢管应采用法兰或卡套式专用管件连接，镀锌钢管与法兰的焊接处应二次镀锌。

4.2.1 室内给水管道的水压试验必须符合设计要求。当设计未注明时，各种材质的给水管道系统试验压力均为工作压力的1.5倍，但不得小于0.6MPa。

4.2.4 室内直埋给水管道（塑料管道和复合管道除外）应做防腐处理。埋地管道防腐层材质和结构应符合设计要求。

4.2.5 给水引入管与排水排出管的水平净距不得小于1m。室内给水与排水管道平行敷设时，两管间的最小水平净距不得小于0.5m；交叉铺设时，垂直净距不得小于0.15m。给水管应铺在排水管上面，若给水管必须铺在排水管的下面时，给水管应加套管，其长度不得小于排水管管径的3倍。

4.2.6 管道及管件焊接的焊缝表面质量应符合下列要求：

1 焊缝外形尺寸应符合图纸和工艺文件的规定，焊缝高度不得低于母材表面，焊缝与母材应圆滑过渡。

2 焊缝及热影响区表面应无裂纹、未熔合、未焊透、夹渣、弧坑和气孔等缺陷。

4.2.7 给水水平管道应有2‰～5‰的坡度坡向泄水装置。

4.2.8 给水管道和阀门安装的允许偏差应符合表4.2.8的规定。

项次	项目			允许偏差（mm）	检验方法
1	水平管道纵横方向弯曲	钢管	每米	1	用水平尺、直尺、拉线和尺量检查
			全长25m以上	≥25	
		塑料管复合管	每米	1.5	
			全长25m以上	≥25	
		铸铁管	每米	2	
			全长25m以上	≥25	
2	立管垂直度	钢管	每米5m以上	3	吊线和尺量检查
				≥8	
		塑料管复合管	每米5m以上	2	
				≥8	
		铸铁管	每米5m以上	3	
				≥10	
3	成排管段和成排阀门		在同一平面上间距	3	尺量检查

3. 隐蔽工程验收记录（排水立管安装）、（卫生间排水支管安装）。

1）隐蔽工程验收记录（排水立管安装）表填写范例（表 6.2.2-6）。

表 6.2.2-6　隐蔽工程验收记录（排水立管安装）

工程名称	筑业科技产业园综合楼	编号	××
隐检项目	排水立管安装	隐检日期	××××年×月×日
隐检部位	二层　　3.600～6.900m　标高		

隐检依据：施工图号__水施 04__，设计变更/洽商/技术核定单（编号_____/_____）及有关国家现行标准等。

主要材料名称及规格/型号：__W 型机制铸铁管 DN150__

隐检内容：

1. W 型机制质量合格证明文件齐全，其品种、规格符合设计要求，进场验收合格，材料进场验收记录编号××；

2. 各器具排水口尺寸、安装位置正确，立管采用卡箍连接，橡胶圈密封良好；

3. 按照已标记的管道位置安装，立管每层均设置检查口；

4. 支架安装牢固，位置、间距符合设计要求；

5. 通球试验合格，见试验记录××。

检查结论：

经检查，符合设计及规范要求，同意进行下道工序。

☑同意隐蔽　　　　　□不同意，修改后进行复查

复查结论：

复查人：　　　　　　　　　　　　　　　　复查日期：　　年　月　日

签字栏	施工单位	××建设集团有限公司	专业技术负责人	专业质量员	专业工长
			×××	×××	×××
	监理或建设单位	××建设监理有限公司	专业监理工程师	×××	

2）隐蔽工程验收记录（卫生间排水支管安装）表填写范例（表6.2.2-7）。

表 6.2.2-7　隐蔽工程验收记录（卫生间排水支管安装）

工程名称	筑业科技产业园综合楼	编号	××
隐检项目	卫生间排水支管安装	隐检日期	××××年×月×日
隐检部位	三层卫生间吊顶内　　7.600m　标高		

隐检依据：施工图号___设施-09___，设计变更/洽商/技术核定单（编号_____/_____）及有关国家现行标准等。
主要材料名称及规格/型号：___W型机制铸铁管 DN150___

隐检内容：
1. W型机制质量合格证明文件齐全，其品种、规格符合设计要求，进场验收合格，材料进场验收记录编号××；
2. 将组装好的管道按施工图纸的坐标、标高要求找好位置和坡度，采用卡箍连接，橡胶圈密封良好；
3. 灌水试验合格，见试验记录××。

检查结论：

　　经检查，符合设计及规范要求，同意进行下道工序。

☑同意隐蔽　　　　　　□不同意，修改后进行复查

复查结论：

复查人：　　　　　　　　　　　　　　　　　　复查日期：　　年　月　日

签字栏	施工单位	××建设集团有限公司	专业技术负责人	专业质量员	专业工长
			×××	×××	×××
	监理或建设单位	××建设监理有限公司	专业监理工程师	×××	

3）隐蔽工程验收记录（排水立管安装）、隐蔽工程验收记录（卫生间排水支管安装）标准要求。

（1）隐检依据来源

《建筑给水排水及采暖工程施工质量验收规范》GB 50242—2002 摘录：

3.3.2 隐蔽工程应在隐蔽前经验收各方检验合格后，才能隐蔽，并形成记录。

14.0.3 工程质量验收文件和记录中应包括下列主要内容：

5 隐蔽工程验收及中间试验记录。

（2）隐检内容相关要求

《建筑给水排水及采暖工程施工质量验收规范》GB 50242—2002 摘录：

4.1.3 管径小于或等于100mm的镀锌钢管应采用螺纹连接，套丝扣时破坏的镀锌层表面及外露螺纹部分应做防腐处理；管径大于100mm的镀锌钢管应采用法兰或卡套式专用管件连接，镀锌钢管与法兰的焊接处应二次镀锌。

5.2.1 隐蔽或埋地的排水管道在隐蔽前必须做灌水试验，其灌水高度应不低于底层卫生器具的上边缘或底层地面高度。

5.2.2 生活污水铸铁管道的坡度必须符合设计或本规范表5.2.2的规定。

表5.2.2 生活污水铸铁管道的坡度

项次	管径（mm）	标准坡度（‰）	最小坡度（‰）
1	50	35	25
2	75	25	15
3	100	20	12
4	125	15	10
5	150	10	7
6	200	8	5

5.2.3 生活污水塑料管道的坡度必须符合设计或本规范表5.2.3的规定。

表5.2.3 生活污水塑料管道的坡度

项次	管径（mm）	标准坡度（‰）	最小坡度（‰）
1	50	25	12
2	75	15	8
3	100	12	6
4	125	10	5
5	160	7	4

5.2.4 排水塑料管必须按设计要求及位置装设伸缩节。如设计无要求时，伸缩节间距不得大于4m。高层建筑中明设排水塑料管道应按设计要求设置阻火圈或防火套管。

5.2.5 排水主立管及水平干管管道均应做通球试验，通球球径不小于排水管道管径的2/3，通球率必须达到100%。

5.2.6 在生活污水管道上设置的检查口或清扫口，当设计无要求时应符合下列规定：

1 在立管上应每隔一层设置一个检查口，但在最底层和有卫生器具的最高层必须设置。如为两层建筑时，可仅在底层设置立管检查口；如有乙字弯管时，则在该层乙字弯管的上部设置检查口。检查口中心高度距操作地面一般为1m，允许偏差±20mm；检查口的朝向应便于检修。暗装立管，在检查口处应安装检修门；

2 在连接2个及2个以上大便器或3个及3个以上卫生器具的污水横管上应设置清扫口。当污水管在楼板下悬吊敷设时，可将清扫口设在上一层楼地面上，污水管起点的清扫口与管道相垂直的墙面距离不得小于200mm；若污水管起点设置堵头代替清扫口时，与墙面距离不得小于400mm；

3 在转角小于135°的污水横管上，应设置检查口或清扫口；

4 污水横管的直线管段，应按设计要求的距离设置检查口或清扫口。

5.2.9 排水塑料管道支、吊架间距应符合表5.2.9的规定。

表5.2.9 排水塑料管道支吊架最大间距 （m）

管径（mm）	50	75	110	125	160
立管	1.2	1.5	2.0	2.0	2.0
横管	0.5	0.75	1.10	1.30	1.6

5.2.13 通向室外的排水管，穿过墙壁或基础必须下返时，应采用45°三通和45°弯头连接，并应在垂直管段顶部设置清扫口。

5.2.14 由室内通向室外排水检查井的排水管，井内引入管应高于排出管或两管顶相平，并有不小于90°的水流转角，如跌落差大于300mm可不受角度限制。

5.2.15 用于室内排水的水平管道与水平管道、水平管道与立管的连接，应采用45°三通或45°四通和90°斜三通或90°斜四通。立管与排出管端部的连接，应采用两个45°弯头或曲率半径不小于4倍管径的90°弯头。

5.2.16 室内排水管道安装的允许偏差应符合表5.2.16的相关规定。

表5.2.16 室内排水和雨水管道安装的允许偏差和检验方法

项次	项目				允许偏差mm）	检验方法
1	坐标				15	
2	标高				±15	
3	横管纵横方向弯曲	铸铁管		每1m	≯1	用水准仪（水平尺）、直尺、拉线和尺量检查
				全长（25m以上）	≯25	
		钢管	每1m	管径小于或等于100mm	1	
				管径大于100mm	1.5	
			全长（25m以上）	管径小于或等于100mm	≯25	
				管径大于100mm	≯308	
		塑料管		每1m	1.5	
				全长（25m以上）	≯38	
		钢筋混凝土管、混凝土管		每1m	3	
				全长（25m以上）	≯75	

项次	项目			允许偏差mm)	检验方法
4	立管垂直度	铸铁管	每1m	3	吊线和尺量检查
			全长（5m以上）	≯15	
		钢管	每1m	3	
			全长（5m以上）	≯10	
		塑料管	每1m	3	
			全长（5m以上）	≯15	

4. 隐蔽工程验收记录（雨水系统管道安装）。

1）隐蔽工程验收记录（雨水系统管道安装）表填写范例（表 6.2.2-8）。

表 6.2.2-8 隐蔽工程验收记录（雨水系统管道安装）

工程名称	筑业科技产业园综合楼	编号	××
隐检项目	雨水系统管道安装	隐检日期	××××年×月×日
隐检部位	YL1～YL12 　　−0.200～18.400m　标高		

隐检依据：施工图号___水施08___，设计变更/洽商/技术核定单（编号____/____）及有关国家现行标准等。

主要材料名称及规格/型号：___PVC管 Φ110___

隐检内容：

1. 管材及管件质量合格证明文件齐全、有效，其品种、型号规格符合设计要求，材料进场验收合格，见记录××；

2. 管道按照预定安装位置准确，固定牢固，采用胶圈连接，接口严密；

3. 雨水管道的坡度符合设计和规范要求，雨水斗管的连接固定在屋面承重结构上，雨水斗边缘与屋面相连处严密不漏；

4. 管道支架安装位置正确，间距符合设计要求；

5. 雨水管道灌水试验合格，见试验记录××。

检查结论：

经检查，符合设计及规范要求，同意进行下道工序。

☑同意隐蔽　　　　□不同意，修改后进行复查

复查结论：

复查人：　　　　　　　　　　　　　　　　　　复查日期：　　年　月　日

签字栏	施工单位	××建设集团有限公司	专业技术负责人	专业质量员	专业工长
			×××	×××	×××
	监理或建设单位	××建设监理有限公司	专业监理工程师	×××	

2）隐蔽工程验收记录（雨水系统管道安装）标准要求。

（1）隐检依据来源

《建筑给水排水及采暖工程施工质量验收规范》GB 50242—2002摘录：

3.3.2 隐蔽工程应在隐蔽前经验收各方检验合格后，才能隐蔽，并形成记录。

14.0.3 工程质量验收文件和记录中应包括下列主要内容：

5 隐蔽工程验收及中间试验记录。

（2）隐检内容相关要求

《建筑给水排水及采暖工程施工质量验收规范》GB 50242—2002摘录：

5.3.1 安装在室内的雨水管道安装后应做灌水试验，灌水高度必须到每根立管上部的雨水斗。

5.3.2 雨水管道如采用塑料管，其伸缩节安装应符合设计要求。

5.3.3 悬吊式雨水管道的敷设坡度不得小于5‰；埋地雨水管道的最小坡度，应符合表5.3.3的规定。

表 5.3.3　地下埋设雨水排水管道的最小坡度

项次	管径（mm）	最小坡度（‰）
1	50	20
2	75	15
3	100	8
4	125	6
5	150	5
6	200～400	4

5.3.4 雨水管道不得与生活污水管道相连接。

5.3.5 雨水斗管的连接应固定在屋面承重结构上。雨水斗边缘与屋面相连处应严密不漏。连接管管径当设计无要求时，不得小于100mm。

5.3.6 悬吊式雨水管道的检查口或带法兰堵口的三通的间距不得大于表5.3.6的规定。

表 5.3.6　悬吊管检查口间距

项次	悬吊管直径（mm）	检查口间距（m）
1	≤150	≯15
2	≥200	≯20

5.3.7 雨水管道安装的允许偏差应符合本规范表5.2.16的规定。

5.3.8 雨水钢管管道焊接的焊口允许偏差应符合表5.3.8的规定。

表 5.3.8　钢管管道焊口允许偏差和检验方法

项次	项目		允许偏差	检验方法
1	焊口平直度	管壁厚 10mm 以内	管壁厚 1/4	焊接检验尺和游标卡尺检查
2	焊缝加强面	高度	+1mm	
		宽度		
3	咬边	深度	小于 0.5mm	直尺检查
		长度 连续长度	25mm	
		总长度（两侧）	小于焊缝长度的 10%	

5. 隐蔽工程验收记录（室内热水系统立管安装）。

1）隐蔽工程验收记录（室内热水系统立管安装）表填写范例［表6.2.2-9（1）］。

表6.2.2-9（1）　隐蔽工程验收记录（室内热水系统立管安装）

工程名称	筑业科技产业园综合楼	编号	××
隐检项目	室内热水系统立管安装	隐检日期	××××年×月×日
隐检部位	四层　10.200～13.100m　标高		

隐检依据：施工图号＿＿＿水施06＿＿＿＿＿，设计变更/洽商/技术核定单（编号＿＿＿＿/＿＿＿＿）及有关国家现行标准等。

主要材料名称及规格/型号：＿＿＿三型聚丙烯管 PP-R DN20＿＿＿＿＿＿＿＿

隐检内容：

1. PP-R管质量合格证明文件齐全，其品种、规格符合设计要求，材料进场验收合格，见记录××；
2. 本层支管采用PP-R管，管径为DN20，采用热熔连接，接口严密，管卡固定间距为1.0m；
3. 强度严密性试验合格，见试验记录××。

检查结论：

经检查，符合设计及规范要求，同意进行下道工序。

☑同意隐蔽　　　　　□不同意，修改后进行复查

复查结论：

复查人：　　　　　　　　　　　　　　　　　　　　复查日期：　　年　月　日

签字栏	施工单位	××建设集团有限公司	专业技术负责人	专业质量员	专业工长
			×××	×××	×××
	监理或建设单位	××建设监理有限公司	专业监理工程师	×××	

2）隐蔽工程验收记录（室内热水系统立管安装）表填写范例［表6.2.2-9（2）］。

表6.2.2-9（2） 隐蔽工程验收记录（室内热水系统立管安装）

工程名称	筑业科技产业园综合楼	编号	××
隐检项目	室内热水系统立管安装	隐检日期	××××年×月×日
隐检部位	四层 10.200～13.100m 标高		

隐检依据：施工图号 水施06 ，设计变更/洽商/技术核定单（编号 / ）及有关国家现行标准等。

主要材料名称及规格/型号： 给水衬塑复合钢管DN80、DN65

隐检内容：

1. 给水衬塑复合钢管质量合格证明文件齐全，其品种、规格符合设计要求，进场验收合格，材料进场验收记录××；

2. 按照结构位置上标记的管道位置安装，衬塑复合管道采用环压式连接，密封严密；

3. 吊卡采用圆钢制作，采用膨胀螺栓固定，其制作形式、安装位置、数量等均符合设计要求；

4. 管道穿结构梁、板处均使用预留套管，套管的安装和填料符合设计要求；

5. 阀门安装前强度和严密性试验合格，见试验记录××，安装位置符合设计要求，启闭灵活；

6. 管道强度严密性试验合格，见试验记录××。

检查结论：

经检查，符合设计及规范要求，同意进行下道工序。

☑同意隐蔽 □不同意，修改后进行复查

复查结论：

复查人： 复查日期： 年 月 日

签字栏	施工单位	××建设集团有限公司	专业技术负责人	专业质量员	专业工长
			×××	×××	×××
	监理或建设单位	××建设监理有限公司	专业监理工程师		×××

3）隐蔽工程验收记录（室内热水系统立管安装）、隐蔽工程验收记录（室内热水系统立管安装）标准要求。

（1）隐检依据来源

《建筑给水排水及采暖工程施工质量验收规范》GB 50242—2002 摘录：

3.3.2 隐蔽工程应在隐蔽前经验收各方检验合格后，才能隐蔽，并形成记录。

14.0.3 工程质量验收文件和记录中应包括下列主要内容：

5 隐蔽工程验收及中间试验记录。

（2）隐检内容相关要求

《建筑给水排水及采暖工程施工质量验收规范》GB 50242—2002 摘录：

6.2.1 热水供应系统安装完毕，管道保温之前应进行水压试验。试验压力应符合设计要求。当设计未注明时，热水供应系统水压试验压力应为系统顶点的工作压力加0.1MPa，同时在系统顶点的试验压力不小于0.3MPa。

6.2.2 热水供应管道应尽量利用自然弯补偿热伸缩，直线段过长则应设置补偿器。补偿器型式、规格、位置应符合设计要求，并按有关规定进行预拉伸。

6.2.4 管道安装坡度应符合设计规定。

4.2.8 给水管道和阀门安装的允许偏差应符合表4.2.8的规定。

表 4.2.8 管道和阀门安装的允许偏差和检验方法

项次	项目			允许偏差（mm）	检验方法
1	水平管道纵横方向弯曲	钢管	每米 全长25m以上	1 ≯25	用水平尺、直尺、拉线和尺量检查
		塑料管 复合管	每米 全长25m以上	1.5 ≯25	
		铸铁管	每米 全长25m以上	2 ≯25	
2	立管垂直度	钢管	每米 5m以上	3 ≯8	吊线和尺量检查
		塑料管 复合管	每米 5m以上	2 ≯8	
		铸铁管	每米 5m以上	3 ≯10	
3	成排管段和成排阀门	在同一平面 上间距		3	尺量检查

6. 隐蔽工程验收记录（低温热水地板辐射供暖系统安装）。

1）隐蔽工程验收记录（低温热水地板辐射供暖系统安装）表填写范例（表 6.2.2-10）。

表 6.2.2-10　隐蔽工程验收记录（低温热水地板辐射供暖系统安装）

工程名称	筑业科技产业园综合楼	编号	××
隐检项目	低温热水地板辐射供暖系统安装	隐检日期	××××年×月×日
隐检部位	四层　10.200m　标高		

隐检依据：施工图号　暖通 NS-05　，设计变更/洽商/技术核定单（编号　/　）及有关国家现行标准等。
主要材料名称及规格/型号：　耐热聚乙烯管 PE-RT 管 De25、De20　

隐检内容：
1. 管材管件质量合格证明文件齐全，其品种、规格符合设计要求，进场验收合格，材料进场验收记录××；
2. 绝热层采用表面敷有复合保护层的聚苯乙烯泡沫塑料板，厚度≥30mm；表观密度为 30kg/m²，边角保温采用厚度为 20mm 的聚苯乙烯泡沫板；
3. 地面下每个盘管回路为一根管，中间无接头，弯曲部分无硬折弯现象，弯曲半径≥管外径的 6 倍，沿墙布置时，离墙的距离为 200mm；
4. 采用固定卡将加热管直接固定在绝热板上，加热管弯头两端设固定卡，直线段间距为 0.5m，弯曲管段为 0.1m；
5. 强度及严密性试验合格，见试验记录××。

检查结论：

经检查，符合设计及规范要求，同意进行下道工序。

☑同意隐蔽　　　□不同意，修改后进行复查

复查结论：

复查人：　　　　　　　　　　　　　　　　复查日期：　年　月　日

签字栏	施工单位	××建设集团有限公司	专业技术负责人	专业质量员	专业工长
			×××	×××	×××
	监理或建设单位	××建设监理有限公司	专业监理工程师	×××	

2）隐蔽工程验收记录（低温热水地板辐射供暖系统安装）标准要求。

（1）隐检依据来源

《建筑给水排水及采暖工程施工质量验收规范》GB 50242—2002 摘录：

3.3.2 隐蔽工程应在隐蔽前经验收各方检验合格后，才能隐蔽，并形成记录。

14.0.3 工程质量验收文件和记录中应包括下列主要内容：

5 隐蔽工程验收及中间试验记录。

（2）隐检内容相关要求

① 《建筑给水排水及采暖工程施工质量验收规范》GB 50242—2002 摘录：

8.5.1 地面下敷设的盘管埋地部分不应有接头。

8.5.2 盘管隐蔽前必须进行水压试验，试验压力为工作压力的 1.5 倍，但不小于 0.6MPa。

8.5.3 加热盘管弯曲部分不得出现硬折弯现象，曲率半径应符合下列规定：

1 塑料管：不应小于管道外径的 8 倍；

2 复合管：不应小于管道外径的 5 倍。

8.5.5 加热盘管管径、间距和长度应符合设计要求。间距偏差不大于±10mm。

② 《辐射供暖供冷技术规程》JGJ 142—2012 摘录：

5.4.1 加热供冷管应按设计图纸标定的管间距和走向敷设，加热供冷管应保持平直，管间距的安装误差不应大于 10mm。加热供冷管敷设前，应对照施工图纸核定加热供冷管的选型、管径、壁厚，并应检查加热供冷管外观质量，管内部不得有杂质。加热供冷管安装间断或完毕时，敞口处应随时封堵。

5.4.3 加热供冷管及输配管弯曲敷设时应符合下列规定：

1 圆弧的顶部应用管卡进行固定；

2 塑料管弯曲半径不应小于管道外径的 8 倍，铝塑复合管的弯曲半径不应小于管道外径的 6 倍，铜管的弯曲半径不应小于管道外径的 5 倍；

3 最大弯曲半径不得大于管道外径的 11 倍；

4 管道安装时应防止管道扭曲；铜管应采用专用机械弯管。

5.4.4 混凝土填充式供暖地面距墙面最近的加热管与墙面间距宜为 100mm；每个环路加热管总长度与设计图纸误差不应大于 8%。

5.4.5 埋设于填充层内的加热供冷管及输配管不应有接头。在铺设过程中管材出现损坏、渗漏等现象时，应当整根更换，不应拼接使用。

5.4.7 加热供冷管应设固定装置。加热供冷管弯头两端宜设固定卡；加热供冷管直管段固定点间距宜为 500～700mm，弯曲管段固定点间距宜为 200～300mm。

5.4.8 加热供冷管或输配管穿墙时应设硬质套管。

5.4.9 在分水器、集水器附近以及其他局部加热供冷管排列比较密集的部位，当管间距小于 100mm 时，加热供冷管外部应设置柔性套管。

5.4.10 加热供冷管或输配管出地面至分水器、集水器连接处，弯管部分不宜露出面层。加热供冷管或供暖板输配管出地面至分水器、集水器下部阀门接口之间的明装管段，外部应加装塑料套管或波纹管套管，套管应高出面层 150～200mm。

5.4.11 加热供冷管或输配管与分水器、集水器连接应采用卡套式、卡压式挤压夹紧连接，连接件材料宜为铜质。铜质连接件直接与 PP-R 塑料管接触的表面必须镀镍。

5.4.12 加热供冷管的环路布置不宜穿越填充层内的伸缩缝，必须穿越时，伸缩缝处应设长度不小于 200mm 的柔性套管。

7. 隐蔽工程验收记录（室外给水管网安装）。

1）隐蔽工程验收记录（室外给水管网安装）表填写范例（表 6.2.2-11）。

表 6.2.2-11 隐蔽工程验收记录（室外给水管网安装）

工程名称	筑业科技产业园综合楼	编号	××
隐检项目	室外给水管网安装	隐检日期	××××年×月×日
隐检部位	室外 —1.200m 标高		

隐检依据：施工图号 水施—05 ，设计变更/洽商/技术核定单（编号 / ）及有关国家现行标准等。

主要材料名称及规格/型号： HDPE 双壁波纹管 DN300

隐检内容：

1. 管材管件质量合格证明文件齐全，其品种、规格符合设计要求，进场验收合格，材料进场验收记录××；

2. 沟槽已挖到管底标高，且清理干净；

3. 按照已标记的管道位置安装，管道采用承插连接，承口内壁清理干净，确保密封圈安装在插口的一和二波峰之间的槽内，涂润滑剂，承插口端面中心轴线对齐，连接严密；

4. 阀门安装前强度和严密性试验合格，见试验记录××，阀门安装位置符合设计要求，启闭灵活；

5. 管道强度严密性试验合格，见试验记录××。

检查结论：

经检查，符合设计及规范要求，同意进行下道工序。

☑同意隐蔽 □不同意，修改后进行复查

复查结论：

复查人： 复查日期： 年 月 日

签字栏	施工单位	××建设集团有限公司	专业技术负责人	专业质量员	专业工长
			×××	×××	×××
	监理或建设单位	××建设监理有限公司	专业监理工程师	×××	

2）隐蔽工程验收记录（室外给水管网安装）标准要求。

（1）隐检依据来源

《建筑给水排水及采暖工程施工质量验收规范》GB 50242—2002摘录：

3.3.2 隐蔽工程应在隐蔽前经验收各方检验合格后，才能隐蔽，并形成记录。

14.0.3 工程质量验收文件和记录中应包括下列主要内容：

5 隐蔽工程验收及中间试验记录。

（2）隐检内容相关要求

《建筑给水排水及采暖工程施工质量验收规范》GB 50242—2002摘录：

9.2.1 给水管道在埋地敷设时，应在当地的冰冻线以下，如必须在冰冻线以上铺设时，应做可靠的保温防潮措施。在无冰冻地区，埋地敷设时，管顶的覆土埋深不得小于500mm，穿越道路部位的埋深不得小于700mm。

9.2.2 给水管道不得直接穿越污水井、化粪池、公共厕所等污染源。

9.2.3 管道接口法兰、卡扣、卡箍等应安装在检查井或地沟内，不应埋在土壤中。

9.2.4 给水系统各种井室内的管道安装，如设计无要求，井壁距法兰或承口的距离：管径小于或等于450mm时，不得小于250mm；管径大于450mm时，不得小于350mm。

9.2.5 管网必须进行水压试验，试验压力为工作压力的1.5倍，但不得小于0.6MPa。

9.2.6 镀锌钢管、钢管的埋地防腐必须符合设计要求，如设计无规定时，可按表9.2.6的规定执行。卷材与管材间应粘贴牢固，无空鼓、滑移、接口不严等。

表9.2.6　管道防腐层种类

防腐层层次	正常防腐层	加强防腐层	特加强防腐层
（从金属表面起） 1	冷底子油	冷底子油	冷底子油
2	沥青涂层	沥青涂层	沥青涂层
3	外包保护层	加强包扎层	加强保护层
		（封闭层）	（封闭层）
4		沥青涂层	沥青涂层
5		外保护层	加强包扎层
6			（封闭层）
			沥青涂层
7			外包保护层
防腐层厚度不小于（mm）	3	6	9

9.2.8 管道的坐标、标高、坡度应符合设计要求，管道安装的允许偏差应符合表9.2.8的规定。

表 9.2.8　室外给水管道安装的允许偏差和检验方法

项次	项目			允许偏差（mm）	检验方法
1	坐标	铸铁管	埋地	100	拉线和尺量检查
			敷设在沟槽内	50	
		钢管、塑料管、复合管	埋地	100	
			敷设在沟槽内或架空	40	
2	标高	铸铁管	埋地	±50	拉线和尺量检查
			敷设在沟槽内	±30	
		钢管、塑料管、复合管	埋地	±50	
			敷设在沟槽内或架空	±30	
3	水平管纵横向弯曲	铸铁管	直段（25m 以上）起点～终点	40	拉线和尺量检查
		钢管、塑料管、复合管	直段（25m 以上）起点～终点	30	

9.2.10　管道连接应符合工艺要求，阀门、水表等安装位置应正确。塑料给水管道上的水表、阀门等设施其重量或启闭装置的扭矩不得作用于管道上，当管径≥50mm 时必须设独立的支承装置。

9.2.11　给水管道与污水管道在不同标高平行敷设，其垂直间距在 500mm 以内时，给水管管径小于或等于 200mm 的，管壁水平间距不得小于 1.5m；管径大于 200mm 的，不得小于 3m。

9.2.12　铸铁管承插捻口连接的对口间隙应不小于 3mm，最大间隙不得大于表 9.2.12 的规定。

表 9.2.12　铸铁管承插捻口的对口最大间隙

管径（mm）	沿直线敷设（mm）	沿曲线敷设（mm）
75	4	5
100～250	5	7～13
300～500	6	14～22

9.2.13　铸铁管沿直线敷设，承插捻口连接的环型间隙应符合表 9.2.13 的规定；沿曲线敷设，每个接口允许有 2°转角。

表 9.2.13　铸铁管承插捻口的环型间隙

管径（mm）	标准环型间隙（mm）	允许偏差（mm）
75～200	10	+3，−2
250～450	11	+4，−2
500	12	+4，−2

9.2.14　捻口用的油麻填料必须清洁，填塞后应捻实，其深度应占整个环型间隙深度的 1/3。

9.2.15 捻口用水泥强度应不低于32.5MPa，接口水泥应密实饱满，其接口水泥面凹入承口边缘的深度不得大于2mm。

9.2.16 采用水泥捻口的给水铸铁管，在安装地点有侵蚀性的地下水时，应在接口处涂抹沥青防腐层。

9.2.17 采用橡胶圈接口的埋地给水管道，在土壤或地下水对橡胶圈有腐蚀的地段，在回填土前应用沥青胶泥、沥青麻丝或沥青锯末等材料封闭橡胶圈接口。橡胶圈接口的管道，每个接口的最大偏转角不得超过表9.2.17的规定。

表9.2.17　橡胶圈接口最大允许偏转角

公称直径（mm）	100	125	150	200	250	300	350	400
允许偏转角度（°）	5	5	5	5	4	4	4	3

8. 隐蔽工程验收记录（室外消火栓系统管网安装）。

1）隐蔽工程验收记录（室外消火栓系统管网安装）表填写范例（表 6.2.2-12）。

表 6.2.2-12　隐蔽工程验收记录（室外消火栓系统管网安装）

工程名称	筑业科技产业园综合楼	编号	××
隐检项目	室外消火栓系统管网安装	隐检日期	××××年×月×日
隐检部位	室外　　−1.200m　标高		

隐检依据：施工图号　水施−05　　　　　，设计变更/洽商/技术核定单（编号　　　/　　　　）及有关国家现行标准等。

主要材料名称及规格/型号：　热镀锌钢管 DN300

隐检内容：
1. 管材管件质量合格证明文件齐全，其品种、规格符合设计要求，进场验收合格，材料进场验收记录××；
2. 沟槽已挖到管底标高，且清理干净；
3. 按照已标记的管道位置安装，管道采用法兰连接，接口严密；
4. 阀门及消火栓水泵接合器安装位置符合设计要求，启闭灵活；
5. 管道强度严密性试验合格，见试验记录××。

检查结论：

经检查，符合设计及规范要求，同意进行下道工序。

☑同意隐蔽　　　　　　□不同意，修改后进行复查

复查结论：

复查人：　　　　　　　　　　　　　　　　　复查日期：　　年　月　日

签字栏	施工单位	××建设集团有限公司	专业技术负责人	专业质量员	专业工长
			×××	×××	×××
	监理或建设单位	××建设监理有限公司	专业监理工程师	×××	

2）隐蔽工程验收记录（室外消火栓系统管网安装）标准要求。

（1）隐检依据来源

《建筑给水排水及采暖工程施工质量验收规范》GB 50242—2002 摘录：

3.3.2 隐蔽工程应在隐蔽前经验收各方检验合格后，才能隐蔽，并形成记录。

14.0.3 工程质量验收文件和记录中应包括下列主要内容：

5 隐蔽工程验收及中间试验记录。

（2）隐检内容相关要求

《建筑给水排水及采暖工程施工质量验收规范》GB 50242—2002 摘录：

9.3.1 系统必须进行水压试验，试验压力为工作压力的 1.5 倍，但不得小于 0.6MPa。

9.3.3 消防水泵接合器和消火栓的位置标志应明显，栓口的位置应方便操作。消防水泵接合器和室外消火栓当采用墙壁式时，如设计未要求，进、出水栓口的中心安装高度距地面应为 1.10m，其上方应设有防坠落物打击的措施。

9.3.4 室外消火栓和消防水泵接合器的各项安装尺寸应符合设计要求，栓口安装高度允许偏差为 ±20mm。

9.3.5 地下式消防水泵接合器顶部进水口或地下式消火栓的顶部出水口与消防井盖底面的距离不得大于 400mm，井内应有足够的操作空间，并设爬梯。寒冷地区井内应做防冻保护。

9.3.6 消防水泵接合器的安全阀及止回阀安装位置和方向应正确，阀门启闭应灵活。

9. 隐蔽工程验收记录（室外排水系统管网安装）。

1）隐蔽工程验收记录（室外排水系统管网安装）表填写范例（表 6.2.2-13）。

表 6. 2. 2-13 隐蔽工程验收记录（室外排水系统管网安装）

工程名称	筑业科技产业园综合楼	编号	××
隐检项目	室外排水系统管网安装	隐检日期	××××年×月×日
隐检部位	室外 —1.200m 标高		

隐检依据：施工图号___水施—05___，设计变更/洽商/技术核定单（编号_____/_____）及有关国家现行标准等。

主要材料名称及规格/型号：___水泥混凝土管 φ500___

隐检内容：

1. 管材管件质量合格证明文件齐全，其品种、规格符合设计要求，进场验收合格，材料进场验收记录××；
2. 沟槽已挖到管底标高，且清理干净；
3. 按照已标记的管道位置安装，管道采用承插连接，橡胶圈密封，接口严密；
4. 管道通水试验合格，见试验记录××。

检查结论：

经检查，符合设计及规范要求，同意进行下道工序。

☑同意隐蔽 　　　　　□不同意，修改后进行复查

复查结论：

复查人： 　　　　　　　　　　　　　　复查日期： 　年 　月 　日

签字栏	施工单位	××建设集团有限公司	专业技术负责人	专业质量员	专业工长
			×××	×××	×××
	监理或建设单位	××建设监理有限公司	专业监理工程师	×××	

2）隐蔽工程验收记录（室外排水系统管网安装）标准要求。

（1）隐检依据来源

《建筑给水排水及采暖工程施工质量验收规范》GB 50242—2002摘录：

3.3.2 隐蔽工程应在隐蔽前经验收各方检验合格后，才能隐蔽，并形成记录。

14.0.3 工程质量验收文件和记录中应包括下列主要内容：

5 隐蔽工程验收及中间试验记录。

（2）隐检内容相关要求

《建筑给水排水及采暖工程施工质量验收规范》GB 50242—2002摘录：

10.2.1 排水管道的坡度必须符合设计要求，严禁无坡或倒坡。

10.2.2 管道埋设前必须做灌水试验和通水试验，排水应畅通，无堵塞，管接口无渗漏。

10.2.3 管道的坐标和标高应符合设计要求，安装的允许偏差应符合表10.2.3的规定。

表10.2.3 室外排水管道安装的允许偏差和检验方法

项次	项目		允许偏差（mm）	检验方法
1	坐标	埋地	100	拉线尺量
		敷设在沟槽内	50	
2	标高	埋地	±20	用水平仪、拉线和尺量
		敷设在沟槽内	±20	
3	水平管道纵横向弯曲	每5m长	10	拉线尺量
		全长（两井间）	30	

10.2.4 排水铸铁管采用水泥捻口时，油麻填塞应密实，接口水泥应密实饱满，其接口面凹入承口边缘且深度不得大于2mm。

10.2.5 排水铸铁管外壁在安装前应除锈，涂二遍石油沥青漆。

10.2.6 承插接口的排水管道安装时，管道和管件的承口应与水流方向相反。

10.2.7 混凝土管或钢筋混凝土管采用抹带接口时，应符合下列规定：

1 抹带前应将管口的外壁凿毛，扫净，当管径小于或等于500mm时，抹带可一次完成；当管径大于500mm时，应分二次抹成，抹带不得有裂纹；

2 钢丝网应在管道就位前放入下方，抹压砂浆时应将钢丝网抹压牢固，钢丝网不得外露；

3 抹带厚度不得小于管壁的厚度，宽度宜为80～100mm。

10. 隐蔽工程验收记录（室外供热系统管网安装）。

1）隐蔽工程验收记录（室外供热系统管网安装）表填写范例（表 6.2.2-14）。

表 6.2.2-14　隐蔽工程验收记录（室外供热系统管网安装）

工程名称	筑业科技产业园综合楼	编号	××
隐检项目	室外供热系统管网安装	隐检日期	××××年×月×日
隐检部位	室外　−1.200m　标高		

隐检依据：施工图号___暖通−05___，设计变更/洽商/技术核定单（编号_____/_____）及有关国家现行标准等。

主要材料名称及规格/型号：___聚氨酯保温管 DN300___

隐检内容：

　1. 管材管件质量合格证明文件齐全，其品种、规格符合设计要求，进场验收合格，材料进场验收记录××；

　2. 沟槽已挖到管底标高，且清理干净；

　3. 按照已标记的管道位置安装，管道采用电熔套筒连接，热熔套紧捆在外套管上，接通电源焊接，套管完全冷却后卸下帮带，接口严密；

　4. 管道强度严密性试验合格，见试验记录××。

检查结论：

　　经检查，符合设计及规范要求，同意进行下道工序。

☑同意隐蔽　　　　　　□不同意，修改后进行复查

复查结论：

复查人：　　　　　　　　　　　　　　　　复查日期：　　年　月　日

签字栏	施工单位	××建设集团有限公司	专业技术负责人	专业质量员	专业工长
			×××	×××	×××
	监理或建设单位	××建设监理有限公司	专业监理工程师	×××	

2) 隐蔽工程验收记录（室外供热系统管网安装）标准要求。

（1）隐检依据来源

《建筑给水排水及采暖工程施工质量验收规范》GB 50242—2002 摘录：

3.3.2 隐蔽工程应在隐蔽前经验收各方检验合格后，才能隐蔽，并形成记录。

14.0.3 工程质量验收文件和记录中应包括下列主要内容：

5 隐蔽工程验收及中间试验记录。

（2）隐检内容相关要求

《建筑给水排水及采暖工程施工质量验收规范》GB 50242—2002 摘录：

11.2.2 直埋无补偿供热管道预热伸长及三通加固应符合设计要求。回填前应注意检查预制保温层外壳及接口的完好性。回填应按设计要求进行。

11.2.3 补偿器的位置必须符合设计要求，并应按设计要求或产品说明书进行预拉伸。管道固定支架的位置和构造必须符合设计要求。

11.2.5 直埋管道的保温应符合设计要求，接口在现场发泡时，接头处厚度应与管道保温层厚度一致，接头处保护层必须与管道保护层成一体，符合防潮防水要求。

11.2.6 管道水平敷设其坡度应符合设计要求。

11.2.8 室外供热管道安装的允许偏差应符合表 11.2.8 的规定。

表 11.2.8 室外供热管道安装的允许偏差和检查方法

项次	项目			允许偏差	检验方法
1	坐标（mm）		敷设在沟槽内及架空	20	用水准仪（水平尺）、直尺、拉线
			埋地	50	
2	标高（mm）		敷设在沟槽内及架空	±10	尺量检查
			埋地	±15	
3	水平管道纵、横方向弯曲（mm）	每 1m	管径≤100mm	1	用水准仪（水平尺）直尺、拉线和尺量检查
			管径＞100mm	1.5	
		全长（25m 以上）	管径≤100mm	≯13	
			管径＞100mm	≯25	
4	弯管	椭圆率 $\dfrac{D_{max}-D_{min}}{D_{max}}$	管径≤100mm	8%	用外卡钳和尺量检查
			管径＞100mm	5%	
		折皱不平度（mm）	管径≤100mm	4	
			管径 125～200mm	5	
			管径 250～400mm	7	

注：D_{max} 和 D_{min} 分别为管子的最大外径和最小外径。

11.2.9 管道焊口的允许偏差应符合本规范表 11.2.9 的规定。

表 11.2.9　钢管管道焊口允许偏差和检验方法

项次	项目			允许偏差	检验方法
1	焊口平直度	管壁厚10mm以内		管壁厚1/4	焊接检验尺和游标卡尺检查
2	焊缝加强面	高度		+1mm	
		宽度			
3	咬边	深度		小于0.5mm	直尺检查
		长度	连续长度	25mm	
			总长度（两侧）	小于焊缝长度的10%	

11.2.10　管道及管件焊接的焊缝表面质量应符合下列规定：

1　焊缝外形尺寸应符合图纸和工艺文件的规定，焊缝高度不得低于母材表面，焊接与母材应圆滑过渡；

2　焊缝及热影响区表面应无裂纹、未熔合、未焊透、夹渣、弧坑和气孔等缺陷。

11.2.11　供热管道的供水管或蒸汽管，如设计无规定时，应敷设在载热介质前进方向的右侧或上方。

11.2.12　地沟内的管道安装位置，其净距（保温层外表面）应符合下列规定：

与沟壁 100～150mm；

与沟底 100～200mm；

与沟顶（不通行地沟）50～100mm；

（半通行和通行地沟）200～300mm。

11.2.14　防锈漆的厚度应均匀，不得有脱皮、起泡、流淌和漏涂等缺陷。

11.3.1　供热管道的水压试验压力应为工作压力的 1.5 倍，但不得小于 0.6MPa。

11.3.2　管道试压合格后，应进行冲洗。

11.3.4　供热管道作水压试验时，试验管道上的阀门应开启，试验管道与非试验管道应隔断。

11. 隐蔽工程验收记录（室内给水系统吊顶内管道保温）、（室内热水系统吊顶内管道保温）。

1）隐蔽工程验收记录（室内给水系统吊顶内管道保温）表填写范例（表 6.2.2-15）。

表 6.2.2-15　隐蔽工程验收记录（室内给水系统吊顶内管道保温）

工程名称	筑业科技产业园综合楼	编号	××
隐检项目	室内给水系统吊顶内管道保温	隐检日期	××××年×月×日
隐检部位	四层　　13.000m　标高		

隐检依据：施工图号＿＿水施－011＿＿＿＿＿，设计变更/洽商/技术核定单（编号＿＿＿/＿＿＿）及有关国家现行标准等。

主要材料名称及规格/型号：＿＿20mm 厚 B1 级橡塑海绵管壳保温＿＿＿＿＿＿＿＿

隐检内容：

1. 保温材料质量合格证明材料齐全、有效，材料进场验收合格，记录编号××；
2. 吊顶内给水管道保温采用 20mm 厚 B1 级橡塑海绵管壳保温进行防结露处理，外缠 B1 级塑料白乳膜；
3. 保温层表面平整，做法正确，搭茬合理，封口严密，无空鼓及松动。

检查结论：

经检查，符合设计及规范要求，同意进行下道工序。

☑同意隐蔽　　　　　　□不同意，修改后进行复查

复查结论：

复查人：　　　　　　　　　　　　　　　　　　复查日期：　　年　月　日

签字栏	施工单位	××建设集团有限公司	专业技术负责人	专业质量员	专业工长
			×××	×××	×××
	监理或建设单位	××建设监理有限公司	专业监理工程师	×××	

2）隐蔽工程验收记录（室内热水系统吊顶内管道保温）表填写范例（表6.2.2-16）。

表 6.2.2-16　隐蔽工程验收记录（室内热水系统吊顶内管道保温）

工程名称	筑业科技产业园综合楼	编号	××
隐检项目	室内热水系统吊顶内管道保温	隐检日期	××××年×月×日
隐检部位	四层　　13.000m　标高		

隐检依据：施工图号　水施04　　　　，设计变更/洽商/技术核定单（编号　　/　　）及有关国家现行标准等。
主要材料名称及规格/型号：　50mm厚A级离心玻璃棉保温管壳　　　　

隐检内容：
1. 保温材料质量合格证明材料齐全、有效，材料进场验收合格，记录编号××；
2. 吊顶内热水管壁尘土、油污擦净，涂抹黏结剂，然后将50mm厚A级离心玻璃棉保温管壳粘结其上；
3. 保温层表面平整，做法正确，搭茬合理，封口严密，无空鼓及松动。

检查结论：

经检查，符合设计及规范要求，同意进行下道工序。

☑同意隐蔽　　　　□不同意，修改后进行复查

复查结论：

复查人：　　　　　　　　　　　　　　　复查日期：　　年　月　日

签字栏	施工单位	××建设集团有限公司	专业技术负责人	专业质量员	专业工长
			×××	×××	×××
	监理或建设单位	××建设监理有限公司	专业监理工程师	×××	

3）隐蔽工程验收记录（室内给水系统吊顶内管道保温）、隐蔽工程验收记录（室内热水系统吊顶内管道保温）标准要求。

（1）隐检依据来源

《建筑给水排水及采暖工程施工质量验收规范》GB 50242—2002摘录：

3.3.2 隐蔽工程应在隐蔽前经验收各方检验合格后，才能隐蔽，并形成记录。

14.0.3 工程质量验收文件和记录中应包括下列主要内容：

5 隐蔽工程验收及中间试验记录。

（2）隐检内容相关要求

《建筑给水排水及采暖工程施工质量验收规范》GB 50242—2002摘录：

4.4.8 管道及设备保温层的厚度和平整度的允许偏差应符合表4.4.8的规定。

表4.4.8 管道及设备保温的允许偏差和检验方法

项次	项目		允许偏差（mm）	检验方法
1	厚度		$+0.1\delta$ -0.05δ	用钢针刺入
2	表面平整度	卷材	5	用2m靠尺和楔形塞尺检查
		涂抹	10	

注：δ为保温层厚度。

12. 隐蔽工程验收记录（室内热水系统吊顶内管道防腐）。

1）隐蔽工程验收记录（室内热水系统吊顶内管道防腐）表填写范例（表6.2.2-17）。

表6.2.2-17　隐蔽工程验收记录（室内热水系统吊顶内管道防腐）

工程名称	筑业科技产业园综合楼	编号	××
隐检项目	室内热水系统吊顶内管道防腐	隐检日期	××××年×月×日
隐检部位	四层　　13.000m　标高		

隐检依据：施工图号___水施04___，设计变更/洽商/技术核定单（编号___/___）及有关国家现行标准等。

主要材料名称及规格/型号：___沥青涂层___

隐检内容：

1. 防腐材料质量合格证明文件齐全，材料进场验收合格，见记录编号××；
2. 涂层顺序依次为冷底子油、沥青涂层、外包保护层；
3. 涂底料前管体表面清除油垢、灰渣、铁锈；采用人工除锈，其质量标准达 St3 级；
4. 涂底料时基面干燥，基面除锈后与涂底料的间隔时间不超过 4h。涂刷均匀、饱满、附着良好，无脱皮、起泡、流淌和漏涂缺陷，管两端 150～250mm 范围内留空白未涂刷；
5. 涂沥青后立即缠绕玻璃布，玻璃布的压边宽度为 30mm，接头搭接长度为 100mm，各层搭接接头相互错开，玻璃布的油浸透率达到 95% 以上，未出现大于 50mm×50mm 的空白；
6. 经检查防腐层厚度不小于 4mm，符合规范要求。

检查结论：

经检查，符合设计及规范要求，同意进行下道工序。

☑同意隐蔽　　　　　　□不同意，修改后进行复查

复查结论：

复查人：　　　　　　　　　　　　　　　　　　　　复查日期：　　年　月　日

签字栏	施工单位	××建设集团有限公司	专业技术负责人	专业质量员	专业工长
			×××	×××	×××
	监理或建设单位	××建设监理有限公司	专业监理工程师		×××

2）隐蔽工程验收记录（室内热水系统吊顶内管道防腐）标准要求。

（1）隐检依据来源

《建筑给水排水及采暖工程施工质量验收规范》GB 50242—2002摘录：

3.3.2 隐蔽工程应在隐蔽前经验收各方检验合格后，才能隐蔽，并形成记录。

14.0.3 工程质量验收文件和记录中应包括下列主要内容：

5 隐蔽工程验收及中间试验记录。

（2）隐检内容相关要求

①《建筑给水排水及采暖工程施工质量验收规范》GB 50242—2002摘录：

8.2.16 管道、金属支架和设备的防腐和涂漆应附着良好，无脱皮、起泡、流淌和漏涂缺陷。

8.3.8 铸铁或钢制散热器表面的防腐及面漆应附着良好，色泽均匀，无脱落、起泡、流淌和漏涂缺陷。

9.2.6 镀锌钢管、钢管的埋地防腐必须符合设计要求，如设计无规定时，可按表9.2.6的规定执行。卷材与管材间应粘贴牢固，无空鼓、滑移、接口不严等。

表9.2.6 管道防腐层种类

防腐层层次	正常防腐层	加强防腐层	特加强防腐层
（从金属表面起）1	冷底子油	冷底子油	冷底子油
2	沥青涂层	沥青涂层	沥青涂层
3	外包保护层	加强包扎层（封闭层）	加强保护层（封闭层）
4		沥青涂层	沥青涂层
5		外保护层	加强包扎层
6			（封闭层）
7			沥青涂层 外包保护层
防腐层厚度（mm）	≥3	≥6	≥9

②《给水排水管道工程施工及验收规范》GB 50268—2008摘录：

5.4.2 水泥砂浆内防腐层应符合下列规定：

1 施工前应具备的条件应符合下列要求：

1）管道内壁的浮锈、氧化皮、焊渣、油污等，应彻底清除干净；焊缝突起高度不得大于防腐层设计厚度的1/3；

2）现场施做内防腐的管道，应在管道试验、土方回填验收合格，且管道变形基本稳定后进行；

3）内防腐层的材料质量应符合设计要求。

2 内防腐层施工应符合下列规定：

1）水泥砂浆内防腐层可采用机械喷涂、人工抹压、拖筒或离心预制法施工；工厂预制时，在运输、安装、回填土过程中，不得损坏水泥砂浆内防腐层；

2）管道端点或施工中断时，应预留搭茬；

3）水泥砂浆抗压强度符合设计要求，且不应低于30MPa；

4）采用人工抹压法施工时，应分层抹压；

5）水泥砂浆内防腐层成形后，应立即将管道封堵，终凝后进行潮湿养护，普通硅酸盐水泥砂浆养护时间不应少于7d，矿渣硅酸盐水泥砂浆不应少于14d；通水前应继续封堵，保持湿润。

5.4.3　液体环氧涂料内防腐层应符合下列规定：

1　施工前具备的条件应符合下列规定：

1）宜采用喷（抛）射除锈，除锈等级应不低于《涂装前钢材表面锈蚀等级和除锈等级》GB/T 8923—1988中规定的Sa2级；内表面经喷（抛）射处理后，应用清洁、干燥、无油的压缩空气将管道内部的砂粒、尘埃、锈粉等微尘清除干净；

2）管道内表面处理后，应在钢管两端60～100mm范围内涂刷硅酸锌或其他可焊性防锈涂料，干膜厚度为20～40μm。

2　内防腐层的材料质量应符合设计要求。

3　内防腐层施工应符合下列规定：

1）应按涂料生产厂家产品说明书的规定配制涂料，不宜加稀释剂；

2）涂料使用前应搅拌均匀；

3）宜采用高压无气喷涂工艺，在工艺条件受限时，可采用空气喷涂或挤涂工艺；

4）应调整好工艺参数且稳定后，方可正式涂敷；防腐层应平整、光滑，无流挂、无划痕等；涂敷过程中应随时监测湿膜厚度；

5）环境相对湿度大于85%时，应对钢管除湿后方可作业；严禁在雨、雪、雾及风沙等气候条件下露天作业。

5.4.5　石油沥青涂料外防腐层施工应符合下列规定：

1　涂底料前管体表面应清除油垢、灰渣、铁锈；人工除氧化皮、铁锈时，其质量标准应达St3级；喷砂或化学除锈时，其质量标准应达Sa2.5级；

2　涂底料时基面应干燥，基面除锈后与涂底料的间隔时间不得超过8h。涂刷应均匀、饱满，涂层不得有凝块、起泡现象，底料厚度宜为0.1～0.2mm，管两端150～250mm范围内不得涂刷；

3　沥青涂料熬制温度宜在230℃左右，最高温度不得超过250℃，熬制时间宜控制在4～5h；

4　沥青涂料应涂刷在洁净、干燥的底料上，常温下刷沥青涂料时，应在涂底料后24h之内实施；沥青涂料涂刷温度以200～230℃为宜；

5　涂沥青后应立即缠绕玻璃布，玻璃布的压边宽度应为20～30mm，接头搭接长度应为100～150mm，各层搭接接头应相互错开，玻璃布的油浸透率应达到95%以上，不得出现大于50mm×50mm的空白；管端或施工中断处应留出长150～250mm的缓坡型搭茬；

6　包扎聚氯乙烯膜保护层作业时，不得有褶皱、脱壳现象；压边宽度应为20～30mm，搭接长度应为100～150mm；

7　沟槽内管道接口处施工，应在焊接、试压合格后进行，接茬处应黏结牢固、严密。

5.4.6 环氧煤沥青外防腐层施工应符合下列规定：

1 管节表面应符合本规范第 5.4.5 条第 1 款的规定；焊接表面应光滑无刺、无焊瘤、棱角；

2 应按产品说明书的规定配制涂料；

3 底料应在表面除锈合格后尽快涂刷。空气湿度过大时，应立即涂刷，涂刷应均匀，不得漏涂；管两端 $100\sim150$mm 范围内不涂刷，或在涂底料之前，在该部位涂刷可焊涂料或硅酸锌涂料，干膜厚度不应小于 25μm；

4 面料涂刷和包扎玻璃布，应在底料表干后、固化前进行，底料与第一道面料涂刷的间隔时间不得超过 24h。

5.4.7 雨期、冬期石油沥青及环氧煤沥青涂料外防腐层施工应符合下列规定：

1 环境温度低于 5℃时，不宜采用环氧煤沥青涂料；采用石油沥青涂料时，应采取冬期施工措施；环境温度低于 -15℃或相对湿度大于 85％时，未采取措施不得进行施工；

2 不得在雨、雾、雪或 5 级以上大风环境露天施工；

3 已涂刷石油沥青防腐层的管道，炎热天气下不宜直接受阳光照射；冬期气温等于或低于沥青涂料脆化温度时，不得起吊、运输和铺设；脆化温度试验应符合现行国家标准《石油沥青脆点测定法 弗拉斯法》GB/T 4510—2017 的规定。

5.4.8 环氧树脂玻璃钢外防腐层施工应符合下列规定：

1 管节表面应符合本规范第 5.4.5 条第 1 款的规定；焊接表面应光滑无刺、无焊瘤、无棱角；

2 应按产品说明书的规定配制环氧树脂；

3 现场施工可采用手糊法，具体可分为间断法或连续法；

4 间断法每次铺衬间断时应检查玻璃布衬层的质量，合格后再涂刷下一层；

5 连续法作业，连续铺衬到设计要求的层数或厚度，并应自然养护 24h，然后进行面层树脂的施工；

6 玻璃布除刷涂树脂外，可采用玻璃布的树脂浸揉法；

7 环氧树脂玻璃钢的养护期不应少于 7d。

5.4.10 防腐管在下沟槽前应进行检验，检验不合格应修补至合格。沟槽内的管道，其补口防腐层应经检验合格后方可回填。

13. 隐蔽工程验收记录（穿墙防水套管安装）、（穿板套管安装）。

1）隐蔽工程验收记录（穿墙防水套管安装）表填写范例（表6.2.2-18）。

表6.2.2-18　隐蔽工程验收记录（穿墙防水套管安装）

工程名称	筑业科技产业园综合楼	编号	××
隐检项目	穿墙防水套管安装	隐检日期	××××年×月×日
隐检部位	地下一层墙体①～⑩/　～　轴　－1.850m　标高		

隐检依据：施工图号＿＿水施02、12＿＿＿＿，设计变更/洽商/技术核定单（编号＿＿＿＿/＿＿＿＿）及有关国家现行标准等。

主要材料名称及规格/型号：＿＿刚性防水套管 DN200、DN150＿＿＿＿＿＿＿＿＿＿＿＿＿＿＿

隐检内容：

1. 防水套管质量合格证明书齐全，进场验收合格，见记录编号××；
2. 防水套管位置按标记的位置安装，符合设计要求；
3. 在防水套管中间焊接防水翼环，翼环厚度4mm，高度50mm，焊缝处做好防锈处理；
4. 套管固定采用附加筋的形式，安装牢固。翼环焊缝均匀，表面无裂纹；
5. 套管断面及管内壁涂刷樟丹油，防腐良好。

检查结论：

经检查，符合设计及规范要求，同意进行下道工序。

☑同意隐蔽　　　　□不同意，修改后进行复查

复查结论：

复查人：　　　　　　　　　　　　　　　　　　复查日期：　　年　月　日

签字栏	施工单位	××建设集团有限公司	专业技术负责人	专业质量员	专业工长
			×××	×××	×××
	监理或建设单位	××建设监理有限公司	专业监理工程师	×××	

2）隐蔽工程验收记录（穿板套管安装）表填写范例（表6.2.2-19）。

表6.2.2-19　隐蔽工程验收记录（穿板套管安装）

工程名称	筑业科技产业园综合楼	编号	××
隐检项目	穿板套管安装	隐检日期	××××年×月×日
隐检部位	四层卫生间　12.900mm　标高		

隐检依据：施工图号__水施02、12__，设计变更/洽商/技术核定单（编号___/___）及有关国家现行标准等。
主要材料名称及规格/型号：__刚性防水套管 DN50、DN40__

隐检内容：
　　1. 套管质量合格证明文件齐全、材料进场验收合格，记录编号××；
　　2. 根据楼板厚度及管径尺寸确定套管规格、长度，下料后套管端面及套管内刷防锈漆两道；
　　3. 该部位刚性套管有30处，其中直径为De50的15处，直径为De40的15处，套管安装位置准确，符合施工图纸要求；
　　4. 套管与管道之间的环形缝用C15细石混凝土分两次嵌缝，第一次嵌缝至板厚的2/3高度，待达到50%强度后进行第二次嵌缝至板面平，并用M10水泥砂浆抹高、宽不小于25mm的三角灰。

检查结论：

　　经检查，符合设计及规范要求，同意进行下道工序。

☑同意隐蔽　　　　　　□不同意，修改后进行复查

复查结论：

复查人：　　　　　　　　　　　　　　　　　　　　复查日期：　　年　月　日

签字栏	施工单位	××建设集团有限公司	专业技术负责人	专业质量员	专业工长
			×××	×××	×××
	监理或建设单位	××建设监理有限公司	专业监理工程师		×××

3）隐蔽工程验收记录（穿墙防水套管安装）、隐蔽工程验收记录（穿板套管安装）标准要求。

（1）隐检依据来源

《建筑给水排水及采暖工程施工质量验收规范》GB 50242—2002摘录：

3.3.2　隐蔽工程应在隐蔽前经验收各方检验合格后，才能隐蔽，并形成记录。

14.0.3　工程质量验收文件和记录中应包括下列主要内容：

5　隐蔽工程验收及中间试验记录。

（2）隐检内容相关要求

《地下防水工程施工质量验收规范》GB 50208—2011摘录：

5.4.1　穿墙管用遇水膨胀止水条和密封材料必须符合设计要求。

5.4.2　穿墙管防水构造必须符合设计要求。

5.4.3　固定式穿墙管应加焊止水环或环绕遇水膨胀止水圈，并做好防腐处理；穿墙管应在主体结构迎水面预留凹槽，槽内应用密封材料嵌填密实。

5.4.4　套管式穿墙管的套管与止水环及翼环应连续满焊，并做好防腐处理；套管内表面应清理干净，穿墙管与套管之间应用密封材料和橡胶密封圈进行密封处理，并采用法兰盘及螺栓进行固定。

5.4.5　穿墙盒的封口钢板与混凝土结构墙上预埋的角钢应焊平，并从钢板上的预留浇注孔注入改性沥青密封材料或细石混凝土，封填后将浇注孔口用钢板焊接封闭。

5.4.6　当主体结构迎水面有柔性防水层时，防水层与穿墙管连接处应增设加强层。

5.4.7　密封材料嵌填应密实、连续、饱满，黏结牢固。

第七章　通风与空调工程

第一节　通风与空调隐蔽工程所涉及的规范要求

一、《通风与空调工程施工质量验收规范》GB 50243—2016 摘录：

3.0.6　通风与空调工程中的隐蔽工程，在隐蔽前应经监理或建设单位验收及确认，必要时应留下影像资料。

12.0.5　通风与空调工程竣工验收资料应包括下列内容：

3　隐蔽工程验收记录。

二、《通风与空调工程施工规范》GB 50738—2011 摘录：

3.2.5　隐蔽工程在隐蔽前，应经施工项目技术（质量）负责人、专业工长及专职质量检查员共同参加的质量检查，检查合格后再报监理工程师（建设单位代表）进行检查验收，填写隐蔽工程验收记录，重要部位还应附必要的图像资料。

三、《通风管道技术规程》JGJ/T 141—2017 摘录：

2.0.9　隐蔽工程中安装的风管在隐蔽前应经建设单位或监理单位相关人员验收及认可签证。

第二节　通风与空调隐蔽项目汇总及填写范例

一、通风与空调隐蔽项目汇总表（表 7.2.1-1）。

表 7.2.1-1　通风与空调隐蔽项目汇总

序号	隐蔽项目	隐蔽内容	对应范例表格
1	风管 （敷设于竖井内，不进入吊顶内）	1. 风管的标高、材质； 2. 接头、接口严密性； 3. 附件、部件安装位置，支、吊、托架安装、固定； 4. 活动部件是否灵活可靠、方向是否正确； 5. 风管分支、变径处理； 6. 风管的漏风检测、空调水管道的强度严密性，冲洗等试验。	表 7.2.2-1 表 7.2.2-2 表 7.2.2-3
2	空调水系统管道	1. 管道的材质； 2. 管道连接方式及连接质量； 3. 管道安装位置、敷设方式、坡度及坡向； 4. 管道与设备连接； 5. 管道和管件在安装前的清洁情况； 6. 管道变径情况； 7. 水系统管道支吊架制作与安装； 8. 水压试验情况。	表 7.2.2-4

序号	隐蔽项目	隐蔽内容	对应范例表格
3	空调制冷剂管道	1. 管道的材质； 2. 管道安装位置、坡度及坡向； 3. 制冷剂系统的液体管道质量； 4. 引出支管时的接出位置； 5. 管道三通连接时的焊接情况； 6. 不同管径的管道直接焊接； 7. 水系统管道支吊架制作与安装； 8. 水压试验情况。	表 7.2.2-5
4	防腐	1. 风管和管道防腐涂料的品种及涂层层数； 2. 防腐涂料的涂层表面质量； 3. 有无遮盖铭牌标志和影响部件、阀门的操作功能情况，和影响部件、阀门的操作功能。	表 7.2.2-6
5	绝热	1. 风管和管道的绝热层的材质、密度、规格与厚度； 2. 绝热层采用的绝热形式与做法； 3. 绝热层铺贴情况； 4. 绝热层是否掩盖铭牌标志和影响部件、阀门的操作功能； 5. 风管及管道的绝热防潮层； 6. 管道或管道绝热层的外表面色标。	表 7.2.2-7 表 7.2.2-8 表 7.2.2-9

二、通风与空调隐蔽项目填写范例。

1. 隐蔽工程验收记录（风管安装）。

1）隐蔽工程验收记录（排风系统风管安装）表填写范例（表 7.2.2-1）。

表 7.2.2-1　隐蔽工程验收记录（排风系统风管安装）

工程名称	筑业科技产业园综合楼	编号	××
隐检项目	排风系统风管安装	隐检日期	××××年×月×日
隐检部位	二层卫生间吊顶　5.800～6.120m　标高		

隐检依据：施工图号__设施－03__，设计变更/洽商/技术核定单（编号_____/_____）及有关国家现行标准等。

主要材料名称及规格/型号：_镀锌钢板（δ＝0.6mm、δ＝0.75mm）　400mm×320mm、400mm×250mm、200mm×200mm_

隐检内容：

1. 材料质量合格证明文件齐全，进场验收合格，见记录编号××；

2. 二层 1 号、2 号、3 号、4 号卫生间吊顶内卫生间排风风管底相对建筑楼面的相对标高为××m；

3. 吊杆采用 Φ8mm 镀锌通丝杆，吊架间距不大于 30m；

4. 每个系统风管共设 1 个固定支架，采用 30mm×3mm 的角钢；

5. 风管的横担采用 30mm×3mm 的角钢；

6. 风管采用无法兰连接形式，在风管连接时采用钢板抱卡连接，抱卡安装为一正一反，间距不大于 150mm，法兰四角处螺栓方向一致，出螺母长度 2～3 扣。风管密封垫采用××胶条、厚度不小于 3mm；

7. 风阀采用单独的支、吊架，吊杆采用 Φ8mm 镀锌通丝杆，采用 M8 的镀锌螺母、M8 的镀锌螺栓固定；安装方向正确，安装后的手动操作装置灵活、可靠，阀板关闭严密；风阀安装距离距墙表面不大于 200mm；

8. 风管系统已按照设计要求及施工规范规定完成风管漏光检测，其结果符合设计要求和施工规范规定，见试验记录编号××。

检查结论：

经检查，符合设计及规范要求，同意进行下道工序。

☑同意隐蔽　　　　　□不同意，修改后进行复查

复查结论：

复查人：　　　　　　　　　　　　　　　　　　　复查日期：　　年　月　日

签字栏	施工单位	××建设集团有限公司	专业技术负责人	专业质量员	专业工长
			×××	×××	×××
	监理或建设单位	××建设监理有限公司	专业监理工程师	×××	

2）隐蔽工程验收记录（空调风系统风管安装）表填写范例（表7.2.2-2）。

表7.2.2-2　隐蔽工程验收记录（空调风系统风管安装）

工程名称	筑业科技产业园综合楼	编号	××
隐检项目	空调风系统风管安装	隐检日期	××××年×月×日
隐检部位	三层　9.100～9.420m　标高		

隐检依据：施工图号＿＿水施02、12＿＿＿，设计变更/洽商/技术核定单（编号＿＿＿／＿＿＿）及有关国家现行标准等。

主要材料名称及规格/型号：＿镀锌钢板（$\delta=0.6mm$、$\delta=1.0mm$、$\delta=1.5mm$）　1200mm×1200mm、1800mm×1800mm、500mm×500mm、200mm×400mm＿

隐检内容：

1. 材料质量合格证明文件齐全，进场验收合格，见记录编号××；

2. 三层××新风系统风管的坐标、标高等均符合设计要求及施工规范规定；

3. 水平风管吊杆采用Φ8mm、Φ10mm镀锌通丝杆，吊架间距不大于3m。水平风管设固定支架，采用40×4（mm）的角钢。风管大边长小于等于1250mm的横担采用30×3（mm）的角钢，风管大边长大于1250mm的横担采用40×4（mm）的角钢；

4. 对于风管大边长小于等于1000mm的风管采用无法兰连接形式，在风管连接时采用钢板抱卡连接，抱卡安装为一正一反，间距不大于150mm；对于风管大边长大于等于1000mm的风管采用法兰连接形式，风管连接件采用M8、M10的镀锌螺母、M8、M10的镀锌螺栓固定，间距不大于150mm，螺栓方向一致，出螺母长度2～3扣。风管密封垫采用××胶板、厚度3mm；

5. 对于大边长大于1000mm的风管采用角钢法兰连接。风管连接件采用M8、M10的镀锌螺母、M8、M10的镀锌螺栓固定，间距不大于150mm，螺栓方向一致，出螺母长度2～3扣。风管密封垫采用××胶垫、厚度3mm；

6. 风阀、消声器采用单独的支、吊架，吊杆采用Φ8mm、Φ10mm镀锌通丝杆，采用M8、M10的镀锌螺母、M8、M10的镀锌螺栓固定；安装方向正确。风阀安装后的手动或电动操作装置灵活、可靠，阀板关闭严密；风阀安装距离墙表面不大于200mm；

7. 风管系统已按照设计要求及施工规范规定完成风管漏光检测，其结果符合设计要求和施工规范规定，见试验记录编号××。

检查结论：
　　经检查，符合设计及规范要求，同意进行下道工序。

☑同意隐蔽　　　　　□不同意，修改后进行复查

复查结论：

复查人：　　　　　　　　　　　　　　　　　　　复查日期：　　年　月　日

签字栏	施工单位	××建设集团有限公司	专业技术负责人	专业质量员	专业工长
			×××	×××	×××
	监理或建设单位	××建设监理有限公司	专业监理工程师		×××

3）隐蔽工程验收记录（排烟系统风管安装）表填写范例（表7.2.2-3）。

表7.2.2-3　隐蔽工程验收记录（排烟系统风管安装）

工程名称	筑业科技产业园综合楼	编号	××
隐检项目	排烟系统风管安装	隐检日期	××××年×月×日
隐检部位	地下一层至屋面　－4.900～31.8000m　标高		

隐检依据：施工图号　设施－01、设施－13　，设计变更/洽商/技术核定单（编号　　/　　）及有关国家现行标准等。

主要材料名称及规格/型号：　镀锌钢板（$\delta=0.6$mm、$\delta=1.0$mm、$\delta=1.5$mm）　1200mm×1200mm、1800mm×1800mm、500mm×500mm、200mm×400mm

隐检内容：

1. 材料质量合格证明文件齐全，进场验收合格，见记录编号××；

2. 地下一层至屋面层××走道排烟系统风管主立管位于结构竖井内，排烟支管位于楼层走道吊顶内；

3. 竖井风管立管全部采用三角斜撑架，支架紧贴风管法兰，并用钢筋抱箍，固定风管。支架靠墙部分采用膨胀螺栓固定，此段角钢长度为600mm，螺栓数量为2个，此间距为300mm。支架紧贴法兰或紧贴风管部分采用钢筋抱箍，此段角钢长度为根据风管大小而定，钢筋孔间距根据风管大小而定；

4. 水平风管吊杆采用Φ8mm、Φ10mm镀锌通丝杆，吊架间距不大于3m。水平风管设固定支架，采用40mm×4mm的角钢。风管大边长小于等于1250mm的横担采用30mm×3mm的角钢，风管大边长大于1250mm的横担采用40mm×4mm的角钢；

5. 对于风管大边长小于等于1000mm的风管采用无法兰连接形式，在风管连接时采用钢板抱卡连接，抱卡安装为一正一反，间距不大于150mm；对于风管大边长大于1000mm的风管采用法兰连接形式，风管连接件采用M8、M10的镀锌螺母、M8、M10的镀锌螺栓固定，间距不大于150mm，螺栓方向一致，出螺母长度2～3扣。风管密封垫采用石棉橡胶板、厚度2mm；

6. 风阀采用单独的支、吊架，吊杆采用Φ8mm、Φ10mm镀锌通丝杆，采用M8、M10的镀锌螺母、M8、M10的镀锌螺栓固定；安装方向正确，安装后的手动或电动操作装置灵活、可靠，阀板关闭严密；风阀安装距离墙表面不大于200mm；

7. 风管系统已按照设计要求及施工规范规定完成风管漏风检测，试验合格，见试验记录编号××。

检查结论：

经检查，符合设计及规范要求，同意进行下道工序。

☑同意隐蔽　　　　　□不同意，修改后进行复查

复查结论：

复查人：　　　　　　　　　　　　　　　　　　　　复查日期：　　年　月　日

签字栏	施工单位	××建设集团有限公司	专业技术负责人	专业质量员	专业工长
			×××	×××	×××
	监理或建设单位	××建设监理有限公司	专业监理工程师	×××	

4）隐蔽工程验收记录（排风系统风管安装）、隐蔽工程验收记录（空调风系统风管安装）、隐蔽工程验收记录（排烟系统风管安装）标准要求。

（1）隐检依据来源

《通风与空调工程施工质量验收规范》GB 50243—2016 摘录：

3.0.6　通风与空调工程中的隐蔽工程，在隐蔽前应经监理或建设单位验收及确认，必要时应留下影像资料。

9.2.2　管道的安装应符合下列规定：

1　隐蔽安装部位的管道安装完成后，应在水压试验，合格后方能交付隐蔽工程的施工。

12.0.5　通风与空调工程竣工验收资料应包括下列内容：

3　隐蔽工程验收记录。

（2）隐检内容相关要求

《通风与空调工程施工质量验收规范》GB 50243—2016 摘录：

6.2.1　风管系统支、吊架的安装应符合下列规定：

1　预埋件位置应正确、牢固可靠，埋入部分应去除油污，且不得涂漆；

2　风管系统支、吊架的形式和规格应按工程实际情况选用；

3　风管直径大于 2000mm 或边长大于 2500mm 风管的支、吊架的安装要求，应按设计要求执行。

6.2.2　当风管穿过需要封闭的防火、防爆的墙体或楼板时，必须设置厚度不小于 1.6mm 的钢制防护套管；风管与防护套管之间应采用不燃柔性材料封堵严密。

6.2.3　风管安装必须符合下列规定：

1　风管内严禁其他管线穿越；

2　输送含有易燃、易爆气体或安装在易燃、易爆环境的风管系统必须设置可靠的防静电接地装置；

3　输送含有易燃、易爆气体的风管系统通过生活区或其他辅助生产房间时不得设置接口；

4　室外风管系统的拉索等金属固定件严禁与避雷针或避雷网连接。

6.2.4　外表温度高于 60℃，且位于人员易接触部位的风管，应采取防烫伤的措施。

6.2.7　风管部件的安装应符合下列规定：

1　风管部件及操作机构的安装应便于操作；

3　止回阀、定风量阀的安装方向应正确；

4　防爆波活门、防爆超压排气活门安装时，穿墙管的法兰和在轴线视线上的杠杆应铅垂，活门开启应朝向排气方向，在设计的超压下能自动启闭。关闭后，阀盘与密封图贴合应严密；

5　防火阀、排烟阀（口）的安装位置、方向应正确。位于防火分区隔墙两侧的防火阀，距墙表面不应大于 200mm。

6.2.8　风口的安装位置应符合设计要求，风口或结构风口与风管的连接应严密牢固，不应存在可察觉的漏风点或部位，风口与装饰面贴合应紧密。X 射线发射房间的送、排风口应采取防止射线外泄的措施。

6.2.9 风管系统安装完毕后，应按系统类别要求进行施工质量外观检验。合格后，应进行风管系统的严密性检验，漏风量应符合设计要求和本规范第 4.2.1 条的规定外，尚应符合下列规定：

1 当风管系统严密性检验出现不合格时，除应修复不合格的系统外，受检方应申请复验或复检；

2 净化空调系统进行风管严密性检验时，N1 级～N5 级的系统按高压系统风管的规定执行；N6 级～N9 级，且工作压力小于等于 1500Pa 的，均按中压系统风管的规定执行。

6.2.12 病毒实验室通风与空调系统的风管安装连接应严密，允许渗漏量应符合设计要求。

6.3.1 风管支、吊架的安装应符合下列规定：

1 金属风管水平安装，直径或边长小于等于 400mm 时，支、吊架间距不应大于 4m；大于 400mm 时，间距不应大于 3m。螺旋风管的支、吊架的间距可为 5m 与 3.75m；薄钢板法兰风管的支、吊架间距不应大于 3m。垂直安装时，应设置至少 2 个固定点，支架间距不应大于 4m；

2 支、吊架的设置不应影响阀门、自控机构的正常动作，且不应设置在风口、检查门处，离风口和分支管的距离不宜小于 200mm；

3 悬吊的水平主、干风管直线长度大于 20m 时，应设置防晃支架或防止摆动的固定点；

4 矩形风管的抱箍支架，折角应平直，抱箍应紧贴风管。圆形风管的支架应设托座或抱箍，圆弧应均匀，且应与风管外径一致；

5 风管或空调设备使用的可调节减振支、吊架，拉伸或压缩量应符合设计要求；

6 不锈钢板、铝板风管与碳素钢支架的接触处，应采取隔绝或防腐绝缘措施；

7 边长（直径）大于 1250mm 的弯头、三通等部位应设置单独的支、吊架。

6.3.2 风管系统的安装应符合下列规定：

1 风管应保持清洁，管内不应有杂物和积尘。

2 风管安装的位置、标高、走向，应符合设计要求。现场风管接口的配置应合理，不得缩小其有效截面。

3 法兰的连接螺栓应均匀拧紧，螺母宜在同一侧。

4 风管接口的连接应严密牢固。风管法兰的垫片材质应符合系统功能的要求，厚度不应小于 3mm。垫片不应凸入管内，且不宜突出法兰外；垫片接口交叉长度不应小于 30mm。

5 风管与砖、混凝土风道的连接接口，应顺着气流方向插入，并应采取密封措施。风管穿出屋面处应设置防雨装置，且不得渗漏。

6 外保温风管必需穿越封闭的墙体时，应加设套管。

7 风管的连接应平直。明装风管水平安装时，水平度的允许偏差应为 3‰，总偏差不应大于 20mm；明装风管垂直安装时，垂直度的允许偏差应为 2‰，总偏差不应大于 20mm。暗装风管安装的位置应正确，不应有侵占其他管线安装位置的现象。

8 金属无法兰连接风管的安装应符合下列规定：

1) 风管连接处应完整，表面应平整；

2) 承插式风管的四周缝隙应一致，不应有折叠状褶皱。内涂的密封胶应完整，外粘的密封胶带应粘贴牢固；

3) 矩形薄钢板法兰风管可采用弹性插条、弹簧夹或U形紧固螺栓连接。连接固定的间隔不应大于150mm，净化空调系统风管的间隔不应大于100mm，且分布应均匀。当采用弹簧夹连接时，宜采用正反交叉固定方式，且不应松动；

4) 采用平插条连接的矩形风管，连接后板面应平整；

5) 置于室外与屋顶的风管，应采取与支架相固定的措施。

6.3.3 除尘系统风管宜垂直或倾斜敷设。倾斜敷设时，风管与水平夹角宜大于或等于45°；当现场条件限制时，可采用小坡度和水平连接管。含有凝结水或其他液体的风管，坡度应符合设计要求，并应在最低处设排液装置。

6.3.5 柔性短管的安装，应松紧适度，目测平顺、不应有强制性的扭曲。可伸缩金属或非金属柔性风管的长度不宜大于2m。柔性风管支、吊架的间距不应大于1500mm，承托的座或箍的宽度不应小于25mm，两支架间风道的最大允许下垂应为100mm，且不应有死弯或塌凹。

6.3.6 非金属风管的安装除应符合本规范第6.3.2条的规定外，尚应符合下列规定：

1 风管连接应严密，法兰螺栓两侧应加镀锌垫圈。

2 风管垂直安装时，支架间距不应大于3m。

3 硬聚氯乙烯风管的安装尚应符合下列规定：

1) 采用承插连接的圆形风管，直径小于或等于200mm时，插口深度宜为40～80mm，黏结处应严密牢固；

2) 采用套管连接时，套管厚度不应小于风管壁厚，长度宜150～250mm；

3) 采用法兰连接时，垫片宜采用3～5mm软聚氯乙烯板或耐酸橡胶板；

4) 风管直管连续长度大于20m时，应按设计要求设置伸缩节，支管的重量不得由干管承受；

5) 风管所用的金属附件和部件，均应进行防腐处理。

6.3.7 复合材料风管的安装除应符合本规范第6.3.6条的规定外，尚应符合下列规定：

1 复合材料风管的连接处，接缝应牢固，不应有孔洞和开裂。当采用插接连接时，接口应匹配，不应松动，端口缝隙不应大于5mm。

2 复合材料风管采用金属法兰连接时，应采取防冷桥的措施。

3 酚醛铝箔复合板风管与聚氨酯铝箔复合板风管的安装，尚应符合下列规定：

1) 插接连接法兰的不平整度应小于或等于2mm，插接连接条的长度应与连接法兰齐平，允许偏差应为（－2～＋0）mm；

2) 插接连接法兰四角的插条端头与护角应有密封胶封堵；

3) 中压风管的插接连接法兰之间应加密封垫或采取其他密封措施。

4 玻璃纤维复合板风管的安装应符合下列规定：

1）风管的铝箔复合面与丙烯酸等树脂涂层不得损坏，风管的内角接缝处应采用密封胶勾缝；

2）榫连接风管的连接应在榫口处涂胶粘剂，连接后在外接缝处应采用扒钉加固，间距不宜大于50mm，并宜采用宽度大于或等于50mm的热敏胶带粘贴密封；

3）采用槽形插接等连接构件时，风管端切口应采用铝箔胶带或刷密封胶封堵；

4）采用槽型钢制法兰或插条式构件连接的风管，风管外壁钢抱箍与内壁金属内套，应采用镀锌螺栓固定，螺孔间距不应大于120mm，螺母应安装在风管外侧。螺栓穿过的管壁处应进行密封处理；

5）风管垂直安装宜采用"井"字形支架，连接应牢固。

5 玻璃纤维增强氯氧镁水泥复合材料风管，应采用黏结连接。直管长度大于30m时，应设置伸缩节。

6.3.8 风阀的安装应符合下列规定：

1 风阀应安装在便于操作及检修的部位。安装后，手动或电动操作装置应灵活可靠，阀板关闭应严密；

2 直径或长边尺寸大于或等于630mm的防火阀，应设独立支、吊架；

3 排烟阀（排烟口）及手控装置（包括钢索预埋套管）的位置应符合设计要求。钢索预埋套管弯管不应大于2个，且不得有死弯及瘪陷；安装完毕后应操控自如，无卡涩等现象。

6.3.9 排风口、吸风罩（柜）的安装应排列整齐、牢固可靠，安装位置和标高允许偏差应为±10mm，水平度的允许偏差应为3‰，且不得大于20mm。

6.3.10 风帽安装应牢固，连接风管与屋面或墙面的交接处不应渗水。

6.3.11 消声器及静压箱的安装应符合下列规定：

1 消声器及静压箱安装时，应设置独立支、吊架，固定应牢固；

2 当回风箱作为静压箱时，回风口处应设置过滤网。

6.3.12 风管内过滤器的安装应符合下列规定：

1 过滤器的种类、规格应符合设计要求；

2 过滤器应便于拆卸和更换；

3 过滤器与框架及框架与风管或机组壳体之间连接应严密。

2. 隐蔽工程验收记录（冷却水系统管道安装）、（冷凝水系统管道安装）。

1）隐蔽工程验收记录（冷却水系统管道安装）表填写范例（表7.2.2-4）。

表7.2.2-4 隐蔽工程验收记录（冷却水系统管道安装）

工程名称	筑业科技产业园综合楼	编号	××
隐检项目	冷却水系统管道安装	隐检日期	××××年×月×日
隐检部位	三层 9.100～9.420m 标高		

隐检依据：施工图号___IM-D21、D23（IM-A 版），MO-D10（CD-C）___，设计变更/洽商/技术核定单（编号___/___）及有关国家现行标准等。

主要材料名称及规格/型号：___热镀锌钢管 DN20、DN25、DN32、DN50、DN70___

隐检内容：

1. 材料质量合格证明文件齐全，进场验收合格，见记录编号××。

2. 冷冻供回水水平管道安装在 1～13/A～G 轴区域内，管道定位准确，符合设计及规范要求。

3. 冷冻供回水管小于等于 DN70 的水管采用热镀锌钢管，丝扣连接，管径大于等于 DN80 的采用无缝钢管，法兰连接或焊接。焊口平整无缝隙，焊接后管道平直无变形，符合设计及规范要求。

4. 支架安装：

管道支吊架距焊口距离大于等于 50mm，悬吊式管道长度超过 15m 时，加防摆动固定支架，保温管托架间距 4m，采用沥青托木作为保温管托；

水平管横担架采用 10♯～12♯ 槽钢做吊耳，吊耳使用 12♯ 膨胀螺栓固定于顶板或梁侧下，采用 HPB300 14mm 钢筋做吊杆，10♯ 槽钢做横担，8♯ 扁钢做抱箍；

水平管固定支架采用 5♯ 角钢或 10♯ 槽钢做门行架，使用 12♯ 膨胀螺栓固定于顶板或两侧，支架朝向一致。

5. 管道安装横平竖直，各种管径水平固定点间距小于规范要求的最大间距，坡度为 0.2%，管径＞50mm 的阀门采用蝶阀，法兰连接；管径≤50mm 为铜闸阀，丝扣连接，阀门各项试验合格；供回水水平管末端安装自动排气阀。

6. 管道支架刷防锈漆两道，附着良好，色泽一致，无脱皮、起泡、流淌和漏涂等现象。

7. 管道穿越墙及楼板体设大两号套管，套管之间塞油麻，套管两端填充水泥，油麻填堵均匀密实，水泥填堵均匀密实且与套管两端平齐。

8. 管道已按设计要求及施工规范规定完成强度严密性试验，试验合格，见试验记录编号××。

检查结论：

经检查，符合设计及规范要求，同意进行下道工序。

☑同意隐蔽　　□不同意，修改后进行复查

复查结论：

复查人：　　　　　　　　　　　　　　　　　　　　　复查日期：　　年　月　日

签字栏	施工单位	××建设集团有限公司	专业技术负责人	专业质量员	专业工长
			×××	×××	×××
	监理或建设单位	××建设监理有限公司	专业监理工程师		×××

2）隐蔽工程验收记录（冷凝水系统管道安装）表填写范例（表7.2.2-5）。

表7.2.2-5 隐蔽工程验收记录（冷凝水系统管道安装）

工程名称	筑业科技产业园综合楼	编号	××
隐检项目	冷凝水系统管道安装	隐检日期	××××年×月×日
隐检部位	三层吊顶 7.800～9.020m 标高		

隐检依据：施工图号 __设施－05__ ，设计变更/洽商/技术核定单（编号___/___）及有关国家现行标准等。

主要材料名称及规格/型号： __热镀锌钢管 DN50、DN40、DN32、DN25、DN20__

隐检内容：

1. 材料质量合格证明文件齐全，进场验收合格，见记录编号××。

2. 三层冷凝水管采用热镀锌钢管，坐标为1～13/A～G轴，标高为7.800～9.020m，管道定位准确，丝扣连接，坡度为0.5%符合设计及规范要求。

3. 支架安装：

管道支吊架距接口距离大于等于50mm，悬吊式管道长度超过15m时，加防摆动固定支架，保温管托架间距4m，采用橡胶垫作为保温管托；

水平管横担架采用10♯槽钢做吊耳，吊耳使用10♯膨胀螺栓固定于顶板或梁侧下，采用Φ10圆钢做吊杆，8♯扁钢做抱箍；

水平管固定支架采用5♯角钢做门形架，使用10♯膨胀螺栓固定于梁侧，支架朝向一致，符合设计及规范要求。

4. 管道安装横平竖直，各种管径水平管固定点间距小于规范要求的最大间距，符合设计及规范要求。

5. 管道支吊架刷防锈漆两道，附着良好，色泽一致，无脱皮、起泡、流淌和漏涂现象，符合设计及规范要求。

6. 管道穿越墙及楼板设大两号套管，套管之间塞油麻，套管两端填充水泥，油麻填堵均匀密实，水泥填堵均匀密实且与套管两端平齐，符合设计及规范要求。

7. 管道已按照设计要求及施工规范规定完成管道的灌水试验，试验合格，见试验记录编号××。

检查结论：

经检查，符合设计及规范要求，同意进行下道工序。

☑同意隐蔽　　　　□不同意，修改后进行复查

复查结论：

复查人：　　　　　　　　　　　　　　　　　　　　　　复查日期：　　年　月　日

签字栏	施工单位	××建设集团有限公司	专业技术负责人	专业质量员	专业工长
			×××	×××	×××
	监理或建设单位	××建设监理有限公司	专业监理工程师	×××	

3）隐蔽工程验收记录（冷却水系统管道安装）、隐蔽工程验收记录（冷凝水系统管道安装）标准要求。

（1）隐检依据来源

《通风与空调工程施工质量验收规范》GB 50243—2016 摘录：

3.0.6 通风与空调工程中的隐蔽工程，在隐蔽前应经监理或建设单位验收及确认，必要时应留下影像资料。

9.2.2 管道的安装应符合下列规定：

1 隐蔽安装部位的管道安装完成后，应在水压试验，合格后方能交付隐蔽工程的施工。

12.0.5 通风与空调工程竣工验收资料应包括下列内容：

3 隐蔽工程验收记录。

（2）隐检内容相关要求

《通风与空调工程施工质量验收规范》GB 50243—2016 摘录：

9.2.1 空调水系统设备与附属设备的性能、技术参数，管道、管配件及阀门的类型、材质及连接形式应符合设计要求。

9.2.2 管道的安装应符合下列规定：

1 隐蔽安装部位的管道安装完成后，应在水压试验，合格后方能交付隐蔽工程的施工；

2 并联水泵的出口管道进入总管应采用顺水流斜向插接的连接形式，夹角不应大于60°；

3 系统管道与设备的连接应在设备安装完毕后进行。管道与水泵、制冷机组的接口应为柔性接管，且不得强行对口连接。与其连接的管道应设置独立支架；

4 判定空调水系统管路冲洗、排污合格的条件是目测排出口的水色和透明度与入口的水对比应相近，且无可见杂物。当系统继续运行2h以上，水质保持稳定后，方可与设备相贯通；

5 固定在建筑结构上的管道支、吊架，不得影响结构体的安全。管道穿越墙体或楼板处应设钢制套管，管道接口不得置于套管内，钢制套管应与墙体饰面或楼板底部平齐，上部应高出楼层地面20~50mm，且不得将套管作为管道支撑。当穿越防火分区时，应采用不燃材料进行防火封堵；保温管道与套管四周的缝隙应使用不燃绝热材料填塞紧密。

9.2.3 管道系统安装完毕，外观检查合格后，应按设计要求进行水压试验。当设计无要求时，应符合下列规定：

1 冷（热）水、冷却水与蓄能（冷、热）系统的试验压力，当工作压力小于或等于1.0MPa时，应为1.5倍工作压力，最低不应小于0.6MPa；当工作压力大于1.0MPa时，应为工作压力加0.5MPa；

2 系统最低点压力升至试验压力后，应稳压10min，压力下降不应得大于0.02MPa，然后应将系统压力降至工作压力，外观检查无渗漏为合格。对于大型、高层建筑等垂直位差较大的冷（热）水、冷却水管道系统，当采用分区、分层试压时，在该部位的试验压力下，应稳压10min，压力不得下降，再将系统压力降至该部位的工作压力，在60min内压力不得下降、外观检查无渗漏为合格；

3 各类耐压塑料管的强度试验压力（冷水）应为1.5倍工作压力，且不应小于0.9MPa；严密性试验压力应为1.15倍的设计工作压力；

4 凝结水系统采用通水试验，应以不渗漏，排水畅通为合格。

9.3.1 采用建筑塑料管道的空调水系统，管道材质及连接方法应符合设计和产品技术的要求，管道安装尚应符合下列规定：

1 采用法兰连接时，两法兰面应平行，误差不得大于 2mm。密封垫为与法兰密封面相配套的平垫圈，不得突入管内或突出法兰之外。法兰连接螺栓应采用两次紧固，紧固后的螺母应与螺栓齐平或略低于螺栓；

2 电熔连接或热熔连接的工作环境温度不应低于 5℃ 环境。插口外表面与承口内表面应作小 0.2mm 的刮削，连接后同心度的允许误差应为 2%；热熔熔接接口圆周翻边应饱满、匀称，不应有缺口状缺陷、海绵状的浮渣与目测气孔。接口处的错边应小于 10% 的管壁厚。承插接口的插入深度应符合设计要求，熔融的包浆在承、插件间形成均匀的凸缘，不得有裂纹凹陷等缺陷；

3 采用密封圈承插连接的胶圈应位于密封槽内，不应有皱折扭曲。插入深度应符合产品要求，插管与承口周边的偏差不得大于 2mm。

9.3.4 法兰连接管道的法兰面应与管道中心线垂直，且应同心。法兰对接应平行，偏差不应大于管道外径的 1.5‰，且不得大于 2mm。连接螺栓长度应一致，螺母应在同一侧，并应均匀拧紧。紧固后的螺母应与螺栓端部平齐或略低于螺栓。法兰衬垫的材料、规格与厚度应符合设计要求。

9.3.5 钢制管道的安装应符合下列规定：

1 管道和管件安装前，应将其内、外壁的污物和锈蚀清除干净。管道安装后应保持管内清洁；

2 热弯时，弯制弯管的弯曲半径不应小于管道外径的 3.5 倍；冷弯时，不应小于管道外径的 4 倍。焊接弯管不应小于管道外径的 1.5 倍；冲压弯管不小于管道外径的 1 倍。弯管的最大外径与最小外径之差，不应大于管道外径的 8%，管壁减薄率不应大于 15%；

3 冷（热）水管道与支、吊架之间，应设置衬垫。衬垫的承压强度应满足管道全重，且应采用不燃与难燃硬质绝热材料或经防腐处理的木衬垫。衬垫的厚度不应小于绝热层厚度，宽度应大于等于支、吊架支承面的宽度。衬垫的表面应平整、上下两衬垫接合面的空隙应填实；

4 管道安装允许偏差和检验方法应符合表 9.3.5 的规定。安装在吊顶内等暗装区域的管道，位置应正确，且不应有侵占其他管线安装位置的现象。

表 9.3.5　管道安装允许偏差和检验方法

项目			允许偏差（mm）	检查方法
坐标	架空及地沟	室外	25	按系统检查管道的起点、终点、分支点和变向点及各点之间的直管。用经纬仪、水准仪、液体连通器、水平仪、拉线和尺量检查
		室内	15	
	埋地		60	
标高	架空及地沟	室外	±20	
		室内	±15	
	埋地		±25	
水平管道平直度	DN≤100mm		2L‰，最大 40	用直尺、拉线和尺量检查
	DN>100mm		3L‰，最大 60	

项目	允许偏差（mm）	检查方法
立管垂直度	5L‰，最大 25	用直尺、线锤、拉线和尺量检查
成排管段间距	15	用直尺尺量检查
成排管段或成排阀门在同一平面上	3	用直尺、拉线和尺量检查
交叉管的外壁或绝热层的最小间距	20	用直尺、拉线和尺量检查

注：L 为管道的有效长度（mm）。

9.3.8 金属管道的支、吊架的形式、位置、间距、标高应符合设计要求。当设计无要求时，应符合下列规定：

1 支、吊架的安装应平整牢固，与管道接触应紧密，管道与设备连接处应设置独立支、吊架。当设备安装在减振基座上时，独立支架的固定点应为减振基座。

2 冷（热）媒水、冷却水系统管道机房内总、干管的支、吊架，应采用承重防晃管架，与设备连接的管道管架宜采取减振措施。当水平支管的管架采用单杆吊架时，应在系统管道的起始点、阀门、三通、弯头处及长度每隔15m处设置承重防晃支、吊架。

3 无热位移的管道吊架的吊杆应垂直安装，有热位移的管道吊架的吊杆应向热膨胀（或冷收缩）的反方向偏移安装。偏移量应按计算位移量确定。

4 滑动支架的滑动面应清洁平整，安装位置应满足管道要求，支承面中心应向反方向偏移1/2位移量或符合设计文件要求。

5 竖井内的立管应每两层或三层设置滑动支架。建筑结构负重允许时，水平安装管道支、吊架的最大间距应符合表9.3.8的规定，弯管或近处应设置支、吊架。

表 9.3.8　水平安装管道支、吊架的最大间距

公称直径（mm）		15	20	25	32	40	50	70	80	100	125	150	200	250	300
支架的最大间距（m）	L_1	1.5	2.0	2.5	2.5	3.0	3.5	4.0	5.0	5.0	5.5	6.5	7.5	8.5	9.5
	L_2	2.5	3.0	3.5	4.0	4.5	5.0	6.0	6.5	6.5	7.5	7.5	9.0	9.5	10.5

注：1　适用于工作压力不大于2.0MPa，不保温或保温材料密度不大于200kg/m³ 的管道系统。
　　2　L_1 用于保温管道，L_2 用于不保温管道。
　　3　洁净区（室内）管道支吊架应采用镀锌或采取其他的防腐措施。
　　4　公称直径大于300mm的管道，可参考公称直径为300mm的管道执行。

9.3.9 采用聚丙烯（PP-R）管道时，管道与金属支、吊架之间应采取隔绝措施，不宜直接接触，支、吊架的间距应符合设计要求。当设计无要求时，聚丙烯（PP-R）冷水管支、吊架的间距应符合表9.3.9的规定，使用温度大于或等于60℃热水管道应加宽支承面积。

表 9.3.9　聚丙烯（PP-R）冷水管支、吊架的间距（mm）

公称直径（DN）	20	25	32	40	50	63	75	90	110
水平安装	600	700	800	900	1000	1100	1200	1350	1550
垂直安装	900	1000	1100	1300	1600	1800	2000	2200	2400

3. 隐蔽工程验收记录（制冷管道防腐）。

1）隐蔽工程验收记录（制冷管道防腐）表填写范例（表7.2.2-6）。

表 7.2.2-6　隐蔽工程验收记录（制冷管道防腐）

工程名称	筑业科技产业园综合楼	编号	××
隐检项目	制冷管道防腐	隐检日期	××××年×月×日
隐检部位	二层吊顶　4.100m　标高		

隐检依据：施工图号＿＿设施××＿＿＿＿＿，设计变更/洽商/技术核定单（编号＿＿＿/＿＿＿＿）及有关国家现行标准等。

主要材料名称及规格/型号：＿＿环氧耐热漆 H61-1＿＿＿＿＿＿＿＿＿＿＿＿＿

隐检内容：

1. 材料质量合格证明文件齐全，进场验收合格；
2. 金属表面除锈干净、清洁，无残留锈斑、焊渣和积尘，除锈等级符合设计及防腐涂料产品技术文件的要求；
3. 防腐涂料涂刷2遍，涂层均匀，无堆积、漏涂、皱纹、气泡、掺杂及混色等缺陷；
4. 防腐涂层，无遮盖铭牌标志和影响部件、阀门的操作功能。

检查结论：

经检查，符合设计及规范要求，同意进行下道工序。

☑同意隐蔽　　　　□不同意，修改后进行复查

复查结论：

复查人：　　　　　　　　　　　　　　　　　　复查日期：　　年　月　日

签字栏	施工单位	××建设集团有限公司	专业技术负责人	专业质量员	专业工长
			×××	×××	×××
	监理或建设单位	××建设监理有限公司	专业监理工程师	×××	

2）隐蔽工程验收记录（制冷管道防腐）标准要求。

（1）隐检依据来源

《通风与空调工程施工质量验收规范》GB 50243—2016 摘录：

3.0.6　通风与空调工程中的隐蔽工程，在隐蔽前应经监理或建设单位验收及确认，必要时应留下影像资料。

9.2.2　管道的安装应符合下列规定：

1　隐蔽安装部位的管道安装完成后，应在水压试验，合格后方能交付隐蔽工程的施工。

12.0.5　通风与空调工程竣工验收资料应包括下列内容：

3　隐蔽工程验收记录。

（2）隐检内容相关要求

《通风与空调工程施工规范》GB 50738—2011 摘录：

13.2.3　防腐施工前应对金属表面进行除锈、清洁处理，可选用人工除锈或喷砂除锈的方法。喷砂除锈宜在具备除灰降尘条件的车间进行。

13.2.4　管道与设备表面除锈后不应有残留锈斑、焊渣和积尘，除锈等级应符合设计及防腐涂料产品技术文件的要求。

13.2.5　管道与设备的油污宜采用碱性溶剂清除，清洗后擦净晾干。

13.2.6　涂刷防腐涂料时，应控制涂刷厚度，保持均匀，不应出现漏涂、起泡等现象，并应符合下列规定：

1　手工涂刷涂料时，应根据涂刷部位选用相应的刷子，宜采用纵、横交叉掰；抹的作业方法。快于涂料不宜采用手工涂刷。

2　底层涂料与金属表面结合应紧密。其他层涂料涂刷应精细，不宜过厚。面层涂料为调和漆或瓷漆时，涂刷应薄而均匀。每一层漆干燥后再涂下一层。

3　机械喷涂时，涂料射流应垂直喷漆面。漆面为平面时，喷嘴与漆面距离宜为 250～350mm；漆面为曲面时，喷嘴与漆面的距离宜为 400mm。喷嘴的移动应均匀，速度宜保持在 13～18m/min。喷漆使用的压缩空气压力宜为 0.3～0.4MPa。

4　多道涂层的数量应满足设计要求，不应加厚涂层或减少涂刷次数。

4. 隐蔽工程验收记录（冷却水系统管道保温）、（冷凝水系统管道保温）、（空调风系统风管保温）。

1）隐蔽工程验收记录（冷却水系统管道保温）表填写范例（表7.2.2-7）。

表7.2.2-7　隐蔽工程验收记录（冷却水系统管道保温）

工程名称	筑业科技产业园综合楼	编号	××
隐检项目	冷却水系统管道保温	隐检日期	××××年×月×日
隐检部位	二层吊顶　4.100m　标高		

隐检依据：施工图号　IM-D21、D23（IM-A版），MO-D10（CD-C）　，设计变更/洽商/技术核定单（编号　/　）及有关国家现行标准等。

主要材料名称及规格/型号：　橡塑保温管材 厚度 24～40mm　DN20～DN70，橡塑保温板材厚度 16mm、19mm、25mm

隐检内容：

1. 材料质量合格证明文件齐全，进场验收合格，见记录编号××；

2. 吊顶内的冷却水管道保温材料采用柔性泡沫橡塑保温材料包裹两层，管道管径≤DN80 时采用橡塑海绵管材保温；管道管径≥DN100 时采用橡塑海绵板材保温，材料规格、厚度、颜色及各项检测指标符合规范及设计要求；

3. 阀门等管道配件已做保温，符合规范及设计要求；

4. 橡塑海绵保温材料采用橡塑保温专用胶黏结，保温材料包裹均匀，厚度一致，接口处黏结牢固、平整、圆滑、无缝隙，符合规范及设计要求。

检查结论：

经检查，符合设计及规范要求，同意进行下道工序。

☑同意隐蔽　　　　　　　□不同意，修改后进行复查

复查结论：

复查人：　　　　　　　　　　　　　　　　　　　　复查日期：　　年　月　日

签字栏	施工单位	××建设集团有限公司	专业技术负责人	专业质量员	专业工长
			×××	×××	×××
	监理或建设单位	××建设监理有限公司	专业监理工程师	×××	

2) 隐蔽工程验收记录（冷凝水系统管道保温）表填写范例（表7.2.2-8）。

表 7.2.2-8 隐蔽工程验收记录（冷凝水系统管道保温）

工程名称	筑业科技产业园综合楼	编号	××
隐检项目	冷凝水系统管道保温	隐检日期	××××年×月×日
隐检部位	三层吊顶 7.800～9.020m 标高		

隐检依据：施工图号___设施—05___，设计变更/洽商/技术核定单（编号___/___）及有关国家现行标准等。
主要材料名称及规格/型号：___橡塑保温管材：厚度15mm、DN50～DN20___

隐检内容：

1. 材料质量合格证明文件齐全，进场验收合格，见记录编号××；

2. 三层吊顶内的冷凝水管道保温安装，保温材料采用橡塑海绵管材保温、材料规格、厚度、颜色及各项检测指标符合规范及设计要求；

3. 橡塑海绵保温材料采用橡塑保温专用胶黏结，保温材料包裹均匀，厚度一致，接口处黏结牢固、平整、圆滑、无缝隙，符合规范及设计要求。

检查结论：

经检查，符合设计及规范要求，同意进行下道工序。

☑同意隐蔽 　　　　□不同意，修改后进行复查

复查结论：

复查人： 　　　　　　　　　　　　　　　　复查日期： 年 月 日

签字栏	施工单位	××建设集团有限公司	专业技术负责人	专业质量员	专业工长
			×××	×××	×××
	监理或建设单位	××建设监理有限公司	专业监理工程师	×××	

3）隐蔽工程验收记录（空调风系统风管保温）表填写范例（表 7.2.2-9）。

表 7.2.2-9 隐蔽工程验收记录（空调风系统风管保温）

工程名称	筑业科技产业园综合楼	编号	××
隐检项目	空调风系统风管保温	隐检日期	××××年×月×日
隐检部位	三层 9.100～9.420m 标高		

隐检依据：施工图号___设施－05_____，设计变更/洽商/技术核定单（编号_____/_____）及有关国家现行标准等。

主要材料名称及规格/型号：___30mm厚橡塑保温材料_____

隐检内容：

1. 材料质量合格证明文件齐全，进场验收合格，见记录编号××；

2. 三层××新风系统风管安装已做漏光检测和隐蔽工程检查合格后，其保温安装采用橡塑保温，保温材料厚度δ＝30mm，粘结材料均匀的涂在风管的外表面上，橡塑粘贴牢固、铺设平整，橡塑材料与风管表面紧密贴合，无空隙；

3. 橡塑保温材料粘贴后，接缝处采用专用胶带进行包扎，包扎的搭接处均匀、贴紧；

4. 阀门连杆处已预留未包，阀门开关动作灵活；

5. 表面划痕已及时修补，无气泡和漏涂等缺陷；

6. 风阀、消声器采用单独的支、吊架，吊杆采用 Φ8mm、Φ10mm 镀锌通丝杆，采用 M8、M10 的镀锌螺母、M8、M10 的镀锌螺栓固定；安装方向正确。风阀安装后的手动或电动操作装置灵活、可靠，阀板关闭严密；风阀安装距离距墙表面不大于 200mm。

检查结论：

经检查，符合设计及规范要求，同意进行下道工序。

☑同意隐蔽　　　　□不同意，修改后进行复查

复查结论：

复查人：　　　　　　　　　　　　　　　　复查日期：　　年　月　日

签字栏	施工单位	××建设集团有限公司	专业技术负责人	专业质量员	专业工长
			×××	×××	×××
	监理或建设单位	××建设监理有限公司	专业监理工程师		×××

4）隐蔽工程验收记录（冷却水系统管道保温）、隐蔽工程验收记录（冷凝水系统管道保温）、隐蔽工程验收记录（空调风系统风管保温）标准要求。

（1）隐检依据来源

《通风与空调工程施工质量验收规范》GB 50243—2016 摘录：

3.0.6 通风与空调工程中的隐蔽工程，在隐蔽前应经监理或建设单位验收及确认，必要时应留下影像资料。

9.2.2 管道的安装应符合下列规定：

1 隐蔽安装部位的管道安装完成后，应在水压试验，合格后方能交付隐蔽工程的施工。

12.0.5 通风与空调工程竣工验收资料应包括下列内容：

3 隐蔽工程验收记录。

（2）隐检内容相关要求

《通风与空调工程施工质量验收规范》GB 50243—2016 摘录：

10.2.1 风管和管道防腐涂料的品种及涂层层数应符合设计要求，涂料的底漆和面漆应配套。

10.2.2 风管和管道的绝热层、绝热防潮层和保护层，应采用不燃或难燃材料，材质、密度、规格与厚度应符合设计要求。

10.2.3 风管和管道的绝热材料进场时，应按现行国家标准《建筑节能工程施工质量验收规范》GB 50411—2019 的规定进行验收。

10.2.4 洁净室（区）内的风管和管道的绝热层，不应采用易产尘的玻璃纤维和短纤维矿棉等材料。

10.3.2 设备、部件、阀门的绝热和防腐涂层，不得遮盖铭牌标志和影响部件、阀门的操作功能；经常操作的部位应采用能单独拆卸的绝热结构。

10.3.3 绝热层应满铺，表面应平整，不应有裂缝、空隙等缺陷。当采用卷材或板材时，允许偏差应为 5mm，当采用涂抹或其他方式时，允许偏差应为 10mm。

10.3.4 橡塑绝热材料的施工应符合下列规定：

1 黏结材料应与橡塑材料相适用，无溶蚀被黏结材料的现象；

2 绝热层的纵、横向接缝应错开，缝间不应有孔隙，与管道表面应贴合紧密，不应有气泡；

3 矩形风管绝热层的纵向接缝宜处于管道上部；

4 多重绝热层施工时，层间的拼接缝应错开。

10.3.6 管道采用玻璃棉或岩棉管壳保温时，管壳规格与管道外径应相匹配，管壳的纵向接缝应错开，管壳应采用金属丝、黏结带等捆扎，间距应为 300～350mm，且每节至少应捆扎两道。

10.3.7 风管及管道的绝热防潮层（包括绝热层的端部）应完整，并应封闭良好。立管的防潮层环向搭接缝口应顺水流方向设置；水平管的纵向缝应位于管道的侧面，并应顺水流方向设置；带有防潮层绝热材料的拼接缝采用粘胶带封严，缝两侧粘胶带黏结的宽度不应小于 20mm。胶带应牢固地粘贴在防潮层面上，不得有胀裂和脱落。

10.3.8 绝热涂抹材料作绝热层时，应分层涂抹，厚度应均匀，不得有气泡和漏涂等缺陷，表面固化层应光滑牢固，不应有缝隙。

10.3.10 管道或管道绝热层的外表面，应按设计要求进行色标。

第八章　建筑电气工程

第一节　建筑电气隐蔽工程所涉及的规范要求

《建筑电气工程施工质量验收规范》GB 50303—2015 摘录：

3.3.9 导管敷设应符合下列规定：

5 接线盒和导管在隐蔽前，经检查应合格。

3.3.18 接地装置安装应符合下列规定：

4 隐蔽装置前，应先检查验收合格后，再覆土回填。

3.4.3 当验收建筑电气工程时，应核查下列各项质量控制资料，且资料内容应真实、齐全、完整：

3 隐蔽工程检查记录。

第二节　建筑电气隐蔽项目汇总及填写范例

一、建筑电气隐蔽项目汇总表。

表 8.2.1-1　建筑电气隐蔽项目汇总表

序号	隐蔽项目	隐蔽内容	对应范例表格
1	接地极装置埋设	1. 接地极的位置、间距、数量、材质、埋深； 2. 接地极的连接方法，连接质量； 3. 接地极的防腐情况。	表 8.2.2-1 表 8.2.2-2
2	不进人吊顶内的电线导管	1. 导管的品种、规格、位置； 2. 导管弯扁度、弯曲半径； 3. 连接，跨接地线； 4. 防腐； 5. 需焊接部位的焊接质量； 6. 管盘固定、管口处理、固定方法，固定间距等。	表 8.2.2-3
3	不进人吊顶内的线槽	1. 材料品种，规格、位置； 2. 连接、接地； 3. 防腐； 4. 固定方法、固定间距； 5. 与其他管线的位置关系。	表 8.2.2-4
4	暗埋于结构内的各种电线、导管	1. 导管的品种、规格、位置； 2. 弯扁度、弯曲半径； 3. 连接、跨接地线； 4. 防腐； 5. 管线固定、管口处理、敷设情况； 6. 保护层； 7. 需焊接部位的焊接质量等。	表 8.2.2-5 表 8.2.2-6 表 8.2.2-7

续表

序号	隐蔽项目	隐蔽内容	对应范例表格
5	不进入的电缆沟敷设电缆	1. 电缆的品种，规格； 2. 弯曲半径； 3. 固定方法、固定间距、标识情况。	表 8.2.2-8
6	直埋电缆	1. 电缆的品种，规格； 2. 埋设方法； 3. 埋深，弯曲半径、标桩埋设情况。	表 8.2.2-9
7	钢索配线	1. 钢索配线材料； 2. 钢索与终端拉环套接； 3. 钢索终端拉环埋件； 4. 钢索固定； 5. 钢索配线的支持件； 6. 钢索表观质量。	表 8.2.2-10
8	埋件、吊钩	1. 吊杆材料、尺寸、规格； 2. 吊杆的固定； 3. 载荷强度试验。	表 8.2.2-11
9	金属门窗、幕墙与避雷引下线	1. 连接材料的品种、规格； 2. 连接位置和数量； 3. 连接方法和质量等。	表 8.2.2-12 表 8.2.2-13
10	利用结构钢筋做的避雷引下线	1. 轴线位置； 2. 钢筋数量、规格，搭接长度、焊接质量； 3. 与接地极、避雷网、均压环等连接点的焊接情况。	表 8.2.2-14
11	等电位及均压环暗埋	1. 材料的品种、规格； 2. 安装位置； 3. 连接方法、连接质量； 4. 保护层厚度。	表 8.2.2-15 表 8.2.2-16
12	孔口封堵	1. 封堵材料； 2. 孔口清理； 3. 孔口镶嵌及压缩情况； 4. 孔口密封。	表 8.2.2-17

二、建筑电气隐蔽项目填写范例。

1. 隐蔽工程验收记录（基础接地）、（人工接地）。

1）隐蔽工程验收记录（基础接地）表填写范例（表 8.2.2-1）。

表 8.2.2-1　隐蔽工程验收记录（基础接地）

工程名称	筑业科技产业园综合楼	编号	××
隐检项目	基础接地	隐检日期	××××年×月×日
隐检部位	基础筏板　－5.300m　标高		

隐检依据：施工图号＿＿电施－04＿＿＿＿＿，设计变更/洽商/技术核定单（编号＿＿＿/＿＿＿）及有关国家现行标准等。

主要材料名称及规格/型号：＿镀锌扁钢 40×4（mm）　HRB400E 25＿＿＿＿＿＿

隐检内容：

　　1. 利用建筑物基础做接地体，将基础底板上下两层主筋沿建筑物外圈焊接成环形，并将主轴线上的基础梁及结构地板上下两层主筋相互焊接呈网状作接地体，基础底板内图中注明的水平主筋焊接连通做水平接地体；

　　2. 外墙引下线在室外地坪下 0.8～1m 处焊出一根 40mm×4mm 镀锌钢导体，伸出外墙外大于 1m；

　　3. 每根柱子的钢筋与基础底板钢筋可靠连接；

　　4. 由基础引上的接地 LEB 其接地连接板距室内地面 0.5m；

　　5. 强弱电竖井内设 40×4（mm）镀锌扁钢做接地干线，并预留接地端子；

　　6. 电梯导轨采用 40×4（mm）镀锌扁钢与接地装置可靠连接；

　　7. 实测接地电阻值符合设计要求，见试验记录编号××。

检查结论：

　　经检查，符合设计及规范要求，同意进行下道工序。

☑同意隐蔽　　　　　　□不同意，修改后进行复查

复查结论：

复查人：　　　　　　　　　　　　　　　　　　　　　复查日期：　　年　月　日

签字栏	施工单位	××建设集团有限公司	专业技术负责人	专业质量员	专业工长
			×××	×××	×××
	监理或建设单位	××建设监理有限公司	专业监理工程师	×××	

2）隐蔽工程验收记录（人工接地）表填写范例（表8.2.2-2）。

表 8.2.2-2　隐蔽工程验收记录（人工接地）

工程名称	筑业科技产业园综合楼	编号	××
隐检项目	人工接地	隐检日期	××××年×月×日
隐检部位	基础筏板　－1.300m　标高		

隐检依据：施工图号__电施－04__，设计变更/洽商/技术核定单（编号_____/_____）及有关国家现行标准等。
主要材料名称及规格/型号：__镀锌扁钢 40mm×4mm　HRB400E 22__

隐检内容：

　　1. 人工接地装置采用－40×4镀锌扁钢，其质量合格证明文件齐全、进场验收合格，见记录编号××；

　　2. 人工接地体长度为3m，距墙或基础不小于1m，数量、位置符合电气施工图纸；

　　3. 接地装置分别与结构基础钢梁进行焊接，并与避雷引线连成一体，焊接处做防锈处理；

　　4. 扁钢连接处焊接长度为其宽度的2倍以上，且三面施焊，焊接处药皮已清除，无夹渣咬肉等现象，并做防锈处理；

　　5. 建筑物外墙按设计要求的位置设置断接卡子；

　　6. 实测接地电阻值符合设计要求，见试验记录编号××。

检查结论：

　　经检查，符合设计及规范要求，同意进行下道工序。

☑同意隐蔽　　　　□不同意，修改后进行复查

复查结论：

复查人：　　　　　　　　　　　　　　　　　　　　　　　复查日期：　　年　月　日

签字栏	施工单位	××建设集团有限公司	专业技术负责人	专业质量员	专业工长
			×××	×××	×××
	监理或建设单位	××建设监理有限公司	专业监理工程师	×××	

3）隐蔽工程验收记录（基础接地）、隐蔽工程验收记录（人工接地）标准要求。

（1）隐检依据来源

《建筑电气工程施工质量验收规范》GB 50303—2015摘录：

3.3.18 接地装置安装应符合下列规定：

4 隐蔽装置前，应先检查验收合格后，再覆土回填。

3.4.3 当验收建筑电气工程时，应核查下列各项质量控制资料，且资料内容应真实、齐全、完整：

3 隐蔽工程检查记录。

（2）隐检内容相关要求

《建筑电气工程施工质量验收规范》GB 50303—2015摘录：

22.1.2 接地装置的接地电阻值应符合设计要求。

22.1.3 接地装置的材料规格、型号应符合设计要求。

22.1.4 当接地电阻达不到设计要求需采取措施降低接地电阻时，应符合下列规定：

1 采用降阻剂时，降阻剂应为同一品牌产品，调制降阻剂的水应无污染和杂物；降阻剂应均匀灌注于垂直接地体周围；

2 采取换土或将人工接地体外延至土壤电阻率较低处时，应掌握有关的地质结构资料和地下土壤电阻率的分布，并应做好记录；

3 采用接地模块时，接地模块的顶面埋深不应小于0.6m，接地模块间距不应小于模块长度的3～5倍。接地模块埋设基坑宜为模块外形尺寸的1.2～1.4倍，且应详细记录开挖深度内的地层情况；接地模块应垂直或水平就位，并应保持与原土层接触良好。

22.2.1 当设计无要求时，接地装置顶面埋设深度不应小于0.6m，且应在冻土层以下。圆钢、角钢、钢管、铜棒、铜管等接地极应垂直埋入地下，间距不应小于5m；人工接地体与建筑物的外墙或基础之间的水平距离不宜小于1m。

22.2.2 接地装置的焊接应采用搭接焊，除埋设在混凝土中的焊接接头外，应采取防腐措施，焊接搭接长度应符合下列规定：

1 扁钢与扁钢搭接不应小于扁钢宽度的2倍，且应至少三面施焊；

2 圆钢与圆钢搭接不应小于圆钢直径的6倍，且应双面施焊；

3 圆钢与扁钢搭接不应小于圆钢直径的6倍，且应双面施焊；

4 扁钢与钢管，扁钢与角钢焊接，应紧贴角钢外侧两面，或紧贴3/4钢管表面，上下两侧施焊。

22.2.3 当接地极为铜材和钢材组成，且铜与铜或铜与钢材连接采用热剂焊时，接头应无贯穿性的气孔且表面平滑。

22.2.4 采取降阻措施的接地装置应符合下列规定：

1 接地装置应被降阻剂或低电阻率土壤所包覆；

2 接地模块应集中引线，并应采用干线将接地模块并联焊接成一个环路，干线的材质应与接地模块焊接点的材质相同，钢制的采用热浸镀锌材料的引出线不应少于2处。

2. 隐蔽工程验收记录（低压电源引出电缆管安装）。

1）隐蔽工程验收记录（低压电源引出电缆管安装）表填写范例（表 8.2.2-3）。

表 8.2.2-3　隐蔽工程验收记录（低压电源引出电缆管安装）

工程名称	筑业科技产业园综合楼	编号	××
隐检项目	低压电源引出电缆管安装	隐检日期	××××年×月×日
隐检部位	地下一层　　－1.300m　标高		

隐检依据：施工图号＿＿＿电施－04＿＿＿＿＿，设计变更/洽商/技术核定单（编号＿＿＿＿/＿＿＿＿）及有关国家现行标准等。

主要材料名称及规格/型号：＿＿镀锌钢管 DN150、止水钢板 800mm×1050mm、镀锌扁钢 40mm×4mm＿＿＿

隐检内容：

　　1. 低压电源引出电缆管为 12 根 DN150 镀锌钢管，与预制好的止水钢板焊接在一起，双面施焊，焊缝均匀、牢固，焊接处药皮清理干净；

　　2. 低压电源引出电缆管及止水钢板通过 40mm×4mm 镀锌扁钢与总等电位连接线进行焊接，焊接倍数大于扁钢宽度的 2 倍（100mm），三面施焊；

　　3. 焊缝均匀、牢固，无漏焊、虚焊等现象，焊接处药皮清理干净；

　　4. 穿墙止水钢板上部标高为－1.300m，镀锌钢管顶部标高为－1.375m，检查位置、标高正确，符合设计要求及施工验收规范规定。

检查结论：

　　经检查，符合设计及规范要求，同意进行下道工序。

☑同意隐蔽　　　　　　□不同意，修改后进行复查

复查结论：

复查人：　　　　　　　　　　　　　　　　　　复查日期：　　　年　月　日

签字栏	施工单位	××建设集团有限公司	专业技术负责人	专业质量员	专业工长
			×××	×××	×××
	监理或建设单位	××建设监理有限公司	专业监理工程师		×××

2）隐蔽工程验收记录（低压电源引出电缆管安装）标准要求。

（1）隐检依据来源

《建筑电气工程施工质量验收规范》GB 50303—2015 摘录：

3.4.3 当验收建筑电气工程时，应核查下列各项质量控制资料，且资料内容应真实、齐全、完整：

3 隐蔽工程检查记录。

（2）隐检内容相关要求

《建筑电气工程施工质量验收规范》GB 50303—2015 摘录：

8.2.2 引入或引出 UPS 及 EPS 的主回路绝缘导线、电缆和控制绝缘导线、电缆应分别穿钢导管保护，当在电缆支架上或在梯架、托盘和线槽内平行敷设时，其分隔间距应符合设计要求；绝缘导线、电缆的屏蔽护套接地应连接可靠、紧固件齐全，与接地干线应就近连接。

3. 隐蔽工程验收记录（线槽、桥架敷设）。

1）隐蔽工程验收记录（线槽、桥架敷设）表填写范例（表 8.2.2-4）。

表 8.2.2-4 隐蔽工程验收记录（线槽、桥架敷设）

工程名称	筑业科技产业园综合楼	编号	××
隐检项目	线槽、桥架敷设	隐检日期	××××年×月×日
隐检部位	地下一层 —1.200m 标高		

隐检依据：施工图号__电施—04__，设计变更/洽商/技术核定单（编号___/___）及有关国家现行标准等。

主要材料名称及规格/型号：100mm×50mm、200mm×100mm、300mm×100mm、400mm×100mm 槽钢

隐检内容：

1. 该部位使用的桥架、线槽材质、规格、型号符合设计要求，质量合格证明文件齐全、进场验收合格，见记录××；
2. 桥架、线槽内壁无毛刺，镀层完整，无锈蚀、变形等现象；
3. 桥架、线槽安装平整、顺直，出线口位置正确，走向符合设计要求；
4. 桥架、线槽连接端子板两端全部采用防松垫圈的连接固定螺栓，螺母置于桥架、线槽外侧；
5. 桥架、线槽无翘角，接头无进墙现象；
6. 桥架、线槽穿墙均采用防火泥封堵，防火封堵与墙面平齐；
7. 桥架、线槽每隔 30m 均设置了伸缩节，并采用 6mm² 编制铜带做跨接地线；
8. 桥架、线槽跨过沉降缝设置了伸缩节，并采用 6mm² 编制铜带做跨接地线；
9. 桥架、线槽首、末端均与接地干线可靠连接；
10. 桥架、线槽进箱、柜均采用 BV16mm² 铜线做跨接线与 PE 排连接；
11. 吊架采用 M10 金属膨胀螺栓固定，横担采用 40mm×4mm 热镀锌角钢，支架安装顺直，安装间距一致。

检查结论：

经检查，符合设计及规范要求，同意进行下道工序。

☑同意隐蔽　　　　　□不同意，修改后进行复查

复查结论：

复查人：　　　　　　　　　　　　　　　　复查日期：　　年　月　日

签字栏	施工单位	××建设集团有限公司	专业技术负责人	专业质量员	专业工长
			×××	×××	×××
	监理或建设单位	××建设监理有限公司	专业监理工程师	×××	

2）隐蔽工程验收记录（线槽、桥架敷设）标准要求。

（1）隐检依据来源

《建筑电气工程施工质量验收规范》GB 50303—2015 摘录：

3.4.3 当验收建筑电气工程时，应核查下列各项质量控制资料，且资料内容应真实、齐全、完整：

3 隐蔽工程检查记录。

（2）隐检内容相关要求

《建筑电气工程施工质量验收规范》GB 50303—2015 摘录：

11.1.1 金属梯架、托盘或槽盒本体之间的连接应牢固可靠，与保护导体的连接应符合下列规定：

1 梯架、托盘和槽盒全长不大于 30m 时，不应少于 2 处与保护导体可靠连接；全长大于 30m 时，每隔 20～30m 应增加一个连接点，起始端和终点端均应可靠接地；

2 非镀锌梯架、托盘和槽盒本体之间连接板的两端应跨接保护联结导体，保护联结导体的截面积应符合设计要求；

3 镀锌梯架、托盘和槽盒本体之间不跨接保护联结导体时，连接板每端不应少于 2 个有防松螺帽或防松垫圈的连接固定螺栓。

11.1.2 电缆梯架、托盘和槽盒转弯、分支处宜采用专用连接配件，其弯曲半径不应小于梯架、托盘和槽盒内电缆最小允许弯曲半径，电缆最小允许弯曲半径应符合表 11.1.2 的规定。

表 11.1.2 电缆最小允许弯曲半径

电缆形式		电缆外径（mm）	多芯电缆	单芯电缆
塑料绝缘电缆	无铠装		15D	20D
	有铠装		12D	15D
橡皮绝缘电缆			10D	
控制电缆	非铠装型、屏蔽型软电缆	—	6D	—
	铠装型、铜屏蔽型		12D	
	其他		10D	
铝合金导体电力电缆		—	7D	
氧化镁绝缘刚性矿物绝缘电缆		<7	2D	
		≥7，且<12	3D	
		≥12，且<15	4D	
		≥15	6D	
其他物绝缘电缆		—	15D	

11.2.1 当直线段钢制或塑料梯架、托盘和槽盒长度超过 30m，铝合金或玻璃钢制梯架、托盘和槽盒长度超过 15m 时，应设置伸缩节；当梯架、托盘和槽盒跨越建筑物变形缝时，应设置补偿装置。

11.2.2 梯架、托盘和槽盒与支架间及与连接板的固定螺栓应紧固无遗漏，螺母应位于梯架、托盘和槽盒外侧；当铝合金梯架、托盘和槽盒与钢支架固定时，应有相互间绝缘的防电化腐蚀措施。

11.2.3　当设计无要求时，梯架、托盘、槽盒及支架安装应符合下列规定：

1　电缆梯架、托盘和槽盒宜敷设在易燃易爆气体管道和热力管道的下方，与各类管道的最小净距应符合本规范附录F的规定；

2　配线槽盒与水管同侧上下敷设时，宜安装在水管的上方；与热水管、蒸气管平行上下敷设时，应敷设在热水管、蒸气管的下方，当有困难时，可敷设在热水管、蒸气管的上方；相互间的最小距离宜符合本规范附录G的规定；

3　敷设在电气竖井内穿楼板和穿越不同的防火区的梯架、托盘和槽盒，宜有防火隔堵措施；

4　敷设在电气竖井内的电缆梯架或托盘，其固定支架不应安装在固定电缆的横担上，且每隔3~5层应设置承重支架；

5　对于敷设在室外的梯架、托盘和槽盒，当进入室内或配电箱（柜）时应有防雨水措施，槽盒底部应有泄水孔；

6　承力建筑钢结构构件上不得熔焊支架，且不得热加工开孔；

7　水平安装的支架间距宜为1.5~3.0m，垂直安装的支架间距不应大于2m；

8　采用金属吊架固定时，圆钢直径不得小于8mm，并应有防晃支架，在分支处或端部0.3~0.5m处应有固定支架。

11.2.4　支吊架设置应符合设计或产品技术文件要求，支吊架安装应牢固、无明显扭曲；与预埋件焊接固定时，焊缝应饱满；膨胀螺栓固定时，螺栓应选用适配、防松零件齐全、连接紧固。

11.2.5　金属支架应进行防腐，位于室外及潮湿场所的应按设计要求做处理。

4. 隐蔽工程验收记录（电气动力系统管路敷设）、（插座系统管路敷设）、（照明系统管路敷设）。

1) 隐蔽工程验收记录（电气动力系统管路敷设）表填写范例（表 8.2.2-5）。

表 8.2.2-5　隐蔽工程验收记录（电气动力系统管路敷设）

工程名称	筑业科技产业园综合楼	编号	××
隐检项目	电气动力系统管路敷设	隐检日期	××××年×月×日
隐检部位	地下一层 －6.100～－0.250m　标高		

隐检依据：施工图号___电施－14___，设计变更/洽商/技术核定单（编号___/___）及有关国家现行标准等。
主要材料名称及规格/型号：___焊接钢管 SC15、SC20、SC25、SC32、SC50___

隐检内容：

1. 该部位使用的焊接钢管材质、规格、型号符合设计要求，质量合格证明文件齐全、进场验收合格，见记录××；

2. 导管敷设位置、埋深、固定方式等符合设计及验收规范要求；

3. 导管弯曲半径大于管外径的 10 倍，即分别为：215mm、268mm、335mm、423mm、661mm，且无凹扁现象；

4. 套管长度为连接管径的 2.2 倍，即套管长度分别为：50mm、60mm、80mm、100mm，焊接饱满，无咬肉、夹渣现象；

5. 管盒间跨接地线 SC25 以下采用 HPB300 6mm 的钢筋，SC32～SC50 采用 HPB300 8mm 的钢筋；焊接长度为跨接钢筋直径的 6 倍以上，即 SC25 以下焊接长度为 40mm，SC32～SC50 焊接长度为 50mm，均双面施焊，焊接饱满，无咬肉、夹渣现象；

6. 管口光滑、无毛刺。

检查结论：

经检查，符合设计及规范要求，同意进行下道工序。

☑同意隐蔽　　　　□不同意，修改后进行复查

复查结论：

复查人：　　　　　　　　　　　　　　　　　复查日期：　　年　月　日

签字栏	施工单位	××建设集团有限公司	专业技术负责人	专业质量员	专业工长
			×××	×××	×××
	监理或建设单位	××建设监理有限公司	专业监理工程师	×××	

2) 隐蔽工程验收记录（插座系统管路敷设）表填写范例（表 8.2.2-6）。

表 8.2.2-6　隐蔽工程验收记录（插座系统管路敷设）

工程名称	筑业科技产业园综合楼	编号	××
隐检项目	插座系统管路敷设	隐检日期	××××年×月×日
隐检部位	地下一层　　−4.800～−3.700m　标高		

隐检依据：施工图号___电施−05___，设计变更/洽商/技术核定单（编号___/___）及有关国家现行标准等。
主要材料名称及规格/型号：___焊接钢管 SC15___

隐检内容：

　1. 该部位使用的焊接钢管材质、规格、型号符合设计要求，质量合格证明文件齐全、进场验收合格，见记录××；

　2. 钢管敷设位置、埋深、固定方式符合设计及验收规范要求；

　3. 钢管的弯曲半径符合设计及规范要求，且无折扁和裂缝，管内无铁屑及毛刺，切断口平整、光滑；

　4. 接头连接：采用套管焊接（钢管壁厚均符合国标要求，且均大于 2mm 允许套管焊接），套管长度大于管外径的 2.5 倍，焊缝牢固、严密；

　5. 焊接钢管内外壁防腐处理符合设计及验收规范要求；

　6. 钢管与接地体已做等电位联接，符合设计要求。

检查结论：

　经检查，符合设计及规范要求，同意进行下道工序。

☑同意隐蔽　　　　　□不同意，修改后进行复查

复查结论：

复查人：　　　　　　　　　　　　　　　　复查日期：　　年　月　日

签字栏	施工单位	××建设集团有限公司	专业技术负责人	专业质量员	专业工长
			×××	×××	×××
	监理或建设单位	××建设监理有限公司	专业监理工程师	×××	

3）隐蔽工程验收记录（照明系统管路敷设）表填写范例（表 8.2.2-7）。

表 8.2.2-7　隐蔽工程验收记录（照明系统管路敷设）

工程名称	筑业科技产业园综合楼	编号	××
隐检项目	照明系统管路敷设	隐检日期	××××年×月×日
隐检部位	地下一层　　−4.800～−0.2500m　标高		

隐检依据：施工图号___电施−05___，设计变更/洽商/技术核定单（编号_____/_____）及有关国家现行标准等。
主要材料名称及规格/型号：__焊接钢管 SC15、SC20，镀锌钢管 SC50__

隐检内容：

1. 该部位使用的焊接钢管材质、规格、型号符合设计要求，质量合格证明文件齐全、进场验收合格，见记录××；

2. 埋入混凝土内的焊接钢管内壁刷防锈漆，弯曲半径不小于管外径的 10 倍，管材弯扁度不大于管外径的 10%，管路采用套管连接，套管长度为连接管径的 2.2 倍，焊口牢固严密；

3. 用 HPB300 6mm 钢筋作跨接地线，焊接长度大于钢筋直径的 5 倍（大于 40mm），双面施焊，焊缝均匀牢固，焊接处药皮清理干净；

4. 箱、盒位置正确，稳装牢固，管进箱、盒处顺直，固定牢固，盒内用泡沫填实，并用胶带封堵严密；

5. 在穿越防护密闭隔墙处，分别预埋 2 根 SC50 镀锌钢管，钢管底距地 3.5m，并进行防护密闭处理。

检查结论：

经检查，符合设计及规范要求，同意进行下道工序。

☑同意隐蔽　　　　□不同意，修改后进行复查

复查结论：

复查人：　　　　　　　　　　　　　　　复查日期：　　年　月　日

签字栏	施工单位	××建设集团有限公司	专业技术负责人	专业质量员	专业工长
			×××	×××	×××
	监理或建设单位	××建设监理有限公司	专业监理工程师	×××	

4）隐蔽工程验收记录（电气动力系统管路敷设）、隐蔽工程验收记录（插座系统管路敷设）、隐蔽工程验收记录（照明系统管路敷设）标准要求。

（1）隐检依据来源

《建筑电气工程施工质量验收规范》GB 50303—2015 摘录：

3.3.9 导管敷设应符合下列规定：

5 接线盒和导管在隐蔽前，经检查应合格。

3.4.3 当验收建筑电气工程时，应核查下列各项质量控制资料，且资料内容应真实、齐全、完整：

3 隐蔽工程检查记录。

（2）隐检内容相关要求

《建筑电气工程施工质量验收规范》GB 50303—2015 摘录：

12.1.1 金属导管应与保护导体可靠连接，并应符合下列规定：

1 镀锌的钢导管、可弯曲金属导管和金属柔性导管不得熔焊连接；

2 当非镀锌钢导管采用螺纹连接时，连接处的两端应熔焊焊接保护联结导体；

3 镀锌钢导管、可弯曲金属导管和金属柔性导管连接处的两端宜采用专用接地卡固定保护联接导体；

4 机械连接的金属导管，管与管、管与盒（箱）体的连接配件应选用配套部件，其连接应符合产品技术文件要求，当连接处的接触电阻值符合国家标准《电缆管理用导管系统 第1部分：通用要求》GB/T 20041.1—2015 的相关要求时，连接处可不设置保护联接导体，但导管不应作为保护导体的接续导体；

5 金属导管与金属梯架、托盘连接时，镀锌材质的连接端宜用专用接地卡固定保护联接导体，非镀锌材质的连接处应熔焊焊接保护联结导体；

6 以专用接地卡固定的保护联结导体应为铜芯软导线，截面积不应小于 4mm^2；以熔焊焊接的保护联结导体宜为圆钢，直径不应小于 6mm，其搭接长度应为圆钢直径的 6 倍。

12.1.2 钢导体不得采用对口熔焊连接；镀锌钢导管或壁厚小于或等于 2mm 的钢导管，不得采用套管焊接连接。

12.1.3 当塑料导管在砌体上剔槽埋设时，应采用强度等级不小于 M10 的水泥砂浆抹面保护，保护层厚度不应小于 15mm。

12.1.4 导管穿越密闭或防护密闭隔墙时，应设置预埋套管，预埋套管的制作与安装应符合设计要求，套管两端伸出墙面的长度宜为 30～50mm，导管穿越密闭穿墙套管的两侧应设置过线盒，并应做好封堵。

12.2.1 导管的弯曲半径应符合下列规定：

1 明配导管的弯曲半径不宜小于管外半径的 6 倍，当两个接线盒间只有一个弯曲时，其弯曲半径不宜小于管外径的 4 倍；

2 埋设于混凝土内的导管的弯曲半径不宜小于管外径的 6 倍，当直埋于地下时，其弯曲半径不应小于管外径的 10 倍；

3 电缆导管的弯曲半径不应小于电缆最小允许弯曲半径，电缆最小允许弯曲半径应符合本规范表 11.1.2 的规定。

12.2.2 导管支架安装应符合下列规定：

1 除设计要求外，承力建筑钢结构构件上不得熔焊导管支架，且不得热加工开孔；

2 当导管采用金属吊架固定时，圆钢直径不得小于8mm，并应设置防晃支架，在距离盒（箱）、分支或端部0.3～0.5m处应设置固定支架；

3 金属支架应进行防腐，位于室外及潮湿场所的应按设计要求做处理；

4 导管支架应安装牢固、无明显扭曲。

12.2.3 除设计要求外，对于暗配的导管，导管的表面埋设深度与建筑物、构筑物表面的距离不应小于15mm。

12.2.4 进入配电（控制）柜、台、箱内的导管管口，当箱底无封板时，管口应高出柜、台、箱、盘的基础面50～80mm。

12.2.5 室外导管敷设应符合下列规定：

1 对于埋地敷设的钢导管，埋设深度应符合设计要求，钢导管的壁厚应大于2mm；

2 导管的管口不应敞口垂直向上，导管管口应在盒、箱内或导管端部设置防水弯；

3 由箱式变电所或落地式配电箱引向建筑物的导管，建筑物一侧的导管管口应设在建筑物内；

4 导管的管口在穿入绝缘导线、电缆后应做密封处理。

12.2.6 明配的电气导管应符合下列规定：

1 导管应排列整齐、固定点间距均匀、安装牢固；

2 在距终端、弯头中点或柜、台、箱、盘等边缘150～500mm范围内应设有固定管卡，中间直线段固定管卡间的最大距离应符合表12.2.6的规定；

3 明配管采用的接线或过渡盒（箱）应选用明装盒（箱）。

表12.2.6 管卡间的最大距离

敷设方式	导管种类	导管直径（mm）			
		15～20	25～32	40～50	65以上
		管卡间最大距离（m）			
支架或沿墙明敷	壁厚>2mm刚性钢导管	1.5	2.0	2.5	3.5
	壁厚≤2mm刚性钢导管	1.0	1.5	2.0	—
	刚性塑料导管	1.0	1.5	2.0	2.0

12.2.7 塑料导管敷设应符合下列规定：

1 管口应平整光滑，管与管、管与盒（箱）等器件采用插入法连接时，连接处结合面应涂专用胶合剂，接口应牢固密封；

2 直埋于地下或楼板内的刚性塑料导管，在穿出地面或楼板易受机械损伤的一段应采取保护措施；

3 当设计无要求时，埋设在墙内或混凝土内的塑料导管应采用中型及以上的导管；

4 沿建筑物、构筑物表面和在支架上敷设的刚性塑料导管，应按设计要求装设温度补偿装置。

12.2.8 可弯曲金属导管及柔性导管敷设应符合下列规定：

1　刚性导管经柔性导管与电气设备、器具连接时，柔性导管的长度在动力工程中不宜大于0.8m，在照明工程中不宜大于1.2m；

2　可弯曲金属导管或柔性导管与刚性导管或电气设备、器具间的连接应采用专用接头；防液型可弯曲金属导管或柔性导管的连接处应密封良好，防液覆盖层应完整无损；

3　当可弯曲金属导管有可能受重物压力或明显机械撞击时，应采取保护措施；

4　明配的金属、非金属柔性导管固定点间距应均匀，不应大于1m，管卡与设备、器具、弯头中点、管端等边缘的距离应小于0.3m；

5　可弯曲金属导管和金属柔性导管不应做保护导体的接续导体。

12.2.9　导管敷设应符合下列规定：

1　导管穿越外墙时应设置防水套管，且应做好防水处理；

2　钢导管或刚性塑料导管跨越建筑物变形缝处应设置补偿装置；

3　除埋设于混凝土内的钢导管内壁应防腐处理，外壁可不防腐处理外，其余场所敷设的钢导管内、外壁均应做防腐处理；

4　导管与热水管，蒸汽管平行敷设时，宜敷设在热水管、蒸气管的下面，当有困难时，可敷设在其上面；相互间的最小距离宜符合本规定。

5. 隐蔽工程验收记录（不进入电缆沟敷设电缆）、（直埋电缆）。

1）隐蔽工程验收记录（不进入电缆沟敷设电缆）表填写范例（表8.2.2-8）。

表8.2.2-8 隐蔽工程验收记录（不进入电缆沟敷设电缆）

工程名称	筑业科技产业园综合楼	编号	××
隐检项目	不进入电缆沟敷设电缆	隐检日期	××××年×月×日
隐检部位	地下一层配电室电缆沟 　　－5.000m　标高		

隐检依据：施工图号___电施－05___，设计变更/洽商/技术核定单（编号____/____）及有关国家现行标准等。

主要材料名称及规格/型号：___交联聚乙烯电力电缆 YJV___

隐检内容：

1. 电缆质量合格证明文件齐全、有效，型号、规格及电压等级符合设计要求，进场验收合格，见记录××；

2. 电缆敷设前验收电缆沟的尺寸及电缆支架间距符合设计要求，电缆沟内清洁干燥；

3. 金属电缆支架与保护导体做了可靠连接；

4. 电缆在支架上敷设，按电压等级排列。电缆排列顺直、整齐、少交叉，并在每个支架上固定牢固。电缆固定用的夹具和支架不形成闭合铁磁回路；

5. 电缆敷设不存在绞拧、铠装压扁、护层断裂和表面严重划伤等缺陷；

6. 敷设电缆的电缆沟已按设计要求设置。并做好防火隔堵措施；

7. 电缆在其首端、末端和分支处设标志牌。标志牌规格一致，并有防腐措施，挂装牢固。

检查结论：

经检查，符合设计及规范要求，同意进行下道工序。

☑同意隐蔽　　　　□不同意，修改后进行复查

复查结论：

复查人：　　　　　　　　　　　　　　　　复查日期：　　年　月　日

签字栏	施工单位	××建设集团有限公司	专业技术负责人	专业质量员	专业工长
			×××	×××	×××
	监理或建设单位	××建设监理有限公司	专业监理工程师	×××	

2）隐蔽工程验收记录（直埋电缆）表填写范例（表8.2.2-9）。

表 8.2.2-9　隐蔽工程验收记录（直埋电缆）

工程名称	筑业科技产业园综合楼	编号	××
隐检项目	直埋电缆	隐检日期	××××年×月×日
隐检部位	室外 ④－⑤轴　　－1.000m　标高		

隐检依据：施工图号___电施－05_____，设计变更/洽商/技术核定单（编号_____/_____）及有关国家现行标准等。
主要材料名称及规格/型号：___聚氯乙烯绝缘电力电缆 YJV＋3×185＋2×95_____

隐检内容：
1. 电缆质量合格证明文件齐全、有效，型号、规格等符合设计要求，进场验收合格，见记录××；
2. 敷设电缆位置符合电气施工图纸要求；
3. 电缆敷设方法采用人工加滚轮敷设；
4. 电缆覆土深度 1.0m，各电缆间外皮间距 0.10m，电缆上、下的细土保护层厚度不小于 0.10m，上盖混凝土板）；
5. 电缆敷设时，电缆的弯曲半径符合规范要求及电缆本身的要求；
6. 电缆在沟内敷设有适量的 S 形弯，电缆的两端、中间接头、电缆井内、电缆过管处，垂直位差均留有适当的余度；
7. 电缆出入电缆沟，电气竖井采取防火密封措施；
8. 直埋电缆设标示桩，标示桩有防腐措施，且固定牢固。

检查结论：

经检查，符合设计及规范要求，同意进行下道工序。

☑同意隐蔽　　　　　□不同意，修改后进行复查

复查结论：

复查人：　　　　　　　　　　　　　　　　　　复查日期：　　年　月　日

签字栏	施工单位	××建设集团有限公司	专业技术负责人	专业质量员	专业工长
			×××	×××	×××
	监理或建设单位	××建设监理有限公司	专业监理工程师		×××

3）隐蔽工程验收记录（不进入电缆沟敷设电缆）、隐蔽工程验收记录（直埋电缆）标准要求。

（1）隐检依据来源

《建筑电气工程施工质量验收规范》GB 50303—2015 摘录：

3.4.3 当验收建筑电气工程时，应核查下列各项质量控制资料，且资料内容应真实、齐全、完整：

3 隐蔽工程检查记录。

（2）隐检内容相关要求

《建筑电气工程施工质量验收规范》GB 50303—2015 摘录：

13.1.1 金属电缆支架必须与保护导体可靠连接。

13.1.2 电缆敷设不得存在绞拧、铠装压扁、护层断裂和表面严重划伤等缺陷。

13.1.3 当电缆敷设存在可能受到机械外力损伤、振动、浸水及腐蚀性或污染物质等损害时，应采取防护措施。

13.1.4 除设计要求外，并联使用的电力电缆的型号、规格、长度应相同。

13.1.5 交流单芯电缆或分相后的每相电缆不得单根独穿于钢导管内，固定用的夹具和支架不应形成闭合磁路。

13.1.6 当电缆穿过零序电流互感器时，电缆金属防护层和接地线应对地绝缘。对穿过零序电流互感器制作的电缆头，其电缆接地线应回零序互感器后接地；对尚未穿过零序电流互感器的电缆接地线应在零序电流互感器前直接接地。

13.1.7 电缆的敷设和排列布置应符合设计要求，矿物绝缘电缆敷设在温度变化大的场所、振动场所或穿建筑物变形缝时应采取"S"或"Ω"弯。

13.2.1 电缆支架安装应符合下列规定：

1 除设计要求外，承力建筑钢结构构件上不得熔焊支架，且不得热加工开孔。

2 当设计无要求时，电缆支架层间最小距离不应小于表13.2.1-1的规定，层间净距不应小于2倍电缆外径加10mm，35kV电缆不应小于2倍电缆外径加50mm。

表 13.2.1-1　电缆支架层间最小距离（mm）

电缆种类		支架上敷设	梯架、托盘内敷设
控制电缆明敷		120	200
电力电缆明敷	10kV及以下电力电缆（除6~10kV交联聚乙烯绝缘电力电缆）	150	250
	6~10kV交联聚乙烯绝缘电力电缆	200	300
	35kV单芯电力电缆	250	300
	35kV三芯电力电缆	300	350
电缆敷设在槽盒内		$h+100$	

注：h 为槽盒高度。

3 最上层电缆支架距构筑物顶板或梁底的最小净距应满足电缆引接至上方配电柜、台、箱、盘时电缆弯曲半径的要求，且不宜小于表13.2.1-1所列数再加80~150mm；距其他设备的最小净距不应小于300mm，当无法满足要求时应设置防护板。

4 当设计无要求时，最下层电缆支架距沟底、地面的最小距离不应小于表13.2.1-2的规定。

5 当支架与预埋件焊接固定时，焊缝应饱满；当采用膨胀螺栓固定时，螺栓应适配、连接紧固、防松零件应齐全，支架安装应牢固、无明显扭曲。

6 金属支架应进行防腐，位于室外及潮湿场所的应按设计要求做处理。

表 13.2.1-2 最下层电缆支架距沟底、地面的最小净距（mm）

电缆敷设场所及其特征		垂直净距
电缆沟		50
隧道		100
电缆夹层	非通道处	200
	至少在一侧不少于800mm宽通道处	1400
公共廊道中电缆支架无围栏防护		1500
室内机房或活动区间		2000
室外	无车辆通过	2500
	有车辆通过	4500
屋面		200

13.2.2 电缆敷设应符合下列规定：

1 电缆的敷设应顺直、整齐，并宜少交叉。

2 电缆转弯处的最小弯曲半径应符合表11.1.2的规定。

表 13.2.2 电缆支持点间距（mm）

电缆种类		电缆外径	敷设方式	
			水平	垂直
电力电缆	全塑型	—	400	1000
	除塑型外的中低压电缆		800	1500
	35kV 高压电缆		1500	2000
	铝合金带联锁铠装的铝合金电缆		1800	1800
	控制电缆		800	1000
矿物绝缘电缆		<9	600	800
		≥9，且<15	900	1200
		≥15，且<20	1500	2000
		≥20	2000	2500

3 在电缆沟或电气竖井内垂直敷设或大于45°倾斜敷设的电缆应在每个支架上固定。

4 在梯架、托盘或槽盒内大于45°倾斜敷设的电缆应每隔2m固定，水平敷设的电缆，首尾两端、转弯两侧及每隔5～10m处应设固定点。

5 当设计无要求时，电缆支持点间距不应大于表13.2.2的规定。

6 当设计无要求时，电缆与管道的最小净距应符合本规范附录F的规定。

7 无挤塑外护层电缆金属护套与金属支（吊）架直接接触的部位应采取防电化腐蚀的措施。

8 电缆出入电缆沟，电气竖井，建筑物，配电（控制）柜、台、箱处以及管子管口处等部位应采取防火或密封措施。

9 电缆出入电缆梯架、托盘、槽盒及配电（控制）柜、台、箱、盘处应做固定。

10 当电缆通过墙、楼板或室外敷设穿管保护时，导管的内径不应小于电缆外径的1.5倍。

13.2.3 直埋电缆的上、下应有细沙或软土，回填土应无石块、砖头等尖锐硬物。

13.2.4 电缆的首端、末端和分支处应设标志牌，直埋电缆应设标示桩。

6. 隐蔽工程验收记录（钢索配线）。

1）隐蔽工程验收记录（钢索配线）表填写范例（表8.2.2-10）。

表 8.2.2-10　隐蔽工程验收记录（钢索配线）

工程名称	筑业科技产业园综合楼	编号	××
隐检项目	钢索配线	隐检日期	××××年×月×日
隐检部位	维修车间　　－1.000m　标高		

隐检依据：施工图号＿＿电施－05＿＿＿＿，设计变更/洽商/技术核定单（编号＿＿＿/＿＿＿）及有关国家现行标准等。

主要材料名称及规格/型号：＿钢索、绝缘导线、吊钩、拉环、××＿＿＿＿＿＿＿＿＿

隐检内容：

1. 材料质量合格证明文件齐全、有效、型号、规格等符合设计要求，进场验收合格；
2. 钢索终端拉环埋件牢固可靠，并能承受在钢索全部负荷下的拉力，在挂索前对拉环做过载试验，试验合格，见试验记录××；
3. 钢索与终端拉环套接采用心形环，固定钢索的线卡为3个，钢索端头用镀锌铁线绑扎紧密，且与保护导体可靠连接；
4. 钢索一端装设索具螺旋扣紧固；
5. 钢索中间吊架间距为10m，吊架与钢索连接处的吊钩深度不小于20mm，并有防止钢索跳出的锁定零件；
6. 钢索配线的支持件之间最大距离为1200mm，符合规范的规定。

检查结论：

经检查，符合设计及规范要求，同意进行下道工序。

☑同意隐蔽　　　　　　□不同意，修改后进行复查

复查结论：

复查人：　　　　　　　　　　　　　　　　　　　　复查日期：　　　年　月　日

签字栏	施工单位	××建设集团有限公司	专业技术负责人	专业质量员	专业工长
			×××	×××	×××
	监理或建设单位	××建设监理有限公司	专业监理工程师		×××

2）隐蔽工程验收记录（钢索配线）标准要求。

（1）隐检依据来源

《建筑电气工程施工质量验收规范》GB 50303—2015 摘录：

3.4.3 当验收建筑电气工程时，应核查下列各项质量控制资料，且资料内容应真实、齐全、完整：

3 隐蔽工程检查记录。

（2）隐检内容相关要求

《建筑电气工程施工质量验收规范》GB 50303—2015 摘录：

16.1.1 钢索配线应采用镀锌钢索，不应采用含油芯的钢索。钢索的钢丝直径应小于 0.5mm，钢索不应有扭曲和断股等缺陷。

16.1.2 钢索与终端拉环套接应采用心形环，固定钢索的线卡不应少于 2 个，钢索端头应用镀锌铁线绑扎紧密，且应与保护导体可靠连接。

16.1.3 钢索终端拉环埋件应牢固可靠，并应能承受在钢索全部负荷下的拉力，在挂索前应对拉环做过载试验，过载试验的拉力应为设计承载拉力的 3.5 倍。

16.1.4 当钢索长度小于或等于 50m 时，应在钢索一端装设索具螺旋扣紧固；当钢索长度大于 50m 时，应在钢索两端装设索具螺旋扣紧固。

16.2.1 钢索中间吊架间距不应大于 12m，吊架与钢索连接处的吊钩深度不应小于 20mm，并应有防止钢索跳出的锁定零件。

16.2.2 绝缘导线和灯具在钢索上安装后，钢索应承受全部负载，且钢索表面应整洁、无锈蚀。

16.2.3 钢索配线的支持件之间及支持件与灯头盒之间最大距离应符合表 16.2.3 的规定。

表 16.2.3　钢索配线的支持件之间及支持件与灯头盒之间最大距离（mm）

配线类别	支持件之间最大距离	支持件与灯头盒之间最大距离
钢管	1500	200
塑料导管	1000	150
塑料护套线	200	100

7. 隐蔽工程验收记录（埋件、吊钩）。

1）隐蔽工程验收记录（埋件、吊钩）表填写范例（表 8.2.2-11）。

表 8.2.2-11 隐蔽工程验收记录（埋件、吊钩）

工程名称	筑业科技产业园综合楼	编号	××
隐检项目	埋件、吊钩	隐检日期	××××年×月×日
隐检部位	三层 7.800m 标高		

隐检依据：施工图号 电施－05 ，设计变更/洽商/技术核定单（编号 / ）及有关国家现行标准等。

主要材料名称及规格/型号： 250mm×250mm×10mm 埋件、Φ10 镀锌圆钢吊钩

隐检内容：

1. 材料质量合格证明文件齐全、有效，型号、规格等符合设计要求，进场验收合格，见记录××；

2. 250mm×250mm×10mm 埋件预埋在混凝土板内、其埋设位置、锚固形式、钢筋加强措施符合施工方案要求；

3. Φ10 镀锌圆钢弯折 90°后与埋板焊接，采用双面焊接，焊接尺寸为 50mm，焊缝处做防锈处理；

4. 进行载荷强度试验，试验合格，试验记录编号××。

检查结论：

经检查，符合设计及规范要求，同意进行下道工序。

☑同意隐蔽　　　□不同意，修改后进行复查

复查结论：

复查人：　　　　　　　　　　　　　　　　复查日期： 年 月 日

签字栏	施工单位	××建设集团有限公司	专业技术负责人	专业质量员	专业工长
			×××	×××	×××
	监理或建设单位	××建设监理有限公司	专业监理工程师	×××	

2）隐蔽工程验收记录（埋件、吊钩）标准要求。

（1）隐检依据来源

《建筑电气工程施工质量验收规范》GB 50303—2015摘录：

3.4.3 当验收建筑电气工程时，应核查下列各项质量控制资料，且资料内容应真实、齐全、完整：

3 隐蔽工程检查记录。

（2）隐检内容相关要求

《建筑电气工程施工质量验收规范》GB 50303—2015摘录：

18.1.1 灯具固定应符合下列规定：

1 灯具固定应牢固可靠，在砌体和混凝土结构上严禁使用木楔、尼龙塞或塑料塞固定；

2 质量大于10kg的灯具，固定装置及悬吊装置应按灯具重量的5倍恒定均布载荷做强度试验，且持续时间不得少于15min。

18.1.2 悬吊式灯具安装应符合下列规定：

1 带升降器的软线吊灯在吊线展开后，灯具下沿应高于工作台面0.3m；

2 质量大于0.5kg的软线吊灯，灯具的电源线不应受力；

3 质量大于3kg的悬吊灯具，固定在螺栓或预埋吊钩上，螺栓或预埋吊钩的直径不应小于灯具挂销直径，且不小于6mm；

4 当采用钢管作灯具吊杆时，其内径不应小于10mm，壁厚不应小于1.5mm；

5 灯具与固定装置及灯具连接件之间采用螺纹连接的，螺纹啮合扣数不应少于5扣。

8. 隐蔽工程验收记录（幕墙防雷接地）。

1）隐蔽工程验收记录（幕墙防雷接地）表填写范例（表 8.2.2-12）。

表 8.2.2-12 隐蔽工程验收记录（幕墙防雷接地）

工程名称	筑业科技产业园综合楼	编号	××
隐检项目	幕墙防雷接地	隐检日期	××××年×月×日
隐检部位	三层～八层 6.900～21.900m 标高		

隐检依据：施工图号___电施—01___，设计变更/洽商/技术核定单（编号___/___）及有关国家现行标准等。

主要材料名称及规格/型号：___Φ10 镀锌圆钢___

隐检内容：

1. 焊接材料采用 HPB300 10mm 镀锌圆钢，其质量合格证明文件齐全，进场验收合格，见记录××；

2. 根据图纸设计要求，幕墙金属支架自身焊为整体后，再与防雷引下线不少于 2 点焊接，幕墙安装完预埋铁后，与预先甩出的防雷引下线连接圆钢（2 处）焊接在一起，使之成为一个整体；

3. 焊接长度大于钢筋直径的 5 倍（80mm），双面施焊；

4. 焊缝均匀、牢固、无漏焊、虚焊等现象，焊接处药皮清理干净，并涂刷防锈漆。

检查结论：

经检查，符合设计及规范要求，同意进行下道工序。

☑同意隐蔽　　　　　　□不同意，修改后进行复查

复查结论：

复查人：　　　　　　　　　　　　　　　　　　复查日期：　　年　月　日

签字栏	施工单位	××建设集团有限公司	专业技术负责人	专业质量员	专业工长
			×××	×××	×××
	监理或建设单位	××建设监理有限公司	专业监理工程师	×××	

2）隐蔽工程验收记录（幕墙防雷接地）标准要求。

（1）隐检依据来源

《建筑电气工程施工质量验收规范》GB 50303—2015 摘录：

3.4.3 当验收建筑电气工程时，应核查下列各项质量控制资料，且资料内容应真实、齐全、完整：

3 隐蔽工程检查记录。

24.2.2 设计要求接地的幕墙金属框架和建筑物的金属门窗，应就近与防雷引下线连接可靠，连接处不同金属间应采取防电化学腐蚀措施。

检查数量：按接地点总数抽查10%，且不得少于1处。

检查方法：施工中观察检查并查阅隐蔽工程检查记录。

（2）隐检内容相关要求

①《玻璃幕墙工程技术规范》JGJ 102—2003 摘录：

4.4.13 玻璃幕墙的防雷设计应符合国家现行标准《建筑防雷设计规范》GB 50057 和《民用建筑电气设计规范》JGJ/T 16—1992 的有关规定。幕墙的金属框架应与主体结构的防雷体系可靠连接，连接部位应清除非导电保护层。

②《金属与石材幕墙工程技术规范》JGJ 133—2001 摘录：

4.4.2 金属与石材幕墙的防雷设计除应符合现行国家标准《建筑物防雷设计规范》GB 50057 的有关规定外，还应符合下列规定：

1 在幕墙结构中应自上而下地安装防雷装置，并应与主体结构的防雷装置可靠连接；

2 导线应在材料表面的保护膜除掉部位进行连接；

3 幕墙的防雷装置设计及安装应经建筑设计单位认可。

③《人造板材幕墙工程技术规范》JGJ 336—2016 摘录：

4.5.6 幕墙的防雷设计应符合现行国家标准《建筑物防雷设计规范》GB 50057 的规定。幕墙的金属框架应与主体结构的防雷装置可靠连接，并保持导电通畅。

9. 隐蔽工程验收记录（金属门窗防雷接地）。

1）隐蔽工程验收记录（金属门窗防雷接地）表填写范例（表 8.2.2-13）。

表 8.2.2-13　隐蔽工程验收记录（金属门窗防雷接地）

工程名称	筑业科技产业园综合楼	编号	××
隐检项目	金属门窗防雷接地	隐检日期	××××年×月×日
隐检部位	三层～八层　　6.900～21.900m　标高		

隐检依据：施工图号＿＿电施－01＿＿＿＿＿，设计变更/洽商/技术核定单（编号＿＿＿/＿＿＿）及有关国家现行标准等。

主要材料名称及规格/型号：＿＿Φ8mm 镀锌圆钢＿＿＿＿＿＿＿＿＿＿＿＿＿＿＿＿＿＿＿＿＿＿

隐检内容：

1. 门窗框与建筑主体结构防雷装置连接导体采用直径 Φ8mm 的圆钢，其质量合格证明文件齐全，进场验收合格，见记录××；

2. 门窗框与防雷连接件连接处，去除型材表面的非导电防护层，并与防雷连接件连接；

3. 防雷连接导体分别与门窗框防雷连接件和建筑主体结构防雷装置焊接连接，焊接长度不小于 100mm，焊缝均匀、牢固、无漏焊、虚焊等现象，焊接处药皮清理干净，并涂刷防锈漆。

检查结论：

　　经检查，符合设计及规范要求，同意进行下道工序。

☑同意隐蔽　　　　　　　□不同意，修改后进行复查

复查结论：

复查人：　　　　　　　　　　　　　　　　　复查日期：　　　年　月　日

签字栏	施工单位	××建设集团有限公司	专业技术负责人	专业质量员	专业工长
			×××	×××	×××
	监理或建设单位	××建设监理有限公司	专业监理工程师	×××	

2）隐蔽工程验收记录（金属门窗防雷接地）标准要求。

（1）隐检依据来源

《建筑电气工程施工质量验收规范》GB 50303—2015 摘录：

3.4.3 当验收建筑电气工程时，应核查下列各项质量控制资料，且资料内容应真实、齐全、完整：

3 隐蔽工程检查记录。

24.2.2 设计要求接地的幕墙金属框架和建筑物的金属门窗，应就近与防雷引下线连接可靠，连接处不同金属间应采取防电化学腐蚀措施。

检查数量：按接地点总数抽查10%，且不得少于1处。

检查方法：施工中观察检查并查阅隐蔽工程检查记录。

（2）隐检内容相关要求

《铝合金门窗工程技术规范》JGJ 214—2010 摘录：

4.10.1 铝合金门窗的防雷设计，应符合现行国家标准《建筑物防雷设计规范》GB 50057 的有关规定。铝合金门窗的框架应与主体结构的防雷装置可靠连接。

4.10.2 铝合金门窗的防雷构造设计宜采取下列措施：

1 门窗框与建筑主体结构防雷装置连接导体宜采用直径不小于 Φ8mm 的圆钢或截面积不小于 $48mm^2$、厚度不小于 4mm 的扁钢；

2 门窗框与防雷连接件连接处，宜去除型材表面的非导电防护层，并与防雷连接件连接；

3 防雷连接导体宜分别与门窗框防雷连接件和建筑主体结构防雷装置焊接连接，焊接长度不小于100mm，焊接处涂防腐漆。

10. 隐蔽工程验收记录（避雷接地引下线敷设）。

1）隐蔽工程验收记录（避雷接地引下线敷设）表填写范例（表8.2.2-14）。

表8.2.2-14　隐蔽工程验收记录（避雷接地引下线敷设）

工程名称	筑业科技产业园综合楼	编号	××
隐检项目	避雷接地引下线敷设	隐检日期	××××年×月×日
隐检部位	八层　21.900m 标高		

隐检依据：施工图号＿电施—03＿＿＿，设计变更/洽商/技术核定单（编号＿＿／＿＿）及有关国家现行标准等。
主要材料名称及规格/型号：＿Φ12镀锌圆钢＿＿＿＿

隐检内容：
1. 避雷接地引下线材料采用直径Φ12mm的圆钢，其质量合格证明文件齐全，进场验收合格，见记录××；
2. 利用2根HRB400 25mm结构柱对角主筋作为避雷引下线；
3. 该部位柱避雷引下线共8处，分别为11/G、13/G、13/D、13/F、11/D、12/A、11/A、9/A轴柱主筋；
4. 2根HRB400 25mm柱对角主筋做可靠焊接联通；柱主筋采用直螺纹套筒连接，在接头处用HPB300 12mm镀锌圆钢做跨接；
5. 焊接长度大于HRB400 25mm钢筋直径的6倍，双面施焊，焊药清除干净，焊接饱满，无咬肉、夹渣等现象；
6. 每根避雷引下线均用白色油漆涂刷标识。

检查结论：

经检查，符合设计及规范要求，同意进行下道工序。

☑同意隐蔽　　　　□不同意，修改后进行复查

复查结论：

复查人：　　　　　　　　　　　　　　复查日期：　　年　月　日

签字栏	施工单位	××建设集团有限公司	专业技术负责人	专业质量员	专业工长
			×××	×××	×××
	监理或建设单位	××建设监理有限公司	专业监理工程师	×××	

2）隐蔽工程验收记录（避雷接地引下线敷设）标准要求。

（1）隐检依据来源

《建筑电气工程施工质量验收规范》GB 50303—2015 摘录：

3.4.3 当验收建筑电气工程时，应核查下列各项质量控制资料，且资料内容应真实、齐全、完整：

3 隐蔽工程检查记录。

（2）隐检内容相关要求

《建筑电气工程施工质量验收规范》GB 50303—2015 摘录：

24.1.1 防雷引下线的布置、安装数量和连接方式应符合设计要求。

24.1.3 接闪器与防雷引下线必须采用焊接或卡接器连接，防雷引下线与接地装置必须采用焊接或螺栓连接。

24.1.4 当利用建筑物金属屋面或屋顶上旗杆、栏杆、装饰物、铁塔、女儿墙上的盖板等永久性金属物做接闪器时，其材质及截面应符合设计要求，建筑物金属屋面板间的连接、永久性金属物各部件之间的连接应可靠、持久。

24.2.1 暗敷在建筑物抹灰层内的引下线应有卡钉分段固定；明敷的引下线应平直、无急弯，并应设置专用支架固定，引下线焊接处应刷油漆防腐且无遗漏。

24.2.2 设计要求接地的幕墙金属框架和建筑物的金属门窗，应就近与防雷引下线连接可靠，连接处不同金属间应采取防电化学腐蚀措施。

24.2.4 防雷引下线、接闪线、接闪网和接闪带的焊接连接搭接长度及要求应符合本规范22.2.2条的规定。

22.2.2 接地装置的焊接应采用搭接焊，除埋设在混凝土中的焊接接头外，应采取防腐措施，焊接搭接长度应符合下列规定：

1 扁钢与扁钢搭接不应小于扁钢宽度的2倍，且应至少三面施焊；

2 圆钢与圆钢搭接不应小于圆钢直径的6倍，且应双面施焊；

3 圆钢与扁钢搭接不应小于圆钢直径的6倍，且应双面施焊；

4 扁钢与钢管，扁钢与角钢焊接，应紧贴角钢外侧两面，或紧贴3/4钢管表面，上下两侧施焊。

11. 隐蔽工程验收记录（等电位联接线敷设）。

1）隐蔽工程验收记录（等电位联接线敷设）表填写范例（表 8.2.2-15）。

表 8.2.2-15 隐蔽工程验收记录（等电位联接线敷设）

工程名称	筑业科技产业园综合楼	编号	××
隐检项目	等电位联接线敷设	隐检日期	××××年×月×日
隐检部位	地下一层 −4.800～−4.400m 标高		

隐检依据：施工图号＿＿电施－04＿＿＿＿，设计变更/洽商/技术核定单（编号＿＿＿＿/＿＿＿＿）及有关国家现行标准等。

主要材料名称及规格/型号：＿＿40mm×4mm 镀锌扁钢＿＿＿＿＿＿＿＿＿＿

隐检内容：

1. 等电位联接线采用 40mm×4mm 镀锌扁钢，其质量合格证明文件齐全，进场验收合格，见记录××；

2. 根据图纸设计要求，在现浇板内敷设一根 40mm×4mm 镀锌扁钢，作为等电位联接线，等电位联接线与现浇板内钢筋焊接，焊接长度不小于板钢筋的 6 倍；

3. 等电位联接线在 6/G、6/C、2/D、2/G 轴设室内等电位预留点，等电位联接线与室内等电位预留点焊接；

4. 扁钢与扁钢搭接大于扁钢宽度的 2 倍（100mm），三面施焊；

5. 焊缝均匀、牢固，无漏焊、虚焊等现象，焊接处药皮清理干净。

检查结论：

经检查，符合设计及规范要求，同意进行下道工序。

☑同意隐蔽   □不同意，修改后进行复查

复查结论：

复查人：   复查日期：   年 月 日

签字栏	施工单位	××建设集团有限公司	专业技术负责人	专业质量员	专业工长
			×××	×××	×××
	监理或建设单位	××建设监理有限公司	专业监理工程师	×××	

2）隐蔽工程验收记录（等电位联接线敷设）标准要求。

（1）隐检依据来源

《建筑电气工程施工质量验收规范》GB 50303—2015 摘录：

3.4.3 当验收建筑电气工程时，应核查下列各项质量控制资料，且资料内容应真实、齐全、完整：

3 隐蔽工程检查记录。

（2）隐检内容相关要求

《建筑电气工程施工质量验收规范》GB 50303—2015 摘录：

25.1.1 建筑物等电位联接的范围、形式、方法、部位及连结导体的材料和截面积应符合设计要求。

25.1.2 需做等电位联接的外漏可导电部分或外界可导电部分的链接应可靠。采用焊接时，应符合本规范第 22.2.2 条的规定；采用螺栓连接时，应符合本规范第 23.2.1 条第 2 款的规定，其螺栓、垫圈、螺母等应为热镀锌制品，且应连接牢固。

25.2.1 需做等电位联接的卫生间内金属部件或零件的外界可导电部分，应设置专用接线螺栓与等电位联接导体连接，并应设置标识；连接处螺帽应紧固、防松零件应齐全。

25.2.2 当等电位联接导体在地下暗敷时，其导体间的连接不得采用螺栓压接。

12. 隐蔽工程验收记录（均压环安装）。

1）隐蔽工程验收记录（均压环安装）表填写范例（表 8.2.2-16）。

表 8.2.2-16 隐蔽工程验收记录（均压环安装）

工程名称	筑业科技产业园综合楼	编号	××
隐检项目	均压环安装	隐检日期	××××年×月×日
隐检部位	10 层外墙　32.000m 标高		

隐检依据：施工图号___电施—54___，设计变更/洽商/技术核定单（编号___/___）及有关国家现行标准等。

主要材料名称及规格/型号：___40×4（mm）镀锌扁钢___

隐检内容：

1. 均压环采用 40mm×4mm 镀锌扁钢，其质量合格证明文件齐全，进场验收合格，见记录××；

2. 利用结构圈梁上铁两侧 2 根 HRB400 25mm 钢筋作均压环干线；

3. 2 根 HRB400 25mm 钢筋均与每处防雷引下线钢筋做跨接线可靠焊接联通，且两 HRB400 25mm 钢筋接头处用 HPB300 12mm 钢筋可靠焊接联通；

4. 结构圈梁上铁两侧 2 根 HRB400 25mm 钢筋与每处"井"字梁两侧 2 根 HRB400 25mm 钢筋以 HPB300 12mm 钢筋做跨接线可靠焊接联通；

5. 采用 40mm×4mm 镀锌扁钢做等电位预留甩头与均压环可靠焊接联通，焊接长度大于 HRB400 25mm 钢筋直径的 6 倍，三面施焊；

6. 焊药清理干净，焊接饱满，无咬肉、夹渣等缺陷。

检查结论：

经检查，符合设计及规范要求，同意进行下道工序。

☑同意隐蔽　　　　　　□不同意，修改后进行复查

复查结论：

复查人：　　　　　　　　　　　　　　　　　　复查日期：　　年　月　日

签字栏	施工单位	××建设集团有限公司	专业技术负责人	专业质量员	专业工长
			×××	×××	×××
	监理或建设单位	××建设监理有限公司	专业监理工程师		×××

399

2）隐蔽工程验收记录（均压环安装）标准要求。

（1）隐检依据来源

《建筑电气工程施工质量验收规范》GB 50303—2015摘录：

3.4.3 当验收建筑电气工程时，应核查下列各项质量控制资料，且资料内容应真实、齐全、完整：

3 隐蔽工程检查记录。

（2）隐检内容相关要求

《建筑物防雷设计规范》GB 50057—2010摘录：

4.2.4 当难以装设独立的外部防雷装置时，可将接闪杆或网格不大于$5m×5m$或$6m×4m$的接闪网或由其混合组成的接闪器直接装在建筑物上，接闪网应按本规范附录B的规定沿屋角、屋脊、屋檐和檐角等易受雷击的部位敷设；当建筑物高度超过$30m$时，首先应沿屋顶周边敷设接闪带，接闪带应设在外墙外表面或屋檐边垂直面上，也可设在外墙外表面或屋檐边垂直面外，并应符合下列规定：

4 建筑物应装设等电位连接环，环间垂直距离不应大于$12m$，所有引下线、建筑物的金属结构和金属设备均应连到环上。等电位连接环可利用电气设备的等电位连接干线环路。

7 当建筑物高于$30m$时，尚应采取下列防侧击的措施：

1）应从$30m$起每隔不大于$6m$沿建筑物四周设水平接闪带并应与引下线相连；

2）$30m$及以上外墙上的栏杆、门窗等较大的金属物应与防雷装置连接。

13. 隐蔽工程验收记录（孔口封堵）。

1）隐蔽工程验收记录（孔口封堵）表填写范例（表8.2.2-17）。

表8.2.2-17 隐蔽工程验收记录（孔口封堵）

工程名称	筑业科技产业园综合楼	编号	××
隐检项目	孔口封堵	隐检日期	××××年×月×日
隐检部位	地下一层配电室 －1.8000m 标高		

隐检依据：施工图号 __电施－54__ ，设计变更/洽商/技术核定单（编号_____/_____）及有关国家现行标准等。

主要材料名称及规格/型号：__矿棉、防火泥__

隐检内容：

1. 封堵材料采用矿棉、防火泥，其质量合格证明文件齐全，进场验收合格，见记录××；

2. 封堵作业前，清理建筑缝隙、贯穿孔口、贯穿物和被贯穿体的表面，去除杂物、油脂、结构上的松动物体，并保持干燥；

3. 矿物棉压缩量不小于自然状态的30%，且压缩后的矿物棉厚度大于封堵部位缝隙的宽度；

4. 压实后的矿物棉顺挤压面塞入封堵部位，矿物棉靠其回胀力阻止脱落，留出20mm的空隙用以填塞有机防火封堵材料；

5. 封堵后的缝隙采用有机防火封堵材料填塞，且填塞深度不小于20mm。

检查结论：

经检查，符合设计及规范要求，同意进行下道工序。

☑同意隐蔽　　　　　□不同意，修改后进行复查

复查结论：

复查人：　　　　　　　　　　　　　　　　　　复查日期：　　年　月　日

签字栏	施工单位	××建设集团有限公司	专业技术负责人	专业质量员	专业工长
			×××	×××	×××
	监理或建设单位	××建设监理有限公司	专业监理工程师	×××	

2）隐蔽工程验收记录（孔口封堵）标准要求。

（1）隐检依据来源

《建筑电气工程施工质量验收规范》GB 50303—2015 摘录：

3.4.3 当验收建筑电气工程时，应核查下列各项质量控制资料，且资料内容应真实、齐全、完整：

3 隐蔽工程检查记录。

（2）隐检内容相关要求

《建筑防火封堵应用技术标准》GB/T 51410—2020 摘录：

6.2.1 封堵作业前，应清理建筑缝隙、贯穿孔口、贯穿物和被贯穿体的表面，去除杂物、油脂、结构上的松动物体，并应保持干燥。需要养护的封堵部位应在封堵作业后按照产品使用要求进行养护，并应在养护期间采取防止外部扰动的措施。

6.2.2 背衬材料采用矿物棉时，应按下列规定进行施工：

1 矿物棉压缩不应小于自然状态的30%，且压缩后的矿物棉厚度应稍大于封堵部位缝隙的宽度，并应符合本标准第3.0.3条的规定；

2 压实后的矿物棉应顺挤压面塞入封堵部位，矿物棉应靠其回胀力阻止脱落，并应与待封堵部位的表面齐平；

3 填塞的矿物棉应经监理人员验证其阻止脱落的性能后方能进行下一步的防火封堵施工。

6.2.3 无机堵料应按下列顺序和要求进行施工：

1 在封堵部位应设置临时或永久性的挡板；

2 应按照产品使用要求加水均匀搅拌无机堵料；

3 应将搅拌后的无机堵料灌注到封堵的部位，并抹平表面；

4 应在无机堵料养护周期满后再封堵无机堵料与贯穿物、被贯穿体之间的缝隙，并应符合本标准第3.0.4条的规定。

6.2.4 柔性有机堵料和防火密封胶应按下列顺序和要求进行施工：

1 应按照本标准第6.2.2条的规定采用矿物棉填塞封堵部位；

2 应采用挤胶枪等工具填入堵料，抹平表面，并应符合本标准第3.0.5条和第3.0.6条的规定。

6.2.5 防火密封漆应按下列顺序和要求进行施工：

1 应按照本标准第6.2.2条的规定采用矿物棉填塞封堵部位；

2 应采用刷子或喷涂设备等均匀涂覆堵料，厚度、搭接宽度均应符合本标准第3.0.7条的规定。

6.2.6 阻火模块、阻火包应按下列顺序和要求进行施工：

1 阻火模块应交错堆砌，并应按照产品使用要求牢固粘接；

2 应封堵阻火模块、阻火包与贯穿物、被贯穿体之间的缝隙，并应符合本标准第3.0.8条的规定。

6.2.7 防火封堵板材应按下列顺序和要求进行施工：

1 应按封堵部位的形状和尺寸剪裁板材，并应对切割边进行钝化处理；

2 应在板材安装后按照相应产品的使用技术要求封堵板材与贯穿物、被贯穿体之间的缝隙，并应符合本标准第3.0.9条的规定。

6.2.8　泡沫封堵材料应按下列顺序和要求进行施工：

1　在封堵部位应设置临时或永久性的挡板；

2　应按本标准第3.0.10条的规定将混合后的材料灌注到封堵的部位。

6.2.9　阻火圈应按下列顺序和要求进行施工：

1　应按照设计要求在管道贯穿部位的环形间隙内紧密填塞防火封堵材料；

2　应将阻火圈套在贯穿管道上；

3　应采用膨胀螺栓将阻火圈固定在建筑结构或构件上。

6.2.10　阻火包带应按下列顺序和要求进行施工：

1　应按照产品使用要求将阻火包带缠绕到贯穿物上，并应缓慢推入贯穿部位的环形间隙内，或在阻火包带外采用具有防火性能的专用箍圈固定；

2　应采用具有膨胀性的柔性有机堵料或防火密封胶封堵贯穿部位的环形间隙，并应符合本标准第3.0.5条和第3.0.6条的规定。

第九章　智能建筑工程

第一节　智能建筑隐蔽工程所涉及的规范要求

一、《智能建筑工程质量验收规范》GB 50339—2013 摘录：

3.2.1 工程实施的质量控制应检查下列内容：

4 隐蔽工程（随工检查）验收记录。

3.2.5 隐蔽工程（随工检查）验收记录应由施工单位填写、监理（建设）单位的监理工程师（项目专业监理工程师）作出检查结论，且记录的格式应符合本规范附录 B 的表 B.0.2 的规定。

二、《智能建筑工程施工规范》GB 50606—2010 摘录：

3.2.1 施工现场管理应符合下列规定：

3 未经监理工程师确认，不得实施隐蔽工程作业。隐蔽工程的过程检查记录，应经监理工程师签字确认，并填写隐蔽工程验收表。

5.5.1 线缆敷设、配线设备安装检验项目及内容应符合表 5.5.1 的规定。

表 5.5.1　线缆敷设、配线设备安装检验项目及内容

阶段	检验项目	检验内容	检验方式
线缆布放（楼内）	线缆暗敷（包括暗管、线槽、地板等方式）	1. 线缆规格、路由、位置； 2. 符合布放线缆公益要求； 3. 管槽安装符合工艺要求； 4. 接地措施。	隐蔽工程签证
线缆布放（楼间）	管道线缆	1. 使用管管孔孔位、孔径； 2. 线缆规格； 3. 线缆的安装位置、路由； 4. 线缆的防护设施。	隐蔽工程签证
	隧道线缆	1. 线缆规格； 2. 线缆安装位置、路由； 3. 线缆安装固定方式。	隐蔽工程签证
	其他	1. 线缆路由与其他专业管线的间距； 2. 设备间设备安装、施工质量。	随工检验或隐蔽工程签证

三、《电子会议系统工程施工与质量验收规范》GB 51043—2014 摘录：

5.3.3 隐蔽工程记录应符合下列规定：

1 根据布管、穿线的施工过程和随工检验情况，应在图纸上进行隐蔽工程详细记录。

2　隐蔽工程的施工应按本规范表 A.0.3 的要求，做好隐蔽工程验收记录。

10.2.1　工程安装质量检验应包括设备安装、管线敷设、会议室及控制室施工安装质量检验和隐蔽工程随工验收复核。

10.2.5　工程质量检测人员应对隐蔽工程随工验收单进行现场逐项复核，隐蔽工程记录应准确、真实和无漏项。

11.2.1　竣工验收应包括下列内容：

4　隐蔽工程验收。

四、《综合布线系统工程验收规范》GB/T 50312—2016 摘录：

1.0.3　在施工过程中，施工单位应符合施工质量检查的规定。建设单位应通过工地代表或工程监理人员加强工地的随工质量检查，及时组织隐蔽工程的检验和签证工作。

10.0.1　竣工技术文件应按下列规定进行编制：

2　综合布线系统工程的竣工技术资料应包括下列内容：

6）隐蔽工程验收记录及签证。

表 A　检验项目及内容

阶段	验收项目	验收内容	验收方式
缆线布放（楼内）	缆线桥架布放	1. 安装位置正确； 2. 安装符合工艺要求； 3. 符合布放缆线工艺要求； 4. 接地。	随工检验或隐蔽工程签证
	缆线暗敷	1. 缆线规格、路由、位置； 2. 符合布放缆线工艺要求； 3. 接地。	隐蔽工程签证
缆线布放（楼间）	管道敷线	1. 使用管孔孔位； 2. 缆线规格； 3. 缆线走向； 4. 缆线的防护设施的设置质量。	隐蔽工程签证
	埋式缆线	1. 缆线规格； 2. 敷设位置、深度； 3. 缆线的防护设施的设置质量； 4. 回填土夯实质量。	
	通道缆线	1. 缆线规格； 2. 安装位置，路由； 3. 土建设计符合工艺要求。	
	其他	1. 通信线路与其他设施的间距； 2. 进线间设施安装、施工质量。	随工检验或隐蔽工程签证

五、《火灾自动报警系统施工及验收标准》GB 50166—2019 摘录：

2.1.5　系统的施工过程质量控制应符合下列规定：

4　监理工程师应按照施工区域的划分、系统的安装工序及本标准第 3 章的规定和附录 C 中规定的检查项目、检查内容、检查方法组织施工单位人员对系统的安装质量进行全数检查，并应按本标准附录 C 的规定填写记录，隐蔽工程的质量检查宜保留现场照片或视频记录。

六、《安全防范工程技术标准》GB 50348—2018 摘录：

7.2.2 工程施工中应做好隐蔽工程的随工验收，并填写隐蔽工程随工验收单，经会签后方可生效。隐蔽工程随工验收单应对隐蔽工程内容、检查结果等进行详细说明。

8.3.4 项目监理机构应依据深化设计文件和相关技术标准对隐蔽工程进行随工验收，签署验收意见。

七、《数据中心基础设施施工及验收规范》GB 50462—2015 摘录：

3.1.8 隐蔽工程施工结束前应检查和清理施工余料和杂物，验收合格后方可进行封闭，并应有现场施工记录和相应影像资料。

5.5.1 检查及测试应包括下列内容：

1 检查项目应包括下列内容：

4） 隐蔽工程验收记录。

6.4.1 验收检测应符合下列要求：

2 隐蔽工程应随工检查并做好施工记录。

第二节 智能建筑隐蔽项目汇总及填写范例

一、智能建筑隐蔽项目汇总表（表 9.2.1-1）。

表 9.2.1-1 智能建筑隐蔽项目汇总表

序号	隐蔽项目	隐蔽内容	对应范例表格
1	不进入吊顶内的电线导管	1. 导管的品种、规格、位置； 2. 导管弯扁度、弯曲半径； 3. 连接，跨接地线； 4. 防腐； 5. 需焊接部位的焊接质量； 6. 管盘固定、管口处理、固定方法，固定间距等。	表 9.2.2-1
2	暗埋于结构内的各种电线、导管	1. 导管的品种、规格、位置； 2. 弯扁度、弯曲半径； 3. 连接、跨接地线； 4. 防腐； 5. 管线固定、管口处理、敷设情况； 6. 保护层； 7. 需焊接部位的焊接质量等。	表 9.2.2-2
3	直埋电缆	1. 电缆的品种，规格； 2. 埋设方法； 3. 埋深、弯曲半径、标桩埋设情况。	表 9.2.2-3
4	不进入的电缆沟敷设电缆	1. 电缆的品种，规格； 2. 弯曲半径； 3. 固定方法、固定间距、标识情况。	表 9.2.2-4
5	不进入吊顶内的线槽	1. 材料品种、规格、位置； 2. 连接、接地； 3. 防腐； 4. 固定方法、固定间距； 5. 与其他管线的位置关系。	表 9.2.2-5

二、智能建筑隐蔽项目填写范例。

1）隐蔽工程验收记录（预留电话、数据线、有线电视进线保护管）表填写范例（表 9.2.2-1）。

表 9.2.2-1 隐蔽工程验收记录（预留电话、数据线、有线电视进线保护管）

工程名称	筑业科技产业园综合楼	编号	××
隐检项目	预留电话、数据线、有线电视进线保护管	隐检日期	××××年×月×日
隐检部位	地下一层　　−1.400m　标高		

隐检依据：施工图号＿＿弱电施−1＿＿＿＿，设计变更/洽商/技术核定单（编号＿＿＿＿/＿＿＿＿）及有关国家现行标准等。

主要材料名称及规格/型号：＿＿Φ100mm 镀锌钢管＿＿＿＿＿＿＿＿＿＿＿＿＿＿＿＿＿＿＿＿＿＿

隐检内容：

　　1. 电话、数据线、有线电视进线保护管为 8 根 Φ100mm 镀锌钢管，与预制好的防水钢板焊接在一起，双面施焊；

　　2. 焊缝均匀牢固，焊接处药皮清理干净；

　　3. 进线保护管位置、标高正确。

检查结论：

　　经检查，符合设计及规范要求，同意进行下道工序。

☑同意隐蔽　　　　　□不同意，修改后进行复查

复查结论：

复查人：　　　　　　　　　　　　　　　　　　　复查日期：　　年　月　日

签字栏	施工单位	××建设集团有限公司	专业技术负责人	专业质量员	专业工长
			×××	×××	×××
	监理或建设单位	××建设监理有限公司	专业监理工程师	×××	

2) 隐蔽工程验收记录（综合布线系统暗配管）表填写范例（表9.2.2-2）。

表 9.2.2-2　隐蔽工程验收记录（综合布线系统暗配管）

工程名称	筑业科技产业园综合楼	编号	××
隐检项目	综合布线系统暗配管	隐检日期	××××年×月×日
隐检部位		六层顶板　　21.100m　标高	

隐检依据：施工图号＿＿弱电施－1＿＿＿＿，设计变更/洽商/技术核定单（编号＿＿＿＿/＿＿＿＿）及有关国家现行标准等。

主要材料名称及规格/型号：＿＿Φ25mm 镀锌钢管＿＿＿＿＿＿＿＿＿＿＿＿＿＿＿＿＿＿＿

隐检内容：

1. 采用热镀锌钢管（Φ25mm）暗敷设在顶板内，管弯曲半径大于管外径的 10 倍，管弯扁度小于管外径的 0.1 倍；

2. 采用热镀锌通丝管箍连接，两端外露丝扣 2～3 扣，用 BVR4mm² 双色导线做跨接地线，跨接处用专用接地卡固定牢固；

3. 管口光滑无毛刺，管入箱盒一管一孔，锁母内外固定牢固；

4. 管路用铁丝与钢筋绑扎固定牢固，固定点间距盒（箱）边不大于 150～200mm，转角处不大于 300mm，水平间距不大于 1m；

5. 管路走向正确，保护层厚度大于 15mm。

检查结论：

经检查，符合设计及规范要求，同意进行下道工序。

☑同意隐蔽　　　　　□不同意，修改后进行复查

复查结论：

复查人：　　　　　　　　　　　　　　　　　　复查日期：　　年　月　日

签字栏	施工单位	××建设集团有限公司	专业技术负责人	专业质量员	专业工长
			×××	×××	×××
	监理或建设单位	××建设监理有限公司	专业监理工程师		×××

3）隐蔽工程验收记录（直埋电缆）表填写范例（表9.2.2-3）。

表9.2.2-3 隐蔽工程验收记录（直埋电缆）

工程名称	筑业科技产业园综合楼	编号	××
隐检项目	直埋电缆	隐检日期	××××年×月×日
隐检部位	六层 21.100m 标高		

隐检依据：施工图号__弱电施－1__，设计变更/洽商/技术核定单（编号_____/_____）及有关国家现行标准等。

主要材料名称及规格/型号：__聚氯乙烯绝缘电力电缆 YJV＋3×185＋2×95__

隐检内容：

1. 电缆质量合格证明文件齐全、有效，型号、规格等符合设计要求，进场验收合格；
2. 敷设电缆位置符合电气施工图纸要求；
3. 电缆敷设方法采用人工加滚轮敷设；
4. 电缆覆土深度1.0m，各电缆间外皮间距0.10m，电缆上、下的细土保护层厚度不小于0.10m，上盖混凝土板；
5. 电缆敷设时，电缆的弯曲半径符合规范要求及电缆本身的要求；
6. 电缆在沟内敷设有适量的S形弯，电缆的两端、中间接头、电缆井内、电缆过管处，垂直位差均留有适当的余度；
7. 电缆出入电缆沟，电气竖井采取防火密封措施；
8. 直埋电缆设标示桩，标识桩有防腐措施，且固定牢固。

检查结论：

经检查，符合设计及规范要求，同意进行下道工序。

☑同意隐蔽　　　　□不同意，修改后进行复查

复查结论：

复查人：　　　　　　　　　　　复查日期：　　年　月　日

签字栏	施工单位	××建设集团有限公司	专业技术负责人	专业质量员	专业工长
			×××	×××	×××
	监理或建设单位	××建设监理有限公司	专业监理工程师	×××	

4）隐蔽工程验收记录（不进入电缆沟敷设电缆）表填写范例（表9.2.2-4）。

表 9.2.2-4　隐蔽工程验收记录（不进入电缆沟敷设电缆）

工程名称	筑业科技产业园综合楼	编号	××
隐检项目	不进入电缆沟敷设电缆	隐检日期	××××年×月×日
隐检部位	地下一层配电室电缆沟　　−5.000m　标高		

隐检依据：施工图号　弱电施−1　　，设计变更/洽商/技术核定单（编号　　　/　　　）及有关国家现行标准等。
主要材料名称及规格/型号：　交联聚乙烯电力电缆 YJV

隐检内容：
1. 电缆质量合格证明文件齐全、有效，型号、规格及电压等级等符合设计要求，进场验收合格；
2. 电缆敷设前验收电缆沟的尺寸及电缆支架间距符合设计要求，电缆沟内清洁干燥；
3. 金属电缆支架与保护导体做了可靠连接；
4. 电缆在支架上敷设，按电压等级排列。电缆排列顺直、整齐、少交叉，并在每个支架上固定牢固。电缆固定用的夹具和支架不形成闭合铁磁回路；
5. 电缆敷设不存在绞拧、铠装压扁、护层断裂和表面严重划伤等缺陷；
6. 敷设电缆的电缆沟已按设计要求设置。并做好防火隔堵措施；
7. 电缆在其首端、末端和分支处设标志牌。标志牌规格一致，并有防腐措施，挂装牢固。

检查结论：

　　经检查，符合设计及规范要求，同意进行下道工序。

☑同意隐蔽　　　　　　□不同意，修改后进行复查

复查结论：

复查人：　　　　　　　　　　　　　　　　　　　　复查日期：　　年　月　日

签字栏	施工单位	××建设集团有限公司	专业技术负责人	专业质量员	专业工长
			×××	×××	×××
	监理或建设单位	××建设监理有限公司	专业监理工程师	×××	

5）隐蔽工程验收记录（线槽、桥架敷设）表填写范例（表 9.2.2-5）。

表 9.2.2-5　隐蔽工程验收记录（线槽、桥架敷设）

工程名称	筑业科技产业园综合楼	编号	××
隐检项目	线槽、桥架敷设	隐检日期	××××年×月×日
隐检部位	地下一层　−1.200m　标高		

隐检依据：施工图号__弱电施−1__，设计变更/洽商/技术核定单（编号____/____）及有关国家现行标准等。
主要材料名称及规格/型号：__100mm×50mm、200mm×100mm、300mm×100mm、400mm×100mm 槽钢__

隐检内容：
1. 桥架、线槽内壁无毛刺，镀层完整，无锈蚀、变形等现象；
2. 桥架、线槽安装平整、顺直，出线口位置正确，走向符合设计要求；
3. 桥架、线槽连接端子板两端全部采用防松垫圈的连接固定螺栓，螺母置于桥架、线槽外侧；
4. 桥架、线槽无翘角，接头无进墙现象；
5. 桥架、线槽穿墙均采用防火泥封堵，防火封堵与墙面平齐；
6. 桥架、线槽每隔 30m 均设置了伸缩节，并采用 6mm² 编制铜带做跨接地线；
7. 桥架、线槽跨过沉降缝设置了伸缩节，并采用 6mm² 编制铜带做跨接地线；
8. 桥架、线槽首、末端均与接地干线可靠联接；
9. 桥架、线槽进箱、柜均采用 BV16mm² 铜线做跨接线与 PE 排联接；
10. 吊架采用 M10 金属膨胀螺栓固定，横担采用 40mm×4mm 热镀锌角钢，支架安装顺直，安装间距一致。

检查结论：

经检查，符合设计及规范要求，同意进行下道工序。

☑同意隐蔽　　　　□不同意，修改后进行复查

复查结论：

复查人：　　　　　　　　　　　　　　　　　复查日期：　　年　月　日

签字栏	施工单位	××建设集团有限公司	专业技术负责人	专业质量员	专业工长
			×××	×××	×××
	监理或建设单位	××建设监理有限公司	专业监理工程师	×××	

第十章 建筑节能工程

第一节 建筑节能隐蔽工程所涉及的规范要求

《建筑节能工程施工质量验收标准》GB 50411—2019 摘录：

18.0.2 参加建筑节能工程验收的各方人员应具备相应的资格，其程序和组织应符合下列规定：

1 节能工程检验批验收和隐蔽工程验收应由专业监理工程师组织并主持，施工单位相关专业的质量检查员与施工员参加验收。

18.0.6 建筑节能工程验收资料应单独组卷，验收时应对下列资料进行核查：

3 隐蔽工程验收记录和相关图像资料。

一、墙体节能工程

4.1.3 墙体节能工程应对下列部位或内容进行隐蔽工程验收，并应有详细的文字记录和必要的图像资料：

1 保温层附着的基层及其表面处理；

2 保温板黏结或固定；

3 被封闭的保温材料厚度；

4 锚固件及锚固节点做法；

5 增强网铺设；

6 抹面层厚度；

7 墙体热桥部位处理；

8 保温装饰板、预置保温板或预制保温墙板的位置、界面处理、板缝、构造节点及固定方式；

9 现场喷涂或浇筑有机类保温材料的界面；

10 保温隔热砌块墙体；

11 各种变形缝处的节能施工做法。

4.2.5 墙体节能工程施工前应按照设计和专项施工方案的要求对基层进行处理，处理后的基层应符合要求。

检验方法：对照设计和专项施工方案观察检查；核查隐蔽工程验收记录。

4.2.6 墙体节能工程各层构造做法应符合设计要求，并应按照经过审批的专项施工方案施工。

检验方法：对照设计和专项施工方案观察检查；核查隐蔽工程验收记录。

4.2.7 墙体节能工程的施工质量，必须符合下列规定：

1 保温隔热材料的厚度不得低于设计要求。

2 保温板材与基层之间及各构造层之间的粘结或连接必须牢固。保温板材与基层的连接方式、拉伸黏结强度和粘结面积比应符合设计要求。保温板材与基层之间的拉伸黏结强度应进行现场拉拔试验，且不得在界面破坏。粘结面积比应进行剥离检验。

3 当采用保温浆料做外保温时，厚度大于20mm的保温浆料应分层施工。保温浆料与基层之间及各层之间的黏结必须牢固，不应脱层、空鼓和开裂。

4 当保温层采用锚固件固定时，锚固件数量、位置、锚固深度、胶结材料性能和锚固力应符合设计和施工方案的要求；保温装饰板的锚固件应使其装饰面板可靠固定，锚固力应做现场拉拔试验。

检验方法：观察、手扳检查；核查隐蔽工程验收记录和检验报告。

4.2.8 外墙采用预置保温板现场浇筑混凝土墙体时，保温板的安装位置应正确，接缝应严密；保温板应固定牢固，在浇筑混凝土过程中不应移位、变形；保温板表面应采取界面处理措施，与混凝土黏结应牢固。

检验方法：观察、尺量检查；核查隐蔽工程验收记录。

4.2.10 墙体节能工程各类饰面层的基层及面层施工，应符合设计且应符合现行国家标准《建筑装饰装修工程质量验收标准》GB 50210 的规定，并应符合下列规定：

1 饰面层施工前应对基层进行隐蔽工程验收。基层应无脱层、空鼓和裂缝并应平整、洁净，含水率应符合饰面层施工的要求。

检验方法：观察检查；核查隐蔽工程验收记录和检验报告。黏结强度应按照现行行业标准《建筑工程饰面砖粘结强度检验标准》JGJ/T 110 的有关规定检验。

4.2.12 采用预制保温墙板现场安装的墙体，应符合下列规定：

1 保温墙板的结构性能、热工性能及与主体结构的连接方法应符合设计要求，与主体结构连接必须牢固。

2 保温墙板的板缝处理、构造节点及嵌缝做法应符合设计要求。

3 保温墙板板缝不得渗漏。

检验方法：核查型式检验报告、出厂检验报告和隐蔽工程验收记录。

4.2.13 外墙采用保温装饰板时，应符合下列规定：

1 保温装饰板的安装构造、与基层墙体的连接方法应符合设计要求，连接必须牢固。

2 保温装饰板的板缝处理、构造节点做法应符合设计要求。

3 保温装饰板板缝不得渗漏。

4 保温装饰板的锚固件应将保温装饰板的装饰面板固定牢固。

检验方法：核查型式检验报告、出厂检验报告和隐蔽工程验收记录。

4.2.17 墙体内设置的隔气层，其位置、材料及构造做法应符合设计要求。隔气层应完整、严密，穿透隔气层处应采取密封措施。隔气层凝结水排水构造应符合设计要求。

检验方法：对照设计观察检查，核查质量合格证明文件和隐蔽工程验收记录。

4.2.18 外墙和毗邻不供暖空间墙体上的门窗洞口四周墙的侧面，墙体上凸窗四周的侧面，应按设计要求采取节能保温措施。

检验方法：对照设计观察检查，采用红外热像仪检查或剖开检查，核查隐蔽工程验收记录。

4.2.19 严寒和寒冷地区外墙热桥部位，应按设计要求采取隔断热桥措施。

检验方法：对照设计和专项施工方案观察检查；核查隐蔽工程验收记录；使用红外热像仪检查。

4.3.2 当采用增强网作为防止开裂的措施时，增强网的铺贴和搭接应符合设计和专项施工方案的要求。砂浆抹压应密实，不得空鼓，增强网应铺贴平稳，不得皱褶、外露。

检验方法：观察检查，核查隐蔽工程验收记录。

4.3.3 除本标准第 4.2.19 条规定之外的其他地区，设置集中供暖和空调的房间，其外墙热桥部位应按设计要求采取隔断热桥措施。

检验方法：对照专项施工方案观察检查，核查隐蔽工程验收记录。

4.3.8 墙体上的阳角、门窗洞口及不同材料基体的交接处等部位，其保温层应采取防止开裂和破损的加强措施。

检验方法：观察检查，核查隐蔽工程验收记录。

二、幕墙节能工程

5.1.4 幕墙节能工程施工中应对下列部位或项目进行隐蔽工程验收，并应有详细的文字记录和必要的图像资料：

1 保温材料厚度和保温材料的固定；

2 幕墙周边与墙体、屋面、地面的接缝处保温、密封构造；

3 构造缝、结构缝处的幕墙构造；

4 隔气层；

5 热桥部位、断热节点；

6 单元式幕墙板块间的接缝构造；

7 凝结水收集和排放构造；

8 幕墙的通风换气装置；

9 遮阳构件的锚固和连接。

5.2.3 幕墙的气密性能应符合设计规定的等级要求。密封条应镶嵌牢固、位置正确、对接严密。单元式幕墙板块之间的密封应符合设计要求。开启部分关闭应严密。

检验方法：观察检查，开启部分启闭检查。核查隐蔽工程验收记录。

5.2.6 幕墙遮阳设施安装位置、角度应满足设计要求。遮阳设施安装应牢固，并满足维护检修的荷载要求。外遮阳设施应满足抗风的要求。

检验方法：核查质量合格证明文件；检查隐蔽工程验收记录。

5.2.12 采光屋面的可开启部分应按本标准第 6 章的要求验收。采光屋面的安装应牢固，坡度正确，封闭严密，不得渗漏。

检验方法：核查质量合格证明文件；观察、尺量检查；淋水检查；核查隐蔽工程验收记录。

三、门窗节能工程

6.1.3 主体结构完成后进行施工的门窗节能工程，应在外墙质量验收合格后对门窗框与墙体接缝处的保温填充做法和门窗附框等进行施工，施工过程中应及时进行质量检查、隐蔽工程验收和检验批验收，隐蔽部位验收应在隐蔽前进行，并应有详细的文字记录和必要的图像资料。

6.2.4　外门窗框或附框与洞口之间的间隙应采用弹性闭孔材料填充饱满，并进行防水密封，夏热冬暖地区、温和地区当采用防水砂浆填充间隙时，窗框与砂浆间应用密封胶密封；外门窗框与附框之间的缝隙应使用密封胶密封。

检验方法：观察检查；核查隐蔽工程验收记录。

四、屋面节能工程

7.1.3　屋面节能工程应对下列部位进行隐蔽工程验收，并应有详细的文字记录和必要的图像资料：

1　基层及其表面处理；

2　保温材料的种类、厚度、保温层的敷设方式；板材缝隙填充质量；

3　屋面热桥部位处理；

4　隔汽层。

7.2.5　屋面隔汽层的位置、材料及构造做法应符合设计要求，隔汽层应完整、严密，穿透隔汽层处应采取密封措施。

检验方法：观察检查；核查隐蔽工程验收记录。

7.2.6　坡屋面、架空屋面内保温应采用不燃保温材料，保温层做法应符合设计要求。

检验方法：观察检查；核查复验报告和隐蔽工程验收记录。

7.2.10　金属板保温夹芯屋面应铺装牢固、接口严密、表面洁净、坡向正确。

检验方法：观察、尺量检查；核查隐蔽工程验收记录。

7.3.3　坡屋面、架空屋面当采用内保温时，保温隔热层应设有防潮措施，其表面应有保护层，保护层的做法应符合设计要求。

检验方法：观察检查；核查隐蔽工程验收记录。

五、地面节能工程

8.1.3　地面节能工程应对下列部位进行隐蔽工程验收，并应有详细的文字记录和必要的图像资料：

1　基层及其表面处理；

2　保温材料种类和厚度；

3　保温材料黏结；

4　地面热桥部位处理。

8.2.6　地面节能工程的施工质量应符合下列规定：

1　保温板与基层之间、各构造层之间的黏结应牢固，缝隙应严密；

2　穿越地面到室外的各种金属管道应按设计要求采取保温隔热措施。

检验方法：观察检查；核查隐蔽工程验收记录。

8.2.8　严寒和寒冷地区，建筑首层直接接触土壤的地面、底面直接接触室外空气的地面、毗邻不供暖空间的地面以及供暖地下室与土壤接触的外墙应按设计要求采取保温措施。

检验方法：观察检查，核查隐蔽工程验收记录。

8.2.9 保温层的表面防潮层、保护层应符合设计要求。

检验方法：观察检查，核查隐蔽工程验收记录。

8.3.1 采用地面辐射供暖的工程，其地面节能做法应符合设计要求和现行行业标准《辐射供暖供冷技术规程》JGJ 142 的规定。

检验方法：观察检查，核查隐蔽工程验收记录。

8.3.2 接触土壤地面的保温层下面的防潮层应符合设计要求。

检验方法：观察检查，核查隐蔽工程验收记录。

六、供暖节能工程

9.1.2 供暖节能工程施工中应及时进行质量检查，对隐蔽部位在隐蔽前进行验收，并应有详细的文字记录和必要的图像资料。

9.2.7 低温热水地面辐射供暖系统的安装，除应符合本标准第 9.2.4 条的规定外，尚应符合下列规定：

1 防潮层和绝热层的做法及绝热层的厚度应符合设计要求；

2 室内温度调控装置的安装位置和方向应符合设计要求，并便于观察、操作和调试；

3 室内温度调控装置的温度传感器宜安装在距地面 1.4m 的内墙上或与照明开关在同一高度上，且避开阳光直射和发热设备。

检验方法：防潮层和绝热层隐蔽前观察检查；用钢针刺入绝热层、尺量；观察检查、尺量室内温度调控装置传感器的安装高度。

七、通风与空调节能工程

10.1.2 通风与空调节能工程施工中应及时进行质量检查，对隐蔽部位在隐蔽前进行验收，并应有详细的文字记录和必要的图像资料。

八、空调与供暖系统冷热源及管网节能工程

11.1.2 空调与供暖系统冷热源和辅助设备及其管道和室外管网系统施工中应及时进行质量检查，对隐蔽部位在隐蔽前进行验收，并应有详细的文字记录和必要的图像资料。

九、配电与照明节能工程

12.1.2 配电与照明系统施工中应及时进行质量检查，对隐蔽部位在隐蔽前进行验收，并应有详细的文字记录和必要的图像资料。

十、监测与控制节能工程

13.1.2 监测与控制节能工程施工中应及时进行质量检查，对隐蔽部位在隐蔽前进行验收，并应有详细的文字记录和必要的图像资料。

十一、地源热泵换热系统节能工程

14.1.2 地源热泵换热系统施工中应及时进行质量检查，对隐蔽部位在隐蔽前进行验收，并应有详细的文字记录和必要的图像资料。

14.2.4 地源热泵地埋管换热系统管道的连接应符合下列规定：

1 埋地管道与环路集管连接应采用热熔或电熔连接，连接应严密、牢固；

2 竖直地埋管换热器的 U 形弯管接头应选用定型产品；

3 竖直地埋管换热器 U 形管的组对，应能满足插入钻孔后与环路集管连接的要

求，组对好的 U 形管的开口端部应及时密封保护。

检验方法：观察检查；核查隐蔽工程验收记录。

十二、太阳能光热系统节能工程

15.1.2　太阳能光热系统节能工程施工中及时进行质量检查，应对隐蔽部位在隐蔽前进行验收，并应有详细的文字记录和必要的图像资料。

十三、太阳能光伏节能工程

16.1.2　太阳能光伏系统节能工程施工中及时进行质量检查，应对隐蔽部位在隐蔽前进行验收，并应有详细的文字记录和必要的图像资料。

第二节　建筑节能隐蔽项目汇总及填写范例

一、建筑节能隐蔽项目汇总表。

表 10.2.1-1　建筑节能隐蔽项目汇总表

序号	隐蔽项目	隐蔽内容	对应范例表格
1	墙体节能	1. 保温层附着的基层及其表面处理； 2. 保温板黏结或固定； 3. 被封闭的保温材料厚度； 4. 锚固件及锚固节点做法； 5. 增强网铺设； 6. 抹面层厚度； 7. 墙体热桥部位处理； 8. 保温装饰板、预置保温板或预制保温墙板的位置、界面处理、板缝、构造节点及固定方式； 9. 现场喷涂或浇筑有机类保温材料的界面； 10. 保温隔热砌块墙体； 11. 各种变形缝处的节能施工做法。	表 10.2.2-1 表 10.2.2-2 表 10.2.2-3 表 10.2.2-4 表 10.2.2-5 表 10.2.2-6 表 10.2.2-7
2	幕墙节能	1. 保温材料厚度和保温材料的固定； 2. 幕墙周边与墙体、屋面、地面的接缝处保温、密封构造； 3. 构造缝、结构缝处的幕墙构造； 4. 隔气层； 5. 热桥部位、断热节点； 6. 单元式幕墙板块间的接缝构造； 7. 凝结水收集和排放构造； 8. 幕墙的通风换气装置； 9. 遮阳构件的锚固和连接。	表 10.2.2-8 表 10.2.2-9
3	门窗节能工程	门窗框与墙体接缝处的保温填充做法和门窗附框等。	表 10.2.2-10
4	屋面节能工程	1. 基层及其表面处理； 2. 保温材料的种类、厚度、保温层的敷设方式；板材缝隙填充质量； 3. 屋面热桥部位处理； 4. 隔汽层。	表 10.2.2-11 表 10.2.2-12 表 10.2.2-13 表 10.2.2-14 表 10.2.2-15
5	地面节能工程	1. 基层及其表面处理； 2. 保温材料种类和厚度； 3. 保温材料黏结； 4. 地面热桥部位处理。	表 10.2.2-16 表 10.2.2-17

序号	隐蔽项目	隐蔽内容	对应范例表格
6	低温热水地面辐射供暖系统	1. 材料质量情况； 2. 管道敷设； 3. 管道弯曲； 4. 管道距墙面距离； 5. 管道在填充层内的接头； 6. 管道连接及固定情况； 7. 水压试验。	表 10.2.2-18 表 10.2.2-19
7	地源热泵地埋管换热系统	1. 材料质量情况； 2. 地源热泵地埋管换热系统的安装； 3. 地源热泵地埋管换热系统管道的连接； 4. 水压试验。	表 10.2.2-20

二、建筑节能隐蔽项目填写范例

1. 隐蔽工程验收记录（保温砌块）。

1）隐蔽工程验收记录（保温砌块）表填写范例（表10.2.2-1）。

表 10.2.2-1 隐蔽工程验收记录（保温砌块）

工程名称	筑业科技产业园综合楼	编号	××
隐检项目	保温砌块	隐检日期	××××年×月×日
隐检部位	1～16层外墙 ①～⑩/ ～ 轴 −0.300～48.000m 标高		

隐检依据：施工图号 __建施01、02__ ，设计变更/洽商/技术核定单（编号___/___ ）及有关国家现行标准等。

主要材料名称及规格/型号： __200mm厚，B05级蒸压加气混凝土保温砌块__

隐检内容：

1. 墙体节能保温砌块，采用200mm厚，B05级蒸压加气混凝土保温砌块，其质量合格证明文件齐全、进场验收合格，复试合格，见报告编号××；
2. 保温砌块砌筑采用配套砂浆砌筑，砂浆的强度等级及导热系数符合设计要求；
3. 砌体灰缝饱满度均不低于80%；
4. 砌块按排砖图进行组砌，其搭接位置、搭接长度符合要求；
5. 位于门窗洞口处及交接处均采用整砖砌筑；
6. 砌体平整度、垂直度均在4mm以内，符合规范要求；
7. 砖缝厚度在5mm以内，并及时进行勾缝，其外观质量为"好"；
8. 砌体表面浮浆清除完毕，并浇水湿润。

检查结论：

经检查，符合设计及规范要求，同意进行下道工序。

☑同意隐蔽　　　　□不同意，修改后进行复查

复查结论：

复查人：　　　　　　　　　　　　　　　　　复查日期：　年　月　日

签字栏	施工单位	××建设集团有限公司	专业技术负责人	专业质量员	专业工长
			×××	×××	×××
	监理或建设单位	××建设监理有限公司	专业监理工程师	×××	

2）隐蔽工程验收记录（保温砌块）标准要求。

（1）隐检依据来源

《建筑节能工程施工质量验收标准》GB 50411—2019摘录：

4.1.3 墙体节能工程应对下列部位或内容进行隐蔽工程验收，并应有详细的文字记录和必要的图像资料：

1 保温层附着的基层及其表面处理；

2 保温板黏结或固定；

3 被封闭的保温材料厚度；

4 锚固件及锚固节点做法；

5 增强网铺设；

6 抹面层厚度；

7 墙体热桥部位处理；

8 保温装饰板、预置保温板或预制保温墙板的位置、界面处理、板缝、构造节点及固定方式；

9 现场喷涂或浇筑有机类保温材料的界面；

10 保温隔热砌块墙体；

11 各种变形缝处的节能施工做法。

（2）隐检内容相关要求

《砌体结构工程施工质量验收规范》GB 50203—2011摘录：

9.2.1 烧结空心砖、小砌块和砌筑砂浆的强度等级应符合设计要求。

9.2.2 填充墙砌体应与主体结构可靠连接，其连接构造应符合设计要求，未经设计同意，不得随意改变连接构造方法。每一填充墙与柱的拉结筋的位置超过一皮块体高度的数量不得多于一处。

9.3.1 填充墙砌体尺寸、位置的允许偏差及检验方法应符合表9.3.1的规定。

表 9.3.1 填充墙砌体尺寸、位置的允许偏差及检验方法

项次	项目		允许偏差（mm）	检验方法
1	轴线位移		10	用尺测量
2	垂直度（每层）	≤3m	5	用2m托线板或吊线、尺测量
		>3m	10	
3	表面平整度		8	用2m靠尺和楔形塞尺检查
4	门窗洞口高、宽（后塞口）		±10	用尺检查
5	外墙上、下窗偏移		20	用经纬仪或吊线测量

9.3.2 填充墙砌体的砂浆饱满度及检验方法应符合表9.3.2的规定。

表 9.3.2 填充墙砌体的砂浆饱满度及检验方法

砌体分类	灰缝	饱满度及要求	检验方法
空心砌体	水平	≥80%	采用百格网检查块体底面或侧面砂浆的黏结痕迹面积
	垂直	填满砂浆,不得有透明缝、瞎缝、假缝	
蒸压加气混凝土砌块、轻骨料混凝土小型砌块砌体	水平	≥80%	
	垂直	≥80%	

9.3.3 填充墙留置的拉结钢筋或网片的位置应与块体皮数相符合。拉结钢筋或网片应置于灰缝中,埋置长度应符合设计要求,竖向位置偏差不应超过一皮高度。

9.3.4 砌筑填充墙时应错缝搭砌,蒸压加气混凝土砌块搭砌长度不应小于砌块长度的 1/3;轻骨料混凝土小型空心砌块搭砌长度不应小于 90mm;竖向通缝不应大于 2 皮。

9.3.5 填充墙的水平灰缝厚度和竖向灰缝宽度应正确,烧结空心砖、轻骨料混凝土小型空心砌块砌体的灰缝应为 8~12mm;蒸压加汽混凝土砌块砌体当采用水泥砂浆、水泥混合砂浆或蒸压加气混凝土砌块砌筑砂浆时,水平灰缝厚度和竖向灰缝宽度不应超过 15mm;当蒸压加气混凝土砌块砌体采用蒸压加汽混凝土砌块黏结砂浆时,水平灰缝厚度和竖向灰缝宽度宜为 3~4mm。

2. 隐蔽工程验收记录（外墙保温基层）。

1）隐蔽工程验收记录（外墙保温基层）表填写范例（表 10.2.2-2）。

表 10.2.2-2　隐蔽工程验收记录（外墙保温基层）

工程名称	筑业科技产业园综合楼	编号	××
隐检项目	外墙保温基层	隐检日期	××××年×月×日
隐检部位	1～16 层外墙 ①～⑩/　～　轴　　−0.300～48.000m　标高		

隐检依据：施工图号　建施−10、建施−11、建施−12、建施−13　　　，设计变更/洽商/技术核定单（编号　　／　　　）及有关国家现行标准等。

主要材料名称及规格/型号：　　　　　／

隐检内容：

1. 基层表面洁净、坚实、平整，无油污、浮浆等附着物；
2. 基层平整度和垂直度偏差不超过 5mm，超出时对凸出墙面进行打磨、对凹进部位用聚合物水泥砂浆修补平整；
3. 外窗尺寸、位置符合设计要求；窗框安装完毕，验收合格；
4. 外墙上预留洞口已用防水砂浆封堵严密；
5. 基层含水率经测试，符合要求。

检查结论：

经检查，符合设计及规范要求，同意进行下道工序。

☑同意隐蔽　　　　　　□不同意，修改后进行复查

复查结论：

复查人：　　　　　　　　　　　　　　　　　　复查日期：　　年　月　日

签字栏	施工单位	××建设集团有限公司	专业技术负责人	专业质量员	专业工长
			×××	×××	×××
	监理或建设单位	××建设监理有限公司	专业监理工程师	×××	

2）隐蔽工程验收记录（外墙保温基层）标准要求。

（1）隐检依据来源

《建筑节能工程施工质量验收标准》GB 50411—2019 摘录：

4.1.3 墙体节能工程应对下列部位或内容进行隐蔽工程验收，并应有详细的文字记录和必要的图像资料：

1 保温层附着的基层及其表面处理；

2 保温板黏结或固定；

3 被封闭的保温材料厚度；

4 锚固件及锚固节点做法；

5 增强网铺设；

6 抹面层厚度；

7 墙体热桥部位处理；

8 保温装饰板、预置保温板或预制保温墙板的位置、界面处理、板缝、构造节点及固定方式；

9 现场喷涂或浇筑有机类保温材料的界面；

10 保温隔热砌块墙体；

11 各种变形缝处的节能施工做法。

（2）隐检内容相关要求

《外墙外保温工程技术标准》JGJ 144—2019 摘录：

5.2.3 除采用 EPS 板现浇混凝土外保温系统和 EPS 钢丝网架板现浇混凝土外保温系统外，外保温工程施工前，外门窗洞口应通过验收，洞口尺寸、位置应符合设计要求和质量要求，门窗框或辅框应安装完毕。伸出墙面的消防梯、水落管、各种进户管线和空调器等的预埋件、连接件应安装完毕，并应按外保温系统厚度留出间隙。

5.2.5 保温层施工前，应进行基层墙体检查或处理。基层墙体表面应洁净、坚实、平整，无油污和脱模剂等妨碍黏结的附着物，凸起、空鼓和疏松部位应剔除。基层墙体应符合现行国家标准《混凝土结构工程施工质量验收规范》GB 50204 及《砌体结构工程施工质量验收规范》GB 50203 的要求。

5.2.6 当基层墙面需要进行界面处理时，宜使用水泥基界面砂浆。

5.2.7 采用粘贴固定的外保温系统，施工前应按本标准附录 C 第 C.1 节的规定做基层墙体与胶粘剂的拉伸粘结强度检验，拉伸粘结强度不应低于 0.3MPa，且粘结界面脱开面积不应大于 50%。

3. 隐蔽工程验收记录（外墙保温层）。

1）隐蔽工程验收记录（外墙保温层）表填写范例（表10.2.2-3）。

表10.2.2-3 隐蔽工程验收记录（外墙保温层）

工程名称	筑业科技产业园综合楼	编号	××
隐检项目	外墙保温层	隐检日期	××××年×月×日
隐检部位	1～16层东立面 ～ 轴	−0.300～48.000m 标高	

隐检依据：施工图号 建施－1、2 ，设计变更/洽商/技术核定单（编号 （建施）变字第1号、（建施）变字第3号、建施－1变 ）及有关国家现行标准等。

主要材料名称及规格/型号：（1）绝热用挤塑聚苯乙烯泡沫塑料：1200mm×600mm×50mm；1200mm×600mm×30mm，B1级；（2）岩棉板：1200mm×300mm×50mm，100kg/m³；（3）塑料锚栓，M8×120mm；（4）耐碱玻纤加强网格布

隐检内容：

1. 用于墙体节能工程的材料，其质量合格证明文件，其品种、规格、性能符合设计及现行相关标准要求，材料进场验收合格，复验合格，报告编号××；

2. 外墙保温施工前，已对基层进行处理，基层表面平整度满足外保温施工基层施工要求；

3. 保温板板缝挤紧，相邻板齐平，上下两板竖向错缝1/2板，局部最小错缝不小于200mm，粘结砂浆覆盖面积不小于板面积70%，与基层黏结牢固；

4. 空调板、阳台楼板等热桥部位采用1200mm×600mm×30mm，B1级挤塑板粘贴，窗口侧壁采用EIA膨胀玻化微珠建筑保温砂浆或1200mm×600mm×30mm挤塑板；

5. 在每层设置50厚岩棉板隔离带并水平贯通，隔离带与基层墙体满粘；

6. 保温板黏结牢固后，在8～24h内安装塑料锚栓；

7. 墙体保温板采用M8×120mm塑料锚栓固定，锚栓按"横向位置居中、竖向位置均分"要求设置，每平方米不少于8个；

8. 阳角、檐口下、孔洞边缘四周在水平、垂直方向2m范围内加密，间距不大于300mm，距基层边缘宽为60mm；

9. 在20层山墙部位设置3×5mm"L"型烤漆嵌固带，连同锚栓辅助固定，锚栓固定间距不大于400mm；

10. 外墙保温板采用耐碱玻纤加强网格布作为防止开裂的加强措施，抗裂砂浆抹压严密，无空鼓，加强网无褶皱、外露；

11. 网格布左右搭接宽度不小于100mm，上下搭接宽度不小于80mm，保温板侧边外露处（门窗洞口、突出阳角部位、阳台等）均做网格翻包处理；

12. 与门窗洞口内侧周边与大墙面成45°阳角部位各加一层300mm×200mm网格布采取加强措施；墙身阴阳角处两侧网格布双向绕角且相互搭接，各侧搭接宽度不小于100mm。

检查结论：

经检查，符合设计及规范要求，同意进行下道工序。

☑同意隐蔽　　　　　□不同意，修改后进行复查

复查结论：

复查人：　　　　　　　　　　　　　　　　复查日期：　　年　月　日

签字栏	施工单位	××建设集团有限公司	专业技术负责人	专业质量员	专业工长
			×××	×××	×××
	监理或建设单位	××建设监理有限公司	专业监理工程师	×××	

2）隐蔽工程验收记录（外墙保温层）标准要求。

（1）隐检依据来源

《建筑节能工程施工质量验收标准》GB 50411—2019 摘录：

4.1.3　墙体节能工程应对下列部位或内容进行隐蔽工程验收，并应有详细的文字记录和必要的图像资料：

1　保温层附着的基层及其表面处理；

2　保温板黏结或固定；

3　被封闭的保温材料厚度；

4　锚固件及锚固节点做法；

5　增强网铺设；

6　抹面层厚度；

7　墙体热桥部位处理；

8　保温装饰板、预置保温板或预制保温墙板的位置、界面处理、板缝、构造节点及固定方式；

9　现场喷涂或浇筑有机类保温材料的界面；

10　保温隔热砌块墙体；

11　各种变形缝处的节能施工做法。

（2）隐检内容相关要求

《外墙外保温工程技术标准》JGJ 144—2019 摘录：

① 粘贴保温板薄抹灰外保温

6.1.3　保温板应采用点框粘法或条粘法固定在基层墙体上，EPS 板与基层墙体的有效粘贴面积不得小于保温板面积的 40%，并宜使用锚栓辅助固定。XPS 板和 PUR 板或 PIR 板与基层墙体的有效粘贴面积不得小于保温板面积的 50%，并应使用锚栓辅助固定。

6.1.4　受负风压作用较大的部位宜增加锚栓辅助固定。

6.1.5　保温板宽度不宜大于 1200mm，高度不宜大于 600mm。

6.1.6　保温板应按顺砌方式粘贴，竖缝应逐行错缝。保温板应粘贴牢固，不得有松动。

6.1.7　XPS 板内外表面应做界面处理。

6.1.8　墙角处保温板应交错互锁。门窗洞口四角处保温板不得拼接，应采用整块保温板切割成形。

② 胶粉聚苯颗粒保温浆料外保温

6.2.2　胶粉聚苯颗粒保温浆料保温层设计厚度不宜超过 100mm。

6.2.3　胶粉聚苯颗粒保温浆料宜分遍抹灰，每遍间隔应在前一遍保温浆料终凝后进行，每遍抹灰厚度不宜超过 20mm。第一遍抹灰应压实，最后一遍应找平，并应搓平。

③ EPS 板现浇混凝土外保温

6.3.1　EPS 板现浇混凝土外保温系统应以现浇混凝土外墙作为基层墙体，EPS 板为保温层，EPS 板内表面（与现浇混凝土接触的表面）并有凹槽，内外表面均应满涂界面砂浆（图 6.3.1）。施工时应将 EPS 板置于外模板内侧，并安装辅助固定件。EPS 板表面应做抹面胶浆抹面层，抹面层中满铺玻纤网；饰面层可为涂料或饰面砂浆。

6.3.2 进场前 EPS 板内外表面应预喷刷界面砂浆。

6.3.3 EPS 板宽度宜为 1200mm，高度宜为建筑物层高。

6.3.4 辅助固定件每平方米宜设 2～3 个。

6.3.5 水平分隔缝宜按楼层设置。垂直分隔缝宜按墙面面积设置。在板式建筑中不宜大于 30m²，在塔式建筑中宜留在阴角部位。

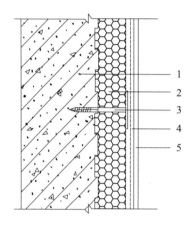

1—现浇混凝土外墙；2—EPS 板；3—辅助固定件；4—抹面胶浆复合玻纤网；5—饰面层
图 6.3.1 EPS 板现浇混凝土外保温系统

6.3.6 宜采用钢制大模板施工。

6.3.7 混凝土墙外侧钢筋保护层厚度应符合设计要求。

6.3.8 混凝土一次浇注高度不宜大于 1m。混凝土应振捣密实均匀，墙面及接槎处应光滑、平整。

6.3.9 混凝土结构验收后，保温层中的穿墙螺栓孔洞应使用保温材料填塞，EPS 板缺损或表面不平整处宜使用胶粉聚苯颗粒保温浆料修补和找平。

④ EPS 钢丝网架板现浇混凝土外保温

6.4.1 EPS 钢丝网架板现浇混凝土外保温系统应以现浇混凝土外墙作为基层墙体，EPS 钢丝网架板为保温层，钢丝网架板中的 EPS 板外侧开有凹槽（图 6.4.1）。施工时应将钢丝网架板置于外墙外模板内侧，并在 EPS 板上安装辅助固定件。钢丝网架板表面应涂抹掺外加剂的水泥砂浆抹面层，外表可做饰面层。

6.4.2 EPS 钢丝网架板每平方米应斜插腹丝 100 根，钢丝均应采用低碳热镀锌钢丝，板两面应预喷刷界面砂浆。EPS 钢丝网架板质量除应符合表 6.4.2 的规定外，尚应符合现行国家标准《外墙外保温系统用钢丝网架模塑聚苯乙烯板》GB 26540 的规定。

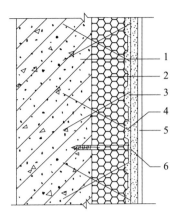

1—现浇混凝土外墙；2—EPS钢丝网架板；3—掺外加剂的水泥砂浆抹面层；
4—钢丝网架；5—饰面层；6—辅助固定件

图 6.4.1　EPS 钢丝网架板现浇混凝土外保温系统

表 6.4.2　EPS 钢丝网架板质量要求

项目	质量要求
外观	界面砂浆涂敷均匀，与钢丝和 EPS 板附着牢固
焊点质量	斜丝脱焊点不超过 3%
钢丝挑头	穿透 EPS 板挑头≥30mm
EPS 板对接	板长 3000mm 范围内 EPS 板对接不得多于两处，且对接处需用胶粘剂粘牢

6.4.3　EPS 钢丝网架板应进行热阻检验，检验方法应符合本标准附录 A 第 A.8 节的规定。

6.4.4　EPS 钢丝网架板厚度、每平方米腹丝数量和表面荷载值应符合设计要求。EPS 钢丝网架板构造设计和施工安装应注意现浇混凝土侧压力影响，抹面层应均匀平整且厚度不宜大于 25mm，钢丝网应完全包覆于抹面层中。

6.4.5　进场前 EPS 钢丝网架板内外表面及钢丝网架上均应预喷刷界面砂浆。

6.4.6　应采用钢制大模板施工，EPS 钢丝网架板和辅助固定件安装位置应准确。混凝土墙外侧钢筋保护层厚度应符合设计要求。

6.4.7　辅助固定件每平方米不应少于 4 个，锚固深度不得小于 50mm。

6.4.8　EPS 钢丝网架板竖缝处应连接牢固。阳角及门窗洞口等处应附加钢丝角网，附加的钢丝角网应与原钢丝网架绑扎牢固。

6.4.9　在每层层间宜留水平分隔缝，分隔缝宽度为 15～20mm。分隔缝处的钢丝网和 EPS 板应断开，抹灰前应嵌入塑料分隔条或泡沫塑料棒，外表应用建筑密封膏嵌缝。垂直分隔缝宜按墙面面积设置，在板式建筑中不宜大于 $30m^2$，在塔式建筑中宜留在阴角部位。

6.4.10　混凝土一次浇筑高度不宜大于 1m，混凝土应振捣密实均匀，墙面及接槎处应光滑、平整。

6.4.11　混凝土结构验收后，保温层中的穿墙螺栓孔洞应使用保温材料填塞，EPS 钢丝网架板缺损或表面不平整处宜使用胶粉聚苯颗粒保温浆料修补和找平。

⑤ 胶粉聚苯颗粒浆料贴砌 EPS 板外保温

6.5.2 进场前 EPS 板内外表面应预喷刷界面砂浆。

6.5.3 单块 EPS 板面积不宜大于 $0.3m^2$。EPS 板与基层墙体的粘贴面上宜开设凹槽。

6.5.4 贴砌浆料性能应符合本标准表 4.0.10-2 的规定。

6.5.6 胶粉聚苯颗粒浆料贴砌 EPS 板外保温系统的施工应符合下列规定：

1 基层墙体表面应喷刷界面砂浆；

2 EPS 板应使用贴砌浆料砌筑在基层墙体上，EPS 板之间的灰缝宽度宜为 10mm，灰缝中的贴砌浆料应饱满；

3 按顺砌方式贴砌 EPS 板，竖缝应逐行错缝，墙角处排板应交错互锁，门窗洞口四角处 EPS 板不得拼接，应采用整块 EPS 板切割成形，EPS 板接缝应离开角部至少 200m；

4 EPS 板贴砌完成 24h 之后，应采用胶粉聚苯颗粒贴砌浆料进行找平，找平层厚度不宜小于 15mm。

⑥ 现场喷涂硬泡聚氨酯外保温

6.6.4 阴阳角及不同材料的基层墙体交接处应采取适当方式喷涂硬泡聚氨酯，保温层应连续不留缝。

6.6.5 硬泡聚氨酯的喷涂厚度每遍不宜大于 15mm。当需进行多层喷涂作业时，应在已喷涂完毕的硬泡聚氨酯保温层表面不粘手后进行下一层喷涂。当日的施工作业面应当日连续喷涂完毕。

6.6.6 喷涂过程中应保持硬泡聚氨酯保温层表面平整度，喷涂完毕后保温层平整度偏差不宜大于 6mm。应及时抽样检验硬泡聚氨酯保温层的厚度，最小厚度不得小于设计厚度。

6.6.7 硬泡聚氨酯保温层的性能应符合本标准表 4.0.10-1 的规定。

6.6.8 应在硬泡聚氨酯喷涂完工 24h 后进行下道工序施工。硬泡聚氨酯保温层的表面找平宜采用轻质保温浆料，其性能应符合本标准表 4.0.10-2 的规定。

4. 隐蔽工程验收记录（预制保温墙板安装）。

1）隐蔽工程验收记录（预制保温墙板安装）表填写范例（表10.2.2-4）。

表10.2.2-4 隐蔽工程验收记录（预制保温墙板安装）

工程名称	筑业科技产业园综合楼	编号	××
隐检项目	预制保温墙板安装	隐检日期	××××年×月×日
隐检部位	1～16层东立面 ～ 轴 −0.300～48.000m 标高		

隐检依据：施工图号___建施−1、2___，设计变更/洽商/技术核定单（编号____/____）及有关国家现行标准等。

主要材料名称及规格/型号：__预制混凝土夹心保温剪力墙板 WQC1-3028-1517__

隐检内容：

1. 预制混凝土夹心保温剪力墙板质量合格证明文件、型式检验报告内容完整，材料进场验收合格，见记录××；

2. 组合墙体单元间的缝隙采用防水材料和构造做法相结合，竖缝采用槽口构造，水平缝采用企口缝构造，十字接头的纵横密封胶条交叉处采用防水密封构造；

3. 主体结构预埋件符合设计要求；

4. 预制保温墙板安装采用钢筋套筒灌浆连接，预制构件上套筒、预留孔的规格、位置、数量和深度符合设计要求，被连接钢筋的规格、数量、位置和长度符合设计要求；

5. 外墙板淋水试验合格，记录编号××。

检查结论：

经检查，符合设计及规范要求，同意进行下道工序。

☑同意隐蔽　　　　　□不同意，修改后进行复查

复查结论：

复查人：　　　　　　　　　　　　复查日期：　　年　月　日

签字栏	施工单位	××建设集团有限公司	专业技术负责人	专业质量员	专业工长
			×××	×××	×××
	监理或建设单位	××建设监理有限公司	专业监理工程师	×××	

429

2）隐蔽工程验收记录（预制保温墙板安装）标准要求。

（1）隐检依据来源

《建筑节能工程施工质量验收标准》GB 50411—2019 摘录：

4.1.3 墙体节能工程应对下列部位或内容进行隐蔽工程验收，并应有详细的文字记录和必要的图像资料：

1 保温层附着的基层及其表面处理；

2 保温板黏结或固定；

3 被封闭的保温材料厚度；

4 锚固件及锚固节点做法；

5 增强网铺设；

6 抹面层厚度；

7 墙体热桥部位处理；

8 保温装饰板、预置保温板或预制保温墙板的位置、界面处理、板缝、构造节点及固定方式；

9 现场喷涂或浇筑有机类保温材料的界面；

10 保温隔热砌块墙体；

11 各种变形缝处的节能施工做法。

（2）隐检内容相关要求

《建筑节能工程施工质量验收标准》GB 50411—2019 摘录：

4.1.3 墙体节能工程应对下列部位或内容进行隐蔽工程验收，并应有详细的文字记录和必要的图像资料：

8 保温装饰板、预置保温板或预制保温墙板的位置、界面处理、板缝、构造节点及固定方式。

4.2.8 外墙采用预置保温板现场浇筑混凝土墙体时，保温板的安装位置应正确，接缝应严密；保温板应固定牢固，在浇筑混凝土过程中不应移位、变形；保温板表面应采取界面处理措施，与混凝土黏结应牢固。

4.2.12 采用预制保温墙板现场安装的墙体，应符合下列规定：

1 保温墙板的结构性能、热工性能及与主体结构的连接方法应符合设计要求，与主体结构连接必须牢固；

2 保温墙板的板缝处理、构造节点及嵌缝做法应符合设计要求；

3 保温墙板板缝不得渗漏。

5. 隐蔽工程验收记录（保温装饰板）。

1）隐蔽工程验收记录（保温装饰板）表填写范例（表10.2.2-5）。

表 10.2.2-5 隐蔽工程验收记录（保温装饰板）

工程名称	筑业科技产业园综合楼	编号	××
隐检项目	保温装饰板	隐检日期	××××年×月×日
隐检部位	1～16层东立面 ～ 轴 －0.300～48.000m 标高		

隐检依据：施工图号___建施－1、2___，设计变更/洽商/技术核定单（编号____/____）及有关国家现行标准等。

主要材料名称及规格/型号：___Ⅰ型KM轻质石材保温板，300mm×600mm×50mm___

隐检内容：

1. 外墙保温装饰板采用Ⅰ型KM轻质石材保温板，300mm×600mm×50mm，有型式检验报告、出厂检验报告，材料进场验收合格，记录编号××；

2. 基层墙体采用1∶2水泥砂浆找平，找平层厚度20mm。找平层为毛面，平整度控制在4mm以内；

3. 混凝土剪力墙与水泥砂浆找平层之间涂刷混凝土界面剂，加气混凝土砌体墙与水泥砂浆之间涂刷专用界面剂；

4. KM轻质石材保温板采用粘贴为主、锚固为辅。铺贴前清除表面浮灰，并按锚固点位置在KM板边开槽。将胶粘剂均匀抹在KM轻质石材保温板和基面上，并用锯齿形抹灰板拉出板材和基面垂直的条纹，黏结层厚度不小于3mm；

5. KM轻质石材保温板错缝排列，错缝间距为1/2板长，缝宽10mm；

6. 按设计排列要求预装T型固件，KM轻质石材保温板粘贴完毕后紧固锚固件；

7. KM轻质石材保温板固定后，相邻板块间的缝隙用直径为15mm的聚乙烯泡沫条填充，并在分隔缝内适量地打上密封胶；

8. 阴阳角处施工采用切角构造，并用专用加固天风胶泥加固。

9. 外墙板淋水试验合格，记录编号××。

附：隐检细部构造图。

检查结论：

经检查，符合设计及规范要求，同意进行下道工序。

☑同意隐蔽　　　　　□不同意，修改后进行复查

复查结论：

复查人：　　　　　　　　　　　　　　　　　复查日期：　　年　月　日

签字栏	施工单位	××建设集团有限公司	专业技术负责人	专业质量员	专业工长
			×××	×××	×××
	监理或建设单位	××建设监理有限公司	专业监理工程师		×××

附图：

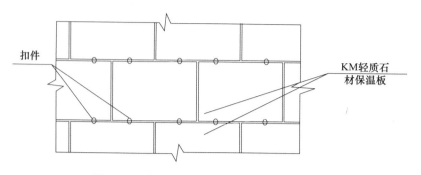

图 1　KM 轻质石材保温板排列及锚固点布置

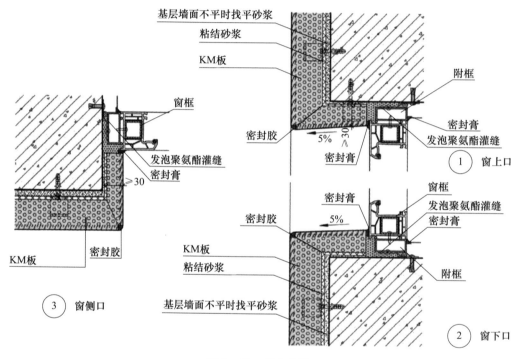

图 2　窗口节点构造

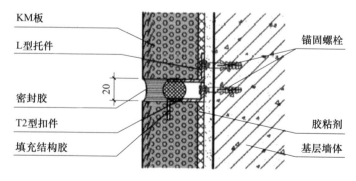

图 3　板缝节点构造

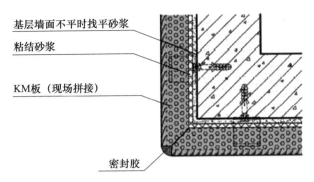

图 4　外墙阳角构造

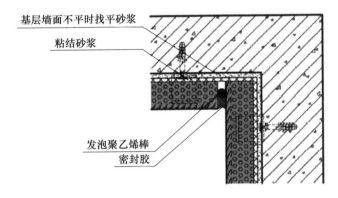

图 5　外墙阴角构造

2）隐蔽工程验收记录（保温装饰板）相关标准要求。

（1）隐检依据来源

《建筑节能工程施工质量验收标准》GB 50411—2019 摘录：

4.1.3　墙体节能工程应对下列部位或内容进行隐蔽工程验收，并应有详细的文字记录和必要的图像资料：

1　保温层附着的基层及其表面处理；

2　保温板黏结或固定；

3　被封闭的保温材料厚度；

4　锚固件及锚固节点做法；

5　增强网铺设；

6　抹面层厚度；

7　墙体热桥部位处理；

8　保温装饰板、预置保温板或预制保温墙板的位置、界面处理、板缝、构造节点及固定方式；

9　现场喷涂或浇筑有机类保温材料的界面；

10　保温隔热砌块墙体；

11　各种变形缝处的节能施工做法。

4.2.13　外墙采用保温装饰板时，应符合下列规定：

1 保温装饰板的安装构造、与基层墙体的连接方法应符合设计要求，连接必须牢固；

2 保温装饰板的板缝处理、构造节点做法应符合设计要求；

3 保温装饰板板缝不得渗漏；

4 保温装饰板的锚固件应将保温装饰板的装饰面板固定牢固。

检验方法：核查型式检验报告、出厂检验报告和隐蔽工程验收记录。对照设计观察检查；淋水试验检查。

（2）隐检内容相关要求

《保温装饰板外墙外保温工程技术导则》RISN-TG028—2017摘录：

7.3.3 粘贴保温装饰板要点如下：

1 胶粘剂应按照先加水或胶液、后加粉料的顺序配制，配制好的胶粘剂应注意防晒避风，一次配制量应在可操作时间内用完；

2 粘贴保温装饰板应从下往上进行；

3 宜采用框点粘方式粘贴保温装饰板，常规尺寸保温装饰板边框上涂抹胶粘剂宽度60～80mm，并在板边上部用抹刀刮出50mm宽的缺口，然后在保温装饰板中部均匀涂抹若干个粘结点，每个涂点的直径不小于120mm。胶粘剂宽度和粘结点数量应根据粘结面积比要求确定；

4 立即将涂胶后的保温装饰板按压至墙面上，并调整保温装饰板的位置，使整个板面保持平整，对齐分格缝，横平竖直，排列整齐；

5 插锚安装的保温装饰板保温材料板缝宽度宜为5～10mm，板边卡锚安装的保温装饰板保温材料板缝宽度宜为3～5mm；

6 防火隔离带、小尺寸保温装饰板应采用条粘法满粘，建筑物阳角、门窗洞口周边、距室外地坪2.0m高范围内的墙面应适当提高粘结面积比；

7 保温装饰板不宜在施工现场切割。当确需在施工现场切割时，施工现场应有锚固件安装槽专用开槽机和板材专用切割机，保温装饰板切割尺寸应符合设计要求；

8 当设置金属小龙骨时，保温装饰板边框上的胶黏剂应与基层墙体粘贴牢固，不得留有连通空腔。

7.3.4 安装锚固件要点如下：

1 每块保温装饰板粘贴后应及时安装锚固件；

2 当紧固件由2个部件组成时，应在安装前基本完成组装，安装前定位螺钉可预留一定调整余量，安装调整到位后应拧紧定位螺钉；

3 应使用适宜直径的钻头钻孔，钻孔深度应大于锚杆长度；

4 紧固件应与保温装饰板贴紧；

5 旋入式锚栓应使用专用电钻拧紧，锚栓不得敲入墙内；

6 锚固件应与保温装饰板的面板有效连接；

7 当设置承托件时，应先安装承托件再安装保温装饰板，承托件或承托件锚固点间距不应大于600mm。

7.3.5 填塞嵌缝材料要点如下：

1 保温装饰板粘贴24h后填塞嵌缝材料；

2　泡沫棒直径宜为板缝间隙的 1.2～1.5 倍，无机板材厚度宜比板缝间隙小 1～2mm；

3　嵌缝材料距离板面深度不宜小于 5mm；

4　当采用硅酸钙水泥板、石膏板或耐火纤维绳等防火嵌缝材料时，防火嵌缝材料应填塞横向板缝，遇十字缝应连续，不应在竖向板缝处中断，填塞防火嵌缝材料宜与粘贴保温装饰板同步进行。

7.3.6　打密封胶要点如下：

1　填塞嵌缝材料后即可打密封胶，打密封胶应使用专用胶枪；

2　打密封胶应从上往下进行；

3　应将保温装饰板板缝处板面清理干净后，根据板缝宽度及分格宽度的要求弹出分格线，再沿线贴上纸胶带；

4　密封胶应均匀适量，密封深度不应小于 5mm，与保温装饰板板面搭接宽度不应小于 1mm，在保温装饰板上的厚度宜为 1～3mm；

5　施胶完毕后应将纸胶带拉掉，纸胶带粘贴在板面上的时间不得超过 2h，以免造成板面漆膜破坏。

保温装饰板外墙外保温系统基本构造

分类		A 型岩棉保温装饰板
构造示意		
基层墙体		钢筋混凝土墙、各种砌体墙
防水找平层		防水砂浆
系统构造	①粘结锚固层	胶粘剂＋锚固件、承托件
	②保温装饰板	饰面板（预喷涂料纤维增强水泥板或纤维增强硅酸钙板、薄型石材或陶瓷薄板）＋保温层［岩棉带（条）］＋底衬（衬板采用 4～6mm 硅酸钙板）
	③安装费	弹性嵌缝材料填充＋硅酮密封胶密封

6. 隐蔽工程验收记录（变形缝保温）。

1）隐蔽工程验收记录（变形缝保温）表填写范例（表10.2.2-6）。

表 10.2.2-6　隐蔽工程验收记录（变形缝保温）

工程名称	筑业科技产业园综合楼	编号	××
隐检项目	变形缝保温	隐检日期	××××年×月×日
隐检部位	1～16层 ④～⑤轴立面　　－0.300～48.000m　标高		

隐检依据：施工图号　　建施－1、6　　　　，设计变更/洽商/技术核定单（编号　　　/　　　）及有关
国家现行标准等。
主要材料名称及规格/型号：　200mm厚岩棉保温板、2mm厚承托板

隐检内容：
1. 保温材料质量合格证明文件齐全，材料进场验收合格，复试合格、报告编号××；
2. 采用矿物棉等背衬材料填塞变形缝，其变形缝构造见下图所示；
3. 背衬材料的填塞厚度为200mm，背衬材料的下部设置钢质承托板，承托板的厚度为2mm；
4. 承托板之间、承托板与主体结构之间的缝隙，采用具有弹性的防火封堵材料填塞；
5. 背衬材料的外面覆盖具有弹性的防火封堵材料。

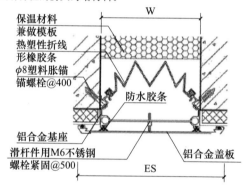

检查结论：

　　经检查，符合设计及规范要求，同意进行下道工序。

☑同意隐蔽　　　　　　□不同意，修改后进行复查

复查结论：

复查人：　　　　　　　　　　　　　　　　　　　　　　　　复查日期：　　　年　月　日

签字栏	施工单位	××建设集团有限公司	专业技术负责人	专业质量员	专业工长
			×××	×××	×××
	监理或建设单位	××建设监理有限公司	专业监理工程师		×××

2）隐蔽工程验收记录（变形缝保温）标准要求。

（1）隐检依据来源

《建筑节能工程施工质量验收标准》GB 50411—2019摘录：

4.1.3　墙体节能工程应对下列部位或内容进行隐蔽工程验收，并应有详细的文字记录和必要的图像资料：

1　保温层附着的基层及其表面处理；

2　保温板黏结或固定；

3　被封闭的保温材料厚度；

4　锚固件及锚固节点做法；

5　增强网铺设；

6　抹面层厚度；

7　墙体热桥部位处理；

8　保温装饰板、预置保温板或预制保温墙板的位置、界面处理、板缝、构造节点及固定方式；

9　现场喷涂或浇筑有机类保温材料的界面；

10　保温隔热砌块墙体；

11　各种变形缝处的节能施工做法。

（2）隐检内容相关要求

《建筑防火封堵应用技术标准》GB/T 51410—2020摘录：

4.0.5　沉降缝、伸缩缝、抗震缝等建筑变形缝在防火分隔部位的防火封堵应符合下列规定：

1　应采用矿物棉等背衬材料填塞；

2　背衬材料的填塞厚度不应小于200mm，背衬材料的下部应设置钢质承托板，承托板的厚度不应小于1.5mm；

3　承托板之间、承托板与主体结构之间的缝隙，应采用具有弹性的防火封堵材料填塞；

4　在背衬材料的外面应覆盖具有弹性的防火封堵材料。

7. 隐蔽工程验收记录（抹面砂浆层）。

1) 隐蔽工程验收记录（抹面砂浆层）表填写范例（表10.2.2-7）。

表 10.2.2-7　隐蔽工程验收记录（抹面砂浆层）

工程名称	筑业科技产业园综合楼	编号	××
隐检项目	抹面砂浆层	隐检日期	××××年×月×日
隐检部位	1～16层东立面　～　轴　－0.300～48.000m　标高		

隐检依据：施工图号　建施－1.6　　　，设计变更/洽商/技术核定单（编号　　　/　　　）及有关国家现行标准等。

主要材料名称及规格/型号：　玻纤网格布、聚合物水泥砂浆　

隐检内容：

1. 抹面材料、增强网材料质量合格证明文件齐全，材料进场验收合格，复验合格，报告编号××；

2. 抹面前按方案要求在保温层上铺面玻纤网格布，网格布的铺贴方向、搭接尺寸符合方案要求，网格布铺贴平整，固定牢固、无起鼓、翘边等现象，各管道口、阴阳角等均按要求铺贴200mm网格布；

3. 抹面层与保温层黏结牢固，抹面层无脱层、空鼓、爆灰和裂缝等现象；

4. 经检测抹面层厚度均大于10mm，符合设计要求；

5. 抹面层表面洁净、接槎平整，分格缝清晰；

6. 抹面层表面的垂直度、平整度、阴阳角的方正度等均符合规范要求。

检查结论：

经检查，符合设计及规范要求，同意进行下道工序。

☑同意隐蔽　　　　□不同意，修改后进行复查

复查结论：

复查人：　　　　　　　　　　　　　　　　复查日期：　　年　月　日

签字栏	施工单位	××建设集团有限公司	专业技术负责人	专业质量员	专业工长
			×××	×××	×××
	监理或建设单位	××建设监理有限公司	专业监理工程师	×××	

2）隐蔽工程验收记录（抹面砂浆层）标准要求。

（1）隐检依据来源

《建筑节能工程施工质量验收标准》GB 50411—2019 摘录：

4.1.3　墙体节能工程应对下列部位或内容进行隐蔽工程验收，并应有详细的文字记录和必要的图像资料：

1　保温层附着的基层及其表面处理；

2　保温板黏结或固定；

3　被封闭的保温材料厚度；

4　锚固件及锚固节点做法；

5　增强网铺设；

6　抹面层厚度；

7　墙体热桥部位处理；

8　保温装饰板、预置保温板或预制保温墙板的位置、界面处理、板缝、构造节点及固定方式；

9　现场喷涂或浇筑有机类保温材料的界面；

10　保温隔热砌块墙体；

11　各种变形缝处的节能施工做法。

（2）隐检内容相关要求

①《建筑节能工程施工质量验收标准》GB 50411—2019 摘录：

4.2.2　墙体节能工程使用的材料、产品进场时，应对其下列性能进行复验，复验应为见证取样检验：

6　抹面材料的拉伸黏结强度、压折比；

7　增强网的力学性能、抗腐蚀性能。

4.3.2　当采用增强网作为防止开裂的措施时，增强网的铺贴和搭接应符合设计和专项施工方案的要求。砂浆抹压应密实，不得空鼓，增强网应铺贴平整，不得皱褶、外露。

②《建筑装饰装修工程质量验收标准》GB 50210—2018 摘录：

4.2.2　抹灰前基层表面的尘土、污垢和油渍等应清除干净，并应洒水润湿或进行界面处理。

4.2.3　抹灰工程应分层进行。当抹灰总厚度大于或等于35mm时，应采取加强措施。不同材料基体交接处表面的抹灰，应采取防止开裂的加强措施，当采用加强网时，加强网与各基体的搭接宽度不应小于100mm。

4.2.4　抹灰层与基层之间及各抹灰层之间应黏结牢固，抹灰层应无脱层和空鼓，面层应无爆灰和裂缝。

4.2.5　一般抹灰工程的表面质量应符合下列规定：

1　普通抹灰表面应光滑、洁净、接槎平整，分格缝应清晰。

4.2.6　护角、孔洞、槽、盒周围的抹灰表面应整齐、光滑；管道后面的抹灰表面应平整。

4.2.7　抹灰层的总厚度应符合设计要求；水泥砂浆不得抹在石灰砂浆层上；单面

石膏灰不得抹在水泥砂浆层上。

4.2.8 抹灰分格缝的设置应符合设计要求，宽度和深度应均匀，表面应光滑，棱角应整齐。

4.2.9 有排水要求的部位应做滴水线（槽）。滴水线（槽）应整齐顺直，滴水线应内高外低，滴水槽的宽度和深度应满足设计要求，且均不应小于10mm。

4.2.10 一般抹灰工程质量的允许偏差和检验方法应符合表4.2.10的规定。

表4.2.10　一般抹灰的允许偏差和检验方法

项次	项目	允许偏差（mm）		检验方法
		普通抹灰	高级抹灰	
1	立面垂直度	4	3	用2m垂直检测尺检查
2	表面平整度	4	3	用2m靠尺和塞尺检查
3	阴阳角方正	4	3	用200mm直角检测尺检查
4	分格条（缝）直线度	4	3	拉5m线，不足5m拉通线，用钢直尺检查
5	墙裙、勒脚上口直线度	4	3	拉5m线，不足5m拉通线，用钢直尺检查

注：1 普通抹灰，本表第3项阴角方正可不检查；

　　2 顶棚抹灰，本表第2项表面平整度可不检查，但应平顺。

8. 隐蔽工程验收记录（幕墙保温、凝结水）。

1）隐蔽工程验收记录（幕墙保温、凝结水）表填写范例（表 10.2.2-8）。

表 10.2.2-8 隐蔽工程验收记录（幕墙保温、凝结水）

工程名称	筑业科技产业园综合楼	编号	××
隐检项目	幕墙保温、凝结水	隐检日期	××××年×月×日
隐检部位	1～16层东立面 ～ 轴 －0.300～48.000m 标高		

隐检依据：施工图号____建施 01、02、12____，设计变更/洽商/技术核定单（编号___/____）及有关国家现行标准等。

主要材料名称及规格/型号：____100mm 厚岩棉保温板____

隐检内容：

1. 200mm 钢筋混凝土墙采用 8mm 厚××牌新型金属中空复合板进行双道密封做外幕墙，安装牢固，无松脱；

2. 保温材料采用 100mm 厚憎水岩棉，质量合格证明文件齐全，进场验收合格，复试合格，见报告编号××；

3. 幕墙工程热桥部位的隔断热桥措施符合要求，断热节点连接牢固；

4. 隔汽层密封完整、严密、位置正确，隔汽层的支承连接部位采取密封措施；

5. 冷凝水的收集和排放通畅，无渗漏。

检查结论：

经检查，符合设计及规范要求，同意进行下道工序。

☑同意隐蔽　　　　　□不同意，修改后进行复查

复查结论：

复查人：　　　　　　　　　　　　　　复查日期：　　年　月　日

签字栏	施工单位	××建设集团有限公司	专业技术负责人	专业质量员	专业工长
			×××	×××	×××
	监理或建设单位	××建设监理有限公司	专业监理工程师	×××	

441

2）隐蔽工程验收记录（幕墙保温、凝结水）标准要求。

（1）隐检依据来源

《建筑节能工程施工质量验收标准》GB 50411—2019 摘录：

5.1.4 幕墙节能工程施工中应对下列部位或项目进行隐蔽工程验收，并应有详细的文字记录和必要的图像资料：

1 保温材料厚度和保温材料的固定；

2 幕墙周边与墙体、屋面、地面的接缝处保温、密封构造；

3 构造缝、结构缝处的幕墙构造；

4 隔气层；

5 热桥部位、断热节点；

6 单元式幕墙板块间的接缝构造；

7 凝结水收集和排放构造；

8 幕墙的通风换气装置；

9 遮阳构件的锚固和连接。

（2）隐检内容相关要求

《建筑节能工程施工质量验收标准》GB 50411—2019 摘录：

5.2.2 幕墙（含采光顶）节能工程使用的材料、构件进场时，应对其下列性能进行复验，复验应为见证取样检验：

1 保温隔热材料的导热系数或热阻、密度、吸水率、燃烧性能（不燃材料除外）；

2 幕墙玻璃的可见光透射比、传热系数、遮阳系数，中空玻璃的密封性能；

3 隔热型材的抗拉强度、抗剪强度；

4 透光、半透光遮阳材料的太阳光透射比、太阳光反射比。

5.2.3 幕墙的气密性能应符合设计规定的等级要求。密封条应镶嵌牢固、位置正确、对接严密。单元式幕墙板块之间的密封应符合设计要求。开启部分关闭应严密。

5.2.5 幕墙节能工程使用的保温材料，其厚度应符合设计要求，安装应牢固，不得松脱。

5.2.7 幕墙隔气层应完整、严密、位置正确，穿透隔气层处应采取密封措施。

5.2.8 幕墙保温材料应与幕墙面板或基层墙体可靠黏结或锚固，有机保温材料应采用非金属不燃材料作防护层，防护层应将保温材料完全覆盖。

5.2.9 建筑幕墙与基层墙体、窗间墙、窗槛墙及裙墙之间的空间，应在每层楼板处和防火分区隔离部位采用防火封堵材料封堵。

5.2.11 凝结水的收集和排放应通畅，并不得渗漏。

5.3.2 单元式幕墙板块组装应符合下列要求：

1 密封条规格正确，长度无负偏差，接缝的搭接符合设计要求；

2 保温材料固定牢固；

3 隔气层密封完整、严密；

4 凝结水排水系统通畅，管路无渗漏。

5.3.3 幕墙与周边墙体、屋面间的接缝处应按设计要求采用保温措施，并应采用耐候密封胶等密封。建筑伸缩缝、沉降缝、抗震缝处的幕墙保温或密封做法应符合设计要求。严寒、寒冷地区当采用非闭孔保温材料时，应有完整的隔气层。

9. 隐蔽工程验收记录（幕墙密封）。

1）隐蔽工程验收记录（幕墙密封）表填写范例（表10.2.2-9）。

表 10.2.2-9　隐蔽工程验收记录（幕墙密封）

工程名称	筑业科技产业园综合楼	编号	××
隐检项目	玻璃幕墙与周边密封	隐检日期	××××年×月×日
隐检部位	1～16层东立面　～　轴　　－0.300～48.000m　标高		

隐检依据：施工图号＿＿建施01、02、12＿＿＿＿＿，设计变更/洽商/技术核定单（编号＿＿＿/＿＿＿＿）及有关国家现行标准等。

主要材料名称及规格/型号：＿＿岩棉、密封胶＿＿＿＿＿＿＿＿＿＿＿＿＿＿＿

隐检内容：

1. 密封材料质量合格证明文件齐全、进场验收合格，复试合格，报告编号××；
2. 密封前，缝隙类清理干净，无浮浆等杂物；
3. 沿缝隙周边镶嵌紧密，无缝隙；
4. 内外表面采用密封胶连续封闭，接缝严密不渗漏，密封胶无污染周围相邻表面；
5. 幕墙转角、上下、侧边、封口及与周边墙体的连接构造牢固并满足密封防水要求，外表整齐美观；
6. 幕墙玻璃与室内装饰物之间的间隙满足设计要求。

检查结论：

经检查，符合设计及规范要求，同意进行下道工序。

☑同意隐蔽　　　　　□不同意，修改后进行复查

复查结论：

复查人：　　　　　　　　　　　　　　　　　　复查日期：　　年　月　日

签字栏	施工单位	××建设集团有限公司	专业技术负责人	专业质量员	专业工长
			×××	×××	×××
	监理或建设单位	××建设监理有限公司	专业监理工程师	×××	

2）隐蔽工程验收记录（幕墙密封）标准要求。

（1）隐检依据来源

《建筑节能工程施工质量验收标准》GB 50411—2019摘录：

5.1.4 幕墙节能工程施工中应对下列部位或项目进行隐蔽工程验收，并应有详细的文字记录和必要的图像资料：

1 保温材料厚度和保温材料的固定；

2 幕墙周边与墙体、屋面、地面的接缝处保温、密封构造；

3 构造缝、结构缝处的幕墙构造；

4 隔气层；

5 热桥部位、断热节点；

6 单元式幕墙板块间的接缝构造；

7 凝结水收集和排放构造；

8 幕墙的通风换气装置；

9 遮阳构件的锚固和连接。

（2）隐检内容相关要求

《玻璃幕墙工程质量检验标准》JGJ/T 139—2020摘录：

6.2.14 玻璃幕墙与周边密封质量的检验，应符合下列规定：

1 玻璃幕墙四周与主体结构之间的缝隙，应采用防火保温材料严密填塞，水泥砂浆不得与铝合金型材直接接触，不得采用干硬性材料填塞。内外表面应采用密封胶连续封闭，接缝应严密不渗漏，密封胶不应污染周围相邻表面。

2 幕墙转角、上下、侧边、封口及与周边墙体的连接构造应牢固并满足密封防水要求，外表应整齐美观。

3 幕墙玻璃与室内装饰物之间的间隙应满足设计要求。

6.2.15 检验玻璃幕墙与周边密封质量时，应核对设计图纸，观察检查，并用精度为1mm的钢直尺测量，也可按本标准附录D的方法进行淋水试验。

10. 隐蔽工程验收记录（外门、窗）。

1）隐蔽工程验收记录（外门、窗）表填写范例（表 10.2.2-10）。

表 10.2.2-10　隐蔽工程验收记录（外门、窗）

工程名称	筑业科技产业园综合楼	编号	××
隐检项目	外门、窗	隐检日期	××××年×月×日
隐检部位	六层 ①～　/　～　轴　　14.500～17.400m 标高		

隐检依据：施工图号___建施 01、02、12___，设计变更/洽商/技术核定单（编号___/___）及有关国家现行标准等。

主要材料名称及规格/型号：___断桥铝合金窗框___

隐检内容：

　　1. 建筑外窗使用 6＋12＋6 透明的中空玻璃，窗框为断桥铝合金，质量合格证明文件齐全、进场验收合格，记录编号××；

　　2. 金属外窗隔断热桥的措施符合设计要求和相关标准规定，金属附框内填充泡沫保温材料；

　　3. 外窗框与墙面之间及外窗框与附框之间的缝隙采用发泡聚氨酯高效保温材料填充饱满，洞口周边外表面缝隙内外侧用硅酮系列建筑密封胶嵌缝；

　　4. 窗框密封条安装位置正确、镶嵌牢固、未脱槽，接头处未开裂。

检查结论：

　　经检查，符合设计及规范要求，同意进行下道工序。

☑同意隐蔽　　　　　□不同意，修改后进行复查

复查结论：

复查人：　　　　　　　　　　　　　　　　　　　复查日期：　　年　月　日

签字栏	施工单位	××建设集团有限公司	专业技术负责人	专业质量员	专业工长
			×××	×××	×××
	监理或建设单位	××建设监理有限公司	专业监理工程师	×××	

2）隐蔽工程验收记录（外门、窗）标准要求。

（1）隐检依据来源

《建筑节能工程施工质量验收标准》GB 50411—2019 摘录：

6.1.3 主体结构完成后进行施工的门窗节能工程，应在外墙质量验收合格后对门窗框与墙体接缝处的保温填充做法和门窗附框等进行施工，施工过程中应及时进行质量检查、隐蔽工程验收和检验批验收，隐蔽部位验收应在隐蔽前进行，并应有详细的文字记录和必要的图像资料。

（2）隐检内容相关要求

① 《建筑节能工程施工质量验收标准》GB 50411—2019 摘录：

6.2.2 门窗（包括天窗）节能工程使用的材料、构件进场时，应按工程所处的气候区核查质量合格证明文件、节能性能标识证书、门窗节能性能计算书、复验报告，并应对下列性能进行复验，复验应为见证取样检验：

1 严寒、寒冷地区：门窗的传热系数、气密性能；

2 夏热冬冷地区：门窗的传热系数气密性能，玻璃的遮阳系数、可见光透射比；

3 夏热冬暖地区：门窗的气密性能，玻璃的遮阳系数、可见光透射比；

4 严寒、寒冷、夏热冬冷和夏热冬暖地区：透光、部分透光遮阳材料的太阳光透射比、太阳光反射比，中空玻璃的密封性能。

6.2.3 金属外门窗框的隔断热桥措施应符合设计要求和产品标准的规定，金属附框应按照设计要求采取保温措施。

6.2.4 外门窗框或附框与洞口之间的间隙应采用弹性闭孔材料填充饱满，并进行防水密封，夏热冬暖地区、温和地区当采用防水砂浆填充间隙时，窗框与砂浆间应用密封胶密封；外门窗框与附框之间的缝隙应使用密封胶密封。

② 《铝合金门窗工程技术规范》JGJ 214—2010 摘录：

7.3.1 铝合金门窗采用干法施工安装时，应符合下列规定：

3 金属附框的内、外两侧宜采用固定片与洞口墙体连接固定；固定片宜用 Q235 钢材，厚度不应小于 1.5mm，宽度不应小于 20mm，表面应做防腐处理；

4 金属附框固定片安装位置应满足：角部的距离不应大于 150mm，其余部位的固定片中心距不应大于 500mm（图 7.3.1-1）；固定片与墙体固定点的中心位置至墙体边缘距离不应小于 50mm（图 7.3.1-2）；

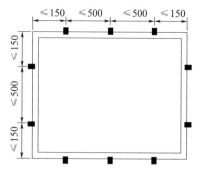

图 7.3.1-1　固定片安装位置

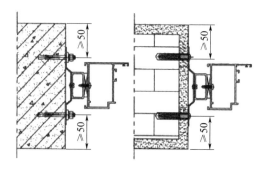

图 7.3.1-2　固定片与墙体位置

6　铝合金门窗框与金属附框连接固定应牢固可靠。连接固定点设置应符合（图7.3.1-1）要求。

表 7.3.1　金属附框尺寸允许偏差（mm）

项目	允许偏差值	检测方法
金属附框高、宽偏差	±3	钢卷尺
对角线尺寸偏差	±4	钢卷尺

7.3.2　铝合金门窗采用湿法安装时，应符合下列规定：

1　铝合金门窗框安装应在洞口及墙体抹灰湿作业前完成；

2　铝合金门窗框采用固定片连接洞口时，应符合本规范第7.3.1条的要求；

3　铝合金门窗框与墙体连接固定点的设置应符合本规范第7.3.1条的要求；

4　固定片与铝合金门窗框连接宜采用卡槽连接方式（图7.3.2-1）。与无槽口铝门窗框连接时，可采用自攻螺钉或抽芯铆钉，钉头处应密封（图7.3.2-2）；

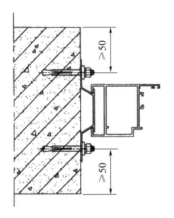 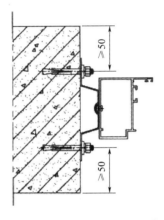

图 7.3.2-1　卡槽连接方式　　　图 7.3.2-2　自攻螺钉连接方式

6　铝合金门窗框与洞口缝隙，应采用保温、防潮且无腐蚀性的软质材料填塞密实；亦可使用防水砂浆填塞，但不宜使用海砂成分的砂浆。使用聚氨酯泡沫填缝胶，施工前应清除粘结面的灰尘，墙体粘结面应进行淋水处理，固化后的聚氨酯泡沫胶缝表面应作密封处理；

7　与水泥砂浆接触的铝合金框应进行防腐处理。湿法抹灰施工前，应对外露铝型材表面进行可靠保护。

③《塑料门窗工程技术规程》JGJ 103—2008摘录：

6.2.7　门窗在安装时应确保门窗框上下边位置及内外朝向准确，安装应符合下列要求：

1　当门窗框与墙体间采用固定片固定时，应使用单向固定片，固定片应双向交叉安装。与外保温墙体固定的边框固定片宜朝向室内。固定片与窗框连接应采用十字槽盘头自钻自攻螺钉直接钻入固定，不得直接锤击钉入或仅靠卡紧方式固定。

2　当门窗框与墙体间采用膨胀螺钉直接固定时，应按膨胀螺钉规格先在窗框上打好基孔，安装膨胀螺钉时应在伸缩缝中膨胀螺钉位置两边加支撑块。膨胀螺钉端头应加盖工艺孔帽（图6.2.7-1），并应用密封胶进行密封。

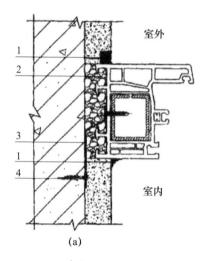

(a)   (b)

1—密封胶；2—聚氨酯发泡胶；   1—密封胶；2—聚氨酯发泡胶；
3—固定片；4—膨胀螺钉   3—膨胀螺钉；4—工艺孔帽

图 6.2.7-1　窗安装节点

3　固定片或膨胀螺钉的位置应距门窗端角、中竖梃、中横梃 150～200mm，固定片或膨胀螺钉之间的间距应符合设计要求，并不得大于 600mm。不得将固定片直接装在中横梃、中竖梃的端头上。平开门安装铰链的相应位置宜安装固定片或采用直接固定法固定。

6.2.13　窗下框与洞口缝隙的处理应符合下列规定：

1　普通墙体：应先将窗下框与洞口间缝隙用防水砂浆填实，填实后撤掉临时固定用木楔或垫块，其空隙也应用防水砂浆填实，并在窗框外侧做相应的防水处理。当外侧抹灰时，应做出披水坡度，并应采用片材将抹灰层与窗框临时隔开，留槽宽度及深度宜为 5～8mm。抹灰面应超出窗框（图 6.2.9），但厚度不应影响窗扇的开启，并不得盖住排水孔。待外侧抹灰层硬化后，应撤去片材，然后将密封胶挤入沟槽内填实抹平。打胶前应将窗框表面清理干净打胶部位两侧的窗框及墙面均应用遮蔽条遮盖严密，密封胶的打注应饱满，表面应平整光滑，刮胶缝的余胶不得重复使用。密封胶抹平后，应立即揭去两侧的遮蔽条。内侧抹灰应略高于外侧，且内侧与窗框之间也应采用密封胶密封；

2　保温墙体：应将窗下框与洞口间缝隙全部用聚氨酯发泡胶填塞饱满。外侧防水密封处理应符合设计要求。外贴保温材料时，保温材料应略压住窗下框（图 6.2.13），其缝隙应用密封胶进行密封处理。当外侧抹灰时，应做出披水坡度，并应采用片材将抹灰层与窗框临时隔开，留槽宽度及深度宜为 5～8mm。抹灰及密封胶的打注应符合本条第 1 款的规定。

6.2.16　门、窗洞口内外侧与门、窗框之间缝隙的处理应在聚氨酯发泡胶固化后进行，处理过程应符合下列要求：

1　普通门窗工程：其洞口内外侧与窗框之间均应采用普通水泥砂浆填实抹平，抹灰及密封胶的打注应符合本规程第 6.2.13 条第 1 款的规定；

2　装修质量要求较高的门窗工程，室内侧窗框与抹灰层之间宜采用与门窗材料一致的塑料盖板掩盖接缝。外侧抹灰及密封胶的打注应符合本规程第 6.2.13 条第 1 款的规定。

11. 隐蔽工程验收记录（基层）。

1）隐蔽工程验收记录（基层）表填写范例（表10.2.2-11）。

表 10.2.2-11　隐蔽工程验收记录（基层）

工程名称	筑业科技产业园综合楼	编号	××
隐检项目	基层	隐检日期	××××年×月×日
隐检部位	屋面 ①～ ／ ～ 轴 36.800m 标高		

隐检依据：施工图号＿＿建施01、02、12＿＿＿＿，设计变更/洽商/技术核定单（编号＿＿/＿＿）及有关国家现行标准等。

主要材料名称及规格/型号：＿＿1：3水泥砂浆＿＿＿＿＿＿＿＿＿＿

隐检内容：

1. 采用1：3水泥砂浆找平，最薄处不小于20mm，坡度按设计要求为2％；

2. 基层与突出屋面结构的交接处和基层的转角处均做成半径为50mm圆弧。立面抹灰高度大于250mm，卷材收头处的凹槽内抹灰呈45°。排水口周围做半径为500mm坡度不小于5％的环形洼坑；

3. 找平层分格缝纵横间距为6m，分格缝的宽度宜为20mm；

4. 找平层抹平、压光，无酥松、起砂、起皮现象；

5. 找平层表面平整度的偏差在5mm以内。

检查结论：

经检查，符合设计及规范要求，同意进行下道工序。

☑同意隐蔽　　　　　□不同意，修改后进行复查

复查结论：

复查人：　　　　　　　　　　　　　　复查日期：　　年　月　日

签字栏	施工单位	××建设集团有限公司	专业技术负责人	专业质量员	专业工长
			×××	×××	×××
	监理或建设单位	××建设监理有限公司	专业监理工程师		×××

2）隐蔽工程验收记录（基层）标准要求。

（1）隐检依据来源

《建筑节能工程施工质量验收标准》GB 50411—2019 摘录：

7.1.3 屋面节能工程应对下列部位进行隐蔽工程验收，并应有详细的文字记录和必要的图像资料：

1 基层及其表面处理；

2 保温材料的种类、厚度、保温层的敷设方式；板材缝隙填充质量；

3 屋面热桥部位处理；

4 隔汽层。

（2）隐检内容相关要求

《屋面工程质量验收规范》GB 50207—2012 摘录：

4.2.2 找坡层宜采用轻骨料混凝土；找坡材料应分层铺设和适当压实，表面应平整。

4.2.3 找平层宜采用水泥砂浆或细石混凝土；找平层的抹平工序应在初凝前完成，压光工序应在终凝前完成，终凝后应进行养护。

4.2.4 找平层分格缝纵横间距不宜大于6m，分格缝的宽度宜为5～20mm。

4.2.5 找坡层和找平层所用材料的质量及配合比，应符合设计要求。

4.2.6 找坡层和找平层的排水坡度，应符合设计要求。

4.2.7 找平层应抹平、压光，不得有酥松、起砂、起皮现象。

4.2.8 卷材防水层的基层与突出屋面结构的交接处，以及基层的转角处，找平层应做成圆弧形，且应整齐平顺。

4.2.9 找平层分格缝的宽度和间距，均应符合设计要求。

4.2.10 找坡层表面平整度的允许偏差为7mm，找平层表面平整度的允许偏差为5mm。

12. 隐蔽工程验收记录（板块材料保温层）、（纤维材料保温层）、（泡沫混凝土砌块保温层）。

1）隐蔽工程验收记录（板块材料保温层）表填写范例（表 10.2.2-12）。

表 10.2.2-12　隐蔽工程验收记录（板块材料保温层）

工程名称	筑业科技产业园综合楼	编号	××
隐检项目	板块材料保温层	隐检日期	××××年×月×日
隐检部位	屋面 ①～ / ～ 轴 36.800m 标高		

隐检依据：施工图号　建施 01、02、12　　，设计变更/洽商/技术核定单（编号　　/　　　）及有关国家现行标准等。

主要材料名称及规格/型号：　70mm 厚挤塑聚苯板

隐检内容：

1. 屋面保温层采用 70mm 厚挤塑聚苯保温板，其质量合格证明文件齐全、有效，进场验收合格，复试合格，报告编号××；

2. 板状材料保温层采用干铺法施工，板状保温材料紧靠在基层表面上，铺平垫稳，板间缝隙采用同类材料的碎屑嵌填密实；

3. 屋面热桥部位处理符合设计要求；

4. 板状材料保温层的厚度、表面平整度、接缝高低差符合规范要求。

检查结论：

经检查，符合设计及规范要求，同意进行下道工序。

☑同意隐蔽　　　　□不同意，修改后进行复查

复查结论：

复查人：　　　　　　　　　　　　　　　　　　　复查日期：　　年　月　日

签字栏	施工单位	××建设集团有限公司	专业技术负责人	专业质量员	专业工长
			×××	×××	×××
	监理或建设单位	××建设监理有限公司	专业监理工程师	×××	

2) 隐蔽工程验收记录（纤维材料保温层）表填写范例（表 10.2.2-13）。

表 10.2.2-13 隐蔽工程验收记录（纤维材料保温层）

工程名称	筑业科技产业园综合楼	编号	××
隐检项目	纤维材料保温层	隐检日期	××××年×月×日
隐检部位	机房 ①～ / ～ 轴 36.800m 标高		

隐检依据：施工图号___建施 02、12___，设计变更/洽商/技术核定单（编号_____/_____）及有关国家现行标准等。

主要材料名称及规格/型号：___50mm 厚岩棉保温层___

隐检内容：

1. 找坡层上铺设 50mm 岩棉板，燃烧性能 A 级，其材料合格质量证明文件齐全、有效，进场验收合格，复试合格，报告编号××；

2. 岩棉厚度符合设计要求；

3. 岩棉紧贴基层，拼缝严密，表面平整。

检查结论：

经检查，符合设计及规范要求，同意进行下道工序。

☑同意隐蔽　　　　　　□不同意，修改后进行复查

复查结论：

复查人：　　　　　　　　　　　　　　　　复查日期：　　年　月　日

签字栏	施工单位	××建设集团有限公司	专业技术负责人	专业质量员	专业工长
			×××	×××	×××
	监理或建设单位	××建设监理有限公司	专业监理工程师	×××	

3）隐蔽工程验收记录（泡沫混凝土砌块保温层）表填写范例（表 10.2.2-14）。

表 10.2.2-14 隐蔽工程验收记录（泡沫混凝土砌块保温层）

工程名称	筑业科技产业园综合楼	编号	××
隐检项目	泡沫混凝土砌块保温层	隐检日期	××××年×月×日
隐检部位	机房 ①～ / ～ 轴轴 36.800m 标高		

隐检依据：施工图号___建施 02、12___，设计变更/洽商/技术核定单（编号_____/_____）及有关国家现行标准等。

主要材料名称及规格/型号：___60mm 厚泡沫混凝土砌块___

隐检内容：

1. 找坡层上铺设 60mm 厚泡沫混凝土砌块，燃烧性能 A 级，其材料合格质量证明文件齐全、有效，进场验收合格，复试合格，报告编号××；

2. 泡沫混凝土砌块紧贴找坡层，砌块间的缝隙采用同类材料碎屑嵌填密实；

3. 泡沫混凝土砌块与基层采用粘贴法施工；

4. 泡沫混凝土砌块表面平整。

检查结论：

经检查，符合设计及规范要求，同意进行下道工序。

☑同意隐蔽　　　　□不同意，修改后进行复查

复查结论：

复查人：　　　　　　　　　　　　　　　　　　　　复查日期：　　年　月　日

签字栏	施工单位	××建设集团有限公司	专业技术负责人	专业质量员	专业工长
			×××	×××	×××
	监理或建设单位	××建设监理有限公司	专业监理工程师		×××

4）隐蔽工程验收记录（板块材料保温层）、隐蔽工程验收记录（纤维材料保温层）、隐蔽工程验收记录（泡沫混凝土砌块保温层）标准要求。

（1）隐检依据来源

《建筑节能工程施工质量验收标准》GB 50411—2019 摘录：

7.1.3 屋面节能工程应对下列部位进行隐蔽工程验收，并应有详细的文字记录和必要的图像资料：

1 基层及其表面处理；

2 保温材料的种类、厚度、保温层的敷设方式；板材缝隙填充质量；

3 屋面热桥部位处理；

4 隔汽层。

（2）隐检内容相关要求

①《建筑节能工程施工质量验收标准》GB 50411—2019 摘录：

7.2.2 屋面节能工程使用的材料进场时，应对其下列性能进行复验，复验应为见证取样检验：

1 保温隔热材料的导热系数或热阻、密度、压缩强度或抗压强度、吸水率、燃烧性能（不燃材料除外）；

2 反射隔热材料的太阳光反射比、半球发射率。

7.2.3 屋面保温隔热层的敷设方式、厚度、缝隙填充质量及屋面热桥部位的保温隔热做法，应符合设计要求和有关标准的规定。

7.2.6 坡屋面、架空屋面内保温应采用不燃保温材料，保温层做法应符合设计要求。

7.3.1 屋面保温隔热层应按专项施工方案施工，并应符合下列规定：

1 板材应粘贴牢固、缝隙严密、平整；

2 现场采用喷涂、浇注、抹灰等工艺施工的保温层，应按配合比准确计量、分层连续施工、表面平整、坡向正确。

7.3.3 坡屋面、架空屋面当采用内保温时，保温隔热层应设有防潮措施，其表面应有保护层，保护层的做法应符合设计要求。

②《屋面工程技术规范》GB 50345—2012 的规定：

5.3.5 板状材料保温层施工应符合下列规定：

1 基层应平整、干燥、干净；

2 相邻板块应错缝拼接，分层铺设的板块上下层接缝应相互错开，板间缝隙应采用同类材料嵌填密实；

3 采用干铺法施工时，板状保温材料应紧靠在基层表面上，并应铺平垫稳；

4 采用黏结法施工时，胶粘剂应与保温材料相容，板状保温材料应贴严、粘牢，在胶粘剂固化前不得上人踩踏；

5 采用机械固定法施工时，固定件应固定在结构层上，固定件的间距应符合设计要求。

5.3.6 纤维材料保温层施工应符合下列规定：

1 基层应平整、干燥、干净；

2 纤维保温材料在施工时,应避免重压,并应采取防潮措施;

3 纤维保温材料铺设时,平面拼接缝应贴紧,上下层拼接缝应相互错开;

4 屋面坡度较大时,纤维保温材料宜采用机械固定法施工;

5 在铺设纤维保温材料时,应做好劳动保护工作。

5.3.7 喷涂硬泡聚氨酯保温层施工应符合下列规定:

1 基层应平整、干燥、干净;

2 施工前应对喷涂设备进行调试,并应喷涂试块进行材料性能检测;

3 喷涂时喷嘴与施工基面的间距应由试验确定;

4 喷涂硬泡聚氨酯的配比应准确计量,发泡厚度应均匀一致;

5 一个作业面应分遍喷涂完成,每遍喷涂厚度不宜大于 15mm,硬泡聚氨酯喷涂后 20min 内严禁上人;

6 喷涂作业时,应采取防止污染的遮挡措施。

5.3.8 现浇泡沫混凝土保温层施工应符合下列规定:

1 基层应清理干净,不得有油污、浮尘和积水;

2 泡沫混凝土应按设计要求的干密度和抗压强度进行配合比设计,拌制时应计量准确,并应搅拌均匀;

3 泡沫混凝土应按设计的厚度设定浇筑面标高线,找坡时宜采取挡板辅助措施;

4 泡沫混凝土的浇筑出料口离基层的高度不宜超过 1m,泵送时应采取低压泵送;

5 泡沫混凝土应分层浇筑,一次浇筑厚度不宜超过 200mm,终凝后应进行保湿养护,养护时间不得少于 7d。

15. 隐蔽工程验收记录（隔汽层）。

1) 隐蔽工程验收记录（隔汽层）表填写范例（表 10.2.2-15）。

表 10.2.2-15　隐蔽工程验收记录（隔汽层）

工程名称	筑业科技产业园综合楼	编号	××
隐检项目	隔汽层	隐检日期	××××年×月×日
隐检部位	屋面 ①～ / ～ 轴 36.800m 标高		

隐检依据：施工图号＿＿建施 01、02、12＿＿＿＿＿，设计变更/洽商/技术核定单（编号＿＿＿/＿＿＿＿）及有关国家现行标准等。
主要材料名称及规格/型号：＿＿3mm 厚 SBS 防水卷材＿＿＿＿＿

隐检内容：

1. 隔汽层采用 3mm 厚 SBS 防水卷材，卷材质量合格证明文件齐全、进场验收合格，复试合格，报告编号×× ；
2. 隔汽层的基层平整、干净、干燥；
3. 在屋面与墙的连接处，隔汽层沿墙面向上连续铺设 250mm；
4. 卷材铺设时采用空铺法；
5. 卷材铺设平整，卷材搭接缝搭接宽度超过 100mm，且粘结牢固，密封严密，无有扭曲、皱折和起泡等缺陷；
6. 穿过隔汽层的管线周围封严，转角处无折损；
7. 隔汽层无破损现象。

检查结论：

经检查，符合设计及规范要求，同意进行下道工序。

☑同意隐蔽　　　　　□不同意，修改后进行复查

复查结论：

复查人：　　　　　　　　　　　　　　　　复查日期：　　年　月　日

签字栏	施工单位	××建设集团有限公司	专业技术负责人	专业质量员	专业工长
			×××	×××	×××
	监理或建设单位	××建设监理有限公司	专业监理工程师	×××	

2）隐蔽工程验收记录（隔汽层）相关标准要求。

（1）隐检依据来源

《建筑节能工程施工质量验收标准》GB 50411—2019 摘录：

7.1.3 屋面节能工程应对下列部位进行隐蔽工程验收，并应有详细的文字记录和必要的图像资料：

1 基层及其表面处理；

2 保温材料的种类、厚度、保温层的敷设方式；板材缝隙填充质量；

3 屋面热桥部位处理；

4 隔汽层。

（2）隐检内容相关要求

① 《建筑节能工程施工质量验收标准》GB 50411—2019 摘录：

7.2.5 屋面隔汽层的位置、材料及构造做法应符合设计要求，隔汽层应完整、严密，穿透隔汽层处应采取密封措施。

② 《屋面工程技术规范》GB 50345—2012 的规定：

5.3.3 隔汽层施工应符合下列规定：

1 隔汽层施工前，基层应进行清理，宜进行找平处理；

2 屋面周边隔汽层应沿墙面向上连续铺设，高出保温层上表面不得小于150mm；

3 采用卷材做隔汽层时，卷材宜空铺，卷材搭接缝应满粘，其搭接宽度不应小于80mm；采用涂膜做隔汽层时，涂料涂刷应均匀，涂层不得有堆积、起泡和露底现象；

4 穿过隔汽层的管道周围应进行密封处理。

16. 隐蔽工程验收记录（地面节能基层及基层处理）。

1）隐蔽工程验收记录（地面节能基层及基层处理）表填写范例（表 10.2.2-16）。

表 10.2.2-16 隐蔽工程验收记录（地面节能基层及基层处理）

工程名称	筑业科技产业园综合楼	编号	××
隐检项目	地面节能基层及基层处理	隐检日期	××××年×月×日
隐检部位	一层地面 ①～ ／ ～ 轴－0.200m 标高		

隐检依据：施工图号____建施 01、02、12____，设计变更/洽商/技术核定单（编号____／____）及有关国家现行标准等。

主要材料名称及规格/型号：____C20 混凝土____

隐检内容：

 1. 基层为 60mm 厚 C20 细石混凝土找平层，其质量合格证明文件齐全、有效，进场验收合格，记录编号××；

 2. 大开间，基层按纵横间距，每 6m 留置一道分隔缝，缝宽 5mm，缝深 30mm，小开间房间在门口处留置分隔缝；

 3. 基层表面清理干净、无落灰等杂物；

 4. 基层标高、平整度符合规范要求；

 5. 基层已按要求养护 7d，其抗压强度值满足作业要求；

 6. 基层含水率经测试在 8% 以下。

检查结论：

 经检查，符合设计及规范要求，同意进行下道工序。

☑同意隐蔽   □不同意，修改后进行复查

复查结论：

复查人：   复查日期： 年 月 日

签字栏	施工单位	××建设集团有限公司	专业技术负责人	专业质量员	专业工长
			×××	×××	×××
	监理或建设单位	××建设监理有限公司	专业监理工程师	×××	

2）隐蔽工程验收记录（地面节能基层及基层处理）相关标准要求。

（1）隐检依据来源

《建筑节能工程施工质量验收标准》GB 50411—2019 摘录：

8.1.3 地面节能工程应对下列部位进行隐蔽工程验收，并应有详细的文字记录和必要的图像资料：

1 基层及其表面处理；

2 保温材料种类和厚度；

3 保温材料粘结；

4 地面热桥部位处理。

（2）隐检内容相关要求

① 《建筑节能工程施工质量验收标准》GB 50411—2019 摘录：

8.2.4 地面节能工程施工前，基层处理应符合设计和专项施工方案的有关要求。

8.3.2 接触土壤地面的保温层下面的防潮层应符合设计要求。

② 《建筑地面工程施工质量验收规范》GB 50209—2010 摘录：

4.12.2 建筑物室内接触基土的首层地面应增设水泥混凝土垫层后方可铺设绝热层，垫层的厚度及强度等级应符合设计要求。首层地面及楼层楼板铺设绝热层前，表面平整度宜控制在 3mm 以内。

4.12.3 有防水、防潮要求的地面，宜在防水、防潮隔离层施工完毕并验收合格后再铺设绝热层。

4.12.4 穿越地面进入非采暖保温区域的金属管道应采取隔断热桥的措施。

17. 隐蔽工程验收记录（地面节能保温层）、（供暖管保温层）。

1) 隐蔽工程验收记录（地面节能保温层）表填写范例（表10.2.2-17）。

表 10.2.2-17　隐蔽工程验收记录（地面节能保温层）

工程名称	筑业科技产业园综合楼	编号	××
隐检项目	地面节能保温层	隐检日期	××××年×月×日
隐检部位	二层楼面 ①～ ／ ～ 轴 3.000m 标高		

隐检依据：施工图号　建施01、02、12　　，设计变更/洽商/技术核定单（编号　／　）及有关国家现行标准等。

主要材料名称及规格/型号：　60mm挤塑聚苯板

隐检内容：

1. 采用60mm挤塑聚苯板，其材料质量合格证明文件齐全、有效，进场验收合格，复验合格，报告编号××；
2. 地面节能施工前已对基层进行处理，达到设计及施工方案的要求；
3. 穿板、穿墙等热桥部位已按方案要求进行处理，镶嵌密实；
4. 绝热层的板块材料采用空铺、无缝铺贴法铺设，铺贴紧密、表面平整。
5. 绝热层的厚度符合设计要求，未出现负偏差，表面平整。
6. 绝热层表面无开裂、缺角等。

检查结论：

经检查，符合设计及规范要求，同意进行下道工序。

☑同意隐蔽　　　　　　　□不同意，修改后进行复查

复查结论：

复查人：　　　　　　　　　　　　　　　　复查日期：　　年　月　日

签字栏	施工单位	××建设集团有限公司	专业技术负责人	专业质量员	专业工长
			×××	×××	×××
	监理或建设单位	××建设监理有限公司	专业监理工程师	×××	

2）隐蔽工程验收记录（供暖管保温层）表填写范例（表 10.2.2-18）。

表 10.2.2-18　隐蔽工程验收记录（供暖管保温层）

工程名称	筑业科技产业园综合楼	编号	××
隐检项目	供暖管保温层	隐检日期	××××年×月×日
隐检部位	二层地面 ①～　/　～　轴 3.000m　标高		

隐检依据：施工图号＿＿建施 01、02、12＿＿＿＿＿，设计变更/洽商/技术核定单（编号＿＿/＿＿＿＿）及有关国家现行标准等。
主要材料名称及规格/型号：＿＿20mm 厚挤塑聚苯板＿＿＿＿＿＿＿＿＿＿＿＿＿＿＿＿

隐检内容：

1. 材料质量合格证明文件齐全、有效，进场验收合格，复验合格，报告编号××；
2. 地面节能施工前已对基层进行处理，达到设计及施工方案的要求；
3. 地面节能绝热层采用 20 厚挤塑聚苯板上铺铝箔纸，绝热层铺设平整、搭接严密；
4. 内外墙、过门、柱等垂直构件交接处设置不间断的伸缩缝，采用高发泡聚乙烯泡沫塑料，伸缩缝宽度不小于 10mm。伸缩缝填充材料采用搭接方式连接，搭接宽度不小于 10mm；
5. 保温层上的防潮层满铺完成。

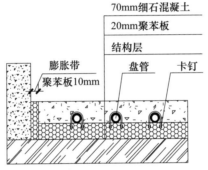

检查结论：

　　经检查，符合设计及规范要求，同意进行下道工序。

☑同意隐蔽　　　　　　□不同意，修改后进行复查

复查结论：

复查人：　　　　　　　　　　　　　　　　　　复查日期：　　年　月　日

签字栏	施工单位	××建设集团有限公司	专业技术负责人	专业质量员	专业工长
			×××	×××	×××
	监理或建设单位	××建设监理有限公司	专业监理工程师	×××	

3）隐蔽工程验收记录（地面节能保温层）、隐蔽工程验收记录（供暖管保温层）相关标准要求。

（1）隐检依据来源

《建筑节能工程施工质量验收标准》GB 50411—2019 摘录：

8.1.3 地面节能工程应对下列部位进行隐蔽工程验收，并应有详细的文字记录和必要的图像资料：

1 基层及其表面处理；

2 保温材料种类和厚度；

3 保温材料黏结；

4 地面热桥部位处理。

（2）隐检内容相关要求

①《建筑节能工程施工质量验收标准》GB 50411—2019 摘录：

8.2.2 地面节能工程使用的保温材料进场时，应对其导热系数或热阻、密度、压缩强度或抗压强度、吸水率、燃烧性能（不燃材料除外）等性能进行复验，复验应为见证取样检验。

8.2.3 地下室顶板和架空楼板底面的保温隔热材料应符合设计要求，并应粘贴牢固。

8.2.5 地面保温层、隔离层、保护层等各层的设置和构造做法应符合设计要求，并应按专项施工方案施工。

8.2.6 地面节能工程的施工质量应符合下列规定：

1 保温板与基层之间、各构造层之间的黏结应牢固，缝隙应严密；

2 穿越地面到室外的各种金属管道应按设计要求采取保温隔热措施。

8.2.7 有防水要求的地面，其节能保温做法不得影响地面排水坡度，防护面层不得渗漏。

8.2.8 严寒和寒冷地区，建筑首层直接接触土壤的地面、底面直接接触室外空气的地面、毗邻不供暖空间的地面以及供暖地下室与土壤接触的外墙应按设计要求采取保温措施。

8.2.9 保温层的表面防潮层、保护层应符合设计要求。

8.3.1 采用地面辐射供暖的工程，其地面节能做法应符合设计要求和现行行业标准《辐射供暖供冷技术规程》JGJ 142—2012 的规定。

8.3.2 接触土壤地面的保温层下面的防潮层应符合设计要求。

②《建筑地面工程施工质量验收规范》GB 50209—2010 摘录：

4.12.2 建筑物室内接触基土的首层地面应增设水泥混凝土垫层后方可铺设绝热层，垫层的厚度及强度等级应符合设计要求。首层地面及楼层楼板铺设绝热层前，表面平整度宜控制在 3mm 以内。

4.12.10 绝热层材料应符合设计要求和国家现行有关标准的规定。

4.12.11 绝热层材料进入施工现场时，应对材料的导热系数、表观密度、抗压强度或压缩强度、阻燃性进行复验。

4.12.12 绝热层的板块材料应采用无缝铺贴法铺设，表面应平整。

4.12.13　绝热层的厚度应符合设计要求,不应出现负偏差,表面应平整。

4.12.14　绝热层表面应无开裂。

③《辐射供暖供冷技术规程》JGJ 142—2012摘录:

5.3.1　铺设绝热层的原始工作面应平整、干燥、无杂物,边角交接面根部应平直且无积灰现象。

5.3.2　泡沫塑料类绝热层、预制沟槽保温板、供暖板的铺设应平整,板间的相互接合应严密,接头应用塑料胶带粘接平顺。直接与土壤接触或有潮湿气体侵入的地面应在铺设绝热层之前铺设一层防潮层。

5.3.3　在铺设辐射面绝热层的同时或在填充层施工前,应由供暖供冷系统安装单位在与辐射面垂直构件交接处设置不间断的侧面绝热层,侧面绝热层的设置应符合下列规定:

1　绝热层材料宜采用高发泡聚乙烯泡沫塑料,且厚度不宜小于10mm;应采用搭接方式连接,搭接宽度不应小于10mm;

2　绝热层材料也可采用密度不小于20kg/m² 的模塑聚苯乙烯泡沫塑料板,其厚度应为20mm,聚苯乙烯泡沫塑料板接头处应采用搭接方式连接;

3　侧面绝热层应从辐射面绝热层的上边缘做到填充层的上边缘;交接部位应有可靠的固定措施,侧面绝热层与辐射面绝热层应连接严密。

5.3.4　发泡水泥绝热层的施工现场应具备下列设备:

1　平整发泡水泥绝热层和水泥砂浆填充层表面的装置;

2　适应不同工艺特点的专用搅拌机;

3　活塞式泵或挤压式泵,或其他可满足要求的发泡水泥或水泥砂浆输送泵。

5.3.5　浇注发泡水泥绝热层之前的施工准备应符合下列规定:

1　对设备、输送泵及输送管道进行安全性检查;

2　根据现场使用的水泥品种进行发泡剂类型配方设计后方可进行现场制浆;

3　在房间墙上标记出发泡水泥绝热层浇筑厚度的水平线。

5.3.6　发泡水泥绝热层现场浇筑宜采用物理发泡工艺,并应符合下列规定:

1　施工浇筑中应随时观察检查浆料的流动性、发泡稳定性,并应控制浇筑厚度及地面平整度;发泡水泥绝热层自流平后,应采用刮板刮平;

2　发泡水泥绝热层内部的孔隙应均匀分布,不应有水泥与气泡明显的分离层;

3　当施工环境风力大于5级时,应停止施工或采取挡风等安全措施;

4　发泡水泥绝热层在养护过程中不得振动,且不应上人作业。

5.3.8　预制沟槽保温板铺设应符合下列规定:

1　可直接将相同规格的标准板块拼接铺设在楼板基层或发泡水泥绝热层上;

2　当标准板块的尺寸不能满足要求时,可用工具刀裁下所需尺寸的保温板对齐铺设;

3　相邻板块上的沟槽应互相对应、紧密依靠。

5.3.9　供暖板及填充板铺设应符合下列规定:

1　带木龙骨的供暖板可用水泥钉钉在地面上进行局部固定,也可平铺在基层地面上;填充板应在现场加龙骨,龙骨间距不应大于300mm,填充板的铺设方法与供暖板相同;

2　不带龙骨的供暖板和填充板可采用工程胶点粘在地面上,并在面层施工时一起固定;

3　填充板内的输配管安装后,填充板上应采用带胶铝箔覆盖输配管。

19. 隐蔽工程验收记录（低温热水地面辐射供暖管）。

1）隐蔽工程验收记录（低温热水地面辐射供暖管）表填写范例（表 10.2.2-19）。

表 10.2.2-19　隐蔽工程验收记录（低温热水地面辐射供暖管）

工程名称	筑业科技产业园综合楼	编号	××
隐检项目	低温热水地面辐射供暖管	隐检日期	××××年×月×日
隐检部位	六层 ①～　/　～　轴　　14.500m　标高		

隐检依据：施工图号＿＿＿暖施－02、04＿＿＿，设计变更/洽商/技术核定单（编号＿＿＿＿/＿＿＿＿）及有关国家现行标准等。
主要材料名称及规格/型号：＿＿PE-RT 管，De32×2.0mm

隐检内容：

1. 室内低温热水地面辐射供暖系统采用 PE－RT 管，De32×2.0mm，质量合格证明文件齐全、有效，材料进场验收合格，复验合格，报告编号××；

2. 加热管采用回折型布管方式，其弯曲半径符合方案要求；

3. 加热管距外墙内表面不大于 100mm，与内墙距离控制在 200～300mm 之间，与卫生间墙体内表面距离控制在 100～150mm 之间；

4. 加热管敷设间距误差控制在 10mm 内；

5. 加热管采用固定卡直接固定在挤塑聚苯板上，直段管固定间距为 500～700mm，弯曲管固定间距为 200～300mm；

6. 埋设于填充层内的加热管无接头；

7. 水压试验合格，试验记录编号××。

检查结论：

经检查，符合设计及规范要求，同意进行下道工序。

☑同意隐蔽　　　　　　□不同意，修改后进行复查

复查结论：

复查人：　　　　　　　　　　　　　　　　　　　复查日期：　　年　月　日

签字栏	施工单位	××建设集团有限公司	专业技术负责人	专业质量员	专业工长
			×××	×××	×××
	监理或建设单位	××建设监理有限公司	专业监理工程师	×××	

　　2）隐蔽工程验收记录（低温热水地面辐射供暖管）标准要求。

　　（1）隐检依据来源

　　《建筑节能工程施工质量验收标准》GB 50411—2019摘录：

　　8.1.3　地面节能工程应对下列部位进行隐蔽工程验收，并应有详细的文字记录和必要的图像资料：

　　1　基层及其表面处理；

　　2　保温材料种类和厚度；

　　3　保温材料黏结；

　　4　地面热桥部位处理。

　　（2）隐检内容相关要求

　　《辐射供暖供冷技术规程》JGJ 142—2012摘录：

　　5.4.1　加热供冷管应按设计图纸标定的管间距和走向敷设，加热供冷管应保持平直，管间距的安装误差不应大于10mm。加热供冷管敷设前，应对照施工图纸核定加热供冷管的选型、管径、壁厚，并应检查加热供冷管外观质量，管内部不得有杂质。加热供冷管安装间断或完毕时，敞口处应随时封堵。

　　5.4.3　加热供冷管及输配管弯曲敷设时应符合下列规定：

　　1　圆弧的顶部应用管卡进行固定；

　　2　塑料管弯曲半径不应小于管道外径的8倍，铝塑复合管的弯曲半径不应小于管道外径的6倍，铜管的弯曲半径不应小于管道外径的5倍；

　　3　最大弯曲半径不得大于管道外径的11倍；

　　4　管道安装时应防止管道扭曲；铜管应采用专用机械弯管。

　　5.4.4　混凝土填充式供暖地面距墙面最近的加热管与墙面间距宜为100mm；每个环路加热管总长度与设计图纸误差不应大于8%。

　　5.4.5　埋设于填充层内的加热供冷管及输配管不应有接头。在铺设过程中管材出现损坏、渗漏等现象时，应当整根更换，不应拼接使用。

　　5.4.7　加热供冷管应设固定装置。加热供冷管弯头两端宜设固定卡；加热供冷管直管段固定点间距宜为500～700mm，弯曲管段固定点间距宜为200～300mm。

　　5.4.8　加热供冷管或输配管穿墙时应设硬质套管。

　　5.4.9　在分水器、集水器附近以及其他局部加热供冷管排列比较密集的部位，当管间距小于100mm时，加热供冷管外部应设置柔性套管。

　　5.4.10　加热供冷管或输配管出地面至分水器、集水器连接处，弯管部分不宜露出面层。加热供冷管或供暖板输配管出地面至分水器、集水器下部阀门接口之间的明装管段，外部应加装塑料套管或波纹管套管，套管应高出面层150～200mm。

　　5.4.11　加热供冷管或输配管与分水器、集水器连接应采用卡套式、卡压式挤压夹紧连接，连接件材料宜为铜质。铜质连接件直接与PP-R塑料管接触的表面必须镀镍。

　　5.4.12　加热供冷管的环路布置不宜穿越填充层内的伸缩缝，必须穿越时，伸缩缝处应设长度不小于200mm的柔性套管。

20. 隐蔽工程验收记录（地源热泵地埋管换热系统管道）。

1）隐蔽工程验收记录（地源热泵地埋管换热系统管道）表填写范例（表 10.2.2-20）。

表 10.2.2-20　隐蔽工程验收记录（地源热泵地埋管换热系统管道）

工程名称	筑业科技产业园综合楼	编号	××
隐检项目	地源热泵地埋管换热系统管道	隐检日期	××××年×月×日
隐检部位	地下一层　　−8.600～±0.000m　标高		

隐检依据：施工图号　暖施—02、16　　　，设计变更/洽商/技术核定单（编号　　　/　　　）及有关国家现行标准等。

主要材料名称及规格/型号：　聚乙烯管 PE80

隐检内容：

　　1. 地源热泵地埋管换热系统管道采用 PE80 聚乙烯管，质量合格证明文件齐全，进场验收合格，记录编号××；

　　2. 钻孔、水平埋管的位置和深度、地埋管的直径、壁厚及长度均符合设计要求；

　　3. 埋地管道采用热熔连接。竖直地埋管换热器的 U 形弯管接头，采用定型的 U 形弯头成品件；

　　4. 水平地埋管道无折断、扭结，转弯处光滑，采取固定措施；

　　5. 水平地埋管换热器回填料细小、松散、均匀，且不含石块及土块。回填压实过程均匀，回填料与管道接触紧密，未损伤管道；

　　6. 水压试验合格，试验记录编号××。

检查结论：

　　经检查，符合设计及规范要求，同意进行下道工序。

☑同意隐蔽　　　　　　□不同意，修改后进行复查

复查结论：

复查人：　　　　　　　　　　　　　　　　　　　　复查日期：　　年　月　日

签字栏	施工单位	××建设集团有限公司	专业技术负责人	专业质量员	专业工长
			×××	×××	×××
	监理或建设单位	××建设监理有限公司	专业监理工程师	×××	

2）隐蔽工程验收记录（地源热泵地埋管换热系统管道）相关标准要求。

（1）隐检依据来源

《建筑节能工程施工质量验收标准》GB 50411—2019 摘录：

14.1.2　地源热泵换热系统施工中应及时进行质量检查，对隐蔽部位在隐蔽前进行验收，并应有详细的文字记录和必要的图像资料。

（2）隐检内容相关要求

《建筑节能工程施工质量验收标准》GB 50411—2019 摘录：

14.2.3　地源热泵地埋管换热系统的安装应符合下列规定：

1　竖直钻孔的位置、间距、深度、数量应符合设计要求；

2　埋管的位置、间距、深度、长度以及管材的材质、管径、厚度，应符合设计要求；

3　回填料及配比应符合设计要求，回填应密实；

4　地埋管换热系统应进行水压试验，并应合格。

14.2.4　地源热泵地埋管换热系统管道的连接应符合下列规定：

1　埋地管道与环路集管连接应采用热熔或电熔连接，连接应严密、牢固；

2　竖直地埋管换热器的 U 形弯管接头应选用定型产品；

3　竖直地埋管换热器 U 形管的组对，应能满足插入钻孔后与环路集管连接的要求，组对好的 U 形管的开口端部应及时密封保护。

第十一章 电梯工程

第一节 电梯隐蔽工程所涉及的规范要求

《电梯工程施工质量验收规范》GB 50310—2002 摘录：

3.0.3 电梯安装工程质量验收应符合下列规定：

5 隐蔽工程应在电梯安装单位检查合格后，于隐蔽前通知有关单位检查验收，并形成验收文件。

第二节 电梯隐蔽项目汇总及填写范例

一、电梯隐蔽项目汇总表

表 11.2.1-1 电梯隐蔽项目汇总表

序号	隐蔽项目	隐蔽内容	对应范例表格
1	承重梁	1. 型号、规格、数量以及布置； 2. 承重梁除锈防腐处理； 3. 承重梁的位置； 4. 承重梁埋设长度； 5. 承重梁垫板规格	表 11.2.2-1
2	起重吊环	1. 吊环材料规格； 2. 固定位置； 3. 锚固尺寸、锚固方法、加强措施等	表 11.2.2-2
3	导轨支架	1. 导轨支架的长度、高度； 2. 导轨支架的固定方式	表 11.2.2-3

二、电梯隐蔽项目填写范例。

1. 隐蔽工程验收记录（电梯承重梁埋设）、（吊环）、（导轨）。

1）隐蔽工程验收记录（电梯承重梁埋设）表填写范例（表 11.2.2-1）。

表 11.2.2-1 隐蔽工程验收记录（电梯承重梁埋设）

工程名称	筑业科技产业园综合楼	编号	××
隐检项目	电梯承重梁埋设	隐检日期	××××年×月×日
隐检部位	1#电梯机房层　　37.200m　标高		

隐检依据：施工图号　　电梯—01　　　　，设计变更/洽商/技术核定单（编号　　　/　　　）及有关国家现行标准等。

主要材料名称及规格/型号：　　A30 工字钢　　　　　　　　　　　　　　　　　　

隐检内容：

1. 驱动主机承重梁采用 A30 工字钢，2 件，布置根据电梯整体负荷重量计算而制定，符合设计要求；
2. 承重梁埋设入承重墙内，墙厚 200mm，承重梁入深度超过墙体中心线 30mm；
3. 梁下垫 20mm 厚钢板，垫板规格 1200mm×150mm×20mm，承重架设平稳牢固；
4. 承重钢梁已做防锈处理。

检查结论：

经检查，符合设计及规范要求，同意进行下道工序。

☑同意隐蔽　　　　　　□不同意，修改后进行复查

复查结论：

复查人：　　　　　　　　　　　　　　　　　　复查日期：　　年　月　日

签字栏	施工单位	××建设集团有限公司	专业技术负责人	专业质量员	专业工长
			×××	×××	×××
	监理或建设单位	××建设监理有限公司	专业监理工程师	×××	

2）隐蔽工程验收记录（吊环）表填写范例（表11.2.2-2）。

表 11.2.2-2　隐蔽工程验收记录（吊环）

工程名称	筑业科技产业园综合楼	编号	××
隐检项目	吊环	隐检日期	××××年×月×日
隐检部位	电梯机房层　37.200m　标高		

隐检依据：施工图号___电梯－01___，设计变更/洽商/技术核定单（编号_____/_____）及有关国家现行标准等。
主要材料名称及规格/型号：___Φ22mm镀锌圆钢___

隐检内容：
1. 材料质量合格证明文件齐全、有效，型号、规格等符合设计要求，进场验收合格；
2. 吊环埋设位置准确，其锚固方式、锚固深度、钢筋补强措施等符合设计和方案要求；
3. 吊环伸出梁底长度符合设计要求，吊环顺直、无污染。

检查结论：

经检查，符合设计及规范要求，同意进行下道工序。

☑同意隐蔽　　　　　□不同意，修改后进行复查

复查结论：

复查人：　　　　　　　　　　　　　　　　　　复查日期：　　年　月　日

签字栏	施工单位	××建设集团有限公司	专业技术负责人	专业质量员	专业工长
			×××	×××	×××
	监理或建设单位	××建设监理有限公司	专业监理工程师	×××	

3）隐蔽工程验收记录（导轨）表填写范例（表11.2.2-3）。

表 11.2.2-3 隐蔽工程验收记录（导轨）

工程名称	筑业科技产业园综合楼	编号	××
隐检项目	导轨	隐检日期	××××年×月×日
隐检部位	电梯机房层　37.200m　标高		

隐检依据：施工图号＿＿电梯－01＿＿＿＿＿，设计变更/洽商/技术核定单（编号＿＿＿/＿＿＿）及有关国家现行标准等。

主要材料名称及规格/型号：＿＿Φ22mm镀锌圆钢＿＿＿＿＿＿＿＿＿＿＿＿＿＿＿

隐检内容：

1. 材料质量合格证明文件齐全、有效，型号、规格等符合设计要求，进场验收合格；
2. 导轨安装位置符合土建布置图的要求；
3. 两列导轨顶面间的距离偏差为：轿厢导轨 1mm；对重导轨 2mm，符合规范要求；
4. 导轨支架在井道壁上的安装固定可靠；
5. 每列导轨工作面（包括侧面与顶面）与安装基准线第5m的偏差均不大于下 1mm；
6. 导轨接头处缝隙不大于 1.0mm。

检查结论：

经检查，符合设计及规范要求，同意进行下道工序。

☑同意隐蔽　　　　　□不同意，修改后进行复查

复查结论：

复查人：　　　　　　　　　　　　　　　　　　复查日期：　　　年　月　日

签字栏	施工单位	××建设集团有限公司	专业技术负责人	专业质量员	专业工长
			×××	×××	×××
	监理或建设单位	××建设监理有限公司	专业监理工程师	×××	

4）隐蔽工程验收记录（电梯承重梁埋设）、隐蔽工程验收记录（吊环）、隐蔽工程验收记录（导轨）标准要求。

（1）隐检依据来源

《电梯工程施工质量验收规范》GB 50310—2002 摘录：

3.0.3 电梯安装工程质量验收应符合下列规定：

5 隐蔽工程应在电梯安装单位检查合格后，于隐蔽前通知有关单位检查验收，并形成验收文件。

（2）隐检内容相关要求

《电梯工程施工质量验收规范》GB 50310—2002 摘录：

4.4.1 导轨安装位置必须符合土建布置图要求。

4.4.2 两列导轨顶面间的距离偏差应为：轿厢导轨 0～＋2mm；对重导轨 0～＋3mm。

4.4.3 导轨支架在井道壁上的安装应固定可靠。预埋件应符合土建布置图要求。锚栓（如膨胀螺栓等）固定应在井道壁的混凝土构件上使用，其连接强度与承受振动的能力应满足电梯产品设计要求，混凝土构件的压缩强度应符合土建布置图要求。

4.4.4 每列导轨工作面（包括侧面与顶面）与安装基准线每5m的偏差均不应大于下列数值：轿厢导轨和设在安全钳的对重（平衡重）导轨为 0.6mm；不设安全钳的对重（平衡重）导轨为 1.0mm。

4.4.5 轿厢导轨和设有安全钳的对重（平衡重）导轨工作面接头处不应有连续缝隙，导轨接头处台阶不应大于 0.05mm。如超过应修平，修平长度大于 150mm。

4.4.6 不设安全钳的对重（平衡重）导轨接头处缝隙不应大于 1.0mm，导轨工作面接头处台阶不应大于 0.15mm。